江苏省大丰麋鹿国家级自然保护区

综合科学考察报告

王立波　刘　彬　主编

河海大学出版社
HOHAI UNIVERSITY PRESS
·南京·

图书在版编目(CIP)数据

江苏省大丰麋鹿国家级自然保护区综合科学考察报告/王立波，刘彬主编. -- 南京 ：河海大学出版社，2024.1
ISBN 978-7-5630-8558-3

Ⅰ. ①江… Ⅱ. ①王… ②刘… Ⅲ. ①麋鹿－自然保护区－科学考察－考察报告－大丰 Ⅳ. ①S759.992.534

中国国家版本馆 CIP 数据核字(2023)第 236868 号

书　　名	江苏省大丰麋鹿国家级自然保护区综合科学考察报告
书　　号	ISBN 978-7-5630-8558-3
责任编辑	彭志诚
特约编辑	薛艳萍
特约校对	王春兰
装帧设计	槿容轩
出版发行	河海大学出版社
地　　址	南京市西康路 1 号(邮编:210098)
电　　话	(025)83737852(总编室)　(025)83722833(营销部)
经　　销	江苏省新华发行集团有限公司
排　　版	南京布克文化发展有限公司
印　　刷	广东虎彩云印刷有限公司
开　　本	787 毫米×1092 毫米　1/16
印　　张	23.5
字　　数	500 千字
版　　次	2024 年 1 月第 1 版
印　　次	2024 年 1 月第 1 次印刷
定　　价	148.00 元

江苏省大丰麋鹿国家级自然保护区
综合科学考察报告

综合科学考察队主要人员

队　　　长:芦　昱

组 织 单 位:江苏省大丰麋鹿国家级自然保护区管理处

参 加 单 位:南京大学环境规划设计研究院集团股份公司

盐城市麋鹿研究所

盐城市神鹿生态旅游发展有限公司

主要科考人员(以姓氏拼音为序)

常铭阳　陈　斌　陈　杰　陈　林　程　攻

郜志鹏　耿媛霄　韩　茜　胡　伟　季　荣

腊孟珂　刘成扬　刘羿辰　柳絮飞　芦　昱

陆立林　吕鸿达　吕忠海　潘　华　彭　顿

彭兴安　谭圣霈　田　晔　王道立　王海婴

王明强　王晓宇　王亚忠　肖巧玲　徐可定

徐亦忻　杨禹治　姚干生　姚亚军　俞晓鹏

张赛赛　赵浩浩　郑孙元　钟稚昉

前言

麋鹿起源于更新世初期，在我国的黄河流域、长江流域和台湾岛，以及朝鲜、日本等东亚国家均有分布。古生物学家根据出土的化石开展了分类和定名工作，截至目前历史上的麋鹿可分为 5 个亚种，即达氏种（*E. davidianus*）、晋南种（*E. chinanensis*）、蓝田种（*E. lantianensis*）、双叉种（*E. bifurcatus*）和台湾种（*E. formosanus*），目前达氏种是唯一的幸存种。

麋鹿是一种喜活动于沼泽湿地的大型鹿类，其角似鹿而非鹿、蹄似牛而非牛、尾似驴而非驴、头似马而非马，被国人赋予“四不像”的亲切绰号。麋鹿与我国古人有着深厚的历史与文化渊源，其肉可食，其形可赏，其神可颂，在华夏五千年漫漫历史长河中与历代统治者、劳动人民形成了紧密的联系，既是我国古人重要的器具、食物、医药来源，又被赋予了丰富的文化蕴意。龙是汉族的民族图腾，龙文化作为我国传统文化中最为突出的标志性符号深入社会各个层面。我国龙文化远在 4000～8000 年前便已出现，在龙文化诞生初期时龙本无角，而是在商代时才被赋予角这一代表性特征。麋鹿在商朝人分布区内数量众多、分布广泛，有研究表明龙角的原型便是麋鹿角，如《太平御览》中对麋鹿的描述“非鹿是龙也”也印证了麋鹿这一物种与龙之间隐秘而又深邃的联系。麋鹿在古代通常象征着清适闲逸，“麋鹿志”通常指隐逸之志，“各守麋鹿志，耻随龙虎争”出自唐代诗仙李白之手，宋代苏轼的“我坐华堂上，不改麋鹿姿”则体现了其闲定的气度。

我国麋鹿狩猎、观赏文化始于夏，兴于商周，衰于晚清。在生境破坏及滥捕滥猎的影响下，麋鹿种群数量下降速度较快，但在民国时期麋鹿在我国长江流域仍有分布。1918 年，山西省《闻喜县志·物产》中记载："麋，民国三年(1914)获一头。"1921 年，《湖北通志·舆地·物产》中记载："麋，泽兽，似鹿，青黑色，大如水牛。各县志亦多有之。"1923 年的《枣阳县志·物产》中仍记载有麋鹿，1984 年江苏泰州市桥头镇一位 81 岁农民刘荣华描述其父曾亲眼见过麋鹿，这与 1877 年 OttoVon Mollendorf 在上海发表的文献描述相符。根据文献资料记载长江下游最后一头野生麋鹿消失于距今 120～140 年，至此我国野生麋鹿正式灭绝。清末由皇家人工圈养在北京南海子皇家猎苑的麋鹿也未能幸免于难，1894 年永定河洪水将猎苑围墙冲垮导致大量麋鹿逃跑，被饥民悉数捕杀果腹；1900 年庚子国变八国联军攻陷北京，猎苑内残存的鹿群被掠走或遗失，仅存的一对麋鹿被饲养在北京动物园(万牲园)内，1920 年前后死亡，至此，麋鹿这种大型鹿类在中华大地上彻底绝种。

然而，天无绝"鹿"之路。1865 年，法国天主教传教士大卫神父(Pierre Armand David)在北京南郊皇家猎苑发现了从未见过的麋鹿并将其介绍到欧洲后，引起巨大反响，这种曾遍布中华大地但世人未知的珍奇国宝才正式被世人所知。1869 年 8 月英国大臣诺福德·奥考克先生将猎苑内一对幼鹿运送到英国伦敦动物园，这是我国麋鹿活体首次流出国门到达遥远的欧洲，此后德国等欧洲国家陆续从我国获取 30 余头麋鹿活体，至 1894 年永定河大洪水后我国再无麋鹿输出国外，至此，麋鹿这一物种的血脉在世界的其他角落得以延续。英国第十一世贝德福德公爵是一位著名的鹿科动物爱好者，在 1894 年至 1901 年，他分别从法国巴黎、比利时安特卫普、德国科隆动物园和柏林动物园共收集了 18 头麋鹿(成年雄鹿 7 头、成年雌鹿 9 头、幼鹿 2 头)，豢养在英国一处约 12 平方公里的乌邦寺庄园(Woburn Abbey)内。这 18 头麋鹿均从欧洲出生，并非直接来自中国。乌邦寺内 18 头麋鹿的命运并非一帆风顺，由于气候、食物等原因，仅来自巴黎的一头雄鹿和少数雌鹿进行过繁殖，其余到死也没有繁殖过。纵然如此，乌邦寺内的麋鹿群仍顽强地挺了过来，在 1914 年一战爆发之际种群数量发展到 88 头，至二战结束种群总数达 255 头，成为当时世界上最大的麋鹿半散放种群，也是当时全球唯一的麋鹿基因库。在小贝德福德子承父业后，其将有繁殖力的麋鹿分散至欧洲各大动物园供人观赏并繁殖，为麋鹿种群健康稳定发展做出了重要贡献。

麋鹿回归故土的过程充满了曲折。中华人民共和国成立后，让麋鹿重归故里成为了中国人民和世界动物学家的共同期盼。1956 年春，伦敦动物学会(Zoological Society of London)赠与中国动物学会 2 对麋鹿，这 2 对麋鹿被饲养在北京动物园里，但动物园环境导致 4 头麋鹿的繁殖异常艰难；1973 年伦敦动物学会再次赠送 2 对麋鹿至北京动物园以期让这个物种能够在故土大量繁殖，但繁殖情况仍不尽人意；此外，哈尔滨、上海、广州、保定等地动物园在 1956 年后也曾相继从国外引回麋鹿开展观赏和繁殖。截至 1982 年底，我国共由国外引回 10 头麋鹿，但经 26 年的饲养和繁殖麋鹿数量仅增至 12 头，这让我国政府和专家深刻意识到动物园饲养并不是麋鹿真正回归的理想方式，更为宏大的原生地重引进工程才是麋鹿种群回归并恢复的最有效途径。经我国政府、中外学术界和世界自然基金会多年努力，1985 年，英国乌邦寺塔维韦斯托克侯爵挑选了 20 头青年麋鹿运送至中国麋鹿最后消失的地方——北京南海子皇家猎苑，并借此建立北京南海子麋鹿苑，此事在国际上影响力很大。1987 年 8 月，英国乌邦寺再次无偿赠给北京南海子麋鹿苑 18 头麋鹿。但麋鹿苑里的麋鹿终究需要人工饲养，更适合野生麋鹿生存的重引进区域定于何处让专家犯了难。1984 年 6 月 18 至 30 日，时国家林业部(现国家林业和草原局)组织世界自然保护联盟(International Union for Conservation of Nature，IUCN)、伦敦动物学会、英国牛津大学(Oxford University，UK)、北京林学院(现北京林业大学)、上海自然博物馆等机构和单位的中外专家学者到辽宁、江苏和上海等古麋鹿集中分布区进行现场考察研究，考察过程中江苏大丰县(今大丰区)被推为首选。

江苏大丰位于我国黄海之滨，地势低平、水草丰茂，人烟稀少，是野生麋鹿重引进的不二之选，根据麋鹿生活习性及大丰区的地理气候条件特点，专家学者最终将大丰定为麋鹿重返故土的地点。1985 年 9 月 10 日，国家林业部林政保护司与江苏省农林厅(现江苏省林业局)签订了建立省级保护区的协议，我国第一个麋鹿自然保护区正式成立。1986 年 8 月，第一批来自英国 7 家动物园的 39 头麋鹿运抵大丰,1987 年 4 月,经 8 个月检疫期和适应期的 39 头麋鹿被正式半散放于保护区内。在数代人勠力同心、艰苦奋斗和不懈的科学实践下,2022 年,江苏省大丰麋鹿国家级自然保护区麋鹿数量已由最初的 39 头增长至 7 033 头,野放种群达 3 116 头,已成为世界上最大的麋鹿种群,这是中国在大型珍稀濒危动物重引进和种群复壮科学实践上的伟大胜利,是人类在动物及栖息地保护工作中取得的标志性成就。可以自豪地说,漂泊海外近一个世纪的麋鹿,已经成功的回家了!

在麋鹿研究过程中吸引人的不仅仅局限于麋鹿这一物种的生物学特性本身,其背后波澜壮阔的历史更令人肃然起敬。麋鹿种群在经历过繁荣昌盛到日渐衰落后绝处逢生,再次屹立于世界的东方。笔者早年第一次造访大丰麋鹿保护区并近距离观察到这种见人后略显呆滞的动物时,并不觉得它有什么特别之处,但在了解到麋鹿独特而又略显悲壮的种群发展史后,心中复杂之情难以言表。在麋鹿原分布地生态环境发生较大改变的情况下,大丰麋鹿种群的重引进和种群复壮离不开地方政府和大丰麋鹿保护区三十余年的辛勤努力,这不仅仅需要管理者和科研工作者低头看路、摸石头过河,更需要抬头向前、高瞻远瞩,从长远角度谋划这个物种在我国黄海之滨的未来发展路径。在麋鹿种群发展壮大的今天,如何更好地保护这一物种、更科学地对其种群发展方向做出正确引导成为了新时期下的新课题,本次科学考察工作也正是为实现这一目标而作出的努力。

本科考报告在编制过程中,得到了国家林业和草原局、江苏省林业局、盐城市人民政府、大丰区人民政府以及其他相关部门的大力支持,在此致以诚挚的感谢。同时,对指导和参与本科考报告调查和编制的专家、领导、同仁表示衷心的感谢。

由于时间关系,本科考报告中难免存在错误纰漏,望读者不吝指正。

编　者

2022 年 12 月 12 日于南京

目录

第一篇 保护区概况

第二篇 生物多样性

第三篇 麋鹿及其栖息地

附录

附图

第一篇

保护区概况

1 历史沿革

1.1 建区历史

麋鹿原为我国特有的大型陆生哺乳动物。国内外古生物学家研究显示,麋鹿在古时曾广泛分布于我国东部沿海地区,长江中下游是其分布最为集中的区域,但由于天灾和战乱,20 世纪初期麋鹿种群在我国本土灭绝。英国第十一世贝德福德公爵于 1894—1901 年购买的 18 头麋鹿成为当时世界上仅存的麋鹿种群,日后所有麋鹿个体也均由这 18 头麋鹿繁衍而来。

大丰区地属古海陵,位于麋鹿化石最为密集的长江口—钱塘江口地区,生境、气候十分符合中国古代野生麋鹿的生存环境。1984 年,国家林业部组织国内外专家对大丰区进行实地生境考察,在确认大丰区具备设立麋鹿保护区生态基础这一客观条件下,综合考虑大丰沿海淤涨型滩涂每年不断向外扩展可在麋鹿引入后为其提供更加广阔后续发展空间这一地理优势,最终将中国第一个麋鹿自然保护区定址于江苏大丰。1985 年 9 月 10 日,国家林业部林政保护司与江苏省农林厅签订了建立省级保护区的协议,林业部拨款 120 万元至江苏省农林厅并由其负责将大丰林场南场改造为麋鹿保护区,占用人工林及草甸共 15 000 亩*(1 000 公顷),保护区于 1986 年年底全部建成。最初的保护区并未划分实验区、缓冲区及核心区。麋鹿重引入工作由国家林业部同世界自然基金会(WWF)合作完成,1986 年 8 月 13 日,第一批来自英国 7 家动物园的 39 头麋鹿(13 雄 26 雌)运抵我国上海,并同日向大丰保护区处进行转运(8 月 14 日送达),1987 年 4 月 29 日,经 8 个月检疫期和适应期的 39 头麋鹿被正式半散放于保护区,江苏省农林厅于保护区举行了放养仪式。至此,保护区成功完成中国首次在原产地重引进麋鹿的科学实践工作,这是人类在动物栖息地保护历史上的重要里程碑。

自 1986 年大丰麋鹿保护区建区以来,麋鹿保护取得显著成效,保护区的面积和级别也在麋鹿种群的扩大下不断进行着优化。1996 年底,麋鹿种群数量由最初的 39 头发展到 268 头,保护区面积从建区初的 600 公顷增至 2 666.67 公顷;1997 年 12 月 8 日大丰麋鹿保护区由国务院批准升格为国家级自然保护区。保护区在 2015 年未调整前,并未划分实验区、缓冲区、核心区,仅根据区块将最西南角区域称作一核心区(1 000 公顷),将东北角称作三核心区(1 000 公顷),一核心区和三核心区之间长条形连接区域称为二核心区(666.67 公顷),简称便是一区、二区、三区。在 2015 年划分实验区、缓冲区、核心区后,仍然用一区、二区、三区来对保护区斑块进行区分。

一区包括核心区、缓冲区及实验区,范围自老海堤内复河起,向东南经拐点至老海堤

---

* 1 亩≈666.67 平方米

内复河大丰与东台市交界处，向南至四纵沟中心点，沿四纵沟向西至大丰区林场东南角，向北经 2 个拐点至起点；二区包括核心区、缓冲区及实验区，范围自老海堤外复河起，向东北至新海堤内复河中心点，沿新海堤内复河至拐点，向西南至老海堤外复合中心点，向西北至起点；三区包括核心区及缓冲区，范围自新海堤公路起，向东南经 2 个拐点至大丰区与东台市界河中心点，向西南至新海堤公路，经 3 个拐点。保护区详细范围如图 1.1-1 所示。江苏省大丰麋鹿国家级自然保护区发展历程详见表 1.1-1。

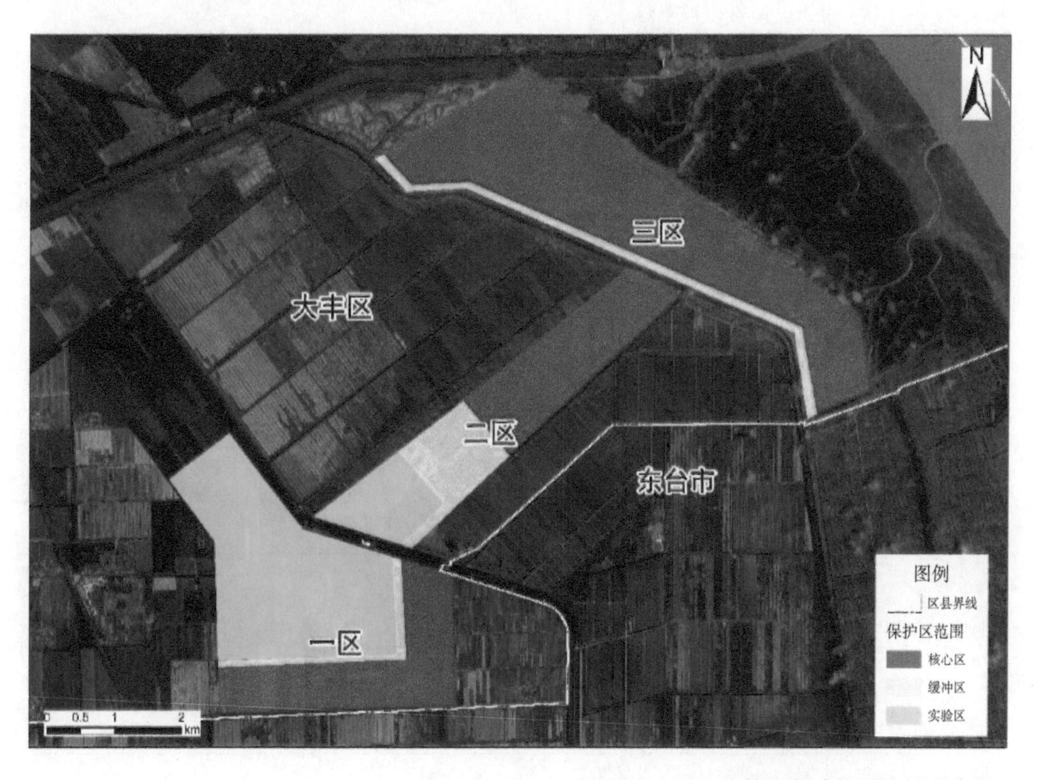

图 1.1-1 保护区各功能区位置示意图

表 1.1-1 江苏省大丰麋鹿国家级自然保护区发展历程

时间	事件	文件	备注
1984 年 6 月 18—30 日	中外专家赴辽宁、江苏、上海现场考察，最终将保护区定址于江苏大丰		国家林业部组织北京林学院、上海自然博物馆专家，会同世界自然保护联盟、伦敦动物学会、英国牛津大学等机构和单位的专家进行实地考察
1985 年 9 月 10 日	省级保护区联合建立协议签订	《林业部林政保护司 江苏省农林厅 联合建立江苏大丰麋鹿保护区协议书》(1985 年)	明确将江苏省大丰林场南场（场址在大丰县）改造为麋鹿保护区，占用人工林及草甸面积 15 000 亩。自 1985 年 9 月开工到 1986 年年底全部建成。1986 年 2 月底前，先建成中心圈养区和宿舍、食堂等必要设施

续表

时间	事件	文件	备注
1986年2月28日	省编委同意建立大丰麋鹿保护区,保护区正式成立	《关于同意建立"大丰麋鹿保护区"和人员编制的批复》(苏编〔86〕18号)	江苏省大丰麋鹿保护区为科级事业单位,在大丰县林场挂牌子,对内一套班子,事业编制15名,业务受省农林厅领导,行政管理委托大丰县代管
1986年8月14日	英国伦敦动物学会下属7家动物园39头麋鹿引入大丰		引入13头雄鹿、26头雌鹿
1996年	保护区范围调整(第一次),调整后保护区面积2 666.67公顷	大政发〔1996〕14号	大丰县政府划出1 666.67公顷给保护区
1997年12月8日	保护区升格为国家级	《国务院关于发布芦芽山等国家级自然保护区名单的通知》(国函〔1997〕109号)	保护区列入国家级保护区名单,名称变更为"江苏省大丰麋鹿国家级自然保护区"
1998年8月31日	保护区管理机构更名	《关于同意江苏省大丰麋鹿保护区更名等问题的批复》(苏编〔1998〕89号)	管理机构名称由"江苏省大丰麋鹿保护区"更名为"江苏省大丰麋鹿国家级自然保护区管理处",由科级事业单位晋升为处级全民事业单位
2003年9月25日	保护区管理处划归省林业局管理	《关于同意将江苏省大丰麋鹿国家级自然保护区管理处划归省林业局管理的批复》(苏编办〔2003〕186号)	保护区管理处由省农林厅划归省林业局管理。管理关系调整后,15名人员编制、经费渠道等均不变
2015年7月16日	保护区功能区划调整	《国家林业局关于湖南壶瓶山等3处国家级自然保护区功能区调整的批复》(林护发〔2015〕98号)	保护区总面积2 666.67公顷,划分核心区、缓冲区、实验区,其中,核心区面积1 656.67公顷,占比62.13%,缓冲区面积288公顷,占比10.80%,实验区面积722公顷,占比27.07%

1.2 荣誉事记

自建区至今,麋鹿保护区获得各类荣誉近百项,现列出省级以上以及具有特殊意义的荣誉事项如表1.2-1所示。

表 1.2-1　麋鹿保护区荣誉事记

序号	时间	执行单位	荣誉称号
1	1995 年 9 月	中华人民共和国人与生物圈国家委员会	纳入“中国生物圈保护区网络(CBRN)”
2	1996 年 2 月	国家林业部	被授予“国家科学技术进步三等奖”
3	1996 年 5 月	江苏省农林厅	被授予“苏北珍稀动物救护中心”
4	1998 年 10 月	中国科学院	被授予“中科院博士研究生实验基地”
5	1998 年 12 月	江苏省农林厅	被授予“江苏省科技进步二等奖”
6	1999 年 12 月	中国科学技术协会	被授予“全国科普教育基地”
7	1999 年 12 月	共青团江苏省委员会	被授予“青年文明号”
8	1999 年 12 月	江苏省农林厅	被授予“江苏省技术进步三等奖”
9	2000 年 7 月	国家林业局、财政部、对外经济贸易合作部、农业部、国家环保总局、中国国际经济技术交流中心、中国科学院、联合国开发计划署、澳大利亚发展援助署	成为国家林业局全球环境基金(GEF)资助项目“中国湿地生物多样性保护与可持续利用”的 5 个示范项目点之一
10	2001 年 4 月	江苏省委、省政府	被授予“江苏省环境教育基地”
11	2001 年 5 月	江苏省委、省政府	被授予“江苏省爱国主义教育基地”
12	2001 年 10 月	国家旅游局	被授予“国家 AA 级旅游景区”
13	2002 年 1 月	联合国	被列入“国际重要湿地”并作为永久性保护地
14	2001—2002 年	江苏省委	被授予“江苏省文明单位”
15	2002 年	国家林业局	被授予的“全国自然保护区先进单位”
16	2003 年	湿地国际(Wetlands International)	被列入“东亚—澳大利亚鸟类保护网络成员”
17	2003—2004 年	江苏省委	被授予“江苏省文明单位”
18	2005 年 2 月	中国林学会	被授予“全国林业科普教育基地”
19	2005 年 4 月	国家旅游局	被授予“国家 AAA 级旅游景区”
20	2005 年 5 月	中国生物多样性保护基金会	被授予“中国生物多样性保护示范基地”
21	2005 年 10 月	中国野生动物保护协会	被授予“全国野生动物科普教育基地”
22	2005 年 10 月	中国野生动物保护协会	被授予“全国未成年人生态道德教育先进单位”
23	2006 年 3 月	共青团江苏省委员会	被授予“青年文明号”
24	2006 年 6 月	中国野生动物保护协会	被授予“中国麋鹿之乡”
25	2006 年 11 月	中国野生动物保护协会	被授予“全国野生动物保护先进单位”

续表

序号	时间	执行单位	荣誉称号
26	2006年11月	国家林业局	被授予“全国自然保护区示范单位”
27	2007年1月	江苏省林业局	被授予“绿色江苏建设先进单位”
28	2007年2月	国家旅游局	晋升为“国家AAAA级景区”
29	2008年4月	国际生态休闲组织	被评定为“中国十佳生态旅游目的地”
30	2008年6月	团中央、国家旅游局	被授予“青年文明号”
31	2008年10月	世界自然基金会	被评为“长江湿地网络保护区有效管理示范保护区”
32	2008年12月	中国野生动物保护协会“斯巴鲁生态保护奖评委会”	获得“斯巴鲁生态保护先进集体奖”
33	2009年6月	江苏大丰麋鹿国家级自然保护区、上海九段沙湿地国家级自然保护区	共同发起“华东地区自然保护区生态保护联盟”
34	2009年10月	江苏省旅游局	被授予全省首批“江苏旅游自驾游基地”
35	2009年	江苏省人民政府	被授予“江苏省科技进步三等奖”
36	2009年12月	中国林学会	与南京林业大学合作的“麋鹿与丹顶鹤保护及栖息地恢复技术研究”项目荣获“第三届梁希林业科学技术一等奖”
37	2010年1月	江苏省林业局、教育厅、共青团江苏省委	获江苏省首批“生态文明教育基地”称号
38	2010年6月	国家环保部、国家科技部	被授予“国家环保科普基地”
39	2010年9月	国家林业局湿地保护管理中心、世界自然基金会	被授予“长江湿地保护与管理先进集体”
40	2010年	中华环保联合会、中国旅游景区协会	获“中国低碳旅游示范区”称号
41	2010年9月	“湿地国际”中国办事处	被授予“湿地科普教育示范区”
42	2010年	中国科学技术协会	被授予“全国科普教育基地”
43	2010年	江苏省人力资源和社会保障厅	批建“博士后工作站”
44	2011年	中国生物多样性保护与绿色发展基金会	被授予“中国生物多样性保护与绿色发展示范基地”
45	2012年6月	中国野生动物保护协会	依托本土学校创立全国首家“中国麋鹿文化传播学校”
46	2013年	世界自然基金会	被授予“长江湿地保护网络试点自然学校”称号
47	2014年9月	国家林业局、教育部、共青团中央	被授予“国家生态文明教育基地”
48	2015年2月	市创建国家可持续发展实验区领导小组办公室	成为盐城市首批“国家可持续发展实验区示范基地”

续表

序号	时间	执行单位	荣誉称号
49	2015 年 5 月	中国科学技术协会	被授予“全国科普教育基地(2015 年—2019 年)”
50	2015 年 10 月	国家旅游局	晋升为“国家 AAAAA 级景区”
51	2015 年 11 月	江苏省人民政府台湾事务办公室	设为“江苏省对台交流基地”
52	2015 年 12 月	国家林业局	被授予保护森林和野生动植物资源“先进集体”
53	2015 年 12 月	中国国家旅游局驻纽约办事处	麋鹿作为盐城的名片亮相美国纽约时代广场
54	2016 年 5 月	环境保护部、国土资源部、水利部、农业部、国家林业局、中国科学院、国家海洋局	被七部委联合表彰为全国自然保护区管理先进集体
55	2017 年 11 月	江苏省大丰麋鹿国家级自然保护区、飞达路中学	江苏省大丰麋鹿国家级自然保护区与飞达路中学湿地教育基地揭牌
56	2019 年 7 月	联合国教科文组织	被列入世界自然遗产中国黄(渤)海候鸟栖息地(第一期)遗产区域名单
57	2019 年 9 月	北京市大兴区人民政府、北京市科学技术研究院、江苏大丰麋鹿国家级自然保护区、湖北省林业局、英国乌邦寺、世界自然基金会	6 家单位联合发起成立“麋鹿保护联盟”
58	2021 年 2 月	中国林学会	被列入“第五批全国林草科普基地”
59	2021 年 12 月	生态环境部、科技部	在国家生态环境科普基地综合评估中荣获“优秀”
60	2022 年 12 月	江苏省人力资源和社会保障厅、自然资源厅	获“江苏省自然资源系统先进集体”荣誉称号

1.3　保护对象

1.3.1　性质

江苏省大丰麋鹿国家级自然保护区(以下简称“保护区”)是世界上最大的麋鹿保护区,重点保护麋鹿及其栖息的湿地生态系统,同时也是集自然保护、科学研究、教学实习、宣传教育和可持续发展等为一体的综合性自然保护区。江苏省大丰麋鹿国家级自然保护区管理处是江苏省林业局直属事业单位。

1.3.2　类型

根据《自然保护区类型与级别划分原则》(GB/T 14529—93),保护区符合自然生态系统自然保护区中的“野生动物类型自然保护区”和“内陆湿地和水域生态系统类型自然保护区”的要求,考虑到主要保护对象为麋鹿及其栖息的湿地生态系统,因此保护区应属于“野生动物类型自然保护区”。

1.3.3　面积

根据《国家林业局关于湖南壶瓶山等3处国家级自然保护区功能区调整的批复》(林护发〔2015〕98号),保护区总面积2 666.67公顷,其中,核心区面积1 656.67公顷,占比62.13%,缓冲区面积288公顷,占比10.80%,实验区面积722公顷,占比27.07%。

1.3.4　主要保护对象

保护区的主要保护对象是麋鹿及其栖息的湿地生态系统,并肩负着恢复野生麋鹿种群的重要任务。麋鹿是一种大型鹿科草食性动物,属于偶蹄目鹿科麋鹿属,原产于我国,被世界自然保护联盟(IUCN)列为“野外灭绝(EW)”。历史上麋鹿有双叉种(*E. bifurcatus*)、蓝田种(*E. lantianensis*)、台湾种(*E. formosanus*)、晋南种(*E. chinanensis*)和达氏种(*E. davidianus*)共5个亚种,现仅存达氏种,其他4个亚种均已灭绝。根据已出土的野生麋鹿化石和历史记载,野生麋鹿是中国特有种,主要分布于气候温暖的滨海湖泽地区,长江沿岸地区是野生麋鹿的历史自然分布区,而长江中下游地区是麋鹿最佳的栖息地区。

2 自然地理

2.1 地理位置

保护区位于江苏省东部大丰区境内的黄海之滨，距离大丰区市区 50 千米，距离盐城市区 100 千米，东南与东台市滩涂蹲门口接壤，南部与江苏省新曹农场毗邻，西部和大丰林场及上海市川东林场相连，东北部为黄海。保护区由三个分区组成，一区边界自老海堤内复河起，向东南经拐点至老海堤内复河大丰与东台市交界处，向南至四纵沟中心点，沿四纵沟向西至大丰林场东南角，向北经 2 个拐点至起点；二区自老海堤外复河起，向东北至新海堤内复河中心点，沿新海堤内复河至拐点，向西南至老海堤外复合中心点，向西北至起点；三区自新海堤公路起，向东南经 2 个拐点至大丰区与东台市界河中心点，向西南至新海堤公路，经 3 个拐点。

2.2 地质地貌

保护区地层属华北古陆，形成于古生代(距今约 3 亿～5 亿年前)。这里原本为海域，长江、淮河两大河流三角洲的推进和海潮泥沙的沉积，引起大量泥沙的辖聚与辐散运动，形成陆地并滩的趋势，使得海岸线以 50 米/年的平均速率不断东移。最后一次冰期以来，在海浪的冲击下，苏北海岸堆积形成了 2～3 条绵延约 100 千米的接近平行的海岸沙堤，最终形成了辽阔的淤涨型平原淤泥质海岸。

保护区地质地貌的形成需要追溯到大丰陆地的演变。据《江苏省大丰县土壤志》记载，大丰陆地形成的历史比较短，基本上都是千年之内由沧海转变成桑田。远在新石器时代，淮河为清水河，海岸线在相当长的时间内一直稳定在赣榆、板浦、阜宁、盐城一线附近。盐城以西的西冈，起自废黄河边的羊寨，向南经喻口、沙缺口、龙冈、大冈，入兴化东台境，至海安西北部与古长江北岸的扬泰冈地相接。据海安市南莫镇青墩村公社青墩遗址的 C14 测年资料，其形成年代为距今 5 000～6 000 年。因此，这道沙堤可以视作新石器时代的海岸线。此时整个大丰全域处在汪洋大海之中。

在西冈以东有东冈，其北起废黄河边的北沙，由阜宁城过射阳河，经上冈、盐城入大丰、东台境内。在这条沙冈上的三羊墩、头墩、二墩、三墩(在盐城与伍佑)之间均发现了汉代墓葬和少数战国时代的文化遗址，可见这条沙冈至迟在秦汉以前即已出露。《元和郡县志》载“州长百六十里，在海中，州上有盐亭百二十三所，每岁煮盐四十五万石”，可见到了唐朝，这条沙冈尚未完全与陆地连接。东台市西溪古镇的海春轩塔至迟在北宋初即已建成，被作为航海标志使用。范公堤于天圣三年至五年建成，当时的海岸仍在东冈，那时大丰区只有三圩乡露出海面成陆。

黄河自南宋建炎二年(1128)逐渐开始夺淮入海，海口亦渐渐淤长，范公堤北段堤外，海岸也渐渐东移，有的盐灶已迁往范公堤以外。到明弘治七年(1494)黄河全流由淮入海后，海岸淤长更加迅速，万历辛巳年间(1581)乘舟东行时，两岸已“禾黍交映”。明开国以来，因始终受倭寇的侵扰，为了侦察海上信息，嘉靖三十三年(1554)在靠近港汊和海口之处建立烟墩，一旦敌船入侵，则点火警告。当时大丰区建立的烟墩有南团的龙须墩，北团的花墩，说明那时大丰区刘庄、白驹、草埝、大龙、三渣、洋心洼等乡全部和龙堤、新团、西团、南团、小海、沈灶等乡的一部分土地已露出海面成陆。

清顺治年间中十场所建烟墩在大丰境内的有大桥的镇海墩，潘镦的定海墩、塔港岸墩，沈灶的殷家坎墩、彭崖下墩，直至万盈的万盈墩，形成一条“沿海马路”。这条沿海马路南起角斜旧场，向西北经东台周洋、唐洋，大致沿今黄海公路北上经三仓、华镦、潘镦、大桥抵万盈西。靠近七灶河后，这条古路和明代的海岸线相接近，因而地势较高。大丰区的龙堤、新团、西团、南团、小海、沈灶等乡全部和潘镦、大桥、万盈等乡一部分土地已露出海面成陆。

咸丰五年(1855)黄河在铜瓦厢决口，尾间改由山东利津入渤海，致使江苏海岸经历了一次动力和泥沙的突变，开始了泥沙重新分配及海岸重新调整的阶段。光绪年间的海岸由获水口过大浦闸，绕过北云台，抵开山南一公里，过大淤尖东北14公里处，抵今双洋口，然后经东小海过新洋港到海洋西，至大丰下明闸过潮水坝，沿今海堤到新港闸，而堤外蹲门口附近和弶港附近的沙洲也完成了拼陆阶段。这时大丰区潘镦、大桥、川东、万盈、草庙、通商、南阳、大中、裕华、新丰、金墩、方强、三龙、丰富等乡镇和王港、斗龙乡一部分土地已露出海面成陆，至此保护区的地形地貌在光绪年间形成。中华人民共和国建立后，保护区于1956年修筑了海堤，1970年基本具备排灌系统并部分造林。建区前保护区位置位于大丰林场最南部，土壤随着脱盐和有机质积累，逐步发育成草甸、滨海盐土、潮盐土和脱盐土。

2.3 气候

保护区属于亚热带与暖温带的过渡地带，气候特点是海洋和季风气候的过渡类型。海洋性气候表现在春季温度回升慢，秋季温度稳定且下降亦缓，初霜迟，无霜期长。季风性气候表现在冬季受大陆季风冷空气影响，多西北风，以少雨天气为主，常出现低温和霜冻；夏季受海洋性季风影响，多东南风，降水充沛，雨热同期；春秋两季处于交替时期，形成干、湿、暖、冷多变气候，春夏季、秋冬季界限不明显。保护区冬季气温偏暖，大雪冰冻封河现象很少见。中国天气网和盐城气象局数据记录显示，2011—2021年期间多年平均气温15.2℃，多年平均降水量2 458.5毫米，63%的降雨集中在6—9月份，多年平均日照时长1 990.4小时。

2.3.1 气温

中国天气网和盐城气象局数据记录显示，2011—2021年大丰区多年平均气温为15.2℃，属于正常。冬季多年平均气温为1.8℃～4.8℃，2011年冬季平均气温达到最低值为－1.3℃，2015年冬季平均气温达到最高值为6.1℃；春季多年平均气温为13.7℃～15.2℃，2011年春季平均气温达到最低值为13.1℃，2017年春季平均气温达到最高值为16℃；夏季多年平均气温为26.2℃～26.9℃，2018年夏季平均气温达到最高值为27.5℃，2019年夏季平均气温达到最低值为25.2℃；秋季多年平均气温为16.2℃～17.5℃，2013年秋季平均气温达到最低值为15.8℃，2021年秋季平均气温达到最高值为18.5℃。其中，2011年1月平均气温比常年同期异常偏低－3.0℃～3.0℃；2013年8月平均气温比常年同期异常偏高1.0℃～2.5℃；2017年7月平均气温比常年同期异常偏高2.0℃～2.8℃；2018年12月平均气温比常年同期异常偏高1.5℃～2.5℃；2021年2月平均气温比常年同期异常偏高3.7℃～4.7℃；2021年9月平均气温比常年同期异常偏高2.0℃～2.1℃；其余月份平均气温与常年相比属于正常。极端最低气温为－11.0℃，于2016年1月24日出现；极端最高气温为39.0℃，于2017年7月24日出现。

2.3.2 降水量

中国天气网和盐城气象局数据记录显示，2011—2021年，多年平均降水总量为2 458.5毫米，多年之间降水总量差距显著。春季多年平均降水总量为360.9毫米，2016年春季降水总量最高为730.5毫米，2017年春季降水总量最低为38.4毫米；夏季多年平均降水总量为1 127.3毫米，2016年夏季降水总量最高为3 016.5毫米，2017年夏季降水总量最低为129.4毫米；秋季多年平均降水总量为802.3毫米，2016年秋季降水总量最高为5 246.8毫米，2017年秋季降水总量最低为72.4毫米；冬季多年平均降水总量为166.1毫米，2012年冬季降水总量最高为300.3毫米，2021年冬季降水总量最低为44.6毫米。其中，2012年1月，2015年1月，2017年3至4月、6至8月和11至12月，2018年1至4月和9至10月，2019年3至5月，2020年4月，2021年1月和8月降水量较常年正常值异常偏少；2012年3月，2014年2月，2016年1月、7月，2017年9至10月和2019年1月降水量较常年正常值异常偏多；其余月份降水量与常年相比总体正常，多年平均雨日99～128天。

2.3.3 日照

中国天气网和盐城气象局数据记录显示，2011—2021年，多年平均日照时长1 990.4小时。冬季多年平均日照时长449.3小时，2014年、2019年和2020年冬季日照时长与常年相比均偏少，分别为401.6小时、329.2小时和357.0小时，2011年、2013年和2021年冬季日照时长与常年相比均偏多，分别为494.1小时、564.3小时和490.6小时；春季多年平均日照时长632.0小时，2014年、2016年、2018年和2021年春季日照时长与常年相比均偏少，分别为572.6小时、574.1小时、573.4小时和525.7小时，2017年与2020年春季日照时长与常年相比显著偏多，分别为732.4小时和983.8小时；夏季多年平均日照时长569.7小时，2014年、2015年、2020年和2021年夏季日照时长与常年相比显著偏少，分别为436.7小时、432.7小时、393.4小时和456.3小时，2012年、2013年、2016年、2017年和2018年夏季日照时长与常年相比显著偏多，分别为638.5小时、

766.6 小时、681.8 小时、634.4 小时和 704.0 小时；秋季多年平均日照时长 502.8 小时，2020 年秋季日照时长与常年相比偏少，为 473.0 小时，2018 年秋季日照时长与常年相比偏多，为 553.1 小时。其余年份日照时长与常年相比总体正常。

2.4 水文

保护区位于川东港和东台河之间。保护区内除滩涂湿地外，还有水塘、小河和沟渠，是麋鹿生活必不可少的生态环境，也是麋鹿的饮用水水源。川东港西起通榆运河，东至入海口，是里下河地区排涝第五大港，兼沿海滩涂供水专线，是老海堤内外复河的交汇水体。

东台河又名灶河，位于东台市境内，西起东台城，东至蹲门口入海，全长 59 千米，也是老海堤内外复河的交汇水体。大丰境内灶河水系由八灶河与七灶河水系组成。八灶河原为刘庄场的灶河，流经八户灶，故名。它西起刘庄串场河，向东北流入老斗龙港，全长 20.2 千米，流域面积 40 平方千米，原为老斗龙港上游 5 条支河之一，历史上是里下河地区排涝入海河道，为自然河流。清乾隆二十二年(1757)经副总河嵇璜奏准，挑八灶闸下引河，光绪八年(1882)张富年开八灶河，光绪十三年(1887)，督察朱毓筒疏浚，光绪十四年(1888)，臬司张富年挑浚。中华人民共和国成立后的 1958 年，当地动员 5 400 人进行改道，从小港口向西直通通榆河，新河段长 3.85 千米，完成土方 24.87 万立方米，工日 9.52 万个。现状河道底高程为 0.5 米，河道底宽为 10 米，边坡比为 1∶2，至此八灶河已成为河道两岸居民农业生产的主要灌溉排涝河道。八灶河防洪标准为 20 年一遇，除涝标准为 5 年一遇，无通航要求。七灶河原为刘庄场的灶河，流经七户灶，故名。它西起刘庄串场河青龙闸，与兴盐界河相通，向东流入老斗龙港，全长 15.2 千米，流域面积 52 平方千米，是老斗龙港上游 5 条支河之一，古为里下河地区分洪支流，现是西部地区引排河道。河道于明末及清康熙、雍正、光绪年间，民国 15 年、17 年、18 年先后多次疏浚扩建。中华人民共和国成立后，当地分别于 1958 年、1968 年、2005 年、2006 年对河道沿线进行多次疏浚，扩建后现状河道底高程为−1.0 米，河道底宽为 10 米，边坡比为 1∶2。疏浚后提高了引水能力，加速了排水速度，改善了水质。河道规划防洪标准为 50 年一遇，除涝标准为 10 年一遇。七灶河为大丰区重要县域河道，流经大中镇、开发区、刘庄镇三个镇区，河道西起于串场河青龙闸，东止于老斗龙港，全长 15.2 千米，流域面积 52 平方千米，其中城区段长 1 千米，位于刘庄镇中心，非城区段长 14.2 千米。

2.5 土壤

据《江苏省大丰县土壤志》记载，大丰土壤形成过程可分为两个阶段：第一阶段为地质过程，即机械的搬运堆积过程。长江、淮河、黄河自上游挟带大量泥沙流入海中沉积下来，随着沉积过程的继续，沉积层逐渐加高增厚而露出海面成为陆地。由于海堤的修筑、河道的开挖、扛土等人为因素和自然堤的形成、海势的东迁等自然因素的相互作用，使得土壤逐渐脱离海水的影响，在经过自然雨水的淋溶作用后，沉积于土壤表层的盐分逐渐降低，这有利于耐盐微生物的繁育，使土壤逐渐向自然脱盐和肥力积累的过程发展。土壤脱盐过程必须以脱离海水的影响为前提，以生物的作用为主导因素，加上母质、地形、排水等环境条件的相互影响，加速这一过程的发展。在成土过程中，因生草的时间，植被的类型，成土母质、地形、排水等方面环境因素的差异而生成不同盐渍程度的盐土，大抵规律为成陆年代愈早，生草过程愈长、土壤质地愈轻，排水情况愈好、雨量分布愈多，则土壤的脱盐及肥力的积累过程进展愈快。

大丰土壤成土母质，依其来源与沉积方式的不同，可分为三种。

(1) 无石灰性湖相沉积物，主要为长江与淮河的冲积物，成片段状或露出地表，或作不同深度的埋藏，质地为重壤—黏土，因经过长期沼泽化，上层有一较厚的黑色土层。此为里下河湖相沉积物的延伸部分，土壤均已脱盐。

(2) 江淮冲积物，其因所在地势较高，受海水冲刷作用，沉积物质地较轻。多为砂壤—轻壤，脱盐较快，其成陆时间较久。

(3) 黄淮冲积物，其所处地势较低，质地为轻壤—中壤，系受海水搬运作用沿海沉积而成，沉积年代较前两者略晚，土层含可溶性盐略高。

在地理分布上，一般规律为有埋藏黑土底层的土壤，均分布在大丰西部地区，其生成受河西无石灰性湖相沉积向东延伸的影响。根据土壤盐渍情况，其地理分布趋势是自东向西盐渍程度逐渐减轻，呈平行的带状分布。这与在自然雨水的淋溶作用影响下的生草过程和自然脱盐过程是一致的。土地被种植利用后，由于栽培时间的长短和利用方式的不同，大丰现具有水稻土、潮土和盐土三个土类。

大丰地下水埋藏深度在 1～2 米，土壤质地绝大部分为砂壤—中壤，地下水活动直接参与成土过程，土壤毛管水移动活跃时可接近或达到地表，因而有明显的“夜潮”现象。由于地下水升降频繁，加剧了土壤干湿交替作用的进行，直接影响到土壤盐分的变化，使得氧化还原过程交替发生并影响到溶解物质的移动和积聚，特别是铁湿时还原移动增强，干时氧化积聚显著，在剖面中沿结构面孔隙壁普遍呈现锈色斑纹。在西部水稻土灌水渍水期间，由于土体强烈的还原作用，铁锰物质变为可溶性物质而被淋溶，水分的垂直渗漏将可溶性铁锰淋溶至下层淀积，在 2 米以下底部普遍夹有青灰色的潜育化层次。根据水分在土体内移动变化和地下的不同深度，大丰区水稻土可分为潴育型、脱潜型和潜育型三个亚类。

保护区属于滨海地区，区域内的来源与沉积方式属第三种类型，成土母质为黄淮冲积物。土质为砂壤—中壤，pH 值为 7.7～8.4，含盐量为 0.04%～1.13%(NACL，0～60 厘米土层)，为盐土类中的滨海盐土亚类。

2.6 自然灾害

保护区地处黄海之滨，受到复杂多变的气候因素和活跃的地质运动的双重影响，极易发生各类自然灾害。盐城市气象局资料显示，2011—2021 年期间区域内灾害性天气频发，自然灾害类型主要包括气象灾害、生物灾害以及火灾。

2.6.1 气象灾害

2.6.1.1 梅雨

梅雨是指每年 6 月上旬至 7 月中旬出现的持续性天阴有雨天气现象。此时，由于长时间时雨时晴的高湿天气，家中器物容易发霉，民间亦称为“霉雨”。大丰地区统计数据显示，2011 年梅期长达 35 天，共出现 29 个雨日，累计降水量 703.3 毫米，呈现强降水过程频繁、降水强度大、短时降水集中的特点，降水量较常年显著偏多 2.4 倍；2012 年梅期 21 天，共出现 20 个雨日，累计降水量 300 多毫米；2013 年梅期 15 天，梅雨量偏少，累计降水量 135.5 毫米，降水呈间歇性和过程性，期间出现持续高温天气的特点；2014 年梅期 23 天，梅雨量偏少，降水呈过程性，降水强度不大，累计降水量 187.1 毫米；2015 年梅期 20 天，入梅时间略偏迟，累计降水量 271.7 毫米；2016 年梅期长达 32 天，梅雨期间有雷暴、大风等极端灾害性天气发生，累计降水量 478.2 毫米，与常年降水量相比异常偏多 8 成；2017 年梅期 19 天，梅雨量偏少，累计降水量 143.8 毫米；2018 年梅期 13 天，梅雨量极端偏少，累计降水量仅 76.3 毫米，与常年降水量相比异常偏少 3 倍多；2019 年梅期长达 33 天，梅雨量偏少，梅期气温明显偏低，累计降水量 170.00 毫米；2020 年梅期长达 43 天，是近十年梅期持续时间最长的一次，梅雨量显著偏多，累计降水量 500 多毫米，与常年降水量相比异常偏多 7 成；2021 年梅期 29 天，梅雨量正常，累计降水量 319.9 毫米。总的来看，若梅期持续时间过长，会造成累计降水量与同期相比异常偏多；若梅期持续时间短，会导致累计降水量与同期相比异常偏少。

2.6.1.2 寒潮

寒潮是寒冷空气潮水般过境之意，它属于冷空气流动的一种形式。寒潮是来自高纬度地区的寒冷空气，在特定的天气形势下能迅速加强并向中低纬度地区侵入，造成沿途地区大范围剧烈降温、大风和雨雪天气。大丰区 2011 年共出现 6 次寒潮天气，分别出现在 3 月、11 月和 12 月；2012 年共出现 7 次寒潮天气，分别出现在 3 月、11 月和 12 月，尤其是 12 月的寒潮对设施农业产生了一定的低温冻害；2013 年共出现 4 次寒潮天气，分别出现在 2 月、3 月和 4 月，其中 3 月和 4 月降温幅度达到 10℃以上；2014 年共出现 4 次寒潮天气，分别出现在 1 月、2 月、3 月和 11 月；2015 年、2017 年和 2020 年仅出现 1 次寒潮天气，2015 年出现在 11 月，2017 年和 2020 年均出现在 1 月；2021 年多次出现寒潮天气，持续出现低温雨雪冰冻，分别出现在 1 月、3 月、11 月和 12 月，接连出现的强寒潮天气导致油菜普遍受冻，造成直接经济损失；2016 年、2018 年和 2019 年无寒潮天气发生。总的来看，2011—2014 年多出现寒潮天气，集中发生在 3 月、11 月和 12 月，2015—2021 年寒潮天气总体较少，可能受全球气候变暖影响，寒潮次数呈总体减少趋势。

2.6.1.3 雷暴

雷暴是指伴有雷击和闪电的局地对流性天气，它必定产生在强烈的积雨云中，因此常伴有强烈的阵雨或暴雨，有时伴有冰雹和龙卷。大丰区2011年与2012年分别仅出现1次雷暴日；2013年共计出现雷暴日38天，除1月、10月、11月和12月外，其余8个月均有雷暴发生；2014年共计出现雷暴日34天，集中发生在7月、8月、9月、10月和11月，其中7月与8月共计出现雷暴日21天；2016年共计出现雷暴日7天，分别发生在4月、5月和6月；2017年雷暴日集中出现在7月和8月，造成房屋受损、农作物绝收、树木折断倒伏等灾害；2018年共计出现雷暴日19天，集中发生在3月、4月、5月、6月、7月和8月；2019年共计出现雷暴日21天，集中发生在3月、4月、5月、6月、7月和8月；2020—2021年雷暴日均出现较少。总体来看，雷暴日多发生在春夏两季，造成大范围的强降雨。

2.6.1.4　台风

台风属于热带气旋的一种。热带气旋是发生在热带或亚热带洋面上的低压涡旋，是一种强大而深厚的热带天气系统。中国把西北太平洋的热带气旋按其底层中心附近最大平均风力大小划分为6个等级，其中心附近风力达12级或以上的，统称为台风。盐城气象局资料显示，大丰区2011年受热带风暴“米雷”和超强台风“梅花”的影响；2012年受台风“达维”和“海葵”的影响；2013年受台风“苏力”和“菲特”的影响；2014年受台风“浣熊”、“麦德姆”、“娜基莉”、“凤凰”、“巴蓬”和“黄蜂”的影响；2015年受台风“杜鹃”和“苏迪罗”的影响；2016年受台风“莫兰蒂”、“马勒卡”、“鲇鱼”和“海马”的影响；2017年受台风“海棠”和“泰利”的影响；2018年受台风“安比”、“云雀”、“摩羯”和“温比亚”的影响；2019年受台风“利奇马”、“玲玲”、“塔巴”和“米娜”的影响；2020年受台风“黑格比”和“巴威”的影响；2021年受台风“烟花”和“灿都”的影响。总的来看，2014年、2016年、2017年和2019年受台风影响次数较多，其余年份每年均受2次台风影响。

2.6.1.5　高温

在中国气象学上日最高气温达到35℃以上称为高温天气。高温天气会给人体健康、交通、用水、用电等方面带来严重影响。大丰区2011年共计有9天高温；2012年共计有6天高温，均出现在7月；2013年共计有20天高温，高温日持续时间长，8月连续出现5天以上的高温；2015年共计有6天高温；2016年共计有12天高温，7月下旬连续11天出现35℃以上的高温，极端最高气温达到38.5℃；2017年共计有13天高温，极端最高气温达到39℃；2020年共计有13天高温；2021年仅有2天高温。总的来看，2011—2015年高温天气整体出现次数较少，2016—2021年高温天气整体呈现逐年增加的趋势。

2.6.1.6　干旱

干旱是指长期无雨或少雨，使土壤水分不足、作物水分平衡遭到破坏而减产的气象灾害。干旱是人类面临的主要自然灾害，即使在科技发达的今天，它造成的灾难性后果仍然比比皆是。大丰区2011年出现中度气象干旱2次、重度气象干旱1次，其中，1月和4月持续多天无有效降水，造成中度气象干旱；6月夏种期间，出现重度气象干旱，导致农作物播种严重缺水；2012年6月出现1次中度气象干旱；2014年10月出现1次轻度气象干旱，对秋播工作产生轻度影响；2016 年 9 月出现 1 次中度气象干旱，导致秋粮严重减产；2017 年出现中度气象干旱 2 次、重度气象干旱 1 次，分别发生在 3 月、5 月和 7 月；2018 年出现轻度气象干旱 3 次、中度气象干旱 1 次，分别发生在 4 月、8 月、9 月和 10 月；2019 年 9 月—11 月期间连续无有效降雨，出现中度气象干旱；2020 年与 2021 年均无干旱气象发生。总的来看，2011—2018 年，干旱天气频繁发生，2019—2021 年干旱天气呈逐年减少趋势。

2.6.2　生物灾害

保护区重大生物灾害主要有疫源疫病和有害生物，从 1986 年开始，除正常自然淘汰外，共发生 2 次相对较多数量的麋鹿因疫源疫病（腐败梭病）及有害生物（长角血蜱）死亡事件。1996 年 7—8 月，因连续阴雨，引发长角血蜱寄生于麋鹿体表，致使其严重失血、贫血，死亡 40 多头麋鹿；2000 年 5—6 月，因种群密度过大，水质污染，引发腐败梭病发生，致使一区（核心区）西区 30 头麋鹿死亡。保护区地处世界东亚—澳大利西亚候鸟迁徙路线上，每年迁徙过境、越冬鸟类数量逾百万，迁徙鸟类可能携带的致病源也是保护区潜在的生物灾害来源。

2.6.3　火灾

保护区内未清理的倒木枯树以及冬季枯萎的挺水植物均为潜在火源，在雷击等特殊条件下可能会引发火灾。

2.7　景观

保护区内旅游景观主要以自然景观和非自然景观为主，其中自然景观主要包括湿地景观、林地景观、草地景观及裸地景观，占保护区面积的 95.59%；非自然景观主要包括植物迷宫、听敖坡、百麋图、封神台、观鹿台等，占保护区面积的 3.25%。

2.7.1　植物迷宫

植物迷宫长 56 米，宽 27 米，由法国冬青排列，地面由果岭草、黑麦草满铺而成，占地面积 1 512 平方米，浓绿的树木长成密不透风的绿墙。这样的迷宫适合家长带着孩子一起探索人性的双重特征——复杂与简单、神秘与可知、感性与理性。

2.7.2　听敖坡

听敖坡为麋鹿而建，这里安息着 1986 年回归中国的 39 头麋鹿，它们完成了祖先还家的夙愿，在黄海滩涂上扎根、繁衍，使麋鹿家族香火不断，如今保护区内的麋鹿都是它们的后裔。当初它们当中年龄最小的 2 岁，最长的 7 岁，如今它们的生命都已圆满画上了句号。听敖坡可以称得上是人类为共同生活在地球上的同伴——野生动物建造的最大的纪念碑，1986 年，39 头麋鹿就是从这儿走下卡车，呦呦数声后奔向了一望无际的黄海滩涂，因此被称为听敖坡。

2.7.3　百麋图

百麋图是为纪念 2007 年大丰野放麋鹿超百头而建造。百麋图雕刻了麋鹿的一百种行为，麋王俯视、母鹿咀嚼、小鹿吮奶、双麋打斗、群鹿奔跃……100头麋鹿形象逼真、直观生动、内涵丰富，堪称麋鹿行为的百科全书。1998年11月、2002年7月、2003年10月、2006年10月四次人工有计划的麋鹿全野生放养实验获得了初步成功，其野放种群已由53头增至235头，已成为全世界拯救濒危物种及野生动物重引进项目的成功范例，体现了人与自然的和谐。

2.7.4 封神台

封神台是根据姜子牙筑台封神的传说修建的。传说元始天尊命姜子牙下山辅佐周武王，兴周灭纣，姜子牙骑着四不相四处游说，并在东海之滨筑台封神，使得六神归位、百战百胜。封神台高39米，象征了当年回归的39头麋鹿。这座台塔有一些特别之处，第五层没有门，因为保护区在建立之初，由于水资源供应严重不足，于是想建座水塔，可是在这样和谐自然的生态景观中建一座水塔似乎有些不伦不类，于是就做了这样一个大胆的设计，把第五层作为储水库，既解决了缺水问题又便于游客观光赏景。

2.7.5 观鹿台

观鹿台是仿北京南郊的观鹿台建设的，它为游客看鹿提供了方便。观鹿台的台阶共39层，并被分成三个组成部分，象征了保护区发展的三个阶段：引种扩群、行为重塑、野生放养。

2.7.6 《麋鹿本纪》书法石刻

《麋鹿本纪》书法石刻是世界上最长的以麋鹿文化为题材的石刻书法长廊，全长42米，高3.9米，39块黑色大理石镶嵌在古朴的长廊上，寓意着39头麋鹿的后代香火旺盛、绵长亘远。《麋鹿本纪》全文由全国知名麋鹿文化研究学者马连义先生撰稿，由全国著名书法家张重光先生草书。它以《史记》中记载皇家历史的体裁形式"本纪"，用文言文记述了麋鹿物种起源、与先民共存、千百成群、深居园囿、飘零异乡、绝处逢生、回归故土、种群复兴的坎坷曲折的历史。它集书法、石刻、美文、历史于一体，具有极高的文化欣赏价值。

3 周边社会经济概况

3.1 行政区划

保护区位于江苏省盐城市大丰区境内。大丰位于江苏沿海中部，是盐城的滨海新城区、大市区副中心，也是江苏省面积最大的城市区，坐拥世界湿地自然遗产核心区，孕育了麋鹿、珍禽两个国家级自然保护区。大丰区总面积 3 059 平方千米，下辖 11 个镇、2 个街道、2 个省级开发区，境内有江苏省属农场 3 家、上海市属农场 1 家。大丰区为全国文明城市、全国综合实力百强区、国家首批可持续发展先进示范区、国家首批生态示范区、国家卫生城市、国家园林城市、国家森林城市和国家全域旅游示范区。保护区位于江苏省盐城市大丰区境内，保护区内无行政村或自然村，但毗邻 1 个农场(新曹农场)、2 个镇(即大桥镇、草庙镇)，其中川竹村、东灶村 2 个行政村在草庙镇境内。

3.2 人口数量

据第七次全国人口普查结果，麋鹿保护区所在的大丰区户籍人口 69.38 万人，比上年末减少 0.72 万人。其中，男性人口 34.65 万人，女性人口 34.73 万人；0～17 岁人口 7.72 万人，18～34 岁人口 11.49 万人，35～59 岁人口 29.13 万人，60 岁及以上人口 21.04 万人。全年人口出生率 4.03‰，人口死亡率 9.43‰，人口自然增长率－5.4‰，年末常住人口城镇化率达 62.57%。麋鹿保护区核心区和缓冲区内无常住人口，一区实验区大丰林场内自 20 世纪 60 年代起便有盐城市大丰区林场职工居住，现林场一工区、二工区及南护林站约 100 人，在一区实验区林场范围从事林业生产活动。毗邻社区的人口状况是川竹村约 1 700 人，东灶村约 1 700 人。周边社区居民的生产生活边界与保护区的保护范围界限明确。

3.3 经济状况

大丰区经济总量持续增长。初步核算，2021 年全年实现地区生产总值 759.21 亿元，按可比价格计算，同比增长 6.6%。其中，第一产业增加值 111.06 亿元，增长 3.4%；第二产业增加值 253.21 亿元，增长 6.4%；第三产业增加值 394.94 亿元，增长 7.0%。三次产业结构比为 14.6∶33.4∶52.0。全区人均地区生产总值 117 561 元。2021 年全年实现农林牧渔业总产值 199.81 亿元，同比增长 4.4%；全年完成全口径工业开票销售收入 1 404.35 亿元，同比增长 27.8%；全年完成建筑业总产值 120.7 亿元，同比增长 21.3%；全年固定资产投资同比下降 17.3%；全年完成房地产开发投资 45.2 亿元，同比下降 16.6%；全年社会消费品零售总额 245.79 亿元，同比增长 19.4%；全年实现进出口总额 42.02 亿美元，同比增长 46.5%；全年接待游客 1 030.1 万人次，同比增长 36.9%。麋鹿保护区核心区及缓冲区内无生产活动，实验区内从事生产活动的主要合法权益单位为盐城市大丰区林场，主要从事林业生产及林下生态农业。保护区周边社区的主要生产方式为农业和旅游服务业。

3.4　医疗卫生与文化教育

根据《2021年大丰区国民经济和社会发展统计公报》，大丰区全区共建有文化馆1个，图书馆1个，博物馆4个，美术馆1个，镇(街道)综合性文化服务中心13个。大丰区卫生事业处于稳步推进状态，全区拥有卫生机构362个(含村卫生室218个，门诊、诊所、医务室等82个)，其中医院、卫生院(社区卫生服务中心)41个，疾病预防控制中心1个，妇幼保健机构1个。大丰区教育事业得到了全面的发展，全区有普通中学32所，其中高中3所、初中29所(含少年体育学校1所)，在校学生21 230人，毕业学生7 311人；小学32所，在校学生27 662人，毕业学生4 554人，入学率和巩固率均为100%；中等职业学校1所，在校学生2 884人，毕业学生717人；幼儿园52所，在园幼儿13 022人；特殊教育学校1所，适龄残疾儿童入学率达100%。大丰麋鹿保护区内有医务室，周边行政村均设有村级医疗点，各乡镇政府所在地设有卫生院和初级中学，包含中学3所、小学3所，医院4所。

4 管理现状

4.1 管理体系

江苏省大丰麋鹿国家级自然保护区管理处为正处级建制，属公益一类事业单位，统一行使保护区管理职责。保护区管理处有固定的办公地点、办公设备和办公人员，内设5个科室：办公室、技术管理处、安全保卫处、资源管理处和监督审查室。保护区设立基层管护站2个，另下设盐城市麋鹿研究所，为正科级事业单位。保护区界桩、界碑、界牌和重要区域警示标识等管护设施装备完善，工作制度详尽合理，岗位职责和岗位目标明确。

保护区无独立执法机构。在2020年，保护区与盐城市生态环境局、市自然资源和规划局、江苏盐城国家级珍禽自然保护区签订了《自然保护地生态环境监督管理工作合作框架协议》，建立了自然保护地生态保护联合执法工作机制，定期开展保护联合执法检查。根据上级工作部署，相关部门(单位)牵头开展绿盾专项行动、卫星遥感点位核查、专项执法检查等联合执法活动，共同查处自然保护地环境污染和生态环境破坏等违法违规行为，加强对自然生态环境保护工作的指导、监督，在各自工作职责范围内，共同推进自然保护地问题整改。

4.2 管理队伍

保护区核定事业编制30名，包含保护区管理处财政全额拨款事业编制15名，盐城市麋鹿研究所自收自支事业编制15名。目前保护区管理处在职人员13人，其中，专科以上10人，中专以下3人，具有高级职称的7人，中级技术职称1人，初级技术职称1人，技师4人；盐城市麋鹿研究所在职人员11人，其中，专科以上9人，中专以下2人，具有高级职称的1人，中级技术职称5人，初级技术职称2人，技师3人。随着麋鹿种群的日益增长及不断扩散，现有工作人员数量仍是不够的，且人员专业结构及各管理点人员配置不尽合理，科学研究及保护管理的专业人员较为缺乏。

4.3 管理制度

为使管理走上法制化轨道，保护区认真贯彻执行《中华人民共和国野生动物保护法》《中华人民共和国湿地保护法》《中华人民共和国森林法》《中华人民共和国自然保护区条例》《江苏省大丰麋鹿国家级自然保护区管理办法》等其他法律法规政策规定，在2016—2022年期间与相关部门开展联合监督检查工作10余次。

保护区根据管护职能的调整和业务工作的多元化，不断完善各项规章制度。为进一步加强保护区的内部管理，2020年保护区结合自身发展和实际形势，修订完善了《江苏大丰麋鹿国家级自然保护区管理处内部管理制度汇编》，本制度汇编分为保护区综合管理、安全生产、财务管理、旅游管理以及党建、党务工作五类，为全区干部、职工的工作与生活提供了实施和考核标准。

4.4 基础设施

保护区已经完成界碑、界桩、标识牌等确界设施的布设工作，各功能区边界明确。管理处大楼基本保障了管理机构的日常办公，饲料间、职工宿舍楼都正常使用运行；盐城市麋鹿研究所配备了业务用房、救护和科研类的基础设施设备，具备基本野生动物救护、科学研究和环境教育功能；2 个管护站利用警用电瓶车、巡护船、巡护皮卡、巡护橡皮艇和视频监控对保护区进行有效巡护，巡护道路基本覆盖保护区重点区域，保护区初步具备控制突发火情的能力。总体看来，保护区的基础设施水平基本能够满足日常保护管理工作的需求。

4.5 资源权属

保护区 2 666.67 公顷面积中，一区东侧、二区及三区约 2 166.67 公顷土地属保护区所有；一区西侧约 500 公顷土地属大丰林场所有，为林地和耕地。

保护区土地证上部分区域位于保护区以外，其中东川垦区 19-3-9 区域 30.066 5 公顷土地全部位于保护区外，东川垦区 19-3-3 号区域约 41 公顷土地位于保护区外。

保护区管理处具备堤外区域的海域使用证。其中保护区内的海域核心区用海面积 1 001.6 公顷，完全包含保护区三区范围；保护区管理处具备三区外侧海域贝类养殖项目海域使用证，该区域用海面积 513.025 公顷。

保护区土地、海域所有情况如图 4.5-1 所示。

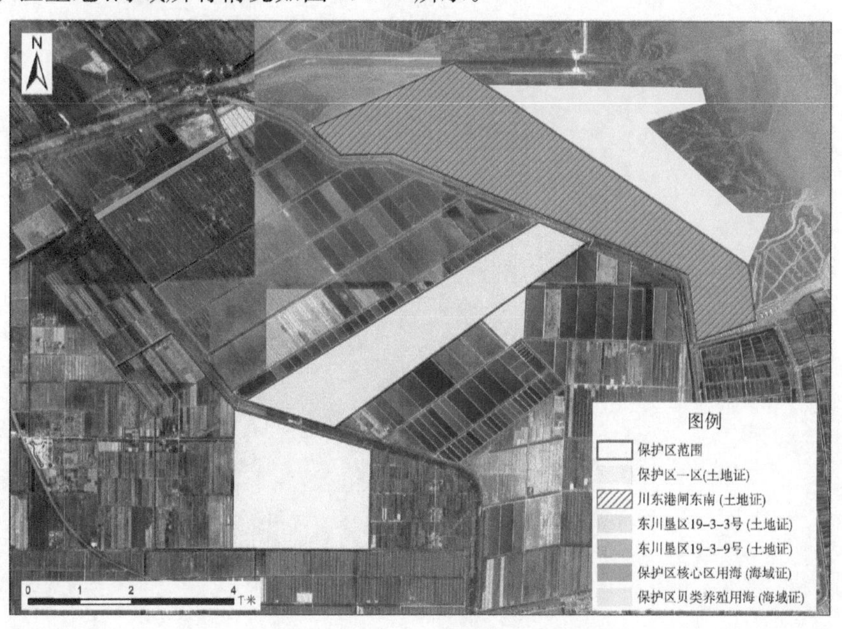

图 4.5-1 保护区土地、海域权属情况

第二篇

生物多样性

5 生态系统

5.1 调查方法

选取高分一号 GF1D 影像(数据标识号:GF1D_PMS_E121.0_N33.0_20220609_L1A1257080409,日期 2022 年 6 月 9 日,分辨率 2 米×2 米),在 ENVI 5.3 中进行辐射定标、大气校正等前期处理,采用面向对象法进行生态系统类型分类,其间借助天地图影像和实地调查(调查时间及调查样线与各生物类群相同)进行检查修正,最终得到保护区的生态系统类型、分布、面积情况。

5.2 生态系统类型

参照《IUCN 全球生态系统分类体系 2.1》、《中国生态系统》(科学出版社,2005)和《中国植被》(科学出版社,1980),结合保护区的实际情况,遵循尽量精细分类的原则,将保护区现状生态系统类型分为七大类:人工林、草地、农田、河渠与人工湖湿地、建设用地、裸露盐碱地、滨海滩涂(图 5.2-1),它们的面积与占比如表 5.2-1 所示。保护区是滨海湿地生态系统的重要组成部分,保护区内湿地面积占比 44.0%,包括河渠与人工湖湿地及滨海滩涂;其次为其他区域的人工林和草地,而农田、裸露盐碱地和建设用地占比较小。

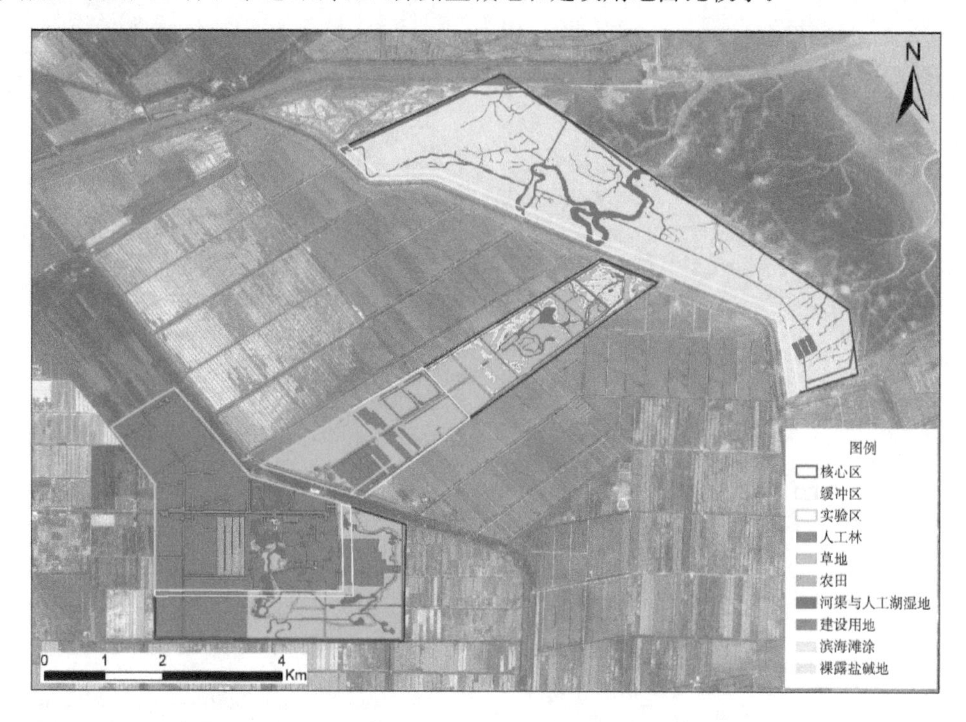

图 5.2-1 保护区现状生态系统类型

表 5.2-1　保护区生态系统面积与占比现状

生态系统类型	面积(公顷)	占比(%)
人工林	691.91	25.9
草地	639.68	24.0
农田	30.70	1.2
河渠与人工湖湿地	258.05	9.7
建设用地	71.40	2.7
裸露盐碱地	59.49	2.2
滨海滩涂	915.44	34.3
合计	2 666.67	100.0

5.2.1　人工林

保护区中的人工林生态系统分布于保护区一区和二区，面积约 691.91 公顷，整个保护区森林覆盖率 25.9%。人工林生态系统包括保护区一区林场的人工林和苗圃、中华麋鹿园的疏林地、一区核心区的乌桕林和二区的人工林(图 5.2-2)，主要树种为加拿大杨、水杉、池杉、落羽杉、乌桕及玉兰等。林地植被为昆虫、鸟类和哺乳动物提供了栖息场所，维护和增加了生物物种的多样性。

一区林场人工林和苗圃　　　　一区核心区乌桕林

中华麋鹿园的疏林地　　　　二区人工林

图 5.2-2　保护区人工林

5.2.2 草地

保护区中的草地生态系统分布在一区和二区(图 5.2-3),面积约 639.68 公顷,占比 24.0%,包括一区核心区和缓冲区的大白茅—狼尾草和狗牙根群落、中华麋鹿园的狗牙根群落,二区的大白茅—拂子茅—芦苇群落和碱蓬—盐地碱蓬—獐毛群落。

一区核心区大白茅群落　　一区核心区的狗牙根群落

二区核心区的芦苇群落　　二区核心区的碱蓬—盐地碱蓬—獐毛群落

图 5.2-3　保护区草地

5.2.3 农田

保护区中的农田分布于一区的林场内(图 5.2-4),面积约 30.7 公顷,占比 1.2%,小麦/大麦和水稻轮作。

图 5.2-4 保护区农田

5.2.4 河渠与人工湖湿地

保护区中的河渠与人工湖湿地均为人工开挖(图 5.2-5),在三个区均有分布,面积约 258.05 公顷,占比 9.7%。这些河流沟渠和人工湖湿地为保护区麋鹿提供了生存必需的淡水水源,为保护区麋鹿种群的数量扩张和地域扩散提供了重要的基础条件。

一区核心区的河流沟渠 二区核心区的河流沟渠

图 5.2-5 保护区河渠与人工湖湿地

5.2.5 建设用地

保护区中的建设用地包括保护区必要的办公、管理和住宿用房及道路等(图 5.2-6),面积约 71.4 公顷,占比 2.7%。

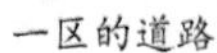
一区的道路

二区的管理用房

图 5.2-6　保护区建设用地

5.2.6　裸露盐碱地

保护区的裸露盐碱地主要分布于保护区二区核心区(图 5.2-7),面积约 59.49 公顷,占比 2.2%,在该区域生长着碱蓬—盐地碱蓬—獐毛群落,在群落间隙分布着一些裸露盐碱地。

图 5.2-7　二区核心区裸露盐碱地

5.2.7 滨海滩涂

保护区的滩涂分布于保护区三区，面积约 915.44 公顷，占比 34.3%。全年最大潮时该区域被潮水淹没，现状分布有狗牙根群落和大米草—互花米草群落，自 2015 年保护区释放较多麋鹿进入三区以来，受到麋鹿采食和踩踏的影响，三区的草地发生了一定程度的退化。

图 5.2-8 三区滨海滩涂

6 植物

本轮科考调查共实地调查到保护区范围内维管植物78科223属322种，以种子植物为主，共有74科219属318种，蕨类植物有4科4属4种。在种子植物中，被子植物有70科213属310种，裸子植物4科6属8种。调查到的维管植物中，野生种有200种，栽培种72种，外来输入种50种。相较于2014年科考结果，保护区植物物种有较大变化，新增51科108属133种植物。

区系上可将保护区野生维管植物按属划分为12个区系类型。其中世界分布型有34属，占24.11%；热带成分52属，占36.88%；温带成分55属，占39.01%，表明保护区野生维管植物存在明显的温带向热带过渡的特征。

依据中国植被区划和江苏森林区划，大丰麋鹿保护区地处我国亚热带常绿阔叶林区域—东部(湿润)常绿阔叶林亚区域—北亚热带常绿、落叶阔叶混交林地带—北部亚地带—江淮平原栽培植被水生植被区—沿海盐渍植被亚区。参考《中国植被》及其他植物群落分类资料，麋鹿保护区的植被类型分为9个植被型组，下辖7个植被型与7个植被亚型及次级下属的35个群系。

保护区有《国家重点保护野生植物名录》中国家二级重点保护植物1种，为野大豆(*Glycine soja*)；列入《中国物种红色名录》的植物5种，其中极危(CR)1种，为银杏(*Ginkgo biloba*)，濒危(EN)1种，为水杉(*Metasequoia glyptostroboides*)，近危(NT)2种，为大叶榉树(*Zelkova schneideriana*)和玉兰(*Magnolia denudata*)，易危(VU)1种，为鸡爪槭(*Acer palmatum*)，全部为栽培种；另外保护区有加拿大杨(*Populus* × *canadensis*)、乌桕(*Triadica sebifera*)、狗牙根(*Cynodon dactylon*)、狼尾草(*Pennisetum alopecuroides*)、拂子茅(*Calamagrostis epigeios*)、大白茅(*Imperata cylindrica* var. *major*)、盐地碱蓬(*Suaeda salsa*)、碱蓬(*Suaeda glauca*)、芦苇(*Phragmites australis*)及狗尾草(*Setaria viridis*)等常见植物。

资源植物方面，保护区有279种资源植物，其中药用植物265种、观赏植物74种、材用植物12种、淀粉及蔗糖植物9种、芳香及挥发油植物29种、蜜源植物25种、食用植物54种、油料植物37种、纤维植物39种。

保护区列入《中国外来入侵物种名单》(第1至第4批)的植物有14种，为圆叶牵牛(*Ipomoea purpurea*)、反枝苋(*Amaranthus retroflexus*)、刺苋(*Amaranthus spinosus*)、空心莲子草(*Alternanthera philoxeroides*)、垂序商陆(*Phytolacca americana*)、钻叶紫菀(*Aster subulatus* Michx.)、加拿大一枝黄花(*Solidago Canadensis*)、大狼杷草(*Bidens frondosa*)、三叶鬼针草(*Bidens pilosa*)、一年蓬(*Erigeron annuus* Pers.)、苏门白酒草(即香丝草)(*Conyza bonariensis*)、小蓬草(*Conyza canadensis*)、野燕麦(*Avena fatua*)、互花米草(*Spartina alterniflora*)；列入《江苏省森林湿地生态系统重点外来入侵物种参

考图册》的植物有 8 种，为刺苋、空心莲子草、野胡萝卜（*Daucus carota*）、加拿大一枝黄花、一年蓬、小蓬草、互花米草、大米草（*Spartina anglica*）。

6.1　调查方法

保护区维管植物调查于 2022 年 5 月、9 月开展，采用样线法、样方法和资料搜集 3 种方式开展调查。

（1）样线法：本次科考共设置 14 条样线，基本覆盖保护区各类生境（图 6.1-1 和表 6.1-1）。野外调查中，对于常见种、广布种，只拍摄照片、记录种名；对于不能当场确定的种类，除拍摄照片外，调查人员通过制作压制标本并查阅文献的方式进行鉴定。考察组成员采用手机“两步路户外助手”APP 记录样线轨迹。

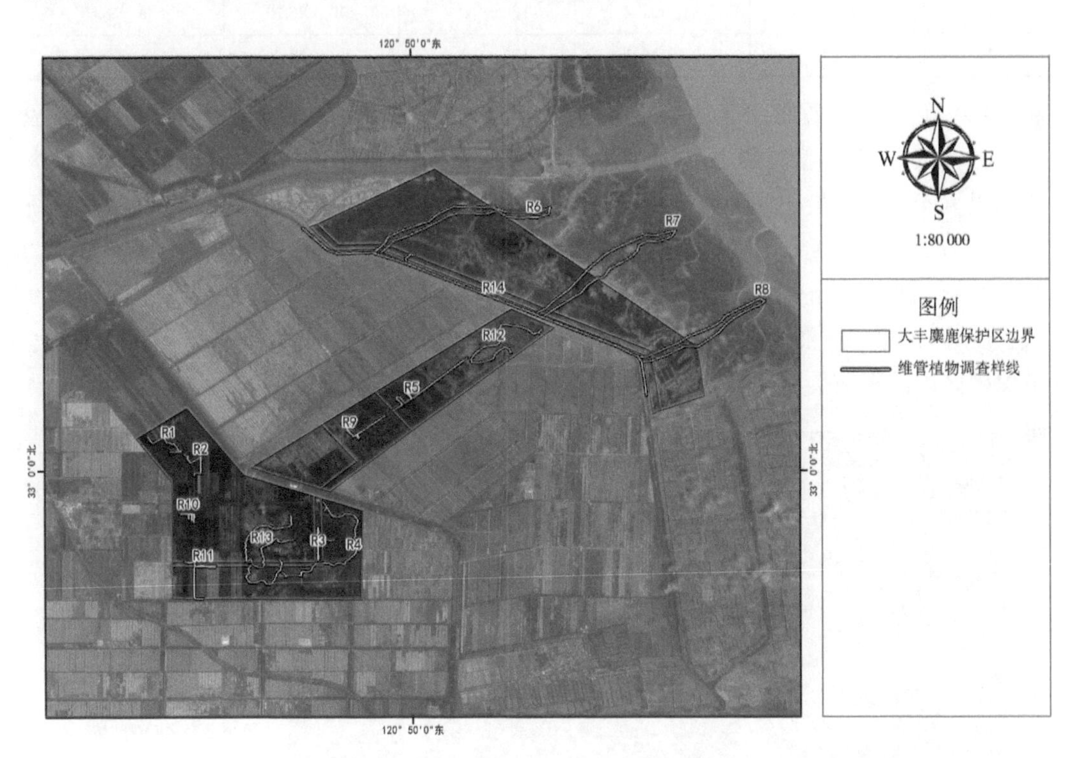

图 6.1-1　维管植物调查样线分布

表 6.1-1　维管植物调查样线位置信息表

编号	起点经度	起点纬度	终点经度	终点纬度	区域
1	120.781 3	33.006 5	120.785 9	33.003 6	一区实验区
2	120.788 6	33.003 0	120.790 5	32.999 1	一区实验区
3	120.813 9	32.986 7	120.818 3	32.986 7	一区缓冲区
4	120.816 0	32.993 9	120.807 9	32.980 5	一区核心区

续表

编号	起点经度	起点纬度	终点经度	终点纬度	区域
5	120.844 1	33.021 5	120.829 7	33.011 4	二区核心区
6	120.834 0	33.041 0	120.827 3	33.041 4	三区核心区
7	120.857 3	33.029 9	120.858 8	33.029 3	三区核心区
8	120.877 4	33.021 7	120.878 2	33.020 6	三区核心区
9	120.828 0	33.010 4	120.822 6	33.006 6	二区缓冲区
10	120.790 5	32.990 9	120.790 4	32.990 1	一区实验区
11	120.788 6	32.982 6	120.792 1	32.975 6	一区核心区
12	120.852 6	33.022 5	120.858 7	33.026 9	二区核心区
13	120.809 6	32.991 4	120.810 1	32.986 8	一区实验区
14	120.812 3	33.046 1	120.879 2	33.014 1	三区缓冲区

(2) 样方法：根据保护区内的地形、地质土壤，以及植物群落的形态结构和主要组成成分的特点，设置典型植物群落样方进行调查(图 6.1-2 和表 6.1-2)。样方设置面积大小均以大于其群落最小样地面积为标准，针叶林、针阔混交林、落叶阔叶林等森林群落统一设置为 20 米×20 米，灌丛群落和竹林群落设置为 10 米×10 米、草本群落设置为 2 米×2 米。调查时，记录样方内的所有植物种类、物种优势度、群落平均高度、群落郁闭度或盖度等，拍摄样方照片，并用 GPS 确定样方地理坐标。通过分析统计样方调查数据，划分保护区内的植被类型，并对其植物群落结构组成进行描述分析。

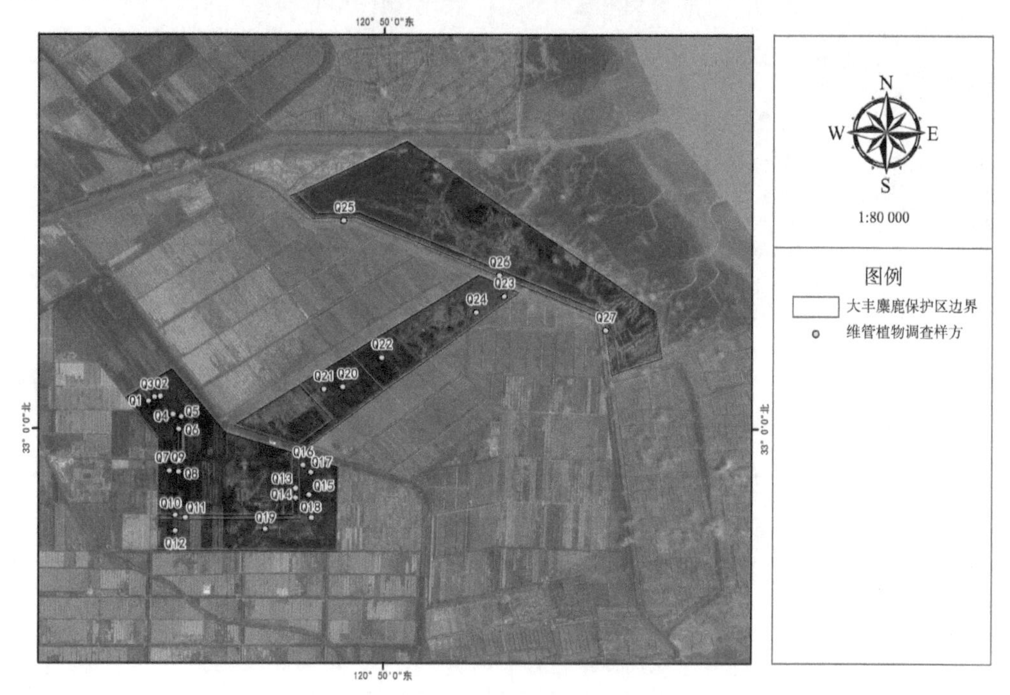

图 6.1-2　维管植物调查样方分布

表 6.1-2 维管植物调查样方位置信息表

编号	经度	纬度	区域	生境
1	120.784 2	33.005 4	一区实验区	林地
2	120.785 5	33.006 2	一区实验区	林地
3	120.786 7	33.006 3	一区实验区	林地
4	120.789 4	33.002 7	一区实验区	林地
5	120.791 1	33.002 2	一区实验区	林地
6	120.790 5	32.999 8	一区实验区	林地
7	120.788 6	32.991 4	一区实验区	农田
8	120.790 4	32.991 4	一区实验区	农田
9	120.790 5	32.991 2	一区实验区	农田
10	120.789 9	32.982 5	一区缓冲区	农田
11	120.792 0	32.982 0	一区缓冲区	农田
12	120.789 9	32.979 4	一区核心区	农田
13	120.815 0	32.988 0	一区缓冲区	草地
14	120.815 0	32.986 1	一区缓冲区	草地
15	120.817 8	32.986 7	一区核心区	草地
16	120.816 5	32.992 6	一区核心区	草地
17	120.818 1	32.991 2	一区核心区	草地
18	120.818 3	32.982 0	一区核心区	草地
19	120.808 7	32.979 8	一区核心区	草地
20	120.820 8	33.007 8	二区缓冲区	林地
21	120.824 7	33.008 3	二区缓冲区	林地
22	120.832 8	33.014 2	二区核心区	内陆滩涂
23	120.852 3	33.023 2	二区核心区	内陆滩涂
24	120.858 2	33.026 5	二区核心区	内陆滩涂
25	120.824 9	33.041 6	三区缓冲区	沿海滩涂
26	120.857 2	33.030 7	三区缓冲区	沿海滩涂
27	120.879 1	33.019 7	三区缓冲区	沿海滩涂

(3) 资料搜集:在野外调查的基础上,搜集 2014 年科考报告等相关历史资料,查阅植物相关文献,整理出保护区维管植物名录,并从植物物种组成、植物区系、生活型、资源植物、珍稀濒危和重点保护植物等方面进行统计分析。

6.2 物种变更

植物群落的物种组成和结构变化是植物群落演变的具体表现特征。本次调查结果显示,较 2014 年科考结果,保护区植物物种存在较大变化,新增 51 科 108 属 133 种。物种新增部分主要由以下几个方面构成：

（1）人工栽培物种新增49种，占保护区新增植物总数近40%，包括雪柳（*Fontanesia fortunei*）、落羽杉（*Taxodium distichum*）、池杉（*Taxodium distichum* var. *imbricatum*）、侧柏（*Platycladus orientalis*）、玉兰、望春玉兰（*Magnolia biondii*）、荷花玉兰（*Magnolia grandiflora*）、大叶榉树、榔榆（*Ulmus parvifolia*）等乔木类植物，也包含了木槿（*Hibiscus syriacus*）、海滨沼葵（*Kosteletzkya virginica*）、桃树（*Amygdalus persica*）、紫叶李（*Prunus cerasifera* f. *atropurpurea*）、插田泡（*Rubus coreanus*）、火棘（*Pyracantha fortuneana*）、迎春（*Jasminum nudiflorum*）、野迎春（*Jasminum mesnyi*）等灌木类植物，还包含了西瓜（*Citrullus lanatus*）、欧洲油菜（*Brassica napus*）、诸葛菜（*Orychophragmus violaceus*）、赤豆（*Vigna angularis*）、大豆（*Glycine max*）、小麦（*Triticum aestivum*）等草本植物。

（2）外来入侵物种新增7种，为垂序商陆、刺苋、空心莲子草、圆叶牵牛、加拿大一枝黄花、大狼杷草、互花米草。

（3）最后一部分为大丰地区常见植物，由于保护区生境改变，特别是一区及二区经过多年淋洗与脱盐，土壤含盐量逐渐降低，适合更多非盐土植物的生长，因此新增了一批当地常见物种，如蘋（*Marsilea quadrifolia*）、羊蹄（*Rumex japonicus*）、白花地丁（*Viola patrinii*）、蔊菜（*Rorippa indica*）、沼生蔊菜（*Rorippa palustris*）、臭荠（*Coronopus didymus*）、野老鹳草（*Geranium carolinianum*）、天胡荽（*Hydrocotyle sibthorpioides*）、窃衣（*Torilis scabra*）、打碗花（*Calystegia hederacea*）、忍冬（*Lonicera japonica*）、石胡荽（*Centipeda minima*）、火柴头（*Commelina benghalensis*）、碎米莎草（*Cyperus iria*）等植物。

但是与此同时，也存在部分2014年科考中的植物在本次科考中未调查到，如毛柄水毛茛（*Batrachium trichophyllum*）、短梗箭头唐松草（*Thalictrum simplex* var. *brevipes*）、巴天酸模（*Rumex patientia*）、大麻槿（*Hibiscus cannabinus*）、海岛棉（*Gossypium barbadense*）、野海茄（*Solanum japonense*）、华北鸦葱（*Scorzonera albicaulis*）、蒙古鸦葱（*Scorzonera mongolica*）、川蔓藻（*Ruppia maritima*）等。

植物分布直接受到生境因子影响，包括土壤、光照、水分、地形、风环境、生物（动物、植物、微生物）等，对于保护区的植物而言，对其影响最大的为水与土壤含盐量，保护区经过多年水系改良与土壤淋洗，严峻的盐碱地生境大量减少，使得非盐碱植物种类增多，同时麋鹿种群影响也导致了部分植物的消失。

6.3 物种组成

6.3.1 蕨类植物

保护区调查到蕨类植物4种，全部为野生分布，分别为蘋、节节草（*Equisetum ramosissimum*）、满江红（*Azolla imbricata*）、渐尖毛蕨（*Cyclosorus acuminatus*）。节节草分

布在一区和二区草地;渐尖毛蕨多分布于一区林下;蘋和满江红为水生,主要分布于一区的芦苇群落边缘和其他水生植物群落内空隙处。

6.3.2 种子植物

6.3.2.1 裸子植物

保护区内的裸子植物均为人工栽培,共有8种,分别为银杏、马尾松(*Pinus massoniana*)、黑松(*Pinus thunbergii*)、水杉、池杉、落羽杉、圆柏(*Sabina chinensis*)、侧柏,其中,水杉、池杉及落羽杉适应性强、喜湿润、生长快,是良好的湿地景观树种。保护区的裸子植物分布于一区和二区的林地和疏林地。

6.3.2.2 被子植物

保护区内被子植物的科、属和种在数量上均占绝对优势(表6.3-1)。被子植物70科213属310种,其中单子叶植物15科60属91种,双子叶植物55科153属219种。被子植物中含野生种196种,栽培种64种,另有外来种50种。从各科所含属的组成来看,含10个属以上的科有3个,分别为蝶形花科、菊科及禾本科,其中以禾本科数量最多,有37属56种,菊科有27属42种,蝶形花科有13属19种;包含5～10个属的科有4个,分别为蔷薇科(10属11种)、莎草科(9属20种)、藜科(5属10种)、十字花科(6属8种)、葫芦科(6属6种);包含2～4个属的科有21个,剩余41个科为1个属分布,单科单属有32个。从各属的物种组成来看,包含5个种以上的属有7个,分别为蒿属(8种)、春蓼属(6种)、莎草属(6种)、大戟属(5种)、藜属(5种)、飘拂草属(5种)、苋属(5种);包含2～4个种的属有51个,剩余155个属为单种属。

从被子植物科属种组成看,保护区的物种组成表现出优势科属的优势明显及单种属比重较大的特点。最大5个科的属和种的总和分别为96个和148个,分别占被子植物总属和种数的45.07%和47.74%,单种属则占到被子植物总科数和总属数的49.84%。

对单种科和单种属的分析表明,32个单种科中有10个科为人工栽培,野生分布的单科种为22个,155个单属种中有43个属为人工栽培,另有5个属为外来入侵物种,野生分布的单种属有107个,可以看出人为活动对单种科属在保护区内的分布有一定的贡献率。

表6.3-1 保护区被子植物科属统计*

序号	科名	属	占比	种	占比
1	禾本科	37	17.37%	56	18.06%
2	菊科	27	12.68%	42	13.55%
3	莎草科	9	4.23%	20	6.45%
4	蝶形花科	13	6.10%	19	6.13%
5	蔷薇科	10	4.69%	11	3.55%

* 全书统计数据因计算中四舍五入,存在一定偏差。

续表

序号	科名	属	占比	种	占比
6	藜科	5	2.35%	10	3.23%
7	十字花科	6	2.82%	8	2.58%
8	大戟科	4	1.88%	8	2.58%
9	蓼科	3	1.41%	8	2.58%
10	苋科	3	1.41%	7	2.26%
11	葫芦科	6	2.82%	6	1.94%
12	玄参科	3	1.41%	6	1.94%
13	唇形科	4	1.88%	5	1.61%
14	榆科	3	1.41%	5	1.61%
15	石竹科	4	1.88%	4	1.29%
16	木犀科	3	1.41%	4	1.29%
17	茄科	3	1.41%	4	1.29%
18	伞形科	3	1.41%	4	1.29%
19	桑科	3	1.41%	4	1.29%
20	旋花科	3	1.41%	4	1.29%
21	锦葵科	3	1.41%	3	0.97%
22	紫草科	3	1.41%	3	0.97%
23	茜草科	2	0.94%	3	0.97%
24	无患子科	2	0.94%	3	0.97%
25	五福花科	2	0.94%	3	0.97%
26	木兰科	1	0.47%	3	0.97%
27	卫矛科	1	0.47%	3	0.97%
28	百合科	2	0.94%	2	0.65%
29	萝藦科	2	0.94%	2	0.65%
30	杨柳科	2	0.94%	2	0.65%
31	云实科	2	0.94%	2	0.65%
32	车前科	1	0.47%	2	0.65%
33	堇菜科	1	0.47%	2	0.65%
34	马齿苋科	1	0.47%	2	0.65%
35	毛茛科	1	0.47%	2	0.65%
36	槭树科	1	0.47%	2	0.65%
37	薯蓣科	1	0.47%	2	0.65%
38	酢浆草科	1	0.47%	2	0.65%

续表

序号	科名	属	占比	种	占比
39	白花丹科	1	0.47%	1	0.32%
40	报春花科	1	0.47%	1	0.32%
41	槟榔科	1	0.47%	1	0.32%
42	菖蒲科	1	0.47%	1	0.32%
43	柽柳科	1	0.47%	1	0.32%
44	茨藻科	1	0.47%	1	0.32%
45	大麻科	1	0.47%	1	0.32%
46	浮萍科	1	0.47%	1	0.32%
47	海桐花科	1	0.47%	1	0.32%
48	胡桃科	1	0.47%	1	0.32%
49	夹竹桃科	1	0.47%	1	0.32%
50	景天科	1	0.47%	1	0.32%
51	爵床科	1	0.47%	1	0.32%
52	苦木科	1	0.47%	1	0.32%
53	兰科	1	0.47%	1	0.32%
54	狸藻科	1	0.47%	1	0.32%
55	莲科	1	0.47%	1	0.32%
56	楝科	1	0.47%	1	0.32%
57	龙舌兰科	1	0.47%	1	0.32%
58	牻牛儿苗科	1	0.47%	1	0.32%
59	葡萄科	1	0.47%	1	0.32%
60	千屈菜科	1	0.47%	1	0.32%
61	忍冬科	1	0.47%	1	0.32%
62	商陆科	1	0.47%	1	0.32%
63	柿树科	1	0.47%	1	0.32%
64	水鳖科	1	0.47%	1	0.32%
65	梧桐科	1	0.47%	1	0.32%
66	香蒲科	1	0.47%	1	0.32%
67	小二仙草科	1	0.47%	1	0.32%
68	鸭跖草科	1	0.47%	1	0.32%
69	眼子菜科	1	0.47%	1	0.32%
70	鸢尾科	1	0.47%	1	0.32%
总计		213	100.00%	310	100.00%

6.4 植被覆盖度

本次评价以卫星遥感资料为基础，结合实地勘察的情况，分析处理得到保护区2014年、2018年和2022年的植被覆盖度情况。为使遥感影像能更准确地反映地物情况，对原始影像进行辐射定标和大气校正，以消除或减轻其他因素影响，然后进行植被覆盖度计算，再根据水利部2008年颁布的《土壤侵蚀分类分级标准》中植被覆盖度分级标准，将植被覆盖度划分为5个等级：＜30％（低覆盖度）、30％～45％（中低覆盖度）、45％～60％（中等覆盖度）、60％～75％（中高覆盖度）和＞75％（高覆盖度），最终得到保护区范围植被覆盖度分布情况，如图6.4-1和表6.4-1和表6.4-2所示。

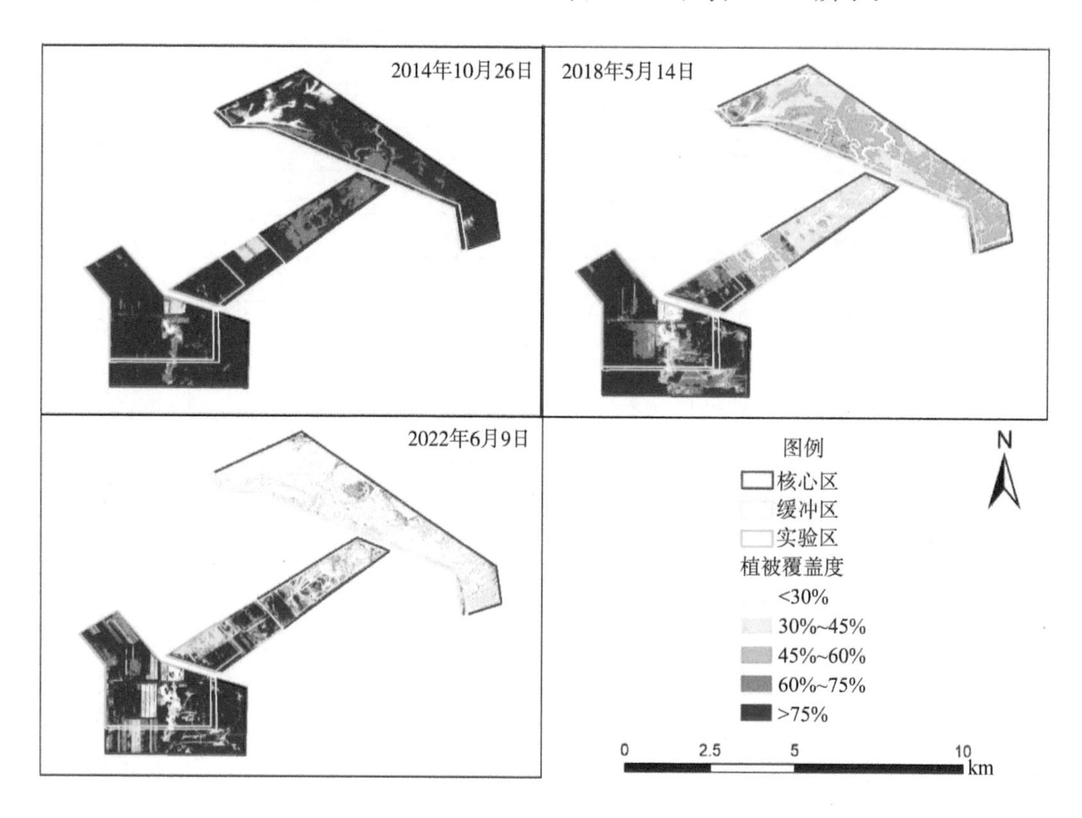

图6.4-1 保护区2014年、2018年和2022年植被覆盖度情况

表6.4-1 遥感影像情况表

日期	类型	编号	分辨率
2014.10.26	Landsat 8 OLI_TIRS	LC81190372014299LGN01	15 m×15 m
2018.05.14	Landsat 8 OLI_TIRS	LC81190372018134LGN00	15 m×15 m
2022.06.09	高分一号 GF1D	GF1D_PMS_E121.0_N33.0_20220609_L1A1257080409	2 m×2 m

表 6.4-2　保护区 2014 年、2018 年和 2022 年植被覆盖度情况

植被覆盖度等级	2014 年		2018 年		2022 年	
	面积(公顷)	占比	面积(公顷)	占比	面积(公顷)	占比
<30%	54.00	2.0%	191.10	7.2%	798.83	30.0%
30%～45%	72.85	2.7%	659.15	24.7%	539.24	20.2%
45%～60%	74.26	2.8%	717.99	26.9%	260.31	9.8%
60%～75%	394.30	14.8%	345.33	12.9%	267.61	10.0%
>75%	2 071.25	77.7%	753.11	28.2%	800.68	30.0%
合计	2 666.67	100.0%	2 666.68	100.0%	2 666.67	100.0%

可见,从 2014 年至 2022 年,保护区的植被覆盖度逐渐降低,主要体现在保护区的三区和二区,主要原因为保护区麋鹿数量增多,麋鹿采食和踩踏导致互花米草、大米草的植株密度有所下降。一区的植被覆盖度也有一定下降,可能原因是一区水系的营造以及林场树木的经营更替。

6.5　不同生态型物种组成

植物分布直接受到生境因子影响,包括土壤、光照、水分、地形、风环境、生物(动物、植物、微生物)等,其中水分为最主要的影响因子之一。通常按照植物对水分的适应,将植物划分为陆生植物和水生植物两大类,陆生植物可进一步分为湿生、中生和旱生植物 3 种类型,水生植物可进一步分为挺水植物、浮水植物和沉水植物 3 种类型。调查结果表明,保护区内有陆生植物共 285 种,包括旱生植物 18 种、中生植物 250 种、湿生植物 17 种;水生植物共 37 种,包括挺水植物 28 种、浮水植物 4 种和沉水植物 5 种。

6.5.1　陆生植物

(1) 旱生植物。旱生植物通常是指植物中的适旱类型,广义的旱生植物也包括耐旱型植物。保护区为典型滨海植被,具有生长在盐碱地的盐生植物或旱-盐生植物,由于生理上缺水,也同样显出旱生的结构,因此也归入此类。保护区的旱生植物有盐角草(*Salicornia europaea*)、碱蓬(*Suaeda glauca*)、盐地碱蓬(*Suaeda salsa*)、猪毛蒿(*Artemisia scoparia*)、柽柳(*Tamarix chinensis*)、罗布麻(*Apocynum venetum*)等。

(2) 湿生植物。湿生植物指在潮湿环境中生长,不能忍受较长时间的水分不足,即抗旱能力最弱的陆生植物。根据其生境特点,还可以进一步分为阳地湿生植物和阴地湿生植物两个亚类。阴地湿生植物主要分布在林下及草丛内光照微弱、空气湿度较大的地方,这类植物叶片的机械组织不发达,蒸腾作用较弱,容易保持水分,根系不发达,抗旱能力极差,如渐尖毛蕨等蕨类植物;阳地湿生植物分布在阳光充足、土壤水分饱和的沼泽地区或湖边,由于需适应阳光直接照射和大气湿度较低的环境,其叶片上常有防止蒸腾的角质层,输导组织也较发达,如莎草科、蓼科和十字花科的一些种类,它们根系不发达,没有根毛,但根与茎之间有通气的组织,以保证取得充足的氧气。湿生植物主要分布于周

期性淹水的滩面、湖滨带、岗洼以及鱼塘堤埂上，尤其是在周期性淹水的湖滨带、滩地上，湿生植物生长旺盛，常成片分布。麋鹿自然保护区主要的湿生植物有莎草科的香附子(*Cyperus rotundus*)、两歧飘拂草(*Fimbristylis dichotoma*)、扁秆荆三棱(*Bolboschoenus planiculmis*)等。

(3) 中生植物。中生植物是保护区规模最大的一类植物，其形态结构和适应性均介于湿生植物和旱生植物之间，是维管植物中组成类最多、分布最广、数量最大的陆生植物。中生植物不能忍受严重干旱或长期水涝，只能在水分条件适中的环境中生活，陆地上绝大部分植物皆属此类。中生植物叶片上通常有角质层，栅栏组织排列较整齐，叶片中有细胞间隙，没有完整的通气系统，不能长期在水涝环境中生活；根系和输导组织都比湿生植物的发达，能抗御短期的干旱。中生植物中有的种类生活在接近湿生的环境中，称湿生中生植物，如加拿大杨、垂柳(*Salix babylonica*)等；有的生活在接近旱生的环境中，称旱生中生植物，如刺槐(*Robinia pseudoacacia*)、马尾松等；处于二者之间的称真中生植物。中生植物主要分布于路旁、农田圩埂等陆生环境中，尤其草本的中生植物组成了群落结构极为复杂的草丛。常见的中生植物包括楝树(*Melia azedarach*)、苘麻(*Abutilon theophrasti*)、构树(*Broussonetia papyrifera*)、一年蓬、车前(*Plantago asiatica*)等。

6.5.2　水生植物

水生植物是指在水中生长、繁殖的植物，植株部分或全部位于水中。水生植物多具有储气通气组织，以适应水下气体不足的生长繁殖环境。水生植物一般具有柔韧枝茎以适应水流的往复冲击和扭曲作用，其叶片薄，呈带状、丝状或出现异形叶，可以直接从水中吸收养分和水分，并适应水下的低光照环境。根据水生植物根、茎、叶与水的相对位置，可以将水生植物分为 4 种生活型：挺水植物、浮叶植物、漂浮植物和沉水植物。由于物种较少，本书中将浮叶植物与漂浮植物归并为浮水植物，但分别描述。

(1) 挺水植物。挺水植物植株高大，大多数有茎、叶之分，植株主干直立挺拔，下部或基部沉于水中，上部植株挺出水面，根或地下茎扎入底泥中生长。挺水植物多数分布在周期性淹水的湖滨带、浅滩、堤岸等浅水区域。保护区挺水植物有 28 种，常见的有酸模叶蓼(*Persicaria lapathifolia*)、绵毛酸模叶蓼(*Persicaria lapathifolia* var. *salicifolia*)、互花米草、大米草、芦苇、稗(*Echinochloa crus-galli*)等，其中互花米草、大米草为盐沼挺水植物，芦苇分布最广。此外，零星分布的挺水植物还有北水苦荬(*Veronica anagallis-aquatica*)、水烛(*Typha angustifolia*)、菖蒲(*Acorus calamus*)、荷花(*Nelumbo nucifera*)、沼生蔊菜、多花水苋(*Ammannia multiflora*)、石龙芮(*Ranunculus sceleratus*)、双穗雀稗(*Paspalum distichum*)等。

(2) 浮水植物。浮水植物包含了漂浮植物与浮叶植物。漂浮植物全株漂浮于水面，茎短小或退化，有些种类具中空的匍匐茎，水平漂浮在水中，须状根也漂浮在水中(有些种类的须根呈丝状)。漂浮植物叶柄及叶片多具气囊，漂浮在水面上。浮叶植物多生于浅水中，叶浮于水面，扎根在底泥中，其仅在叶外表面有气孔，叶的蒸腾非常大。由于水底土壤缺乏氧气，浮叶植物的根进行无氧呼吸并产生醇类物质，此外，叶片光合作用产生的氧气也可通过叶柄向根部输送，叶柄与水深相适应可伸得很长。保护区记录有浮水植物 4 种，分别为蘋、满江红、空心莲子草、浮萍(*Lemna minor*)。除了空心莲子草部分分布于一区路旁空地与滨岸，其余物种分布于一区的沟渠与坑塘水面，以静水区等风浪较小的水域最为常见，流水水体或聚仙湖等湖泊则分布较少。

(3) 沉水植物。沉水植物的植物体全部沉没于水面以下，仅在开花期花柄、花朵才露出水面，授粉一般在水面进行，以无性繁殖为主。沉水植物根系扎于水底土壤或石缝间，有时不发达或退化，营固着生活。沉水植物的叶片多为带状或丝状，表皮细胞没有角质或蜡质层，能直接吸收水分、溶于水中的氧和其他营养物质。叶片上叶绿体大而多，排列在细胞外围，以充分吸收透入水中的微弱光线；叶片无气孔，有完整的通气组织，能适应水下氧气相对不足的环境。沉水植物叶和茎的机械组织、角质层、导管等均发育不良，质柔软，能适应水流水浪的冲击。沉水植物植物体的各部分均可吸收水分和养料。

沉水植物主要分布于一区沟渠与湖泊水深 1 米以内的区域，三区的沟通渠也存在沉水植物。保护区的沉水植物种类包括穗状狐尾藻(*Myriophyllum spicatum*)、黄花狸藻(*Utricularia aurea*)、菹草(*Potamogeton crispus*)、苦草(*Vallisneria natans*)、大茨藻(*Najas marina*)5 种，其中以穗状狐尾藻和菹草在保护区分布最广、数量最多。

6.6 不同生活型物种组成

生活型是指生物对外界环境适应的外部表现形式，同一生活型的物种在外部形态和生态适应上都表现出一定的相似性。目前各国学者依据不同的研究角度建立了多个生活型分类系统，国内较为通用的是《中国植被》中的生活型分类系统。依据《中国植被》的生活型分类系统，同时将草本类植物简化为草本与水生草本，将保护区内的植被划分出乔木、灌木、竹类、藤本、草本、水生草本 6 种生活型。

不同生活型的物种组成分析结果见表 6.6-1，保护区内草本种类所占比重最高，达 63.04%，乔木次之，为 12.11%，水生草本、藤本和灌木及竹类次之。由此可见木本植物所占比重远小于草本植物。

表 6.6-1 保护区植物生活型数量及占比

序号	生活型	种数	占比
1	草本	203	63.04%
2	灌木	24	7.45%
3	乔木	39	12.11%
4	水生草本	38	11.80%
5	藤本	17	5.28%

续表

序号	生活型	种数	占比
6	竹类	1	0.31%
总计		322	100.00%

乔木树种在保护区范围内以栽培为主，39 种乔木中 31 种为栽培，栽培目的主要为绿化和造林。绿化树种以银杏、圆柏、垂柳、无患子（*Sapindus mukorossi*）、复羽叶栾树（*Koelreuteria bipinnata*）等最为常见；人工造林树种以水杉、池杉、落羽杉、加拿大杨、望春玉兰、玉兰、乌桕（*Sapium sebiferum*）等为主。8 种野生乔木在路旁或林区有零星分布，包括柘树（*Cudrania tricuspidata*）、桑树（*Morus alba*）、构树、楝树、臭椿（*Ailanthus altissima*）等。近些年保护区内开始利用雪柳、榔榆、榆树（*Ulmus pumila*）、朴树（*Celtis sinensis*）等乡土树种造林，替代加拿大杨等单一人工林，以维持植被的空间异质性，为保护区的鸟类、兽类等动物栖息营造了多样化生境。

24 种灌木中有 7 个种为野生，这 7 个种分别为枸杞（*Lycium chinense*）、野蔷薇（*Rosa multiflora*）、罗布麻（*Apocynum venetum*）、紫穗槐（*Amorpha fruticosa*）、截叶铁扫帚（*Lespedeza cuneata*）、柽柳及插田泡。其余 17 种全为人工栽培，主要栽培目的为园林绿化，常见的种类包括冬青卫矛（*Euonymus japonicus*）、绣球荚蒾（*Viburnum macrocephalum*）、日本珊瑚树（*Viburnum odoratissimum*）、菱叶绣线菊（*Spiraea* × *vanhouttei*）、桃树、红叶石楠（*Photinia* × *fraseri*）、月季花（*Rosa chinensis*）、枇杷（*Eriobotrya japonica*）、紫叶李、火棘、野迎春等。

藤本类 17 种，主要为鹅绒藤（*Cynanchum chinense*）、萝藦（*Metaplexis japonica*）、白英（*Solanum lyratum*）、瘤梗番薯（*Ipomoea lacunosa*）、鸡矢藤（*Paederia foetida*）、忍冬、黄独（*Dioscorea bulbifera*）、薯蓣（*Dioscorea polystachya*）等。

草本植物种类繁多，主要分布于路旁、田野、林下等陆生生境中，主要物种包括节节草、红花酢浆草（*Oxalis corymbosa*）、酢浆草（*Oxalis corniculata*）、田紫草（*Lithospermum arvense*）、附地菜（*Trigonotis peduncularis*）、圆叶牵牛、阿拉伯婆婆纳（*Veronica persica*）、母草（*Lindernia crustacea*）、反枝苋、刺苋等。

水生草本植物包括了所有的挺水植物、沉水植物及浮水植物，分布于各沟渠、坑塘水体中，广泛分布的主要种类包括石龙芮、蚕茧草（*Polygonum japonicum*）、酸模叶蓼、绵毛酸模叶蓼、菹草、菵草（*Beckmannia syzigachne*）、芦苇（*Phragmites australis*）等。竹类仅刚竹一种，栽培于保护区宿舍附近。

6.7 植物区系

植物区系的定义，在我国普遍采用的是吴征镒和王荷生先生的观点，即“植物区系是指一定地区或国家所有植物种类的总和，是植物界在一定的自然地理条件下，特别是在自然历史条件综合作用下发展演化的结果”（王荷生，1979）。植物区系地理成分的分析，有助于进一步探讨植物的生态环境适应特征和植物区系的形成、地理变迁和演化途径。植物区系组成决定着群落的外貌和结构，是研究该地区不同时空尺度上植物多样性的重要基础。

麋鹿保护区属于泛北极植物区（东亚植物区）、中国—日本森林亚区、江淮平原亚地区。由于栽培种及外来种既可在原产地生长，又能在移栽地生长，它们的存在无法反映两地植物区系的自然联系，一般应将它们剔除。本研究剔除栽培种，并根据《中国入侵植物名录》（马金双，2013 年）剔除外来种，只统计本地的野生植物。本报告依据《中国蕨类植物区系概论》（陆树刚，2004）和《中国种子植物属的分布区类型》（吴征镒，1991）对保护区野生分布的 141 属 200 种维管植物进行区系分析，结果如表 6.7-1 所示。在属的水平上，可将保护区野生植物分布的 141 属维管植物划分为 12 个区系。其中世界分布型共有 34 属，占 24.11%；热带分布 52 属，占 36.88%；温带成分 55 属，占 39.01%；无中国特有属。

表 6.7-1 保护区野生分布的维管植物区系组成

分布类型	区系代码	区系	属数	占比	种数	占比
世界分布	1	世界分布	34	24.11%	59	29.50%
热带分布	2	泛热带分布	31	21.99%	46	23.00%
	4	旧世界热带	7	4.96%	7	3.50%
	5	热带亚洲至热带大洋洲分布	6	4.26%	6	3.00%
	6	热带亚洲至热带非洲分布	2	1.42%	3	1.50%
	7	热带亚洲（即热带东南亚至印度—马来，太平洋诸岛）	6	4.26%	7	3.50%
温带分布	8	北温带分布	30	21.28%	45	22.50%
	9	东亚和北美间断分布	3	2.13%	3	1.50%
	10	旧世界温带	13	9.22%	15	7.50%
	11	温带亚洲	2	1.42%	2	1.00%
	12	地中海区、西亚至中亚	2	1.42%	2	1.00%
	14	东亚	5	3.55%	5	2.50%
总计			141	100.00%	200	100.00%

具体特征如表 6.7-2 所示，主要表现为：本区种子植物属的地理成分中，属于世界分布的属有 34 个，本类型中有很多种类分布广泛，常见于路边、荒坡和草地，具有显著的次生性质；盐地植物在该类型中有碱蓬属、补血草属、盐角草属，这些植物是保护区滨海植被特征的重要组成物种，代表着本地区植被特征；水生植物在本类型中较丰富，如满江红属、狐尾藻属、水苋菜属、毛茛属、狸藻属、眼子菜属、莎草属、三棱草属、荸荠属、浮萍属、茨藻属等，它们分布于保护区淡水水体环境中，是本保护区主要的淡水水生植物资源。泛热带分布的属有 31 个，以草本类植物为主，乔木类型属仅朴属；北温带分布有 30 个

属，主要为常见的草本植物；旧世界热带有 7 个属，该类型起源于古南大陆，表明了该部分植物区系与古南大陆起源的植物区系的相关性，除旧世界温带(13 个)外其余区系属数都在 7 个以下。

表 6.7-2 各区系属的分布

区系代码	区系	属	数量
1	世界分布	木贼属、蘋属、满江红属、毛茛属、盐角草属、藜属、碱蓬属、拟漆姑属、酸模属、补血草属、堇菜属、蔊菜属、悬钩子属、狐尾藻属、水苋菜属、卫矛属、大戟属、酢浆草属、茄属、车前属、狸藻属、拉拉藤属、拟鼠麹草属、苍耳属、蒿属、眼子菜属、茨藻属、浮萍属、三棱草属、莎草属、荸荠属、薹草属、早熟禾属、假硬草属	34
2	泛热带分布	毛蕨属、朴属、马齿苋属、铁苋菜属、天胡荽属、母草属、石胡荽属、白酒草属、豨莶属、苦草属、鸭跖草属、扁莎属、水蜈蚣属、飘拂草属、珍珠茅属、画眉草属、芦苇属、鼠尾粟属、千金子属、䅟属、狗牙根属、黍属、稗属、雀稗属、马唐属、狗尾草属、狼尾草属、野古草属、白茅属、薯蓣属、小崔草属	31
4	旧世界热带	牛膝属、黄瓜属、乌蔹莓属、楝属、爵床属、荩草属、束尾草属	7
5	热带亚洲至热带大洋洲分布	柘属、栝楼属、大豆属、臭椿属、通泉草属、结缕草属	6
6	热带亚洲至热带非洲分布	芒属、莠竹属	2
7	热带亚洲(即热带东南亚至印度—马来，太平洋诸岛)	构属、马瓞儿属、蛇莓属、石荠苎属、鸡矢藤属、苦荬菜属	6
8	北温带分布	葎草属、桑属、地肤属、漆姑草属、萹蓄属、春蓼属、播娘蒿属、景天属、蔷薇属、委陵菜属、野豌豆属、点地梅属、枸杞属、打碗花属、婆婆纳属、接骨木属、忍冬属、蒲公英属、蓟属、碱菀属、泽兰属、雀麦属、碱茅属、拂子茅属、梯牧草属、棒头草属、看麦娘属、披碱草属、茵草属、绶草属	30
9	东亚和北美间断分布	胡枝子属、鸡眼草属、罗布麻属	3
10	旧世界温带	柽柳属、芸薹属、苜蓿属、窃衣属、鹅绒藤属、附地菜属、益母草属、苦苣菜属、莴苣属、旋覆花属、天名精属、菊属、芦竹属	13
11	温带亚洲	黄鹌菜属、紫菀属	2
12	地中海区、西亚至中亚	甘草属、獐毛属	2
14	东亚	盒子草属、萝藦属、斑种草属、紫苏属、泥胡菜属	5
总计		—	141

对保护区的植物区系进行总结，保护区植物区系具体特征主要表现为：

(1) 具有较多样的区系成分。在中国种子植物全部 15 个分区类型中，保护区野生分布的维管植物占有 12 个分布区类型，缺少中亚分布区系、东亚(热带、亚热带)及热带南美间断分布类型及中国特有分布三种。

(2) 存在明显的温带向热带过渡性特征。从区系组成上来看，兼具温带性和热带性亲缘属性,其中热带分布类型的属数占比为 36.88%,温带分布类型的属数占比为 39.01%,符合保护区区位特征。

(3) 从种群数量上看,在保护区一区及二区的地被部分,表征为热带分布属占优势,如白茅属、结缕草属、狼尾草属、狗牙根属在植物群落中构成基础成分,组成了林地与撂荒地群落的基底。

6.8 植被组成

植被是一定区域范围内各种植物在不同空间位置和结构组成的聚合体(即群落),植被的组成反映了当地植物区系,也反映了当地自然环境现状。江苏省大丰麋鹿国家级自然保护区位于江苏省东部边缘,黄海西岸。区内地势低平,海拔均在十几米以下,没有山地或丘陵,属于沿海滩涂湿地向荒地林地过渡地带。

依据中国植被区划和江苏森林区划,保护区地处我国亚热带常绿阔叶林区域—东部(湿润)常绿阔叶林亚区域—北亚热带常绿、落叶阔叶混交林地带—北部亚地带—江淮平原栽培植被水生植被区—沿海盐渍植被亚区。

参考《中国植被》(吴征镒, 1980)、《1∶100 万中国植被图森林和灌丛群系类型的补充资料》(王璇, 2019)及其他植物群落分类资料,保护区的植被类型包含 9 个植被型组,分为 9 个植被型与 5 个植被亚型及下属 35 个群系(表 6.8-1)。

其中针叶林与阔叶林主要分布于一区及二区的实验区,总面积达 730 公顷左右,树种主要为池杉、水杉、落羽杉、加拿大杨、乌桕、玉兰、望春玉兰、雪柳等,为保护区建区以来陆续栽培,为保护区麋鹿及其他陆生野生动植物提供了良好的生境庇护。

加拿大杨林在保护区面积最大、分布最广,林下灌木层有忍冬、枸杞、紫穗槐、截叶铁扫帚等,草本层以菊科及禾本科杂草为主,部分区域由于麋鹿栖息而林下草本稀疏。针叶林(水杉、池杉及落羽杉)林下植被与栽培树种的胸径大小及郁闭度相关,栽培年限越长、胸径越大的针叶林林下草本层越稀疏,仅有荻、小蓬草、加拿大一枝黄花等草本层在林窗或林缘生长。乌桕林下以狼尾草、加拿大一枝黄花和野蔷薇为主,其他小型草本因上述三种植物的竞争优势而极少分布。刚竹林仅分布于二区实验区宿舍区周边,与藤本植物混杂丛生。

草丛大量分布于一区核心区、二区的林下及荒地,其中狼尾草、加拿大一枝黄花、拂子茅及大白茅为一区、二区林下草本层优势种。草甸主要分布在二区核心区与三区核心区,主要物种为拂子茅、大白茅、狗牙根、芦苇、獐毛、罗布麻、碱蓬、盐地碱蓬、盐角草等,其中芦苇、大白茅、盐地碱蓬及狗牙根为优势种,獐毛与罗布麻在保护区仅少量分布。在一区核心区部分林下栽培有普通小麦、稻、欧洲油菜等。

水生植被及沼泽植被(除大米草—互花米草盐地沼泽植被)占比较低,仅分布于一区实验区、二区的沟渠及浅水区,另外三区核心区巡逻用的沟通渠有菹草分布,覆盖较大面积淡水水域。大米草与互花米草盐沼植被分布于三区核心区的近海侧盐沼滩涂上,以集群分布为主，受到麋鹿采食和踩踏的影响，近些年产生了一定的退化。

表 6.8-1　保护区主要植被类型

植被类型组	植被型/植被亚型	群系
针叶林	亚热带针叶林	水杉林
		落羽杉林
		池杉林
阔叶林	温带落叶阔叶林	刺槐林
		乌桕林
	亚热带落叶阔叶林	玉兰—望春玉兰林
		加拿大杨林
	亚热带、热带竹林和竹丛	刚竹林
灌丛	温带落叶阔叶灌丛	紫穗槐灌丛
草甸	温带禾草、杂草类草甸	拂子茅—大白茅草甸
		狗牙根草甸
		大穗结缕草草甸
	温带禾草、杂类草盐生草甸	芦苇盐生草甸
		獐毛盐生草甸
		罗布麻盐生草甸
		碱蓬盐生草甸
		盐地碱蓬—盐角草盐生草甸
草丛	中生草丛	狼尾草群落
		荻群落
		加拿大一枝黄花群落
		一年蓬群落
		小蓬草群落
	湿生草丛	芦竹群落
		酸模叶蓼—长鬃蓼群落
沼泽植被	禾草沼泽亚型	芦苇沼泽
		大米草—互花米草盐地沼泽
	莎草沼泽亚型	糙叶薹草群落
		飘拂草群落
		扁秆荆三棱群落
	杂草类沼泽亚型	空心莲子草群落
水生植被	浮叶植被亚型	蘋群落
	沉水植被亚型	菹草群落
		穗状狐尾藻群落

续表

植被类型组	植被型/植被亚型	群系
栽培植被	—	小麦、水稻、大豆、欧洲油菜等
无植被地段	—	裸露盐碱地

滨海湿地植物是保护区生态系统的基本组成部分，也是保护区生态系统结构和功能的核心。良好的滨海湿地生态是保护区生物多样性与生态环境质量维持的重要基础。尤其是三区的自然滨海生境，潮汐运动带来充足的营养盐，养育了种类丰富的潮间带生物，由此引来各色水鸟在此栖息。霜天碱蓬滩红烂漫，麋鹿牧食渴饮，天地悠悠，万物周而复始，生生不息。

6.8.1　典型植被群落及分布

保护区植被受基质与土壤因子影响较大，并形成了典型的滨海植被景观。单独对各个群系具体描述相对零散，因此基于基质与土壤因子，并结合保护区地理方位，将保护区植被各个群系基于保护区地理位置由东向西概括为盐沼植被、盐生植被、草丛—灌丛—疏木过渡植被、森林植被 4 大类，此外，沼泽与水生植被随水系穿插分布其间，农田栽培植被也有部分分布。

6.8.1.1　盐沼植被

盐沼植被由盐沼生或耐盐的沼生植物所组成，分布于三区近海侧的淤泥质海滩低洼湿地或浅薄积水处，由大米草—互花米草盐地沼泽构成。盐沼植被的存在能够减缓流速，使大量沉积物吸附在茎叶上或直接沉降堆积，加速盐沼滩面的垂向淤积与向海扩张。大米草、互花米草等 C4 高等植物的高初级生产力和碳埋藏潜力，也使盐沼作为全球重要的碳汇而对持续的全球气候变暖起到一定的缓解作用。很多鸟类、底栖贝类、腹足类等动物以盐沼为栖息地，在这里捕食、产卵或把它作为迁徙的重要中转站，体现出盐沼在滨海湿地生态系统多样性中扮演着关键角色。

米草属植物在其原产地是盐沼中的常见优势种，与其周围环境一起被称为盐沼植物群落，为海洋三大高等植物群落之一，在生态系统中具有重要的生态功能。我国共引入了 4 种米草，目前保护区有大米草与互花米草两种。大米草一般株高 20～30 厘米，在生境好的地段可长到 70～80 厘米；互花米草植株相对更高大、粗壮，一般株高 1 米以上，在优良生境下可达 3 米，茎秆直径在 1 厘米以上。2014 年科考报告显示，保护区只存在大米草群落，而现在则形成了近海侧以互花米草为主、中部互花米草及大米草集群聚居、远海侧大米草散布的格局，尤其是一级潮沟入口处互花米草占据相对优势，仅有少部分为大米草。

互花米草曾用于护滩固岸，但近年来，在原引种地以外地段滋生蔓延，形成优势种群，排挤其他本土植物，威胁了当地生物多样性，是我国典型的外来入侵物种。

6.8.1.2　盐生植被

滨海盐生植被从海滩原生裸地上发生，形成先锋群落，开始其演替过程，自海岸向陆地方向随着土壤盐分递减、有机质递增而逐渐减少。该植被类型包含了獐毛盐生草甸、罗布麻盐生草甸、碱蓬盐生草甸、盐地碱蓬—盐角草盐生草甸、拂子茅—大白茅草甸、大穗结缕草草甸等，主要分布于三区的盐土及二区的核心区。保护区三区的盐土上最早出现碱蓬、盐地碱蓬、盐角草群落分布带，接着为大穗结缕草群落分布带，在三区北部滩段邻接大白茅(*Imperata cylindrica*)、拂子茅群落分布带，另有少量獐毛群落分散其间。

(1) 碱蓬盐生草甸、盐地碱蓬—盐角草盐生草甸

在保护区三区近海侧且临近一级潮沟的区域，由盐地碱蓬及盐角草组成的盐生草甸十分明显，其中盐地碱蓬为绝对优势种。这些地区地势略高，土壤的盐分含量高，本土物种中只有盐地碱蓬及盐角草生长，并形成优势群落，或是单种群落。

而二区核心区的东北部形成以碱蓬为优势种的盐生草甸，群落高度为50厘米左右，盖度为30%～80%，伴生植物有盐地碱蓬、盐角草和獐毛。在二区核心区西南部，碱蓬群落与禾草群落的交错过渡区，盐地碱蓬、碱蓬种群数量则迅速下降，形成以芦苇、拂子茅及大白茅等为建群种的禾草植被。

碱蓬、盐地碱蓬与盐角草是一类肉质耐盐植物，是生长在海侵成土母质以及内陆盐碱地上的先锋植物，同时也是上述区域有机物的重要来源。据现场调查，盐角草零散混生于碱蓬及盐地碱蓬群落中，并未发现由盐角草组成的单一优势种群落。

(2) 大穗结缕草草甸

大穗结缕草属禾本科结缕草属，耐盐碱，可作为优良的耐盐碱草坪草，或用作江堤、湖坡、水库等处的固土护坡植物，也可用作铺建各类运动场的草坪。保护区的大穗结缕草分布于三区大米草—互花米草群落的西部区域，群落高度一般约为5～15厘米，部分种群几贴近地面，盖度50%～90%，部分区域有狗牙根伴生。

(3) 獐毛盐生草甸

獐毛盐生草甸以零星小块形式出现于保护区三区西北部堤内较干燥的盐渍土上，株高25～40厘米，是盐沼发育后期的产物。该群落一般不与分布于其内侧的大白茅—拂子茅群落相接，在两种群落之间也不存在两者的过渡地带，獐毛仅以小斑块盐生草甸形式出现。另外保护区二区也存在部分獐毛群落，夹杂碱蓬、小蓬草、狗尾草等物种。

(4) 罗布麻盐生草甸

罗布麻又称茶棵子和茶叶花等，隶属夹竹桃科，是一种半灌木状多年生草本宿根植物，通过种子和根蘖繁殖。罗布麻能够在盐碱沙荒地等恶劣的自然环境下生长，具有改土保水等良好的生态效用，也可作为观赏植物种植。同时罗布麻叶可以入药，也可制保健茶;罗布麻纤维有“野生纤维之王”的美誉，是一种不可多得的天然纤维材料，因此综合利用价值巨大。目前罗布麻盐生草甸在保护区内的分布不普遍，仅在保护区一区和二区局部地域和群落组成中有所体现。植株高度为40厘米左右，盖度为20%左右，同时罗布麻群落中常伴有大白茅、拂子茅、芦苇等植物。

(5) 拂子茅—大白茅草甸

从保护区三区的滩涂向内陆方向，植被类型由盐沼植被过渡到盐土植被。由于麋鹿

的过量采食和踩踏，三区滨海盐土代表性的大白茅—拂子茅草甸较2014年科考结果已大面积减少，三区仅北部近海端高地有分布。

保护区大白茅—拂子茅草甸目前主要分布于二区，其可独立分布，也会与芦苇、狼尾草等植物组成混生群落，群落盖度可达75%～90%。大白茅—拂子茅草甸通常出现在土壤已脱盐或基本脱盐的区域，它是盐沼发育最后阶段的产物，大白茅—拂子茅草甸分布地带的土地基本可以开垦利用。

6.8.1.3 草丛—灌丛—疏木植被

此类植被类型主要位于该保护区内的一区东部、二区的实验区及缓冲区，为人工或非人工因素造成，组成物种为禾草、散生或聚生灌木、小乔木或孤树，有些是由外来入侵树种组成的地带性植被，或是围垦后尚未使用的荒地上的杂草或植被。总之，本植被类型是在人工或野生动物种群干扰下形成的一种复杂植被类型，其特点是成分复杂且不稳定，主要以禾本科和菊科草本植物为主，易受人为或麋鹿活动干扰，群落结构不稳定，但该植被类型是保护区生物多样性的重要组成部分，构成了二区实验区和缓冲区、一区核心区麋鹿及其他野生动物的重要栖息地。

该类型包含狼尾草群落、小蓬草群落、加拿大一枝黄花群落、芦苇草甸、狗牙根草甸、荻群落、紫穗槐灌丛等。

(1) 狼尾草群落

狼尾草群落在保护区分布广泛，特别在一区核心区东部区域为绝对优势种。狼尾草中伴生物种较少，只有少量的加拿大杨小苗、狗牙根、薹草等物种，同时狼尾草群落还侵入乌桕林，占据乌桕林下草本层主要生态位，为乌桕林下的优势种。狼尾草喜光照充足的生长环境，耐旱、耐湿，亦能耐半阴，且抗寒性强。当气温达到20℃以上时，生长速度加快。

(2) 小蓬草群落

该群落在一区、二区实验区与缓冲区分布较广。该群落的高度为95厘米左右，盖度为60%左右，伴生植物中最为常见的是苍耳、大白茅及白藜等。部分区域的小蓬草分布密集，长势旺盛，群落高度为120厘米左右，盖度为65%，伴生植物种类较少，呈零星分布。

(3) 加拿大一枝黄花群落

加拿大一枝黄花作为一种强势入侵植物，其入侵对于一区及二区的植被造成较大影响。目前保护区内加拿大一枝黄花显示了较高程度的入侵可能与该区域生态位分化有关，部分区域的盖度可达95%。保护区内的加拿大一枝黄花平均株高230厘米，茎秆木质化，强势的功能性状强化了其入侵强度和竞争优势。同时由于其强势的化感作用，群落中几无其他物种存活，周边仅存在葎草、小蓬草、翅果菊等物种少量分布，显著减少了植物物种多样性和群落稳定性。保护区内加拿大一枝黄花分布面积最大的区域为一区缓冲区和核心区的乌桕林下，面积约4～5公顷。

(4) 芦苇草甸

芦苇草甸广泛存在于一区或二区的灌丛及草甸中，群落高度为 80～200 厘米，盖度为 20%～90%，波动范围较大。该群落中常见的伴生植物有大白茅、拂子茅、长芒棒头草、狗牙根、茵陈蒿、鬼针草等，在二区，芦苇常为单优势种群落，有时和大白茅、长芒棒头草、拂子茅组成大白茅—拂子茅—长芒棒头草—芦苇群落。

(5) 狗牙根草甸

保护区的狗牙根分布地点较多，主要包括三区靠近海堤路侧区域(在该区域狗牙根与泽漆混生)、一区核心区南侧麋鹿圈养区(在该区域狗牙根与天胡荽等植物混生)，以及一区中华麋鹿苑景区内的草地。狗牙根耐踩踏、生命力强、植株低矮，使其能够在麋鹿的采食和踩踏压力下生存下来。其中一区的核心区，由于麋鹿长期的践踏及啃食，草本层仅狗牙根及天胡荽等少数种类植物能够自然贴地生长，无相邻休牧区常见的桑树、柘树、构树等灌丛，草坪上仅存刺槐、乌桕及加拿大杨等孤树。在三区靠近海堤路侧则分布着狗牙根群落。

(6) 荻群落

以草本植物占优的荻植被主要分布于二区实验区与缓冲区，该区域属于次生灌丛，部分小乔木乌桕散生，桑树、构树及加拿大杨小苗零星分布，主要物种以荻、蒙古蒿及芦苇、拂子茅等草本为主，荻组成密集群落分布特征，而蒙古蒿、芦苇及拂子茅分布相对分散，其中蒙古蒿多分支，茎高 100 厘米，芦苇、拂子茅等禾草则相对低矮。该群落类型为二区的典型草丛—灌丛—疏树的植被代表。

(7) 紫穗槐灌丛

紫穗槐灌丛为保护区本土植被，主要分布于一区及二区林缘处，与构树、桑等灌丛杂生，林下有小蓬草、狗尾草、刺儿菜、欧洲油菜等草本植物。紫穗槐的适用性非常强，耐贫瘠、耐寒、耐旱，无论是在荒山、沙地还是路旁，都能够很好地生长，在我国的华北、东北、西北及安徽、山东、湖北、广西、四川等各大省区都有大面积的栽培。同时，紫穗槐的叶量大，营养丰富，含有丰富的粗蛋白和维生素，可以供麋鹿采食。

6.8.1.4　森林植被

将保护区林地郁闭度>0.2 的区域归类为森林植被，保护区的森林植被均为人工林地，主要分布于一区及二区，主要树种为加拿大杨、水杉、池杉、落羽杉、乌桕及玉兰等。森林植被为昆虫、鸟类和哺乳动物提供了栖息场所，能保持该区域的生态系统平衡，维护和增加生物物种的多样性。

(1) 加拿大杨林

加拿大杨林属于保护区内分布面积最大、分布最广的人工林，林下灌木层有忍冬、枸杞、紫穗槐、截叶铁扫帚等，草本层以菊科及禾本科杂草为主。关于杨树人工林对林下植物多样性的影响曾一度引起争议，一部分研究认为，与农用地及荒地相比，杨树人工林能提高植物多样性；而另一部分研究认为，杨树人工林会降低植物多样性。

通常，杨树种植后引起环境条件的改变是导致林下植物多样性变化的关键生态因子。杨树人工林建成后，树冠成层所引起的林下光照等生境环境梯度，会导致不同植物生境的分离，这可能是木本植物林下物种丰富度高于草本植物的主要原因。但是杨树人工林与周边农用地相比，则显示出阴性植物较多，阳性植物较少，同时加拿大杨作为速生型树种，具有较高的植物蒸腾速率，能降低土壤水分含量，也导致植物组成的变化。

(2) 水杉、池杉及落羽杉林

由水杉、池杉及落羽杉单种形成的优势针叶林，群落中针叶树种的优势明显，林下存在女贞、乌桕幼苗及天名精、垂序商陆等灌草。部分针叶林下的天名精、垂序商陆为绝对优势群落。水杉、池杉及落羽杉都为高大乔木，强阳性树种，适应性强，能耐低温、耐水湿，抗污染、抗台风，且病虫害少、生长快，树形优美，羽毛状的叶丛极为秀丽，是良好的秋色观叶树种。同时该植被也构成了保护区重要的耐湿耐水抗风林区，为麋鹿等野生动物提供良好庇护。

(3) 乌桕林

由乌桕单种形成的优势乔木林主要分布于一区核心区与缓冲区，群落中乌桕的优势明显，而少量楝树、桑树及构树散生其中。乌桕喜光，耐寒性不强，对土壤适应性较强，沿河两岸冲积土、平原水稻土，低山丘陵黏质红壤、山地红黄壤都能生长，尤其在深厚且湿润肥沃的冲积土中生长最好，因为该类土壤水分条件能使乌桕生长旺盛。乌桕能耐短期积水，亦耐旱，还有一定的耐盐性。该保护区的地理水热条件都适合乌桕生长。乌桕林下的植被主要为加拿大一枝黄花、狼尾草和野蔷薇，此外还能看到少量的忍冬、马兰等草本植物。该区域也是保护区加拿大一枝黄花入侵最严重的区域，入侵面积约 4～5 公顷。

6.8.1.5　沼泽—水生植被

该植被主要包含保护区内随水系分布的沼泽植被与水生植被(除大米草—互花米草盐地沼泽)，囊括了芦苇沼泽、菹草群落、穗状狐尾藻群落、空心莲子草群落等。该植被群落在保护区淡水系统的水质净化中发挥着关键作用，如在吸收水体中的污染物、净化水质、抑制藻类生长等方面作用突出。

(1) 芦苇沼泽

芦苇沼泽是保护区较常见的沼泽植被类型，几乎分布于一区、二区所有滨水区域。芦苇是一种生命力极强的多年生根茎禾草，适应性很强。芦苇既可以以单一群落的形式大面积生长在沼泽地中，也可以在季节性积水的环境下旺盛生长。在保护区，芦苇沼泽主要生活在水深 20～40 厘米的沟渠边，因为常年水分充足，土壤含盐量低，植株生长良好，部分群落高度达 200 厘米以上，形成单优势种群落，盖度达 100%，伴生植物很少。

(2) 菹草群落

菹草群落是保护区常见的水生植被类型，保护区的各个沟渠基本均有分布。菹草是眼子菜科眼子菜属多年生沉水草本植物，是世界广布种，中国南北各省区均有分布，广泛生长在湖沼、池塘、河沟和稻田。菹草的生长时期与大多数水生植物有所不同，其冬、春季生长良好，对水域的富营养化有较强的适应能力。同时菹草为草食性鱼类的良好天然饵料，我国一些地区选其为囤水田养鱼的草种。保护区三区的沟通渠存在数量较多的菹草，伴生物种较少。而在聚仙湖，菹草与黑藻共生，共同构成保护区河渠及湖泊水生植被的主要群落之一。

(3) 穗状狐尾藻群落

保护区的穗状狐尾藻群落主要分布于保护区二区东北角管护站旁的一处池塘内，无伴生种，为单一性优势群落。穗状狐尾藻是小二仙草科狐尾藻属植物，为多年生沉水草本。作为一种世界性分布的物种，穗状狐尾藻广布于全球的淡水水域。中国南北各地池塘、河沟、沼泽中常有生长，特别是在含钙的水域中更为常见。穗状狐尾藻喜阳光直射的环境，其喜温暖、耐低温，可作为养猪、养鱼、养鸭的饲料，同时该植物适合室内水体绿化，是装饰玻璃容器的良好材料。

(4) 空心莲子草群落

空心莲子草为外来入侵物种，会与本土物种展开竞争，使本地种的生长受到威胁，最终导致物种多样性下降。从目前调查结果看，空心莲子草在保护区分布不多，仅分布于一区及二区部分沟渠滨岸，未发现其作为入侵物种的强势分布特征，可能与保护区滨海盐土生境有关。

6.8.1.6　农田栽培植被

保护区一区实验区中有一部分农田栽培植被，冬季种植小麦或大麦，夏季种植水稻，由农户开展经营。

6.8.2　植物群落动态

为了揭示保护区植物群落动态特征，本报告结合 2014 年保护区科考的植物群落特征，对照分析保护区植被变化情况。

6.8.2.1　植物群落变化情况

(1) 三区植被退化，互花米草侵入大米草群落。2014 年科考显示，保护区沿海滩涂地带均被大米草所覆盖，形成全部都是由大米草组成的单一种类群落，且保护区内已经很少看到裸滩。本次科考调查结果显示，保护区三区的植被出现退化，同时互花米草侵入大米草群落中。目前三区的滩涂形成近海侧以互花米草为主、中部大米草—互花米草集群聚居、远海侧大米草散布的格局。

(2) 三区的植物群落萎缩，防洪堤上出现非盐生的杂草群落。2014 年科考显示，最早在裸滩上出现盐地碱蓬群落分布带，接着为大穗结缕草群落分布带，在局部滩段则有獐毛群落的分布带。盐地碱蓬与大穗结缕草群落分布带的内侧(相对于海的位置而言)，均邻接大白茅、拂子茅群落分布带。本次科考调查结果显示，保护区三区的植被发生退化，保护区近海侧的高潮位盐土有碱蓬、盐地碱蓬和盐角草群落孤立分布；盐地碱蓬等群落往陆地方向有大穗结缕草分布带，群落较为稀疏分散；北部近海区域存在零散的大白茅—拂子茅群落以及少量獐毛群落散布于防洪堤内侧，同时各个群落互不邻接。上述情况表明保护区三区的植物群落较2014年已经发生大面积萎缩。另滩涂沟通渠的防洪堤上出现狗牙根、狗尾草、飘拂草属等非盐生的杂草群落。

(3) 三区东北部的盐地碱蓬、盐角草群落被大米草—互花米草群落替代。2014年科考显示，在保护区东部及东北部地区由盐地碱蓬组成的群落分布十分明显，面积较大，并形成以其为主的优势群落或单种群落。另外在保护区东部地区存在由盐角草组成的单一群落。本次科考调查结果显示，保护区三区的东部(靠近一级潮沟入口处)盐地碱蓬及盐角草群落仍然存在，但零散分布于部分高潮位盐土之上，面积较小。同时东北部原盐地碱蓬群落被大米草—互花米草群落替代，未发现单一盐角草群落。

(4) 獐毛等群落萎缩孤立，三区近岸处已无高大的禾本科植物。2014年科考显示，獐毛群落通常以零星小块形式出现于潮上带或堤内较干燥的盐渍土上，该群落一般与分布于其内侧的大白茅—拂子茅群落相接，在两种群落之间存在着两者的过渡地带，大白茅根茎可侵入到两种禾草群落内生长。在獐毛群落边缘高地上，渐渐过渡为由荻和束尾草组成的草丛群落，其中还偶见丛生的苏丹草。本次科考调查结果显示，保护区三区北部近海侧存在零星小块的獐毛群落与大白茅—拂子茅群落，不存在两种群过渡带，同时三区近岸处已无高大的禾本科植物存在的痕迹；在二区的獐毛群落则混生于大白茅、狗尾草等草丛群落中。

(5) 三区滨海代表性的大白茅—拂子茅群落仅零星分布，二区核心区仅余少部分大白茅—拂子茅群落，难见单种群落盖度95%～100%的大白茅群落。2014年科考显示，从保护区东界的黄海西岸滩涂向内陆方向，植被类型由盐沼植被过渡到盐土植被，该区盐土植被类型中比较具有代表性的为大白茅—拂子茅群落，其中由大白茅作为优势种或是单种组成的大白茅群落，以及大白茅—拂子茅同作优势种的群落在沿海滩涂植被中比较普遍，大白茅组成的单种群落盖度可达95%～100%。本次科考调查结果显示，保护区三区植被发生退化，大白茅—拂子茅群落仅于北部近海区域存在零星斑块，二区核心区仅余少量大白茅—拂子茅群落，难见单种群落盖度95%～100%的大白茅群落。

(6) 杂草—灌丛—疏木大量被森林植被代替，麋鹿圈养区的草本类植物低矮化，分布面积随牧区同步扩大。2014年科考显示，杂草—灌丛—疏木植被主要位于保护区内的道路和河道两侧，为人工或非人工因素造成，组成物种为禾草、散生或聚生灌木、小乔木或是外来入侵树种组成的地带性植被，或是围垦后尚未使用的荒地上的杂草或植被，有三种主要群落类型：狼尾草—加拿大杨群落、狼尾草—河八王—刺槐灌草丛群落和乌桕—楝树—禾草群落。本次科考调查结果显示，该区域植被变化也较大，大量的杂草—灌丛—疏木植被为森林植被所演替，森林植被有加拿大杨林、水杉林、落羽杉林、池杉林及乌桕林等，其中加拿大杨林扩大为面积最大的林地植被。由于加拿大杨林的成长，原来其下的优势群落狼尾草演化为一年蓬、紫穗槐等灌草，针叶林下由于郁闭度高，阴生植物常见，但总体数量不多，荻、小蓬草、加拿大一枝黄花等在林窗或林缘生长旺盛。此外，杂草荒草地存在两种演化方向：一是麋鹿圈养区的植被低矮化，贴地生长的狗牙根—天胡荽群落面积随牧区扩大；二是麋鹿休牧区的荻、芦苇、加拿大一枝黄花、拂子茅、大白茅等草丛集群生长。

6.8.2.2　植物群落演化的影响因素

（1）麋鹿种群干扰

保护区设立麋鹿圈养区、放养区与休牧区，以期实现植被可持续利用的目的。从麋鹿圈养区、放养区与休牧区角度来看，近年来麋鹿数量增长过快，一区、三区作为麋鹿主要放养区，麋鹿过度采食喜食与可食植物，并踩踏植被，常群体性地躺卧在植被上休息，导致植被退化和低矮化，其生物量和多样性明显降低，形成目前麋鹿圈养区/放养区植被以低矮贴地生长的狗牙根、天胡荽及麋鹿不喜食的泽漆为主的现状。而休牧区的植被由于未被麋鹿破坏，长势旺盛，数量丰富，能体现原生植被的现状。

从不同季节麋鹿对植物取食偏好情况来看，麋鹿对保护区生境的干扰一方面其进食造成植被生物量降低，另一方面其取食的偏好性导致植被的组成成分发生了很大变化，使得保护区内植被特征趋向单一化，如麋鹿仅在春季喜食狼尾草幼苗，夏秋季由于狼尾草含水量较少，因此麋鹿较少取食；麋鹿对大白茅一年四季都取食且冬季喜欢刨食大白茅的根系，对大白茅的干扰强度更大，这导致了大白茅对狼尾草等其他植物的竞争能力下降，故保护区内大白茅由原滨海代表性植被逐步退化，大部分混杂于拂子茅、荻等群落中。

总体而言，圈养区内，由于麋鹿对植物群落产生较大的干扰，植物多样性指数下降，同时圈养区麋鹿喜食植物的数量大量减少。

（2）三区淡水沟通渠加速盐沼滩涂脱盐演变

保护区三区为滨海盐沼滩涂自然植被景观，但是由于供水及巡逻用的沟通渠建设，三区的滩涂湿地生态系统从适宜滩涂生长的沼生盐生植被群落，加速演替为以禾本科、菊科为主的中生灌草群落。目前沟通渠两侧防洪堤生长着短叶水蜈蚣、莎草、牛筋草等非盐生植物，沟通渠内则生长着菹草、黑藻等不耐盐的水生植物，同时三区滩涂较大部分区域由于潮汐活动减弱，一级潮沟及其分支的影响难以渗入三区的盐土滩涂，促进了三区无潮沟影响的盐土陆域不断脱盐，最终盐土植被朝陆域中生植物群落演化，失去典型滨海植被特征。

6.9　珍稀濒危物种

依据《中国生物多样性红色名录——高等植物卷(2020)》，保护区现有珍稀濒危物种4种，分别为：银杏(EN)、水杉(EN)、大叶榉树(NT)、玉兰(LC)，全部为栽培种。

依据《国家重点保护野生植物名录》(2021)，保护区现有国家二级重点保护野生植物1种，为野大豆。物种野大豆介绍如下。

名称：野大豆 *Glycine soja*。

分类地位：蝶形花科 Papilionaceae　大豆属 *Glycine*。

形态特征：一年生缠绕草本。茎、小枝纤细，全体疏被褐色长硬毛。叶具 3 小叶；托叶卵状披针形，急尖，被黄色柔毛。顶生小叶卵圆形或卵状披针形。总状花序通常短；花小；花梗密生黄色长硬毛；苞片披针形；花萼钟状，密生长毛，裂片 5，三角状披针形，先端锐尖；花冠淡红紫色或白色。荚果长圆形。花期 7 至 8 月，果期 8 至 10 月。

分布现状：野大豆在一区及二区部分区域有分布，一般攀附于其他草本植物之上。

价值：该种为农作物大豆的野生近缘种，属于豆科大豆属草质藤本植物，具有适应性强，抗病，种子蛋白质含量高等多种优良特性，它是栽培大豆育种最理想的野生遗传种质资源，对于改良大豆品种，开展生物固氮研究具有重要意义。同时全株为家畜喜食的饲料，可栽作牧草、绿肥和水土保持植物。茎皮纤维可织麻袋。种子含蛋白质 30%～45%，油脂 18%～22%，既可供食用，制酱、酱油和豆腐等，又可榨油，油粕是优良饲料和肥料。全草还可药用，有补气血、强壮体魄、利尿等功效，主治盗汗、肝火、目疾、黄疸、小儿疳疾。曾自茎叶中分离出一种对所有血型有凝集作用的植物血朊凝素。

受威胁情况：适应能力强，分布广泛，不受威胁。

6.10　常见植物

基于调查遇见度统计，保护区常见植物前 10 种分别为狗牙根、加拿大杨、狼尾草、拂子茅、大白茅、盐地碱蓬、碱蓬、芦苇、乌桕及狗尾草。以下选取部分物种做介绍。

(1) 加拿大杨 *Populus* × *canadensis*

分类地位：杨柳科 Salicaceae 杨属 *Populus*。

形态特征：大乔木，高 30 余米。干直，树皮粗厚，深沟裂，下部暗灰色，上部褐灰色，大枝微向上斜伸，树冠卵形；萌枝及苗茎棱角明显，小枝圆柱形，稍有棱角，无毛，稀微被短柔毛。芽大，先端反曲，初为绿色，后变为褐绿色，富黏质。叶三角形或三角状卵形，一般长大于宽，先端渐尖，基部截形或宽楔形，无或有 1～2 腺体，边缘半透明，有圆锯齿，近基部较疏，具短缘毛，上面暗绿色，下面淡绿色；叶柄侧扁而长，带红色（苗期特明显）。雄花序长 7～15 厘米，花序轴光滑，苞片淡绿褐色，不整齐，丝状深裂，花盘淡黄绿色，全缘，花丝细长，白色，超出花盘；果序长达 27 厘米；蒴果卵圆形，长约 8 毫米，先端锐尖，2～3 瓣裂。雄株多，雌株少。花期 4 月，果期 5 至 6 月。

分布现状：一区林场及二区部分区域。

价值：生长快、繁殖容易、适应性强，既可成片造林，又能"四旁栽植"，是"四旁罗"绿化的树种之一。材质轻软，纹理直，易干燥、加工，适用于制作家具、包装箱、农具和作为农村建筑用材。

(2) 狼尾草 *Pennisetum alopecuroides*

分类地位：禾本科 Poaceae 狼尾草属 *Pennisetum*。

形态特征：多年生。须根较粗壮。秆直立，丛生，高30～120厘米，在花序下密生柔毛。叶鞘光滑，两侧压扁，主脉呈脊，在基部者跨生状，秆上部者长于节间；叶舌具长约2.5毫米纤毛；叶片线形，长10～80厘米，宽3～8毫米，先端长渐尖，基部生疣毛。圆锥花序直立，长5～25厘米，宽1.5～3.5厘米；主轴密生柔毛；总梗长2～3毫米；刚毛粗糙，淡绿色或紫色，长1.5～3厘米；小穗通常单生，偶有双生，线状披针形，花果期夏秋季。

分布现状：一区东部、南部及二区西部。

价值：可作饲料；编织或造纸的原料；常作为土法打油的油杷子；可作固堤防沙植物。

(3) 拂子茅 *Calamagrostis epigeios*

分类地位：禾本科 Poaceae　拂子茅属 *Calamagrostis*。

形态特征：多年生，具根状茎。秆直立，平滑无毛或花序下稍粗糙，高45～100厘米，径2～3毫米。叶鞘平滑或稍粗糙，短于或基部者长于节间；叶舌膜质，长5～9毫米，长圆形，先端易破裂；叶片长15～27厘米，宽4～8(13)毫米，扁平或边缘内卷，上面及边缘粗糙，下面较平滑。圆锥花序紧密，圆筒形，劲直、具间断，长10～25(30)厘米，中部径1.5～4厘米，分枝粗糙，直立或斜向上升；小穗长5～7毫米，淡绿色或带淡紫色；花果期5至9月。

分布现状：保护区三个区都有分布，以二区分布更为集中。

价值：为牲畜喜食的牧草；其根茎顽强，抗盐碱土壤，又耐强湿，是固定泥沙、保护河岸的良好材料。

(4) 大白茅 *Imperata cylindrica*

分类地位：禾本科 Poaceae　白茅属 *Imperata*。

形态特征：多年生，具粗壮的长根状茎。秆直立，高30～80厘米，具1～3节，节无毛。叶鞘聚集于秆基，甚长于其节间，质地较厚，老后破碎呈纤维状；叶舌膜质，长约2毫米，紧贴其背部或鞘口具柔毛，分蘖叶片长约20厘米，宽约8毫米，扁平，质地较薄；秆生叶片长1～3厘米，窄线形，通常内卷，顶端渐尖呈刺状，下部渐窄，或具柄，质硬，被有白粉，基部上面具柔毛。圆锥花序稠密，长20厘米，宽达3厘米，小穗长4.5～5(6)毫米，基盘具长12～16毫米的丝状柔毛。花果期4至6月。

分布现状：保护区三个区域都有分布，其中以一区东部、南部及二区分布更为集中。

价值：良好牧草，根茎可入药。

(5) 盐地碱蓬 *Suaeda salsa*

分类地位：苋科 Amaranthaceae 碱蓬属 *Suaeda*。

形态特征：一年生草本，高20～80厘米，绿色或紫红色。茎直立，圆柱状，黄褐色，有微条棱，无毛；分枝多集中于茎的上部，细瘦，开散或斜升。叶条形，半圆柱状，通常长1～2.5厘米，宽1～2毫米，先端尖或微钝，无柄，枝上部的叶较短。团伞花序通常含3～5花，腋生，在分枝上排列成有间断的穗状花序；小苞片卵形，几全缘；花两性，有时兼有雌性；花被半球形，底面平；裂片卵形，稍肉质，具膜质边缘，先端钝，果时背面稍增厚，有时并在基部延伸出三角形或狭翅状突出物；果皮膜质，果实成熟后常常破裂而露出种子。种子横生，双凸镜形或歪卵形，黑色，有光泽，周边钝，表面具不清晰的网点纹。花果期7至10月。

分布现状：主要分布于二区核心区及三区。

价值：幼苗可做菜，北方沿海群众春夏多采食；种子也可食用。

(6) 碱蓬 *Suaeda glauca*

分类地位：苋科 Amaranthaceae 碱蓬属 *Suaeda*。

形态特征：一年生草本，高可达1米。茎直立，粗壮，圆柱状，浅绿色，有条棱，上部多分枝；枝细长，上升或斜伸。叶丝状条形，半圆柱状，通常长1.5～5厘米，宽约1.5毫米，灰绿色，光滑无毛，稍向上弯曲，先端微尖，基部稍收缩。花两性兼有雌性，单生或2～5朵团集，大多着生于叶的近基部处；两性花花被杯状，长1～1.5毫米，黄绿色；种子横生或斜生，双凸镜形，黑色，直径约2毫米，周边钝或锐，表面具清晰的颗粒状点纹，稍有光泽；胚乳很少。花果期7至9月。

分布现状：主要分布于二区核心区及三区。

价值：种子含油25%左右，可榨油供工业用。

(7) 芦苇 *Phragmites australis*

分类地位：禾本科 Poaceae 芦苇属 *Phragmites*。

形态特征：多年生，根状茎十分发达。秆直立，高1～3 (8)米，直径1～4厘米，具20多节，节下被腊粉。叶鞘下部短于上部，长于其节间；叶舌边缘密生一圈长约1毫米的短纤毛，两侧缘毛长3～5毫米，易脱落；叶片披针状线形，长30厘米，宽2厘米，无毛，顶端长渐尖成丝形。圆锥花序大型，分枝多，长20～40厘米，着生稠密下垂的小穗；小穗成熟后易自关节上脱落；内稃长约3毫米，两脊粗糙；雄蕊3，花药长1.5～2毫米，黄色；颖果长约1.5毫米。

分布现状：整个保护区都有分布。

价值：秆为造纸原料或作编席织帘及建棚材料，茎、叶嫩时为饲料；根状茎供药用，为固堤造陆先锋环保植物。

6.11 资源植物

麋鹿保护区地处我国亚热带常绿阔叶林区域—东部(湿润)常绿阔叶林亚区域—北亚热带常绿、落叶阔叶混交林地带—北部亚地带—江淮平原栽培植被水生植被区—沿海盐渍植被亚区。作为拥有较高物种多样性的滨海湿地生态系统区域，保护区内承载了较多的植物资源，其中许多物种与人类生活关系密切，或者具有潜在生态及经济价值。《江苏植物志》(第二版)统计到保护区有279种植物资源，其中药用植物265种、观赏植物74种、材用植物12种、淀粉及蔗糖植物9种、芳香及挥发油植物29种、蜜源植物25种、食用植物54种、油料植物37种、纤维植物39种，代表物种如表6.11-1所示。

保护区药用植物资源最为丰富，95%的植物都可作为药用植物，其中具有开发价值且药效较为独特的物种如绶草可以用于病后气血两虚、少气无力、气虚白带、遗精、失眠、燥咳、咽喉肿痛、缠腰火丹、肾虚、肺痨咯血、消渴、小儿暑热症，外用于毒蛇咬伤，疮肿；罗布麻可以用于平肝安神、清热利水、肝阳眩晕、心悸失眠、浮肿尿少、高血压病、神经衰弱、肾炎浮肿；紫苜蓿含有多种有效成分，可以降低胆固醇和血脂含量，消退动脉粥样硬化斑块，还具有调节免疫、抗氧化、防衰老等功能。

植物资源是人类生存和发展必不可少的物质基础，因此，在现有资源调查的基础之上，仍然需要重视和加强对保护区植物资源的空间分布、蕴藏量、濒危状况以及利用价值等方面的调查和评估工作，同时必须对植物种质资源进行科学保护与合理开发利用，从而保证其永续使用。

表 6.11-1　麋鹿保护区维管植物资源表

序号	资源项	物种数	代表物种
1	药用	265	刺果甘草、绶草、罗布麻、马瓟儿、盒子草、栝楼、紫穗槐、紫苜蓿、截叶铁扫帚
2	观赏	74	柽柳、芦竹、朴树、牵牛、忍冬、野蔷薇、楝树、紫穗槐
3	材用	12	楝树、构树、朴树、白杜、臭椿、柽柳
4	淀粉及蔗糖	9	打碗花、黄独、鬼蜡烛
5	芳香及挥发油	29	忍冬、野蔷薇、野老鹳草、旋覆花、野菊、蒙古蒿、紫穗槐、野生紫苏、薄荷
6	蜜源	25	芥菜、忍冬、枸杞、插田泡、蛇莓、野蔷薇、田菁、天蓝苜蓿、紫苜蓿、刺槐、薄荷
7	食用	54	诸葛菜、芥菜、枸杞、插田泡、马齿苋、蒲公英、甜瓜
8	油料	37	碱蓬、盐地碱蓬、臭椿、天名精、鬼针草、苍耳、苘麻
9	纤维	39	苘麻、罗布麻、柽柳、糙叶薹草、互花米草、大米草、芒、芦竹、芦苇、荻

6.12　外来入侵植物

我国是世界上遭受生物入侵危害最为严重的国家之一，生物入侵对我国生态环境和农业生产造成了极大危害，而且还在随着气候变化、国际贸易等的发展不断加剧。本次调查结果显示，保护区维管植物中被列入《中国外来入侵物种名单》(第 1 至第 4 批)的有 14 种，列入农业农村部、自然资源部、生态环境部、住房和城乡建设部、海关总署和国家林草局组织制定的《重点管理外来入侵物种名录》内的植物共 8 种，列入《江苏省森林湿地生态系统重点外来入侵物种参考图册》有 8 种(如表 6.12-1 所示)，其中种群数量较为突出的有加拿大一枝黄花、一年蓬、小蓬草、互花米草和大米草。

表 6.12-1　保护区入侵物种表

序号	种	拉丁名	分布	国	部	省
1	垂序商陆	*Phytolacca americana*	Ⅰ-3	+	+	
2	刺苋	*Amaranthus spinosus*	Ⅰ-3、Ⅰ-1	+	+	+

续表

序号	种	拉丁名	分布	国	部	省
3	反枝苋	*Amaranthus retroflexus*	Ⅰ-3	+		
4	空心莲子草	*Alternanthera philoxeroides*	Ⅰ-3、Ⅰ-2、Ⅰ-1、Ⅱ-2、Ⅱ-3	+	+	+
5	野胡萝卜	*Daucus carota*	Ⅰ-3			+
6	圆叶牵牛	*Pharbitis purpurea*	Ⅰ-3	+		
7	加拿大一枝黄花	*Solidago canadensis*	Ⅰ-3、Ⅰ-2、Ⅰ-1、Ⅱ-2、Ⅱ-1	+	+	+
8	钻叶紫菀	*Symphyotrichum subulatum*	Ⅰ-3、Ⅰ-2	+		
9	一年蓬	*Erigeron annuus*	Ⅰ-3、Ⅰ-2、Ⅰ-1	+		+
10	野塘蒿(香丝草)	*Conyza bonariensis*	Ⅰ-2	+		
11	小蓬草	*Conyza canadensis*	Ⅰ-3、Ⅰ-1、Ⅰ-2、Ⅱ-3	+	+	+
12	鬼针草	*Bidens pilosa*	Ⅰ-3、Ⅰ-1、Ⅰ-2、Ⅱ-1	+	+	
13	大狼杷草	*Bidens frondosa*	Ⅰ-3、Ⅰ-1、Ⅰ-2、Ⅱ-1	+		
14	野燕麦	*Avena fatua*	Ⅰ-3	+	+	
15	大米草	*Spartina anglica*	Ⅲ-1			+
16	互花米草	*Spartina alterniflora*	Ⅲ-1	+	+	+

注：Ⅰ-1、Ⅰ-2、Ⅰ-3、Ⅱ-1、Ⅱ-2、Ⅱ-3、Ⅲ-1、Ⅲ-2、Ⅲ-3分别表示保护区一区核心区、一区缓冲区、一区实验区、二区核心区、二区缓冲区、二区实验区、三区核心区、三区缓冲区、三区实验区。

"国"表示列入《中国外来入侵物种名单》(第1至第4批)名单；"部"表示农业农村部、自然资源部、生态环境部、住房和城乡建设部、海关总署和国家林草局组织制定的《重点管理外来入侵物种名录》；"省"表示列入《江苏省森林湿地生态系统重点外来入侵物种参考图册》。

加拿大一枝黄花、一年蓬和小蓬草主要分布于保护区一区、二区的林下及草地，其中尤以加拿大一枝黄花危害最为严重，保护区内加拿大一枝黄花分布面积最大的区域为一区缓冲区和核心区的乌桕林下，面积约4～5公顷。从现状看，加拿大一枝黄花、一年蓬和小蓬草种群密度较大，而种群密度较高有助于提高强干扰条件下单株的生存几率，同时，较高的植株密度使植株个体之间竞争加强，迫使它们不断地向外扩张获取资源，因此分布面积不断扩大。此外，外来入侵植物较高的生物量可以使其对不同环境更快地产生适应性表型以抵抗不利环境。

保护区三区的互花米草—大米草群落表现为偏居近海侧，并喜好沿潮沟边缘扩张，常水位以上分布较少，形成此分布格局的主要有3个原因。

(1) 沟通渠与防洪堤限制米草群落扩张

沟通渠与防洪堤一方面阻隔了外海滩涂米草植物直接入侵，另一方面沟通渠与防洪堤改变了保护区三区的盐沼生境，限制了米草群落的扩张。保护区挖掘巡逻用的沟通渠与防洪堤削减了三区的潮汐作用力，保护区三区的潮沟入口仅两处，因此潮沟的密度和分汊率必然减小，导致潮沟难以影响的区域陆化为盐土，而米草作为一种盐沼植物，其扩张程度必然受限。

（2）潮沟活动与米草扩张连带关系

一般而言，潮沟在波浪、潮汐、潮流、风暴潮等自然作用力的共同影响下，表现出裁弯取直、不断变化的特性。变化的潮沟不仅是潮滩与外界联系的重要通道，也是米草群落建立和扩散的重要途径。米草的潮沟引领式扩张模式受到潮沟的深刻影响，可以说潮沟的发育程度决定了米草的扩散程度，形成目前保护区米草群落主要沿潮沟扩散分布的现状。

（3）麋鹿种群扩张限制了米草群落分布与扩张

目前保护区野放麋鹿已有 3 000 余只，远超过保护区的生态环境承载力。麋鹿长期对植物的啃食与踩踏对植被产生较大的破坏，也压制了三区米草群落在近岸的分布与扩张，是互花米草—大米草群落偏居近海侧的原因之一。

7 动物

7.1 哺乳动物

哺乳动物是生态系统的重要组成部分，是物种进化的最高级类群，在保护生物多样性和维护生态平衡方面具有不可替代的作用，其生态状况不仅可以作为评价生态环境质量高低的指标，也可以作为生态环境保护和管理的科学依据，全面系统地了解哺乳动物群落组成及资源分布可以有效评估保护区物种多样性现状，有助于更有针对性地制订合理的保护和管理措施。本次科考参照2022年9月海峡书局出版的《中国兽类图鉴(第三版)》、2021年3月科学出版社出版的《中国生物多样性红色名录:脊椎动物 第一卷 哺乳动物》、湖南教育出版社2009年10月出版的《中国兽类野外手册》和中国林业出版社2006年6月出版的《中国兽类识别手册》进行物种鉴定及分类。

7.1.1 调查方法

保护区于2022年1月、5月、9月、10月开展哺乳动物调查，主要方法有历史资料收集与整理、样地法、样线法、踪迹判断法、无人机监测、红外相机自动拍摄和访问调查法。

(1) 历史资料收集与整理。收集保护区已有资料(发表和未发表的文献、馆藏标本等)，结合访谈调查，掌握调查区域内的物种组成及分布的历史记录。

(2) 样地法。小型陆生哺乳动物采用夹日法、陷阱法调查样方内物种和个体数量；对于翼手类采用网捕法调查样方内物种和个体数量。对观测到的哺乳动物拍照记录，便于物种鉴定。本次调查共设置11个样地。样地点位信息如表7.1-1和图7.1-1所示。

表7.1-1 哺乳动物调查样地位置信息表

编号	经度	纬度	区域	生境
1	120.786 317	33.003 004 03	一区实验区	农田
2	120.794 406 6	32.999 645 91	一区实验区	农田
3	120.798 317 2	32.989 858 52	一区实验区	林地
4	120.809 933 9	32.989 704 3	一区实验区	林地
5	120.814 010 8	32.978 975 46	一区核心区	草地
6	120.811 350 1	33.002 321 41	二区实验区	林地
7	120.827 057 1	33.010 818 65	二区缓冲区	草地
8	120.826 542 1	33.043 090 99	三区缓冲区	林地
9	120.845 510 7	33.038 198 64	三区核心区	沿海滩涂
10	120.864 221 8	33.028 328 11	三区缓冲区	林地

续表

编号	经度	纬度	区域	生境
11	120.880 958 8	33.013 307 74	三区缓冲区	林地

图 7.1-1　哺乳动物调查样地分布

(3) 样线法。在晴朗、风力不大的天气条件下，沿样线步行、匀速前进，步行速度为每小时 2～3 千米，记录哺乳动物活动或存留足迹、粪便、爪印等。样线覆盖样地内所有生境类型，共设置 12 条，每条长度为 1～5 千米，如表 7.1-2 和图 7.1-2 所示。

表 7.1-2　哺乳动物样线位置信息表

编号	起点经度	起点纬度	终点经度	终点纬度	区域	生境
1	120.790 56	33.000 06	120.797 47	32.999 88	一区实验区	农田
2	120.811 59	32.994 82	120.800 69	32.998 72	一区实验区	水体
3	120.787 38	32.982 50	120.790 34	32.990 06	一区实验区	农田
4	120.814 08	32.988 25	120.817 51	32.985 98	一区缓冲区	草地
5	120.801 59	32.978 81	120.811 63	32.978 43	一区核心区	草地
6	120.818 75	32.991 17	120.814 72	32.977 74	一区核心区	草地
7	120.814 81	33.002 11	120.820 39	33.005 55	二区实验区	林地

续表

编号	起点经度	起点纬度	终点经度	终点纬度	区域	生境
8	120.838 07	33.017 44	120.846 82	33.021 13	二区核心区	碱蓬滩地
9	120.815 66	33.044 39	120.825 88	33.042 50	三区缓冲区	林地
10	120.839 83	33.038 55	120.848 02	33.034 17	三区缓冲区	林地
11	120.876 35	33.023 01	120.879 87	33.013 49	三区缓冲区	林地
12	120.831 71	33.054 60	120.840 38	33.056 32	三区核心区	沿海滩涂

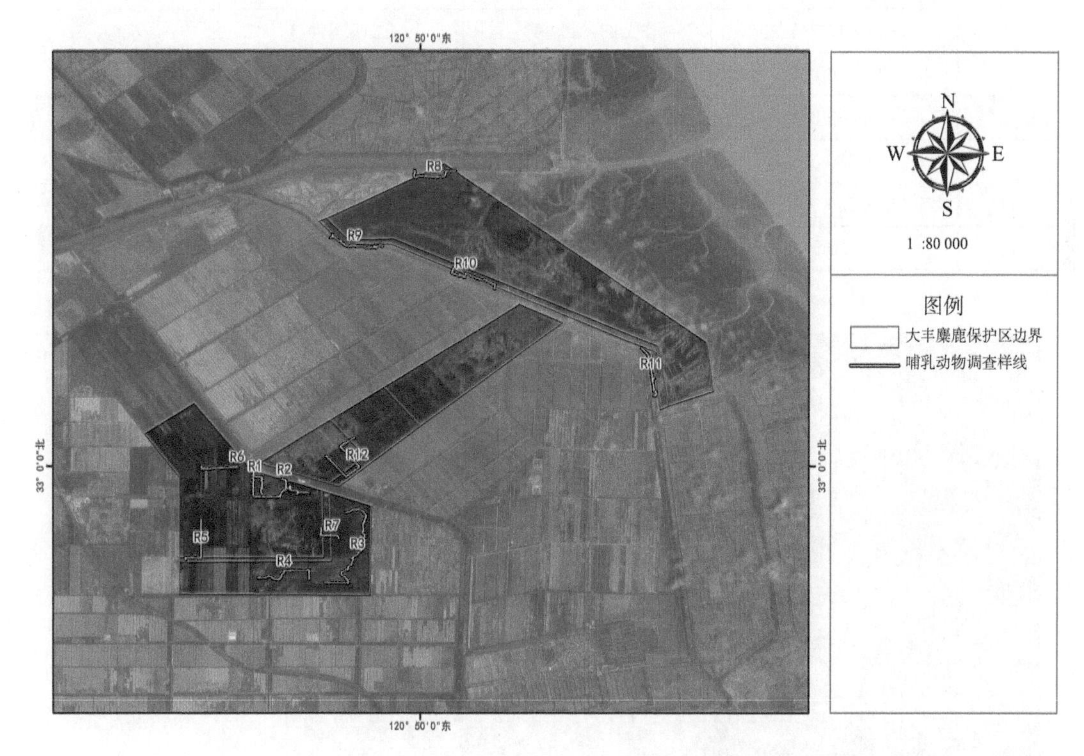

图 7.1-2 哺乳动物调查样线分布

(4) 踪迹判断法。根据兽类活动时留下的踪迹，如足印、粪便、体毛、爪印、食痕、睡窝、洞穴等来判定留下的踪迹物种、个体大小、家域面积大小、数量、昼行或夜行、季节性迁移和生境偏好等。

(5) 无人机监测。对于麋鹿等大型兽类，采用无人机直接进行种群监测，通过视频照片类影像资料判断区域内种群数量及分布情况。

(6) 红外相机自动拍摄法。利用红外感应自动照相机，自动记录在其感应范围内活动的动物影像。相机安置在动物的活动通道上或活动痕迹密集处，定期下载数据，记录拍摄信息，建立信息库并归档保存。本次考察共放置 12 台红外相机，详细位点信息如表 7.1-3 和图 7.1-3 所示。

表 7.1-3　红外相机放置位点信息表

编号	经度	纬度	区域	生境
1	120.817 194 2	32.985 672 47	一区核心区	林地
2	120.819 806 6	32.993 411 63	一区核心区	林地
3	120.801 689 6	32.975 993 06	一区核心区	林地
4	120.789 976 4	32.986 385 67	一区实验区	林地
5	120.809 270 9	32.994 637 69	一区实验区	林地
6	120.823 687 8	33.009 105 53	二区缓冲区	草地
7	120.815 741 7	32.999 869 63	二区缓冲区	草地
8	120.836 057 5	33.016 184 66	二区核心区	碱蓬滩
9	120.845 541 8	33.020 615 66	二区核心区	碱蓬滩
10	120.880 507 7	33.015 274 61	三区缓冲区	林地
11	120.859 908 3	33.030 305 71	三区缓冲区	林地
12	120.829 781 8	33.042 236 18	三区缓冲区	林地

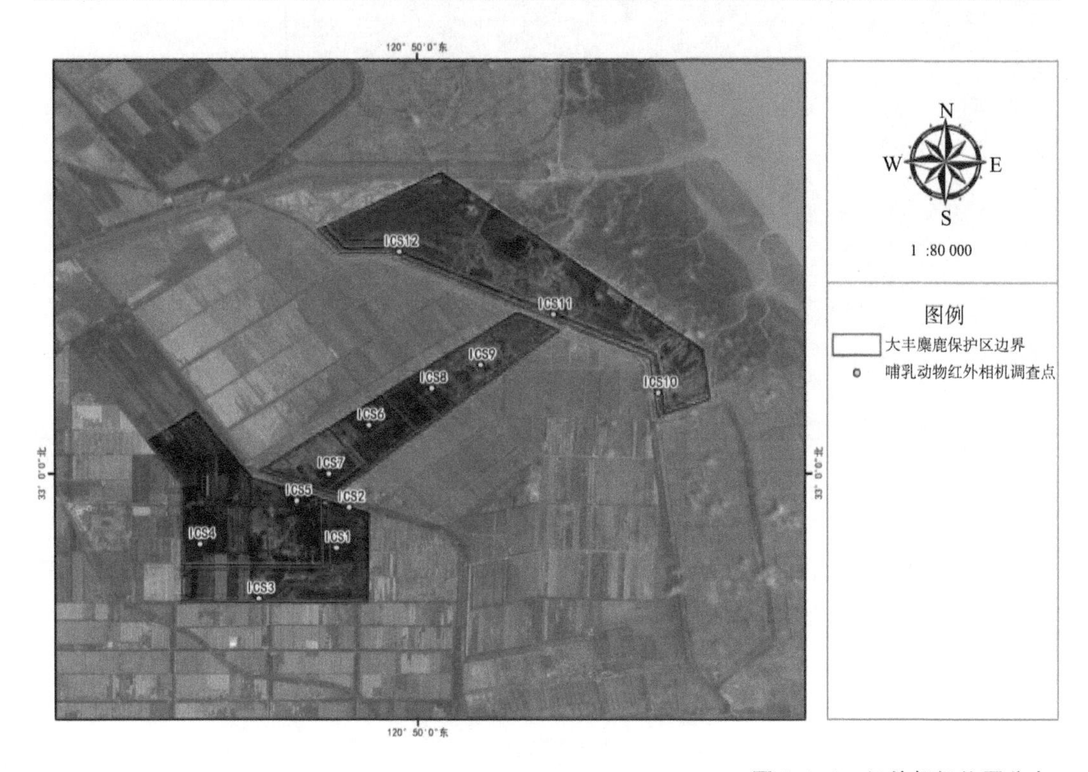

图 7.1-3　红外相机位置分布

(7) 访问调查法。科考队与 2022 年 1 月、5 月及 9 月合计开展 3 次访问调查，主要以保护区工作人员、保护区内及周边当地居民为访问对象，共计访问 10 人次，记录物种及数量等信息。

7.1.2 物种变更

相较于上一期科考报告，本轮科考结合实地考察、专家咨询、其他历史文献资料查阅及访问调查结果，对部分兽类的中文名、拉丁名、在保护区内是否有分布等进行了相应更正。

7.1.2.1 更正物种

2014年科考报告哺乳动物名录中：鲁氏菊头蝠 *Rhinolophus rouxi* 中文名更正为中华菊头蝠，拉丁名更正为 *Rhinolophus sinicus*；长翼蝠 *Miniopterus schreibersii* 中文名更正为亚洲长翼蝠，拉丁名更正为 *Miniopterus fuliginosus*。

7.1.2.2 变更物种

保护区哺乳动物物种的具体变更情况如表7.1-4和表7.1-5所示。

表7.1-4 哺乳动物物种变更信息表

序号	目	科	中文名	拉丁名	变更形式
1	劳亚食虫目	鼩鼱科	长尾大麝鼩	*Crocidura dracula*	删减
2	翼手目	蝙蝠科	亚洲长翼蝠	*Miniopterus fuliginosus*	删减
3	啮齿目	鼠科	中华姬鼠	*Apodemus draco*	删减
4	偶蹄目	鹿科	小麂	*Muntiacus reevesi*	删减
5	啮齿目	鼠科	巢鼠	*Micromys minutus*	新增

表7.1-5 哺乳动物物种变更原因明细

序号	中文名	本次实地调查	历史资料及文献	访问调查	结合保护区生境推测
1	长尾大麝鼩	未记录实体	据相关文献，该物种目前在我国大多分布于台湾、西藏、广西、云南及四川，与保护区所处的江苏省位置偏差较大	多年内无目击证据	可能在农田生境中分布
2	亚洲长翼蝠	未记录实体	2014年科考，2017年及2020年大丰区生物多样性本底调查项目均未记录到实体。据相关资料，其在国内分布区为有山地、丘陵及溶洞的省份，不包含江苏省。从栖息生境来看，黑暗潮湿积水的大石灰岩溶洞为其偏好生境	无目击证据	无适宜生境
3	中华姬鼠	未记录实体	文献显示其喜栖息于灌丛、草丛、丘陵和山地的针阔混交林和农田；2014年科考，2017年及2020年大丰区生物多样性本底调查项目均未记录到实体	无目击证据	有适宜的潜在生境

续表

序号	中文名	本次实地调查	历史资料及文献	访问调查	结合保护区生境推测
4	小麂	未记录实体	文献显示其偏好针阔混交林，而不会选择沿海滩涂、植物郁闭度低的平原及农田地区	无目击证据	无适宜生境
5	巢鼠	记录到实体	未发现历史资料及文献显示有巢鼠分布	无目击证据	有适宜生境

7.1.3 物种组成

调查结果和文献表明，保护区内共有 24 种野生哺乳动物，隶属于 6 目 12 科。从物种种数上看，啮齿目包含的种类最多，共 8 种，占保护区哺乳动物物种数的 33.33%；其次是食肉目，共 5 种，占 20.83%；劳亚食虫目及翼手目各包含 4 种，各占 16.67%；偶蹄目 2 种，占 8.33%；兔形目仅包含 1 种，占物种总数 4.17%。从总体上看，保护区内的哺乳动物以小型兽类为主，如啮齿目、劳亚食虫目及翼手目，占物种总数的 66.67%；另外，相较于江苏省内其他地区而言，保护区内食肉目物种丰富，同时涵盖猫科、犬科及鼬科；偶蹄目是保护区哺乳类的另外一个重要类群，包括重点保护物种麋鹿，另有 1 种小型有蹄类——獐。保护区内哺乳动物名录如表 7.1-6 所示。

表 7.1-6 大丰麋鹿保护区哺乳动物名录

序号	目	科	中文名	拉丁名	依据
1	劳亚食虫目 EULIPOTYPHLA	猬科 Erinaceidae	东北刺猬	*Erinaceus amurensis*	实体
2		鼩鼱科 Soricidae	山东小麝鼩	*Crocidura shantungensis*	文献
3			大麝鼩	*Crocidura lasiura*	实体
4			灰麝鼩	*Crocidura attenuata*	实体
5	翼手目 CHIROPTERA	蝙蝠科 Vespertilionidae	东亚伏翼	*Pipistrellus abramus*	实体
6			东方棕蝠	*Eptesicus pachyomus*	文献
7			南蝠	*Ia io*	访问/文献
8		菊头蝠科 Rhinolophidae	中华菊头蝠	*Rhinolophus sinicus*	访问/文献
9	啮齿目 RODENTIA	松鼠科 Sciuridae	赤腹松鼠	*Callosciurus erythraeus*	访问/历史资料
10		仓鼠科 Cricetidae	大仓鼠	*Tscherskia triton*	文献
11			黑线仓鼠	*Cricetulus barabensis*	实体
12		鼠科 Muridae	褐家鼠	*Rattus norvegicus*	实体
13			小家鼠	*Mus musculus*	实体
14			黑线姬鼠	*Apodemus agrarius*	实体
15			黄胸鼠	*Rattus tanezumi*	实体
16			巢鼠	*Micromys minutus*	实体

续表

序号	目	科	中文名	拉丁名	依据
17	兔形目 LAGOMORPHA	兔科 Leporidae	蒙古兔	*Lepus tolai*	实体
18	食肉目 CARNIVORA	鼬科 Mustelidae	黄鼬	*Mustela sibirica*	实体
19			亚洲狗獾	*Meles leucurus*	实体
20			猪獾	*Arctonyx collaris*	访问/文献
21		犬科 Canidae	貉	*Nyctereutes procyonoides*	实体
22		猫科 Felidae	豹猫	*Prionailurus bengalensis*	实体
23	偶蹄目 ARTIODACTYLA	鹿科 Cervidae	麋鹿	*Elaphurus davidianus*	实体
24			獐	*Hydropotes inermis*	实体

7.1.4　物种分布

从种群数量上看，保护区内大型哺乳类以麋鹿为绝对优势种，截至 2022 年，保护区内麋鹿种群数量为 7 033 头。夹捕法主要针对小型啮齿类，结果表明，黑线姬鼠夹捕率最高。在实体遇见率上，除麋鹿外，保护区内较为常见的哺乳动物为亚洲狗獾、东北刺猬及东亚伏翼，其中亚洲狗獾在一区缓冲区、核心区植物丰富区域稳定出现，东北刺猬作为常见伴人种在一区林场、二区苗圃及三区海堤林内均有记录，东亚伏翼常在春夏季节集群在保护区内淡水水域上空捕食。在痕迹遇见率上，獐及亚洲狗獾的痕迹遇见率较高，两者均以粪便及足迹痕迹居多，獐的足迹在三区内滨海滩涂上多次被记录到。从红外相机拍摄率上看，除麋鹿外，拍摄率较高的哺乳动物为亚洲狗獾、黄鼬及蒙古兔。

保护区内海拔梯度小，生境类型复杂，主要包括以盐生植被为代表的滩涂湿地草甸、农林和水产养殖交错带以及农田和村落。其中保护区的放养区人类干扰较小，放养区以外的环境均有较频繁的人类活动。从生境利用上看，有些物种选择远离人类活动的滩涂湿地草甸，更多物种选择农林交错带等人类干扰大的生境，大部分小型兽类有伴人倾向。

7.1.5　物种区系

我国疆域广阔，区域间地理分化十分明显，但从陆生哺乳动物区系的历史演化来看，除广泛分布与地方性特有种外，大体均分属南北两大系统，即古北区系与东洋区系。根据我国学者的研究，对我国陆生脊椎动物古北界与东洋界的划分界线选在自喜马拉雅山脉南侧(大致沿针叶林带上限)，通过横断山中部，东延至秦岭、伏牛山、淮河而止于长江以北。大丰麋鹿保护区在地理位置上处于东洋界与古北界的交界处，地势平坦，地形上以平原为主。

保护区内哺乳动物区系由东洋种、古北种及广布种组成，其中东洋种包含 9 种，古北种包含 9 种，广布种包含 6 种，可见，东洋种与古北种是保护区内哺乳动物的主要区系型，哺乳动物整体上呈现南北交融的特点。哺乳动物区系型具体信息如表 7.1-7 所示。

表 7.1-7 保护区内哺乳动物区系型

序号	中文名	拉丁名	区系型	占比
1	灰麝鼩	*Crocidura attenuata*	东洋种	37.50%
2	中华菊头蝠	*Rhinolophus sinicus*		
3	东亚伏翼	*Pipistrellus abramus*		
4	南蝠	*Ia io*		
5	赤腹松鼠	*Callosciurus erythraeus*		
6	黄胸鼠	*Rattus tanezumi*		
7	猪獾	*Arctonyx collaris*		
8	豹猫	*Prionailurus bengalensis*		
9	獐	*Hydropotes inermis*		
10	东方棕蝠	*Eptesicus pachyomus*	古北种	37.50%
11	大仓鼠	*Tscherskia triton*		
12	黑线仓鼠	*Cricetulus barabensis*		
13	褐家鼠	*Rattus norvegicus*		
14	小家鼠	*Mus musculus*		
15	黑线姬鼠	*Apodemus agrarius*		
16	巢鼠	*Micromys minutus*		
17	黄鼬	*Mustela sibirica*		
18	亚洲狗獾	*Meles leucurus*		
19	东北刺猬	*Erinaceus amurensis*	广布种	25.00%
20	山东小麝鼩	*Crocidura shantungensis*		
21	大麝鼩	*Crocidura lasiura*		
22	蒙古兔	*Lepus tolai*		
23	貉	*Nyctereutes procyonoides*		
24	麋鹿	*Elaphurus davidianus*		

7.1.6 珍稀濒危及保护物种

(1) 麋鹿 *Elaphurus davidianus*

珍稀濒危等级:国家一级重点保护物种,IUCN 野外灭绝(EW)等级,中国物种红色名录极危(CR)等级。

分类地位:偶蹄目 ARTIODACTYLA 鹿科 Cervidae。

形态特征:大型食草动物,体长 170～217 厘米,尾长 60～75 厘米。雄性肩高 122～137 厘米;雌性肩高 70～75 厘米,体形比雄性略小。一般麋鹿体重 120～180 千克,成年雄麋鹿体重可达 250 千克,初生仔 12 千克左右。角较长,每年 12 月份脱角一次。雌麋鹿没有角,体型也较小。雄性角多叉似鹿、颈长似骆驼、尾端有黑毛,麋鹿角形状特殊,没有眉杈,角干在角基上方分为前后两枝,前枝向上延伸,然后再分为前后两枝,每小枝上再长出一些小杈，后枝平直向后伸展，末端有时也长出一些小杈，最长的角可达 80 厘米；倒置时能够三足鼎立，是在鹿科动物中独一无二的。麋鹿颈和背比较粗壮，四肢粗大。主蹄宽大能分开，多肉，趾间有皮腱膜，有很发达的悬蹄，行走时带有响亮的磕碰声；侧蹄发达，适宜在沼泽地中行走。夏毛红棕色，冬季脱毛后为棕黄色；初生幼仔毛色橘红，并有白斑。尾巴长用来驱赶蚊蝇以适应沼泽环境。

生活习性：性好合群，善游泳，主要以禾本科、苔类及其他多种嫩草和树叶为食。人工饲养的饲料由三部分组成："细粮"包括小麦麸、大麦、玉米、豆饼；"粗粮"包括纤维化程度较高的大豆秸秆。将"细粮""粗粮"分别粉碎，并按照一定的比例混合加水搅拌、发酵，再添加鲜嫩、可口的胡萝卜、麦青等水果蔬菜来补充维生素。

栖息地类型：适于在沼泽地活动；喜平原、沼泽和水域，长江三角洲平原湿地是它们理想的栖息生境。

保护区内发现地：目前以一区及三区为主。其中一区内主要分布于中华麋鹿园，三区核心区内野放麋鹿呈向外扩散的趋势，在保护区周边剑丰农场、川东港以北农田、草庙镇等地均有报导记载。

(2) 貉 *Nyctereutes procyonoides*

珍稀濒危等级：国家二级重点保护物种，中国物种红色名录近危(NT)等级。

分类地位：食肉目 CARNIVORA 犬科 Canidae。

识别特征：头体长 450～660 毫米，尾长 160～220 毫米，后足长 75～120 毫米，耳长 35～60 毫米，颅全长 100～130 毫米，体重 3～6 千克。体型小，腿短，外形似狐。前额和鼻吻部白色，眼周黑色，形成明显面纹。颊部覆有蓬松的长毛，形成环状领；背的前部有一交叉形图案；胸部、腿和足呈暗褐色。体态一般矮粗，尾长小于头体长，且覆有蓬松的毛。背部和尾部的毛尖呈黑色；背毛呈浅棕灰色，混有黑色毛尖。头骨轮廓扁平；鼻骨接近 1/3 处尖锐，有骤然的凹陷；顶骨有褶皱，有一个脊接近头骨后部的矢状脊；成体有明显的人字脊；下颌有特殊的次角突；中翼骨孔延伸超过齿列。

生态习性：一般白昼匿于洞中，夜间出来活动。夏季居于荫凉石穴中，其他季节除产仔外，一般不利用洞穴。独栖或 3～5 只成群，结群时以家庭为单位成对觅食，家域范围 5～10 平方千米。食性较杂，主要取食小动物，包括啮齿类、小鸟、鸟卵、鱼、蛙、蛇、虾、蟹、昆虫等，也食浆果、真菌、根茎、种子、谷物等植物性食料。

栖息地类型：生活在平原、丘陵及部分山地，兼跨越亚寒带到亚热带地区，栖河谷、草原和靠近河川、溪流、湖泊附近的丛林中；穴居，洞穴多数是露天的，常利用其他动物的废弃旧洞，或营巢于石隙、树洞里。

保护区内发现地：本轮科考由红外相机在一区实验区及核心区内拍摄到该物种。

(3) 豹猫 *Prionailurus bengalensis*

珍稀濒危等级：国家二级重点保护物种，中国物种红色名录易危(VU)等级。

分类地位：食肉目 CARNIVORA 猫科 Felidae。

识别特征：体型较小的食肉类，头部形状与家猫一样但体型略比家猫大，体长为 36～90 厘米，尾长 15～37 厘米，体重 3～8 千克，尾长超过体长的一半。头形圆。从头部至肩部有 4 条棕褐色条纹，两眼内缘向上各有一条白纹。耳背具有淡黄色斑，全身背面体毛为浅棕色，布满棕褐色至淡褐色斑点。胸腹部及四肢内侧呈白色，尾背有褐斑点或半环，尾端呈黑色或暗灰色。

生态习性：地栖，但攀爬能力强，在树上活动灵敏自如。夜行性，晨昏活动较多。独栖或成对活动。善游水，喜在水塘边、溪沟边、稻田边等近水之处活动和觅食。主要以鼠类、松鼠、飞鼠、兔类、蛙类、蜥蜴、蛇类、小型鸟类、昆虫等为食，也吃浆果、榕树果和部分嫩叶、嫩草，有时潜入村寨盗食鸡、鸭等家禽。

栖息地类型：主要栖息于山地林区、郊野灌丛和林缘村寨附近。分布的海拔高度可从低海拔海岸带一直分布到海拔 3 000 米高山林区。在半开阔的稀树灌丛生境中数量最多。

保护区内发现地：本轮科考在一区核心区内由红外相机拍摄到该物种。

(4) 獐 *Hydropotes inermis*

珍稀濒危等级：国家二级重点保护物种，IUCN 易危(VU)等级，中国物种红色名录易危(VU)等级。

分类地位：偶蹄目 ARTIODACTYLA 鹿科 Cervidae。

识别特征：体长 78～100 厘米；肩高 45～55 厘米；毛粗硬，体侧和臀部毛长约 4 厘米；背和体侧毛色沙黄，毛尖呈黑色，头顶呈灰褐至红褐色，颏、喉、嘴周围和腹毛呈白色；幼獐背部有白斑和白纹；上犬齿发达，雄兽的尤其长而大(4～5 厘米)，略弯，呈獠牙状，露于口外，雌雄均有腹股沟腺(鼠蹊腺)。

生态习性：单独于晨昏活动。吃灌木的嫩叶和芽，也吃禾本科及其他杂草。

栖息地类型：栖息于河岸、湖边、海滩芦苇或茅草丛生的环境，也生活在山坡灌丛或海岛上，但回避茂密的森林和灌丛。

保护区内发现地：本轮科考在二区缓冲区内记录到实体；在三区核心区内调查到足迹。

7.1.7 常见哺乳动物

(1) 东北刺猬 *Erinaceus amurensis*

保护现状：江苏省重点保护物种，《国家保护的有重要生态、科学、社会价值的陆生野生动物名录》物种(以下简称“三有保护动物”)。

分类地位：劳亚食虫目 EULIPOTYPHLA 猬科 Erinaceidae。

识别特征：猬类中体形较大的种类，体重 360～1 000 克；吻尖、眼小、耳小、脚短、尾短；体形肥矮，几呈球形。体背及体侧多被棘刺，刺基部 2/3 为白色，刺端为黑色或黑棕色；耳短，几乎隐于棘刺中；自头顶至吻部以及脸面部均被污白色长毛；颈体之背面和侧面的棘刺尖端为污白色，刺端为土棕色；腹部刚毛及前足为污白色，后足为淡棕色。不同地区的不同亚种毛色略有差异。前后肢各五趾。

生态习性：白天隐匿，傍晚及晨昏活动。捕食昆虫及幼虫，也兼食无脊椎动物和小型脊椎动物及植物根和果实等。每年繁殖1～2次，妊娠期35～37天，每胎3～6仔。有冬眠习性。

栖息地类型：栖息于灌丛、草丛、荒地、森林等多种环境中。

保护区内发现地：本轮科考于一区实验区及三区缓冲区内调查到该物种。

（2）黑线姬鼠 *Apodemus agrarius*

分类地位：啮齿目 RODENTIA 鼠科 Mridae。

识别特征：小型鼠类，体长约65～117毫米，身体纤细灵巧，尾长50～107毫米，体重约100克左右。尾鳞清晰，耳壳较短，前折一般不能到达眼部。四肢较细弱。乳头4对，胸部和鼠蹊部各2对。体背呈淡灰棕黄色，背部中央具明显纵走黑色条纹，起于两耳间的头顶部，止于尾基部，亦即黑线姬鼠之得名，该黑线有时不甚完全，较短或不甚清晰。耳背具棕黄色短毛，与体背同色。腹面毛基呈淡灰，毛尖呈白色，背腹面毛色有明显界限。四足背面呈白色，尾呈明显二色上面暗棕，下面淡灰。

生态习性：繁殖力较强，每年3～5胎，每胎4～8仔，以5仔居多，最多可达10仔。仔鼠3个月发育成熟，平均寿命1年半左右。食性较杂，但以植物性食物为主。食物常随季节而变化，秋、冬两季以种子为主，佐以植物根茎；春天开犁播种后，食种子和青苗；夏季取食植物的绿色部分及瓜果并捕食昆虫。

栖息地类型：栖息环境广泛，喜居于向阳、潮湿、近水源的地方，在农业区常栖息在海拔225～1 670米的地埂、土堤、林缘和田间空地中。在林区生活于草甸、谷地，以及居民区的菜地和柴草垛里，还经常进入居民住宅内过冬。

保护区内发现地：本轮科考在一区缓冲区、三区缓冲区中调查到该物种。

（3）巢鼠 *Micromys minutus*

分类地位：啮齿目 RODENTIA 鼠科 Mridae。

识别特征：小型鼠类，体长5～8厘米，体重8克左右，体型比小家鼠更小，耳壳短而圆，向前拉仅达眼与耳距离之半，耳壳内具三角形耳瓣，能将耳孔关闭。尾细长，多数接近体长或长于体，乳头4对，胸部2对，腹部2对。头部至体背2/3～3/4处为棕褐色，毛尖为黑色，毛基为深灰色。背后端1/3～1/4臀部为锈棕色。口鼻部及两眼间为棕黄色。腹面为污灰白色，毛尖为白色。两颊、体侧和四肢外侧为淡黄灰色。耳内外具棕黄色密毛。前足背面为淡黄色，后足背为棕黄褐色。尾上面为棕黑，下面为污白色。尾毛不发达。尾尖端背面光裸。

生态习性：常夜间活动，有时昼夜均活动。白天常见幼鼠在巢内，而母鼠出洞。体小灵活，性喜攀登，常利用尾巴协助四肢在作物穗上或枝条间攀缘觅食。偶尔也可在浅水中游泳。为杂食性动物，喜食玉米、谷子、大豆、稻谷等粮食，也吃浆果、茶籽等。在作物成熟前以吃植物的绿色部分为主。每年3—10月为巢鼠的繁殖期，妊娠期为18～21天。每年可产1～4胎，每胎产5～8仔。幼鼠出生后8～9天睁眼，15天即可独立行动。

栖息地类型：栖息于海拔 1000 米以下平原地带中比较潮湿地段，典型生境为芦苇地、沙地、田园绿洲等。喜居于水塘和湖泊周围的灌丛附近及杂草丛中。在森林边缘的灌木林、草原地带的农作物耕地里都可栖息。秋季集中于田间的谷物捆堆下及打谷场院的粮垛堆里。

保护区内发现地：本轮科考在三区缓冲区内笼捕到。

（4）亚洲狗獾 *Meles leucurus*

保护现状：中国物种红色名录近危（NT）等级，国家三有保护动物。

分类地位：食肉目 CARNIVORA 鼬科 Mustelidae。

识别特征：体形较大的鼬科种类，体重约 5～10 千克，大者达 15 千克，体长在 500～700 毫米之间，体形肥壮，吻鼻长，鼻端粗钝，具软骨质的鼻垫，鼻垫与上唇之间被毛，耳壳短圆，眼小。颈部粗短，四肢短健，前后足的趾均具粗而长的黑棕色爪，前足的爪比后足的爪长，尾短。肛门附近具腺囊，能分泌臭液。

生态习性：挖洞而居，洞道长达几米至十余米不等，其间支道纵横。冬洞复杂，是多年居住的洞穴。活动强度以春、秋两季最盛，有冬眠习性。白天入洞休息，夜间出来寻食。杂食性，以植物的根、茎、果实和蛙、蚯蚓、小鱼、沙蜥、昆虫（幼虫及蛹）和小型哺乳类等为食，在作物播种期和成熟期也食刚播下的种子和即将成熟的玉米、花生、马铃薯、白薯、豆类及瓜类等。每年繁殖一次，9—10 月雌雄互相追逐，进行交配，次年 4—5 月间产仔，每胎 2～5 仔，幼崽三年后性成熟。

栖息地类型：栖息于森林中或山坡灌丛、田野、坟地、沙丘草丛及湖泊、河溪旁边等各种生境中。

保护区内发现地：本轮科考于一区核心区由红外相机拍摄到该物种实体。

（5）黄鼬 *Mustela sibirica*

保护现状：江苏省重点保护野生动物，国家三有保护动物。

分类地位：食肉目 Carnivora 鼬科 Mustelidae。

识别特征：体长 28～40 厘米，尾长 12～25 厘米，体重 210～1 200 克。身体细长，头细，颈较长。耳壳短而宽，稍突出于毛丛。尾长约为体长之半，尾毛不散开。四肢较短，均具 5 趾，趾端爪尖锐，趾间有很小的皮膜。毛色从浅沙棕色到黄棕色，色泽较淡。毛绒相对较稀短，针毛长 25～29 毫米，绒毛长 15～18 毫米，针毛粗 118～130 微米。背毛略深；腹毛稍浅，四肢、尾与身体同色。鼻基部、前额及眼周浅褐色，略似面纹。鼻垫基部及上下唇为白色，喉部及颈下常有白斑，但变异极大，即使同一地点，有些个体缺如，有的呈大形斑，有的从喉部延伸至胸部。

生态习性：夜行性，尤其是清晨和黄昏活动频繁，有时也在白天活动。通常单独行动，善于奔走，能贴伏地面前进、钻越缝隙和洞穴，也能游泳、攀树和墙壁等。除繁殖期外，一般没有固定的巢穴。通常隐藏在柴草堆下、乱石堆、墙洞等处。嗅觉十分灵敏，但视觉较差。在野外以老鼠和野兔为主食，也吃鸟卵及幼雏、鱼、蛙和昆虫。

栖息地类型：栖息于山地和平原，见于林缘、河谷、灌丛和草丘中，也常出没在村庄附近。居于石洞、树洞或倒木下。常见于原生和次生的落叶林、针叶林和混交林，以及开阔地带的小片森林和森林草原。

保护区内发现地：本轮科考于一区核心区及实验区内由红外相机拍摄到该物种。

(6) 蒙古兔 *Lepus tolai*

保护现状：国家三有保护物种。

分类地位：兔形目 LAGOMORPHA 兔科 Leporidae。

识别特征：体形中等，长约 450 毫米，尾长约 90 毫米。体重一般在 2 千克以上。其尾背中央有一条长而宽的大黑斑，其边缘及尾腹面毛色为纯白，直到尾基。耳中等长，是后足长的 83%，上门齿沟极浅，齿内几无白色沉淀，吻粗短。兔体型较大，体长 450 毫米，耳长 95 毫米，前折超过鼻最前端。全身背部为沙黄色，杂有黑色。头部颜色较深，在鼻部两侧面颊部，各有一圆形浅色毛圈，眼周围有白色窄环。耳内侧有稀疏的白毛。腹毛呈纯白色。臀部呈沙灰色。颈下及四肢外侧均为浅棕黄色。尾背面中间为黑褐色，两边白色，尾腹面为纯白色。冬毛长而蓬松，有细长的白色针毛，伸出毛被外方。夏毛色略深，为淡棕色。

生态习性：主要夜间活动。听觉、视觉都很发达。主要以玉蜀黍、豆类、种子、蔬菜、杂草、树皮、嫩枝及树苗等为食，对农作物及苗木有危害。

栖息地类型：主要栖息于农田或农田附近沟渠两岸的低洼地、草甸、田野、树林、草丛、灌丛及林缘地带。

保护区内发现地：本轮科考于一区核心区内由红外相机拍摄到该物种。

7.2 鸟类

江苏省大丰麋鹿国家级自然保护区地处世界东亚—澳大利西亚候鸟迁徙路线中部的关键节点，生境多样化程度极高，淡水湖泊湿地、潮间带滩涂湿地、林地、农田穿插有致，蕴藏了数不胜数的底栖动物等食物资源，为候鸟提供了高质的栖息与觅食空间。保护区是江苏省鸟类多样性最高的区域之一，其地处沿海，开发程度低，迁徙水鸟丰富度和多度冠绝全省，而历年环志过程中保护区又发现了许多一般活动于内陆山区的鸟种，这使得保护区成为候鸟迁徙路线研究领域不可多得的一处宝地。

保护区三区核心区位于海堤外侧，在 2014 年科考报告中三区核心区曾被白茅、拂子茅、大麦结缕草、互花米草等盐生植被所覆盖，而在现阶段种群不断扩张的麋鹿已将上述植被逐渐啃食、踩踏殆尽，将三区核心区生境改变为光滩裸地，这变相增加了丹顶鹤等湿地涉禽的活动范围，压缩了以盐生植被为生的雀形目鸟类活动空间，保护区鸟类活动与栖息空间格局与麋鹿这种大型食草哺乳动物种群增长及分布的关系密不可分。

7.2.1 调查方法

根据鸟类迁徙活动规律，保护区鸟类现场调查工作于 2022 年年初冬季、春季、夏季、秋季各开展1次。鸟类现场调查偶然性大，部分稀少鸟种遇见率低，为综合评估保护区鸟类真实情况，本次科考在现场调查的基础上，整理、筛查上期科考结果，编制至今期间保护区内已有的鸟类调查、观测记录信息，整合纳入本期科考报告中。本次科考报告鸟类数据参照基准为2014年保护区科考报告，参考数据来源主要为保护区《2017年鸟类环志报告》、《2018年鸟类环志报告》、《2019年鸟类监测报告》、《2020年鸟类监测报告》、《2021年鸟类环志报告》、《2019年大丰区生物多样性调查与编目报告》、中国观鸟记录中心数据以及观鸟爱好者记录数据。

本次科考报告鸟类分类体系参考郑光美先生《中国鸟类分类与分布名录》(第三版)。

7.2.1.1 湿地水鸟调查方法

针对保护区内滩涂、湖泊等大面积水域中分布的水鸟，采取分区直数法来进行种类和数量的统计。根据现场生境类型将整个观测区域划分成若干区域(图7.2-1和表7.2-1)，逐一统计各个分区中鸟类的种类和个体数，最终得出整个观测区鸟类的总种数和个体数量。

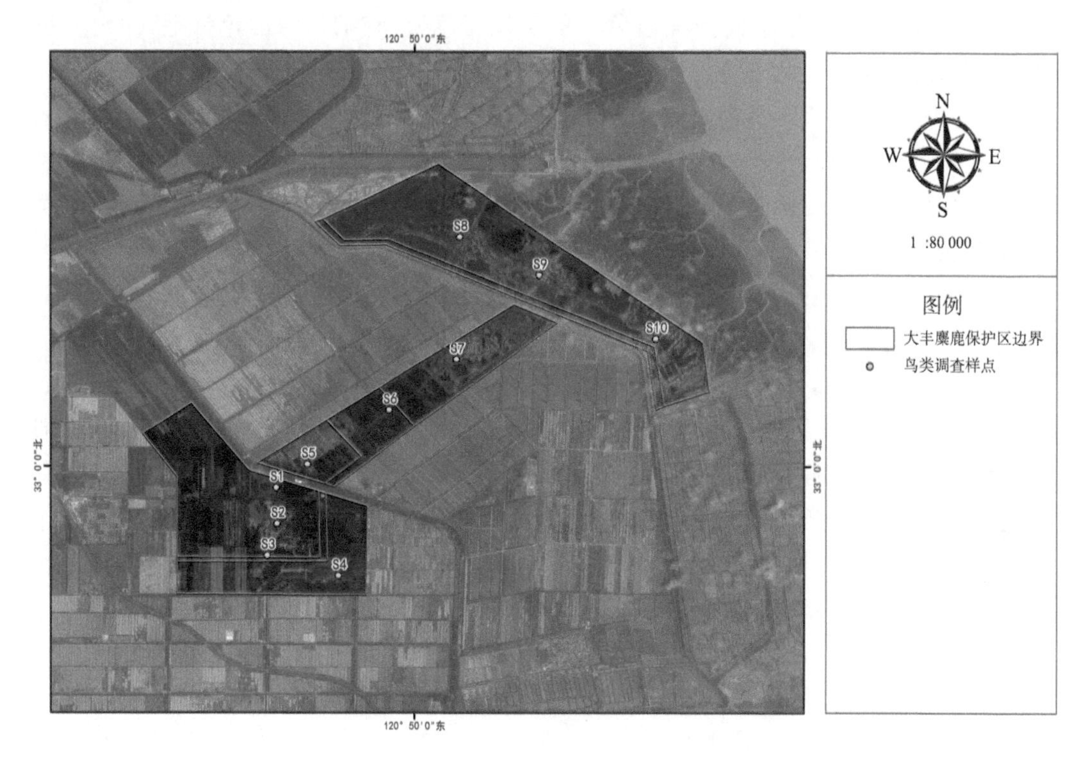

图7.2-1 湿地鸟类观测样点分布情况

表7.2-1 鸟类观测样点位置信息表

编号	经度	纬度	区域	生境
1	120.805 7	32.995 9	一区实验区	人工湖库

续表

编号	经度	纬度	区域	生境
2	120.805 9	32.989 0	一区实验区	人工湖库
3	120.803 9	32.982 9	一区缓冲区	人工湖库
4	120.818 1	32.979 1	一区核心区	草地
5	120.812 0	33.000 3	二区实验区	林地
6	120.828 2	33.010 6	二区缓冲区	草地
7	120.841 4	33.020 3	二区核心区	碱蓬滩
8	120.842 1	33.043 7	三区核心区	沿海滩涂
9	120.857 7	33.036 4	三区核心区	沿海滩涂
10	120.880 4	33.024 3	三区核心区	沿海滩涂

湿地水鸟调查基于手持式8/12倍双筒望远镜、60倍单筒望远镜及单反相机进行调查。在数量统计时遇鸟类个体数量较少则直接进行计数;在鸟群规模较大时以5、10、20、50、100等整数单元来对鸟群个体数量进行估算。

7.2.1.2 陆生鸟类调查方法

陆生鸟类调查方法以样线法为主,保护区内共布设样线12条,区外1条(图7.2-2和表7.2-2)。样线单侧宽度定为200米,每条样线长度不低于1千米,样线调查时步行速度约为每小时2千米。

图7.2-2 陆生鸟类调查样线分布图

表 7.2-2 鸟类样线位置信息表

编号	起点经度	起点纬度	终点经度	终点纬度	区域	生境
1	120.790 5	33.000 1	120.797 5	32.999 9	一区实验区	农田
2	120.811 5	32.994 8	120.800 7	32.998 7	一区实验区	水体
3	120.787 3	32.982 5	120.790 3	32.990 1	一区实验区	农田
4	120.814 1	32.988 3	120.817 5	32.986 0	一区缓冲区	草地
5	120.801 6	32.978 8	120.811 6	32.978 4	一区核心区	草地
6	120.818 8	32.991 2	120.814 7	32.977 7	一区核心区	草地
7	120.814 8	33.002 1	120.820 4	33.005 6	二区实验区	林地
8	120.838 1	33.017 4	120.846 8	33.021 1	二区核心区	碱蓬滩地
9	120.815 7	33.044 4	120.825 9	33.042 5	三区缓冲区	林地
10	120.839 8	33.038 6	120.848 0	33.034 2	三区缓冲区	林地
11	120.876 4	33.023 0	120.879 9	33.013 5	三区缓冲区	林地
12	120.831 7	33.054 6	120.840 4	33.056 3	三区核心区	沿海滩涂
13	120.843 5	33.055 5	120.861 1	33.055 7	川东港	沿海滩涂

陆生鸟类日间活动较为明显，早、晚各存在一个活动高峰期，因此陆生鸟类调查选择在晴朗、无风或微风的条件下进行，单日观测于日出后 2 小时内、日落前 2 小时内完成。

调查只记录前方及两侧的鸟类，包括向后飞过样线的个体，而向前飞过样线的个体则不记录。繁殖期调查时听到或看到一只成体雄鸟记作一对，在没有见到雄鸟的情况下，见到一只成体雌鸟或一窝卵或雏也视为一对。

7.2.2 物种变更

7.2.2.1 更正鸟种

相较于上一期科考报告及其他鸟类调查与观测记录，本次科考根据《中国鸟类分类与分布名录》(第三版)对部分鸟类的中文名、拉丁名及分类地位进行了相应更正，并更正了部分江苏地区无分布物种的记录情况。

(1) 2014 年科考报告鸟类名录中：雉鸡(*Phasianus colchicus*)中文名更正为环颈雉，拉丁名不变；棕腹杜鹃(*Cuculus fugax*)中文名更正为棕腹鹰鹃，拉丁名更正为 *Hierococcyx nisicolor*(由 *Cuculus* 属归入 *Hierococcyx* 属)；骨顶鸡(*Fulica atra*)中文名更正为白骨顶，拉丁名不变；红胸滨鹬(*Calidris ruficollis*)中文名更正为红颈滨鹬，拉丁名不变；须浮鸥(*Chlidonias hybrida*)中文名更正为灰翅浮鸥，拉丁名不变；银鸥(*Larus argentatus*)中文名更正为西伯利亚银鸥，拉丁名更为 *Larus smithsonianus*；海鸥(*Larus canus*)中文名更正为普通海鸥，拉丁名不变；日本树莺(*Cettia diphone*)中文名更正为短翅树莺，拉丁名更正为 *Horornis diphone*(由 *Cettia* 属归入 *Horornis* 属)；攀雀(*Remiz pendulinus*)准确中文名为欧亚攀雀，我省分布的为中华攀雀(*Remiz consobrinus*)，故本报告中进行更正；褐头鹪莺(*Prinia subflava*)现为纯色山鹪莺(*extensicauda*)亚种，故物种更正为纯色山鹪莺（*Prinia inornata*）；家八哥（*Acridotheres tristis*）主要分布于我国南部地区，应系记录错误，本报告中更正为江苏广泛分布的八哥（*Acridotheres cristatellus*）；红喉姬鹟（*Ficedula albicilla*）拉丁名被记录成 *Ficedula parva*（红胸姬鹟），对比二者在国内的分布后本报告认为应记录为红喉姬鹟更为妥帖。

（2）《大丰区生物多样性调查与编目技术报告》（2019 年）在保护区内调查到的红尾鸫（*Turdus naumanni*）中文名更正为红尾斑鸫，拉丁名不变。

（3）保护区《2019 年鸟类监测报告》中所记录的白腹姬鹟（*Serpophaga munda*）拉丁名误记为白腹姬霸鹟（南美洲鸟类）的拉丁名，目前白腹姬鹟已更名为白腹蓝鹟，拉丁名为 *Cyanoptila cyanomelana*；白秋沙鸭（*Mergellus albellus*）中文名更正为斑头秋沙鸭，拉丁名不变；三趾鹬（*Calidris alba*）中文名更正为三趾滨鹬，拉丁名不变。

（4）保护区《2020 年鸟类监测报告》中所记录的蒙古银鸥（*Larus mongolicus*）已被归入西伯利亚银鸥（*mongolicus*）亚种，本报告已相应更新。

（5）中国观鸟记录中心所查有分布的乌灰银鸥（*Larus heuglini*，《中国鸟类野外手册》等记录中文名为“灰林银鸥”）已被归入小黑背银鸥（*Larus fuscus*）*heuglini* 亚种，本报告已相应更新。

7.2.2.2　新增鸟种

本次科考共调查到鸟类 283 种，在 2014 年科考报告 204 种鸟类基础上新增 79 种。其中，沙丘鹤（*Grus canadensis*）为观鸟爱好者（用户名 Elaine）于 2021 年 1 月 30 日上传至中国观鸟记录中心，经查询近年来沙丘鹤在我国东部沿海的分布后，本报告认为其存在出现于麋鹿保护区的可能性，因此纳入记录；本次科考现场调查到的新增鸟种中，八声杜鹃、黑脸噪鹛为调查人员依据鸣声辨认而来，未拍摄到实体；长耳鸮为走访大丰林场护林人员所得，在调查期间未拍摄到实体。本次科考报告鸟类新增情况如表 7.2-3 所示。

表 7.2-3　保护区新增鸟种一览

序号	目	科	中文名	拉丁名	新增来源
1	啄木鸟目	啄木鸟科	星头啄木鸟	*Dendrocopos canicapillus*	保护区 2017 年鸟类环志报告
2	雀形目	卷尾科	发冠卷尾	*Dicrurus hottentottus*	
3	雀形目	山雀科	黄腹山雀	*Pardaliparus venustulus*	
4	雀形目	蝗莺科	矛斑蝗莺	*Locustella lanceolata*	
5	雀形目	蝗莺科	斑背大尾莺	*Locustella pryeri*	
6	雀形目	柳莺科	日本柳莺	*Phylloscopus xanthodryas*	
7	雀形目	柳莺科	双斑绿柳莺	*Phylloscopus plumbeitarsus*	
8	雀形目	柳莺科	淡脚柳莺	*Phylloscopus tenellipes*	
9	雀形目	柳莺科	冕柳莺	*Phylloscopus coronatus*	
10	雀形目	树莺科	远东树莺	*Horornis canturians*	

续表

序号	目	科	中文名	拉丁名	新增来源
11	雀形目	绣眼鸟科	红胁绣眼鸟	*Zosterops erythropleurus*	保护区 2017 年鸟类环志报告
12	雀形目	绣眼鸟科	暗绿绣眼鸟	*Zosterops japonicus*	
13	雀形目	鹟科	红尾歌鸲	*Larvivora sibilans*	
14	雀形目	鹟科	蓝喉歌鸲	*Luscinia svecica*	
15	雀形目	鹟科	斑鹟	*Muscicapa striata*	
16	雀形目	鹟科	乌鹟	*Muscicapa sibirica*	
17	雀形目	鹟科	白腹蓝鹟	*Cyanoptila cyanomelana*	
18	雀形目	戴菊科	戴菊	*Regulus regulus*	
19	雀形目	鹡鸰科	山鹡鸰	*Dendronanthus indicus*	
20	雀形目	鹀科	硫黄鹀	*Emberiza sulphurata*	
21	雁形目	鸭科	翘鼻麻鸭	*Tadorna tadorna*	2019 年大丰区生物多样性调查与编目报告
22	雁形目	鸭科	赤麻鸭	*Tadorna ferruginea*	
23	雁形目	鸭科	针尾鸭	*Anas acuta*	
24	雁形目	鸭科	红头潜鸭	*Aythya ferina*	
25	雁形目	鸭科	斑头秋沙鸭	*Mergellus albellus*	
26	鹃形目	杜鹃科	小杜鹃	*Cuculus poliocephalus*	
27	鹤形目	秧鸡科	白胸苦恶鸟	*Amaurornis phoenicurus*	
28	鸻形目	鸻科	蒙古沙鸻	*Charadrius mongolus*	
29	鸻形目	鹬科	翘嘴鹬	*Xenus cinereus*	
30	鸻形目	鹬科	大滨鹬	*Calidris tenuirostris*	
31	鸻形目	鹬科	阔嘴鹬	*Calidris falcinellus*	
32	鸻形目	鸥科	红嘴鸥	*Chroicocephalus ridibundus*	
33	鲣鸟目	鸬鹚科	普通鸬鹚	*Phalacrocorax carbo*	
34	佛法僧目	翠鸟科	斑鱼狗	*Ceryle rudis*	
35	雀形目	百灵科	小云雀	*Alauda gulgula*	
36	雀形目	长尾山雀科	银喉长尾山雀	*Aegithalos glaucogularis*	
37	雀形目	椋鸟科	丝光椋鸟	*Spodiopsar sericeus*	
38	雀形目	鸫科	红尾斑鸫	*Turdus naumanni*	
39	雀形目	鹟科	黄眉姬鹟	*Ficedula narcissina*	
40	䴙䴘目	䴙䴘科	凤头䴙䴘	*Podiceps cristatus*	保护区 2019 年鸟类监测报告
41	雀形目	椋鸟科	紫翅椋鸟	*Sturnus vulgaris*	
42	雀形目	鹡鸰科	黄腹鹨	*Anthus rubescens*	

续表

序号	目	科	中文名	拉丁名	新增来源
43	雁形目	鸭科	白额雁	*Anser albifrons*	保护区2020年鸟类监测报告
44	雁形目	鸭科	鸳鸯	*Aix galericulata*	
45	鸻形目	鹬科	小青脚鹬	*Tringa guttifer*	
46	鸻形目	鹬科	翻石鹬	*Arenaria interpres*	
47	鸻形目	鹬科	三趾滨鹬	*Calidris alba*	
48	鸻形目	鹬科	弯嘴滨鹬	*Calidris ferruginea*	
49	鸻形目	鹬科	红颈瓣蹼鹬	*Phalaropus lobatus*	
50	鸻形目	鸥科	黄腿银鸥	*Larus cachinnans*	
51	鸻形目	鸥科	红嘴巨燕鸥	*Hydroprogne caspia*	
52	雀形目	山椒鸟科	暗灰鹃鵙	*Lalage melaschistos*	
53	雀形目	梅花雀科	白腰文鸟	*Lonchura striata*	
54	雀形目	山椒鸟科	灰山椒鸟	*Pericrocotus divaricatus*	保护区2021年鸟类环志报告
55	雀形目	王鹟科	紫寿带	*Terpsiphone atrocaudata*	
56	雀形目	鹎科	黄臀鹎	*Pycnonotus xanthorrhous*	
57	雀形目	椋鸟科	北椋鸟	*Agropsar sturninus*	
58	雀形目	椋鸟科	灰背椋鸟	*Sturnia sinensis*	
59	雀形目	鸫科	橙头地鸫	*Geokichla citrina*	
60	雁形目	鸭科	短嘴豆雁	*Anser serrirostris*	中国观鸟记录中心
61	鹤形目	鹤科	沙丘鹤	*Grus canadensis*	
62	鸻形目	鸥科	小黑背银鸥	*Larus fuscus*	
63	鸻形目	鸥科	鸥嘴噪鸥	*Gelochelidon nilotica*	
64	鹰形目	鹰科	白腹鹞	*Circus spilonotus*	
65	鸮形目	鸱鸮科	红角鸮	*Otus sunia*	
66	鸮形目	鸱鸮科	鹰鸮	*Ninox scutulata*	
67	佛法僧目	佛法僧科	三宝鸟	*Eurystomus orientalis*	
68	隼形目	隼科	红脚隼	*Falco amurensis*	
69	雁形目	鸭科	斑脸海番鸭	*Melanitta fusca*	本次科考现场调查
70	鹃形目	杜鹃科	八声杜鹃	*Cacomantis merulinus*	
71	鹈形目	鹭科	栗苇鳽	*Ixobrychus cinnamomeus*	
72	鹰形目	鹰科	秃鹫	*Aegypius monachus*	
73	鸮形目	鸱鸮科	长耳鸮	*Asio otus*	
74	雀形目	鹎科	栗背短脚鹎	*Hemixos castanonotus*	
75	雀形目	树莺科	鳞头树莺	*Urosphena squameiceps*	
76	雀形目	长尾山雀科	红头长尾山雀	*Aegithalos concinnus*	

续表

序号	目	科	中文名	拉丁名	新增来源
77	雀形目	噪鹛科	黑脸噪鹛	*Garrulax perspicillatus*	本次科考现场调查
78	雀形目	鹟科	鹊鸲	*Copsychus saularis*	
79	雀形目	鹟科	铜蓝鹟	*Eumyias thalassinus*	

7.2.3 物种组成

麋鹿保护区本次科考共统计到鸟类283种，隶属于18目57科。保护区鸟类组成中以雀形目物种数最为丰富，为124种，占比高达43.82%；鸻形目为保护区其次，为56种，占比为19.79%；雁形目为23种，占比为8.13%；鹰形目为17种，占比为6.01%；鹈形目为15种，占比为5.30%，其余各目物种数均未超过10种数且占比均低于5%。麋鹿保护区鸟类组成见表7.2-4和表7.2-5。

表7.2-4 保护区鸟类组成

序号	目	科		种	
		科数	占比	种数	占比
1	鸡形目 GALLIFORMES	1	1.75%	2	0.71%
2	雁形目 ANSERIFORMES	1	1.75%	23	8.13%
3	䴙䴘目 PODICIPEDIFORMES	1	1.75%	2	0.71%
4	鸽形目 COLUMBIFORMES	1	1.75%	4	1.41%
5	夜鹰目 CAPRIMULGIFORMES	2	3.51%	2	0.71%
6	鹃形目 CUCULIFORMES	1	1.75%	8	2.83%
7	鹤形目 GRUIFORMES	2	3.51%	9	3.18%
8	鸻形目 CHARADRIIFORMES	7	12.28%	56	19.79%
9	鹳形目 CICONIIFORMES	1	1.75%	1	0.35%
10	鲣鸟目 SULIFORMES	1	1.75%	1	0.35%
11	鹈形目 PELECANIFORMES	2	3.51%	15	5.30%
12	鹰形目 ACCIPITRIFORMES	2	3.51%	17	6.01%
13	鸮形目 STRIGIFORMES	1	1.75%	5	1.77%
14	犀鸟目 BUCEROTIFORMES	1	1.75%	1	0.35%
15	佛法僧目 CORACIIFORMES	2	3.51%	4	1.41%
16	啄木鸟目 PICIFORMES	1	1.75%	4	1.41%
17	隼形目 FALCONIFORMES	1	1.75%	5	1.77%
18	雀形目 PASSERIFORMES	29	50.88%	124	43.82%
合计		57	100.00%	283	100.00%

表 7.2-5　保护区鸟类信息表

序号	目	科	中文名	拉丁名	区系型	居留型				
						R	W	S	P	迷
1	鸡形目 GALLIFORMES	雉科 Phasianidae	鹌鹑	*Coturnix japonica*	古				+	
2			环颈雉	*Phasianus colchicus*	广	+				
3	雁形目 ANSERIFORMES	鸭科 Anatidae	豆雁	*Anser fabalis*	古		+			
4			短嘴豆雁	*Anser serrirostris*	古		+			
5			灰雁	*Anser anser*	古		+			
6			白额雁	*Anser albifrons*	古		+			
7			小天鹅	*Cygnus columbianus*	古		+		+	
8			翘鼻麻鸭	*Tadorna tadorna*	古		+			
9			赤麻鸭	*Tadorna ferruginea*	古		+		+	
10			鸳鸯	*Aix galericulata*	古		+		+	
11			赤膀鸭	*Mareca strepera*	古		+		+	
12			罗纹鸭	*Mareca falcata*	古		+		+	
13			赤颈鸭	*Mareca penelope*	古		+		+	
14			绿头鸭	*Anas platyrhynchos*	古		+		+	
15			斑嘴鸭	*Anas zonorhyncha*	广	+			+	
16			针尾鸭	*Anas acuta*	古		+		+	
17			绿翅鸭	*Anas crecca*	古		+		+	
18			琵嘴鸭	*Spatula clypeata*	古		+		+	
19			白眉鸭	*Spatula querquedula*	古		+		+	
20			红头潜鸭	*Aythya ferina*	古		+		+	
21			凤头潜鸭	*Aythya fuligula*	古		+			
22			斑脸海番鸭	*Melanitta fusca*	古		+			

续表

序号	目	科	中文名	拉丁名	区系型	居留型				
						R	W	S	P	迷
23	雁形目 ANSERIFORMES	鸭科 Anatidae	斑背潜鸭	*Aythya marila*	古		+		+	
24			斑头秋沙鸭	*Mergellus albellus*	古		+		+	
25			普通秋沙鸭	*Mergus merganser*	古		+		+	
26	䴙䴘目 PODICIPEDIFORMES	䴙䴘科 Podicipedidae	小䴙䴘	*Tachybaptus ruficollis*	广	+				
27			凤头䴙䴘	*Podiceps cristatus*	古	+	+			
28	鸽形目 COLUMBIFORMES	鸠鸽科 Columbidae	山斑鸠	*Streptopelia orientalis*	广	+				
29			灰斑鸠	*Streptopelia decaocto*	广	+				
30			火斑鸠	*Streptopelia tranquebarica*	广			+		
31			珠颈斑鸠	*Streptopelia chinensis*	东	+				
32	夜鹰目 CAPRIMULGIFORMES	夜鹰科 Caprimulgidae	普通夜鹰	*Caprimulgus indicus*	广	+				
33		雨燕科 Apodidae	白腰雨燕	*Apus pacificus*	广			+		
34	鹃形目 CUCULIFORMES	杜鹃科 Cuculidae	褐翅鸦鹃	*Centropus sinensis*	东			+		
35			小鸦鹃	*Centropus bengalensis*	东			+		
36			噪鹃	*Eudynamys scolopaceus*	东			+		
37			八声杜鹃	*Cacomantis merulinus*	东			+		
38			棕腹鹰鹃	*Hierococcyx nisicolor*	东			+		
39			小杜鹃	*Cuculus poliocephalus*	广			+		
40			四声杜鹃	*Cuculus micropterus*	广			+		
41			大杜鹃	*Cuculus canorus*	广			+		

续表

序号	目	科	中文名	拉丁名	区系型	居留型				
						R	W	S	P	迷
42	鹤形目 GRUIFORMES	秧鸡科 Rallidae	小田鸡	*Zapornia pusilla*	广				+	
43			白胸苦恶鸟	*Amaurornis phoenicurus*	东			+		
44			董鸡	*Gallicrex cinerea*	东			+		
45			黑水鸡	*Gallinula chloropus*	广			+		
46			白骨顶	*Fulica atra*	广	+	+			
47		鹤科 Gruidae	沙丘鹤	*Grus canadensis*	古					迷
48			丹顶鹤	*Grus japonensis*	古		+			
49			灰鹤	*Grus grus*	古		+		+	
50			白头鹤	*Grus monacha*	古				+	
51	鸻形目 CHARADRIIFORMES	蛎鹬科 Haematopodidae	蛎鹬	*Haematopus ostralegus*	广		+		+	
52		反嘴鹬科 Recurvirostridae	黑翅长脚鹬	*Himantopus himantopus*	广		+		+	
53			反嘴鹬	*Recurvirostra avosetta*	古		+		+	
54		鸻科 Charadriidae	凤头麦鸡	*Vanellus vanellus*	古		+		+	
55			灰头麦鸡	*Vanellus cinereus*	古				+	
56			金鸻	*Pluvialis fulva*	古				+	
57			灰鸻	*Pluvialis squatarola*	古		+		+	
58			长嘴剑鸻	*Charadrius placidus*	古		+			
59			金眶鸻	*Charadrius dubius*	广				+	
60			环颈鸻	*Charadrius alexandrinus*	广	+			+	
61			蒙古沙鸻	*Charadrius mongolus*	古				+	
62			铁嘴沙鸻	*Charadrius leschenaultii*	古				+	

续表

序号	目	科	中文名	拉丁名	区系型	居留型				
						R	W	S	P	迷
63	鸻形目 CHARADRIIFORMES	鹬科 Scolopacidae	丘鹬	*Scolopax rusticola*	古		+			
64			针尾沙锥	*Gallinago stenura*	古				+	
65			大沙锥	*Gallinago megala*	古				+	
66			扇尾沙锥	*Gallinago gallinago*	古		+		+	
67			黑尾塍鹬	*Limosa limosa*	古				+	
68			斑尾塍鹬	*Limosa lapponica*	古				+	
69			小杓鹬	*Numenius minutus*	古		+		+	
70			中杓鹬	*Numenius phaeopus*	古				+	
71			白腰杓鹬	*Numenius arquata*	古		+		+	
72			大杓鹬	*Numenius madagascariensis*	古				+	
73			鹤鹬	*Tringa erythropus*	古				+	
74			红脚鹬	*Tringa totanus*	古		+		+	
75			泽鹬	*Tringa stagnatilis*	古				+	
76			青脚鹬	*Tringa nebularia*	古		+		+	
77			小青脚鹬	*Tringa guttifer*	古				+	
78			白腰草鹬	*Tringa ochropus*	古		+			
79			林鹬	*Tringa glareola*	古				+	
80			灰尾漂鹬	*Tringa brevipes*	古				+	
81			翘嘴鹬	*Xenus cinereus*	古				+	
82			矶鹬	*Actitis hypoleucos*	古		+		+	
83			翻石鹬	*Arenaria interpres*	古				+	
84			大滨鹬	*Calidris tenuirostris*	古				+	

续表

序号	目	科	中文名	拉丁名	区系型	居留型				
						R	W	S	P	迷
85	鸻形目 CHARADRIIFORMES	鹬科 Scolopacidae	红腹滨鹬	*Calidris canutus*	古				+	
86			三趾滨鹬	*Calidris alba*	古				+	
87			红颈滨鹬	*Calidris ruficollis*	古				+	
88			尖尾滨鹬	*Calidris acuminata*	古				+	
89			阔嘴鹬	*Calidris falcinellus*	古				+	
90			弯嘴滨鹬	*Calidris ferruginea*	古				+	
91			黑腹滨鹬	*Calidris alpina*	古		+		+	
92			红颈瓣蹼鹬	*Phalaropus lobatus*	古				+	
93		三趾鹑科 Turnicidae	黄脚三趾鹑	*Turnix tanki*	广			+		
94		燕鸻科 Glareolidae	普通燕鸻	*Glareola maldivarum*	广			+	+	
95		鸥科 Laridae	红嘴鸥	*Chroicocephalus ridibundus*	古		+			
96			黑嘴鸥	*Saundersilarus saundersi*	古		+		+	
97			普通海鸥	*Larus canus*	古		+			
98			小黑背银鸥	*Larus fuscus*	古		+			
99			西伯利亚银鸥	*Larus smithsonianus*	古		+			
100			黄腿银鸥	*Larus cachinnans*	古		+			
101			鸥嘴噪鸥	*Gelochelidon nilotica*	广				+	
102			红嘴巨燕鸥	*Hydroprogne caspia*	广		+			
103			白额燕鸥	*Sternula albifrons*	广			+		
104			普通燕鸥	*Sterna hirundo*	广				+	
105			灰翅浮鸥	*Chlidonias hybrida*	广			+		
106			白翅浮鸥	*Chlidonias leucopterus*	广				+	

续表

序号	目	科	中文名	拉丁名	区系型	居留型				
						R	W	S	P	迷
107	鹳形目 CICONIIFORMES	鹳科 Ciconiidae	东方白鹳	*Ciconia boyciana*	古		+			
108	鲣鸟目 SULIFORMES	鸬鹚科 Phalacrocoracidae	普通鸬鹚	*Phalacrocorax carbo*	广		+			
109	鹈形目 PELECANIFORMES	鹮科 Threskiornithidae	白琵鹭	*Platalea leucorodia*	广		+		+	
110			黑脸琵鹭	*Platalea minor*	东		+		+	
111		鹭科 Ardeidae	大麻鳽	*Botaurus stellaris*	古		+			
112			黄斑苇鳽	*Ixobrychus sinensis*	广			+		
113			紫背苇鳽	*Ixobrychus eurhythmus*	广			+		
114			栗苇鳽	*Ixobrychus cinnamomeus*	广			+		
115			夜鹭	*Nycticorax nycticorax*	广	+		+		
116			绿鹭	*Butorides striata*	广	+		+		
117			池鹭	*Ardeola bacchus*	广			+		
118			牛背鹭	*Bubulcus ibis*	东			+		
119			苍鹭	*Ardea cinerea*	广		+	+		
120			草鹭	*Ardea purpurea*	广		+	+		
121			大白鹭	*Ardea alba*	广		+		+	
122			中白鹭	*Ardea intermedia*	东			+		
123			白鹭	*Egretta garzetta*	东	+		+		
124	鹰形目 ACCIPITRIFORMES	鹗科 Pandionidae	鹗	*Pandion haliaetus*	广		+		+	
125		鹰科 Accipitridae	黑翅鸢	*Elanus caeruleus*	东					
126			凤头蜂鹰	*Pernis ptilorhynchus*	广				+	
127			秃鹫	*Aegypius monachus*	古				+	
128			乌雕	*Clanga clanga*	古		+			

续表

序号	目	科	中文名	拉丁名	区系型	居留型				
						R	W	S	P	迷
129	鹰形目 ACCIPITRIFORMES	鹰科 Accipitridae	赤腹鹰	*Accipiter soloensis*	东					
130			松雀鹰	*Accipiter virgatus*	东		+			
131			雀鹰	*Accipiter nisus*	古		+		+	
132			苍鹰	*Accipiter gentilis*	古				+	
133			白头鹞	*Circus aeruginosus*	古		+			
134			白腹鹞	*Circus spilonotus*	古				+	
135			白尾鹞	*Circus cyaneus*	古					
136			鹊鹞	*Circus melanoleucos*	古	+				
137			黑鸢	*Milvus migrans*	广	+				
138			白尾海雕	*Haliaeetus albicilla*	广		+		+	
139			灰脸鵟鹰	*Butastur indicus*	古				+	
140			普通鵟	*Buteo japonicus*	广		+			
141	鸮形目 STRIGIFORMES	鸱鸮科 Strigidae	领角鸮	*Otus lettia*	广	+				
142			红角鸮	*Otus sunia*	古	+				
143			鹰鸮	*Ninox scutulata*	东			+		
144			长耳鸮	*Asio otus*	广	+				
145			短耳鸮	*Asio flammeus*	广	+				
146	犀鸟目 BUCEROTIFORMES	戴胜科 Upupidae	戴胜	*Upupa epops*	广		+	+	+	
147	佛法僧目 ORACIIFORMES	佛法僧科 Coraciidae	三宝鸟	*Eurystomus orientalis*	广			+		
148		翠鸟科 Alcedinidae	蓝翡翠	*Halcyon pileata*	广				+	
149			普通翠鸟	*Alcedo atthis*	广	+				
150			斑鱼狗	*Ceryle rudis*	东	+				

续表

序号	目	科	中文名	拉丁名	区系型	居留型				
						R	W	S	P	迷
151	啄木鸟目 PICIFORMES	啄木鸟科 Picidae	蚁䴕	*Jynx torquilla*	古				+	
152			星头啄木鸟	*Dendrocopos canicapillus*	广	+				
153			大斑啄木鸟	*Dendrocopos major*	古	+				
154			灰头绿啄木鸟	*Picus canus*	广	+				
155	隼形目 FALCONIFORMES	隼科 Falconidae	红隼	*Falco tinnunculus*	广	+				
156			红脚隼	*Falco amurensis*	广				+	
157			灰背隼	*Falco columbarius*	古					
158			燕隼	*Falco subbuteo*	广			+		
159			游隼	*Falco peregrinus*	广				+	
160	雀形目 PASSERIFORMES	黄鹂科 Oriolidae	黑枕黄鹂	*Oriolus chinensis*	东			+		
161		山椒鸟科 Campephagidae	暗灰鹃鵙	*Lalage melaschistos*	东			+		
162			灰山椒鸟	*Pericrocotus divaricatus*	广				+	
163		卷尾科 Dicruridae	黑卷尾	*Dicrurus macrocercus*	东			+		
164			发冠卷尾	*Dicrurus hottentottus*	东					
165		王鹟科 Monarchidae	寿带	*Terpsiphone incei*	东			+		
166			紫寿带	*Terpsiphone atrocaudata*	广				+	
167		伯劳科 Laniidae	虎纹伯劳	*Lanius tigrinus*	东			+		
168			牛头伯劳	*Lanius bucephalus*	古		+			
169			红尾伯劳	*Lanius cristatus*	古			+		
170			棕背伯劳	*Lanius schach*	东	+				
171			楔尾伯劳	*Lanius sphenocercus*	古		+			

续表

序号	目	科	中文名	拉丁名	区系型	居留型				
						R	W	S	P	迷
172	雀形目 PASSERIFORMES	鸦科 Corvidae	灰喜鹊	*Cyanopica cyanus*	古	+				
173			喜鹊	*Pica pica*	广	+				
174			小嘴乌鸦	*Corvus corone*	广				+	
175		山雀科 Paridae	煤山雀	*Periparus ater*	古	+				
176			黄腹山雀	*Pardaliparus venustulus*	东	+				
177			大山雀	*Parus cinereus*	广	+				
178		攀雀科 Remizidae	中华攀雀	*Remiz consobrinus*	古		+		+	
179		百灵科 Alaudidae	云雀	*Alauda arvensis*	古		+			
180			小云雀	*Alauda gulgula*	广	+				
181		扇尾莺科 Cisticolidae	棕扇尾莺	*Cisticola juncidis*	古			+		
182			纯色山鹪莺	*Prinia inornata*	东	+				
183		苇莺科 Acrocephalidae	东方大苇莺	*Acrocephalus orientalis*	广			+		
184			黑眉苇莺	*Acrocephalus bistrigiceps*	广			+	+	
185			细纹苇莺	*Acrocephalus sorghophilus*	古				+	
186		蝗莺科 Locustellidae	矛斑蝗莺	*Locustella lanceolata*	古				+	
187			斑背大尾莺	*Locustella pryeri*	古				+	
188		燕科 Hirundinidae	崖沙燕	*Riparia riparia*	广			+	+	
189			家燕	*Hirundo rustica*	广			+		
190			金腰燕	*Cecropis daurica*	广			+		
191		鹎科 Pycnonotidae	黄臀鹎	*Pycnonotus xanthorrhous*	东	+				
192			白头鹎	*Pycnonotus sinensis*	东	+				
193			栗背短脚鹎	*Hemixos castanonotus*	东			+		

续表

序号	目	科	中文名	拉丁名	区系型	居留型				
						R	W	S	P	迷
194	雀形目 PASSERIFORMES	柳莺科 Phylloscopidae	褐柳莺	*Phylloscopus fuscatus*	古				+	
195			巨嘴柳莺	*Phylloscopus schwarzi*	古				+	
196			黄腰柳莺	*Phylloscopus proregulus*	古		+		+	
197			黄眉柳莺	*Phylloscopus inornatus*	广				+	
198			极北柳莺	*Phylloscopus borealis*	广				+	
199			日本柳莺	*Phylloscopus xanthodryas*	广				+	
200			双斑绿柳莺	*Phylloscopus plumbeitarsus*	古				+	
201			淡脚柳莺	*Phylloscopus tenellipes*	古				+	
202			冕柳莺	*Phylloscopus coronatus*	古				+	
203		树莺科 Cettiidae	短翅树莺	*Horornis diphone*	东			+	+	
204			远东树莺	*Horornis canturians*	古		+			
205			强脚树莺	*Horornis fortipes*	东	+				
206			鳞头树莺	*Urosphena squameiceps*	广				+	
207		长尾山雀科 Aegithalidae	银喉长尾山雀	*Aegithalos glaucogularis*	古	+				
208			红头长尾山雀	*Aegithalos concinnus*	东	+				
209		莺鹛科 Sylviidae	棕头鸦雀	*Sinosuthora webbiana*	广	+				
210			震旦鸦雀	*Paradoxornis heudei*	古	+				
211		绣眼鸟科 Zosteropidae	红胁绣眼鸟	*Zosterops erythropleurus*	古				+	
212			暗绿绣眼鸟	*Zosterops japonicus*	东			+		
213		噪鹛科 Leiothrichidae	黑脸噪鹛	*Garrulax perspicillatus*	东	+				

续表

序号	目	科	中文名	拉丁名	区系型	居留型				
						R	W	S	P	迷
214	雀形目 PASSERIFORMES	椋鸟科 Sturnidae	八哥	*Acridotheres cristatellus*	东	+				
215			丝光椋鸟	*Spodiopsar sericeus*	东				+	
216			灰椋鸟	*Spodiopsar cineraceus*	古		+			
217			黑领椋鸟	*Gracupica nigricollis*	东		+			
218			北椋鸟	*Agropsar sturninus*	古				+	
219			灰背椋鸟	*Sturnia sinensis*	东			+		
220			紫翅椋鸟	*Sturnus vulgaris*	古				+	
221		鸫科 Turdidae	橙头地鸫	*Geokichla citrina*	东			+		
222			白眉地鸫	*Geokichla sibirica*	古				+	
223			虎斑地鸫	*Zoothera aurea*	广				+	
224			灰背鸫	*Turdus hortulorum*	古		+		+	
225			乌鸫	*Turdus mandarinus*	广	+				
226			白眉鸫	*Turdus obscurus*	古	+				
227			白腹鸫	*Turdus pallidus*	古		+		+	
228			红尾斑鸫	*Turdus naumanni*	广		+		+	
229			斑鸫	*Turdus eunomus*	广		+		+	
230		鹟科 Muscicapidae	红尾歌鸲	*Larvivora sibilans*	古				+	
231			蓝歌鸲	*Larvivora cyane*	古				+	
232			红喉歌鸲	*Calliope calliope*	古				+	
233			蓝喉歌鸲	*Luscinia svecica*	古				+	
234			红胁蓝尾鸲	*Tarsiger cyanurus*	古		+		+	
235			鹊鸲	*Copsychus saularis*	东	+				

续表

序号	目	科	中文名	拉丁名	区系型	居留型				
						R	W	S	P	迷
236	雀形目 PASSERIFORMES	鹟科 Muscicapidae	赭红尾鸲	*Phoenicurus ochruros*	古					迷
237			北红尾鸲	*Phoenicurus auroreus*	古		+		+	
238			黑喉石䳭	*Saxicola maurus*	广				+	
239			蓝矶鸫	*Monticola solitarius*	广				+	
240			白喉矶鸫	*Monticola gularis*	古				+	
241			斑鹟	*Muscicapa striata*	古				+	迷
242			灰纹鹟	*Muscicapa griseisticta*	古				+	
243			乌鹟	*Muscicapa sibirica*	古				+	
244			北灰鹟	*Muscicapa dauurica*	广				+	
245			白眉姬鹟	*Ficedula zanthopygia*	古			+		
246			黄眉姬鹟	*Ficedula narcissina*	古				+	
247			鸲姬鹟	*Ficedula mugimaki*	古				+	
248			红喉姬鹟	*Ficedula albicilla*	古					
249			白腹蓝鹟	*Cyanoptila cyanomelana*	东				+	
250			铜蓝鹟	*Eumyias thalassinus*	东			+		
251		戴菊科 Regulidae	戴菊	*Regulus regulus*	古		+		+	
252		梅花雀科 Estrildidae	白腰文鸟	*Lonchura striata*	东	+				
253		雀科 Passeridae	麻雀	*Passer montanus*	广	+				
254		鹡鸰科 Motacillidae	山鹡鸰	*Dendronanthus indicus*	广			+		
255			黄鹡鸰	*Motacilla tschutschensis*	古				+	
256			灰鹡鸰	*Motacilla cinerea*	古		+		+	
257			白鹡鸰	*Motacilla alba*	广	+			+	

续表

序号	目	科	中文名	拉丁名	区系型	居留型				
						R	W	S	P	迷
258	雀形目 PASSERIFORMES	鹡鸰科 Motacillidae	田鹨	*Anthus richardi*	东			+		
259			树鹨	*Anthus hodgsoni*	古		+			
260			北鹨	*Anthus gustavi*	古				+	
261			黄腹鹨	*Anthus rubescens*	古				+	
262			水鹨	*Anthus spinoletta*	古				+	
263		燕雀科 Fringillidae	燕雀	*Fringilla montifringilla*	古		+			
264			锡嘴雀	*Coccothraustes coccothraustes*	古		+			
265			黑尾蜡嘴雀	*Eophona migratoria*	广			+	+	
266			黑头蜡嘴雀	*Eophona personata*	古				+	
267			金翅雀	*Chloris sinica*	广	+			+	
268			白腰朱顶雀	*Acanthis flammea*	古		+		+	
269			黄雀	*Spinus spinus*	古		+			
270		鹀科 Emberizidae	凤头鹀	*Melophus lathami*	东				+	
271			三道眉草鹀	*Emberiza cioides*	古	+				
272			白眉鹀	*Emberiza tristrami*	古				+	
273			栗耳鹀	*Emberiza fucata*	广		+		+	
274			小鹀	*Emberiza pusilla*	古		+		+	
275			黄眉鹀	*Emberiza chrysophrys*	古		+		+	
276			田鹀	*Emberiza rustica*	古		+			
277			黄喉鹀	*Emberiza elegans*	古		+		+	
278			栗鹀	*Emberiza rutila*	古				+	
279			硫黄鹀	*Emberiza sulphurata*	古				+	

续表

序号	目	科	中文名	拉丁名	区系型	居留型				
						R	W	S	P	迷
280	雀形目 PASSERIFORMES	鹀科 Emberizidae	灰头鹀	*Emberiza spodocephala*	古		+		+	
281			苇鹀	*Emberiza pallasi*	古		+			
282			红颈苇鹀	*Emberiza yessoensis*	古		+			
283			芦鹀	*Emberiza schoeniclus*	古		+			

注:区系型中“古”为古北界鸟种,“东”为东洋界鸟种,“广”为广布型鸟种;居留型中“R”为留鸟,“W”为冬候鸟,“S”为夏候鸟,“P”为过境鸟(即旅鸟),“迷”为迷鸟。

7.2.4　区系及居留型

保护区鸟类区系中东洋界鸟种45种，古北界鸟种154种，广布种84种。保护区位于东洋界和古北界交汇处，且所处的江苏沿海地势平缓，无地理阻隔，导致鸟类区系组成较为杂糅，但因保护区处于东亚—澳大利西亚候鸟迁徙路线上，鸻鹬类、雁鸭类、鹟类、柳莺类、鹀类、鸫类等古北界种类繁多，因此古北种占比最高。

表7.2-6　保护区鸟类区系组成

区系型	种数	占比
古北种	154	54.42%
东洋种	45	15.90%
广布种	84	29.68%
合计	283	100.00%

保护区鸟类居留型中，留鸟50种，冬候鸟94种，夏候鸟54种，旅鸟146种(部分鸟类兼备多种居留型)。从居留型看，保护区鸟类以候鸟为主，但保护区位于世界东亚—澳大利西亚候鸟迁徙路线上的中间节点，并不是候鸟主要的越冬地、繁殖地。

7.2.5　生态型

基于进化树理论，鸟类在长期进化过程中为适应不同食物、飞行模式、栖息环境等而产生了趋同进化，鸟类的形态及其对应的生态功能间存在着密切的联系。根据不同鸟类形态、功能上的进化特征，可将鸟类分为不同生态型，一般认为鸟类的生态型有游禽、涉禽、鸣禽、攀禽、猛禽、陆禽、走禽和海洋性鸟类共8个。江苏地区缺乏鸵鸟类为代表的走禽以及企鹅类为代表的海洋性鸟类，具备除上述二者的其余6个生态型(表7.2-7)。保护区鸟类6个生态型中，以鸣禽种类最多，达124种，为雀形目1目；涉禽种数其次，达69种，含鹤形目、鸻形目、鹳形目、鹈形目4目，其中鸻形目鸥科鸟类由于习性更接近于游禽而划出涉禽范畴；游禽38种，含雁形目、鸊鷉目、鲣鸟目和鸻形目鸥科鸟类；猛禽27种，含鹰形目、鸮形目、隼形目3目；攀禽19种，含夜鹰目、鹃形目、犀鸟目、佛法僧目、啄木鸟目5目鸟类；陆禽6种，含鸡形目、鸽形目2目鸟类。

在保护区内，游禽、涉禽主要聚集地为聚仙湖、一区和二区核心区坑塘及三区核心区开敞水域；陆禽主要活动于三区核心区旁海堤林以及一区核心区杂草、林地；攀禽主要活动于三区核心区旁海堤林及实验区大丰林场；猛禽主要分布于一区核心区开敞地带及林地内；鸣禽广泛分布于保护区林地、灌木、草丛内。

7.2.6　主要栖息地

7.2.6.1　滨海滩涂湿地

麋鹿保护区滩涂湿地主要集中在海堤公路外的三区核心区。三区核心区为潮间带滩涂，在东部近海侧不断外淤的影响下，西部近堤侧逐年缓慢淤高，早年间互花米草、白茅、拂子茅等盐地植被在淤高区十分茂密。2017年后，由于一区和二区核心区围

表 7.2-7　保护区鸟类生态型构成

类别	组成情况	种数	小计	种数占比
游禽	雁形目 Anseriformes	23	38	13.43%
	䴙䴘目 Podicipediformes	2		
	鲣鸟目 Suliformes	1		
	鸻形目(鸥科)Charadriiformes	12		
涉禽	鹤形目 Gruiformes	9	69	24.38%
	鸻形目(除鸥科)Charadriiformes	44		
	鹳形目 Ciconiiformes	1		
	鹈形目 Pelecaniformes	15		
陆禽	鸡形目 Galliformes	2	6	2.12%
	鸽形目 Columbiformes	4		
攀禽	夜鹰目 Caprimulgiformes	2	19	6.71%
	鹃形目 Cuculiformes	8		
	犀鸟目 Bucerotiformes	1		
	佛法僧目 Coraciiformes	4		
	啄木鸟目 Piciformes	4		
猛禽	鹰形目 Accipitriformes	17	27	9.54%
	鸮形目 Strigiformes	5		
	隼形目 Falconiformes	5		
鸣禽	雀形目 Passeriformes	124	124	43.82%
合计		283	283	100.00%

栏内麋鹿种群数量过高，保护区将部分麋鹿调整至三区核心区，导致三区核心区麋鹿野放种群规模扩大，淤高区盐地植被被麋鹿啃食、踩踏，呈现出植被退化的现状。三区核心区除旱季外基本保持半湿润状态，潮沟保留良好，是鸻鹬类、鹤类、雁鸭类的重要栖息地，每年越冬期间丹顶鹤、东方白鹳等大型涉禽喜栖息于三区核心区潮沟附近泥滩内越冬；雁鸭类多停歇在三区核心区内潮沟、沟渠等开敞水面内；鸻鹬类在该区域分布较为随机，整体上喜活动于有浅水滩分布区域，未发现在旱化区域活动。滩涂湿地内活动的较为重要的鸟种有丹顶鹤、东方白鹳、斑脸海番鸭、斑头秋沙鸭、红头潜鸭、蛎鹬、大滨鹬、小青脚鹬等。

7.2.6.2　盐碱地

保护区盐碱地主要集中于二区核心区。二区核心区原为盐碱地裸地，分布有人工开凿的沟渠，由于前期麋鹿种群密度较高，区内原生盐土植被被麋鹿啃食、踩踏殆尽，区域内生境呈盐碱裸地态。本次科考调查期间，由于保护区麋鹿种群调控的关系，二区核心区内已无麋鹿分布，区内碱蓬、盐角草等盐土植被以较快的速度在裸地进行原生演替，调查期间黑嘴鸥、西伯利亚银鸥等鸥类、燕鸥类在滩涂上活动，但暂未发现筑巢繁殖。

7.2.6.3　湖泊河流

保护区湖泊河流主要为实验区的聚仙湖、一区核心区及二区核心区的沟渠和小型湖泊。湖泊河流是保护区内雁鸭类水鸟十分重要的越冬地，尤其是一区核心区的小型湖泊及开敞河道周边分布有较为茂盛的狼尾草、白茅等挺水植物，且核心区内人为活动干扰极少，是越冬期间雁鸭类主要的聚集处，斑嘴鸭、绿头鸭、绿翅鸭、灰雁等是该区域内雁鸭类群落主要的构成部分，冬季群落规模达万余只；一区核心区内小型湖泊边缘处水深较浅，也是中大型鹭鹳类的一处重要迁徙停歇地、越冬地，东方白鹳、白琵鹭、苍鹭、大白鹭、中白鹭、白鹭、夜鹭等均发现于此；聚仙湖位于保护区实验区麋连线以北，水面开敞，水深较浅，夏季普通燕鸥、白翅浮鸥、灰翅浮鸥等燕鸥类喜在水中菹草、穗状狐尾藻等沉水植物上筑巢育雏，其余时期东方白鹳、苍鹭、绿头鸭、斑嘴鸭等游禽、涉禽也均会在聚仙湖越冬、停歇；二区核心区形状狭长，周边视野较为开阔，人类活动干扰相对较大，区内的河流、小型湖泊内雁鸭类种类、数量远不及一区核心区多，鹭鹳类也基本以常见的苍鹭、白鹭等为主。

7.2.6.4　海堤林地

海堤林地位于保护区三区缓冲区的海堤路两侧，树种以刺槐为主，高约 6～10 米，沿路两侧均匀排列，是保护区内雀形目鸣禽的重要迁徙过境区。2014 年科考报告之后保护区新增的鸟种以雀形目为主，绝大部分为在海堤林地内所调查到的。近年来海堤林地内调查到的新记录鸟种中发现了很多较为典型的山地鸟类如山鹡鸰、橙头地鸫、暗灰鹃鵙、灰山椒鸟、栗背短脚鹎、黄臀鹎等，为研究海滨鸟类迁徙路线提供了非常有价值的案例。

7.2.6.5　堤内乔木林地

保护区堤内乔木林地主要包括实验区保护区管理处西侧水杉林、实验区大丰林场、一区核心区乌桕林。保护区管理处西侧水杉林成林较早，树体挺拔、枝叶茂密，是保护区鹭类重要的夏季繁殖地，白鹭、牛背鹭、池鹭等鹭类均在冠层筑巢育雏，由于巢密度过大，在林下调查时经常可见掉落的雏鸟、亚成鸟；实验区大丰林场面积广，以加杨林为主，兼具竹林等低矮树丛，群落垂直结构较为完备，是林鸟的一处主要分布区，但由于人类活动干扰较大，在大丰林场调查到的林鸟多为乌鸫、白头鹎等常见留鸟，鸫类、北红尾鸲、红胁蓝尾鸲等迁徙过境范围较广的小型候鸟在此也有发现；一区核心区乌桕林由于林地稀疏且具枯死独木、周边地形平坦视野开阔、人类活动较少，是保护区猛禽的主要发现地，黑翅鸢、普通鵟、白腹鹞、红隼、灰背隼等均于此被记录到，近年来更有一只秃鹫长期活动于林地周边。

7.2.6.6　狼尾草丛

保护区狼尾草丛主要分布于一区核心区东侧的沿路、沿河带，以狼尾草为构成主体。该区域由于实施轮牧管理，麋鹿数量少，因此狼尾草十分茂密，昆虫数量丰富，能够为鸟类提供良好的隐蔽栖息和觅食环境，是环颈雉、小鸦鹃、苇莺类、鹀类等鸟类重要的聚集区。

7.2.7　主要活动类群

7.2.7.1　鹤类

鹤类为大型涉禽，珍稀濒危种类多，受人类活动干扰影响明显，是国内国际湿地水鸟保护机构重点关注的对象。江苏沿海地区是部分鹤类的越冬地，鹤类在此的活动及分布情况受到广泛重视。保护区内滩涂、农田生境优良，是江苏沿海鹤类的一处重要越冬地。保护区目前记录有分布的鹤类为丹顶鹤、白头鹤、灰鹤和沙丘鹤 4 种，丹顶鹤是其中的“明星”物种，主要活动区在三区核心区潮沟附近泥滩，基本每年都有数只个体在此越冬；灰鹤多活动于区内及一区核心区南侧农田，觅食冬小麦、油菜等冬季作物，种群规模较大；沙丘鹤为观鸟爱好者(用户名 Elaine)于 2021 年 1 月 30 日上传于中国观鸟记录中心的鹤种，记录位置在实验区农田附近，但无法考证，本次科考根据近年来沙丘鹤在江苏沿海的分布情况认为其存在出现于麋鹿保护区的可能，故进行记录；白头鹤为 2014 年保护区科考报告所记录，2014 年之后水鸟调查类成果中未记录到白头鹤，但根据白头鹤在江苏沿海的分布情况认为其存在出现于麋鹿保护区的可能，故进行记录。

7.2.7.2　鸻鹬类

鸻鹬类为浅水湿地活动的小型涉禽，是每年保护区内过境规模最大的水鸟类群，每年春秋迁徙期间过境量可超百万。春季迁徙高峰期一般在每年 4 月中下旬至 5 月上旬；秋季迁徙高峰期一般集中于每年 9 月末至 10 月中旬；冬季有部分鸻鹬类在保护区越冬，但种类较少。本次在保护区范围内共统计到鸻鹬类 5 科 43 种，鸻类、滨鹬类、塍鹬类、杓鹬类是鸻鹬类的构成主体，环颈鸻、灰斑鸻、红颈滨鹬、尖尾滨鹬、黑腹滨鹬、黑尾塍鹬、斑尾塍鹬、大杓鹬等在迁徙期间常见于三区核心区沿海滩涂湿地内；冬季黑腹滨鹬、白腰杓鹬、灰鸻是三区核心区沿海滩涂主要的越冬群体。保护区一区核心区、二区核心区与实验区的内陆浅水湿地也分布有一定规模的鸻鹬类，但种类、数量远不及沿海滩涂。麋鹿保护区内重要鸻鹬类有翻石鹬、大滨鹬、红腹滨鹬、阔嘴鹬、白腰杓鹬、大杓鹬、小青脚鹬等。

7.2.7.3　雁鸭类

雁鸭类为中、大型游禽，是越冬期间保护区湿地内重要的水鸟类群。保护区内雁鸭类共统计到 1 科 23 种。雁鸭类生性较为机警，警戒距离一般可达 200～400 米，对人类活动干扰较大的区域通常会进行避让。从现场调查来看雁鸭类活动区域多集中于一区核心区内的河流、湖泊内，部分雁鸭类选择在三区核心区滩涂潮沟等浅水湿地活动，实验区聚仙湖内也有少量雁鸭类越冬。此外，保护区一区核心区南侧农田内在越冬期间经常活动着大量的豆雁、短嘴豆雁、灰雁等，觅食田内的冬小麦、油菜等作物。保护区代表性雁鸭类有豆雁、灰雁、斑脸海番鸭、绿头鸭、斑嘴鸭、红头潜鸭、斑头秋沙鸭等。

7.2.7.4　鹭鹳类

鹭鹳类为中、大型涉禽，除少数白鹭、夜鹭等种类的部分种群为留鸟外，其余大部分均为候鸟。鹭鹳类在保护区四季可见，是保护区内较为常见的水鸟，但不同种类出现时期颇具规律性，池鹭、牛背鹭、苇鳽类为典型的夏候鸟，苍鹭、东方白鹳、琵鹭类多为冬候鸟。麋鹿保护区共统计到鹭鹳类 2 目 3 科 16 种。该类水鸟中，鹭类对人类活动适应能力较强，白鹭、牛背鹭、池鹭、苍鹭等基本遍布于保护区各类湿地生境内；苇鳽类作为小型鹭鸟，行踪较为隐蔽，多喜藏匿于芦苇等挺水植物内，若不被惊起则较难观测到；鹳类、琵鹭类警惕性强，对于人类活动敏感，多活动于一区核心区湖泊浅水湿地内，在聚仙湖开阔水域处也有东方白鹳、苍鹭等活动，在迁徙、越冬期间三区核心区滩涂湿地也有白琵鹭、苍鹭、白鹭、东方白鹳等活动。保护区代表性鹭鹳类有东方白鹳、黑脸琵鹭、白琵鹭、紫背苇鳽、苍鹭、大白鹭、白鹭等。

7.2.7.5　鸥类

鸥类为中、小型游禽，保护区共统计到鸥类 1 科 12 种。鸥类均为候鸟，在保护区一年四季可见，但不同季节种类有所不同：夏季以红嘴鸥居多，兼具黑嘴鸥和部分银鸥类；冬季以银鸥类为主。鸥类在保护区主要活动于三区核心区沿海滩涂，在实验区聚仙湖、一区核心区及二区核心区湖泊类开敞水面湿地也有分布。保护区代表性鸥类有红嘴鸥、黑嘴鸥、西伯利亚银鸥、黄腿银鸥等。

7.2.7.6　燕鸥类

燕鸥为中、小型游禽，麋鹿保护区共统计到燕鸥类 1 科 6 种。燕鸥类均为候鸟，在保护区为夏候鸟，每年 4 至 5 月期间大规模迁徙至保护区繁殖、度夏，秋季再向南迁徙。燕鸥类在麋鹿保护区最主要的繁殖地、度夏地为实验区聚仙湖，聚仙湖中菹草等沉水植物为燕鸥类提供了筑巢环境，每年夏季数以千计的燕鸥在聚仙湖停歇和繁殖。保护区代表性燕鸥类为普通燕鸥、灰翅浮鸥、白翅浮鸥、白额燕鸥。

7.2.7.7　猛禽类

麋鹿保护区猛禽类包括鹰隼、鸮、秃鹫等。保护区共统计到猛禽类 3 目 4 科 27 种，猛禽种类较为丰富。保护区一区核心区是猛禽分布较为集中的区域，由于人类活动干扰小、区内面积广阔且地势平坦、视野开阔，猛禽在一区核心区内更易搜寻觅食鼠类、鸟类和其他动物性食物，调查期间常见黑翅鸢、普通鵟等活动于此，一区核心区近年来还发现了 1 只秃鹫，每年迁徙、越冬期至区内树木栖息，并觅食死鱼、动物尸体等，麋鹿种群的不断扩张会加速种群的淘汰更新，秃鹫或许会因此而受益；保护区聚仙湖及三区核心区滩涂湿地是食鱼猛禽——鹗的主要活动区；保护区实验区林场树木茂密，是鸮形目猛禽的主要活动区域，据林场工作人员反映林场北部地区有数棵杨树类高大乔木，每年冬季都栖息有数十只长耳鸮，树下遍布其食团和鼠类骨骼，但本次科考期间调查人员并未寻到该处长耳鸮聚集区。保护区代表性猛禽有秃鹫、长耳鸮、黑翅鸢、鹗、白尾鹞、灰脸鵟鹰、普通鵟等。

7.2.7.8　雀形目鸟类

雀形目鸟类均被归入鸣禽，雀形目鸟类在麋鹿保护区共统计到 29 科 124 种，是保护区种类最多的类群。雀形目鸟类种类庞杂、数量繁多，几乎各类生境都有雀形目的活动，其主要活动区域有海堤林、实验区大丰林场、一区核心区乌桕林和狼尾草丛。保护区雀形目大部分为迁徙鸟，主要类群有鹀类、苇莺类、柳莺类、鹟类、鹎类、椋鸟类、鹡鸰类等，较为典型的冬候鸟为鹀类，较为典型的夏候鸟为苇莺类。保护区代表性雀形目鸟种有紫寿带、牛头伯劳、中华攀雀、东方大苇莺、矛斑蝗莺、白头鹎、黄腰柳莺、震旦鸦雀、红胁绣眼鸟、北红尾鸲、白腹蓝鹟、田鹀、苇鹀等。

7.2.8 珍稀濒危物种

麋鹿保护区共统计到《世界自然保护联盟濒危物种红色名录》(IUCN 红色名录)及《国家重点保护野生动物名录》中鸟类 71 种。其他珍稀濒危及保护名录中，本报告统计到《国家保护的有重要生态、科学、社会价值的陆生野生动物名录》(三有保护动物)中鸟类 203 种，统计到《中华人民共和国政府和日本国政府保护候鸟及其栖息环境协定》中鸟类 135 种，统计到《中华人民共和国政府和澳大利亚政府保护候鸟及其栖息环境的协定》中鸟类 46 种。

表 7.2-8 保护区内珍稀濒危及国家重点保护鸟类

序号	中文名	拉丁名	IUCN	国家级	
				一	二
1	鹌鹑	*Coturnix japonica*	NT		
2	白额雁	*Anser albifrons*			+
3	小天鹅	*Cygnus columbianus*			+
4	鸳鸯	*Aix galericulata*			+
5	罗纹鸭	*Mareca falcata*	NT		
6	红头潜鸭	*Aythya ferina*	VU		
7	斑脸海番鸭	*Melanitta fusca*	VU		
8	斑头秋沙鸭	*Mergellus albellus*			+
9	褐翅鸦鹃	*Centropus sinensis*			+
10	小鸦鹃	*Centropus bengalensis*			+
11	沙丘鹤	*Grus canadensis*			+
12	丹顶鹤	*Grus japonensis*	VU	+	
13	灰鹤	*Grus grus*			+
14	白头鹤	*Grus monacha*	VU	+	
15	蛎鹬	*Haematopus ostralegus*	NT		
16	凤头麦鸡	*Vanellus vanellus*	NT		
17	黑尾塍鹬	*Limosa limosa*	NT		
18	斑尾塍鹬	*Limosa lapponica*	NT		

续表

序号	中文名	拉丁名	IUCN	国家级	
				一	二
19	小杓鹬	*Numenius minutus*			+
20	白腰杓鹬	*Numenius arquata*	NT		+
21	大杓鹬	*Numenius madagascariensis*	EN		+
22	小青脚鹬	*Tringa guttifer*	EN	+	
23	灰尾漂鹬	*Tringa brevipes*	NT		
24	翻石鹬	*Arenaria interpres*			+
25	大滨鹬	*Calidris tenuirostris*	EN		+
26	红腹滨鹬	*Calidris canutus*	NT		
27	红颈滨鹬	*Calidris ruficollis*	NT		
28	阔嘴鹬	*Calidris falcinellus*			+
29	弯嘴滨鹬	*Calidris ferruginea*	NT		
30	黑嘴鸥	*Saundersilarus saundersi*	VU	+	
31	东方白鹳	*Ciconia boyciana*	EN	+	
32	白琵鹭	*Platalea leucorodia*			+
33	黑脸琵鹭	*Platalea minor*	EN	+	
34	鹗	*Pandion haliaetus*			+
35	黑翅鸢	*Elanus caeruleus*			+
36	凤头蜂鹰	*Pernis ptilorhynchus*			+
37	秃鹫	*Aegypius monachus*	NT	+	
38	乌雕	*Clanga clanga*	VU	+	
39	赤腹鹰	*Accipiter soloensis*			+
40	松雀鹰	*Accipiter virgatus*			+
41	雀鹰	*Accipiter nisus*			+
42	苍鹰	*Accipiter gentilis*			+
43	白头鹞	*Circus aeruginosus*			+
44	白腹鹞	*Circus spilonotus*			+
45	白尾鹞	*Circus cyaneus*			+
46	鹊鹞	*Circus melanoleucos*			+
47	黑鸢	*Milvus migrans*			+
48	白尾海雕	*Haliaeetus albicilla*		+	
49	灰脸鵟鹰	*Butastur indicus*			+

续表

序号	中文名	拉丁名	IUCN	国家级	
				一	二
50	普通鵟	*Buteo japonicus*			+
51	领角鸮	*Otus lettia*			+
52	红角鸮	*Otus sunia*			+
53	鹰鸮	*Ninox scutulata*			+
54	长耳鸮	*Asio otus*			+
55	短耳鸮	*Asio flammeus*			+
56	红隼	*Falco tinnunculus*			+
57	红脚隼	*Falco amurensis*			+
58	灰背隼	*Falco columbarius*			+
59	燕隼	*Falco subbuteo*			+
60	游隼	*Falco peregrinus*			+
61	紫寿带	*Terpsiphone atrocaudata*	NT		
62	云雀	*Alauda arvensis*			+
63	细纹苇莺	*Acrocephalus sorghophilus*	CR		+
64	斑背大尾莺	*Locustella pryeri*	NT		
65	震旦鸦雀	*Paradoxornis heudei*	NT		+
66	红胁绣眼鸟	*Zosterops erythropleurus*			+
67	红喉歌鸲	*Calliope calliope*			+
68	蓝喉歌鸲	*Luscinia svecica*			+
69	田鹀	*Emberiza rustica*	VU		
70	硫黄鹀	*Emberiza sulphurata*	VU		
71	红颈苇鹀	*Emberiza yessoensis*	NT		
总计			30	9	45

注:表中无注明,即为无危(LC)

7.2.9 代表种类

(1) 丹顶鹤 *Grus japonensis*

分类地位:鹤形目 GRUIFORMES 鹤科 Gruidae。

保护现状:国家一级重点保护鸟类,IUCN 易危(VU)等级。

形态特性:大型涉禽,体长 120~160 厘米,翼展 240 厘米,体重约 7~10.5 千克。颈、脚较长,通体大多呈白色,头顶呈鲜红色,喉和颈呈黑色,耳至头枕白色,脚呈黑色,站立时颈、尾部飞羽和脚呈黑色,头顶呈红色,其余全为白色;飞翔时仅次级和三级飞羽以及颈、脚呈黑色，其余为全白色。幼鸟头、颈呈棕褐色，体羽呈白色而缀栗色。

生活习性：常成对或成家族群和小群活动。迁徙季节和冬季，常由数个或数十个家族群结成较大的群体。春季于2月末3月初离开越冬地迁往繁殖地，最早到达江苏盐城越冬地的时间在10月28至10月29日，大批在11月下旬到达。常呈小群迁徙，最大结群可到40～50只。丹顶鹤能发出高亢、洪亮的鸣叫声，求偶时也伴随着鸣叫，而且常常是雄鸟嘴尖朝上，仰向天空，双翅耸立，发出“呵、呵、呵”的嘹亮声音，雌鸟则高声应和，然后彼此对鸣、跳跃和舞蹈，即“鹤舞”。食物很杂，主要有鱼、虾、水生昆虫、蝌蚪、软体动物(如沙蚕、蛤蜊、钉螺等)以及水生植物的茎、叶、块根、球茎和果实等等。

栖息地类型：栖息于开阔平原、沼泽、湖泊、草地、海边滩涂、芦苇、沼泽以及河岸沼泽地带，迁徙季节和冬季有时也出现于农田和耕地中。

保护区内发现地：三区核心区滩涂。

(2) 东方白鹳 *Ciconia boyciana*

分类地位：鹳形目 CICONIIFORMES 鹳科 Ciconiidae。

保护现状：国家一级重点保护物种，IUCN 濒危(EN)等级。

形态特性：大型涉禽，体重3 950～4 500克，体长1 114～1 275毫米。喙长而粗壮，呈黑色，仅基部缀有淡紫色或深红色。喙基部较厚，往尖端逐渐变细。眼周、眼线及喉部裸露皮肤为朱红色，虹膜为粉红色，外圈为黑色。羽色主要为纯白色。翅膀宽而长，大覆羽、初级覆羽、初级飞羽和次级飞羽均为黑色，并具有绿色或紫色的光泽。前颈下部有呈披针形长羽，在求偶炫耀的时候能竖直起来。腿、脚甚长，为鲜红色。幼鸟和成鸟相似，但飞羽羽色较淡，呈褐色，金属光泽亦较弱。

生活习性：繁殖期成对活动，其他季节成群体活动，特别是迁徙季节，常常聚集成数十只，甚至上百只的大群。觅食时常成对或成小群漫步在水边或草地与沼泽地上，边走边啄食。休息时常单腿或双腿站立于水边沙滩上或草地上，颈部缩成S形。飞翔时颈部向前伸直，腿、脚则伸到尾羽的后面，尾羽展开呈扇状，初级飞羽散开。性情机警而胆怯，当发现入侵领地者，就会通过用上下嘴急速拍打，发出“嗒嗒嗒”的嘴响声。食物组成以鱼类为主，也吃蛙、鼠、蛇、蜥蜴、软体动物、节肢动物、甲壳动物、环节动物、昆虫和幼虫，以及雏鸟等其他动物性食物。

栖息地类型：繁殖期主要栖息于开阔而偏僻的平原、草地和沼泽地带，特别是有稀疏树木生长的河流、湖泊、水塘，以及水渠岸边和沼泽地上，有时也栖息和活动在远离居民区，具有岸边树木的水稻田地带。

保护区内发现地：三区核心区滩涂、一区核心区浅水湖泊湿地。

(3) 秃鹫 *Aegypius monachus*

分类地位：鹰形目 ACCIPITRIFORMES 鹰科 Accipitridae。

保护现状：国家一级重点保护物种，IUCN 近危(NT)等级。

形态特性：体形硕大(100厘米)的深褐色鹫，体重5 750～9 200克，体长1 080～

1 160 毫米，两翅翼展超过 2 米，具松软翎颌，颈部灰蓝。幼鸟脸部近黑，嘴黑，蜡膜粉红；成鸟头裸出，为皮黄色，喉及眼下部分为黑色，虹膜为深褐色，嘴角为质色，蜡膜为浅，蓝脚为灰色。幼鸟头后常具松软的簇羽。成鸟两翼长而宽，具平行的翼缘，后缘明显内凹，翼尖的七枚飞羽散开呈深叉形。尾短呈楔形，头及嘴甚强劲有力。

生活习性：常单独活动，偶尔也成 3～5 只小群，最大群可达 10 多只。翱翔和滑翔时两翅平伸，初级飞羽散开成指状，翼端微向下垂；休息时多站于突出的岩石、电线杆或树顶枯枝上。主要以大型动物的尸体和其他腐烂动物为食，常在开阔而较裸露的山地和平原上空翱翔，窥视动物尸体，偶尔也沿山地低空飞行，主动攻击中小型兽类、两栖类、爬行类和鸟类，有时也袭击家畜。繁殖期为 3 至 5 月，通常营巢于森林上部，也在裸露的高山地区营巢。巢多筑在树上，偶尔也筑巢于山坡或悬崖边岩石上。雏鸟晚成性，生长极慢，通常在亲鸟喂养下经过 90～150 天的巢期生活才能离巢。

栖息地类型：在亚洲较多分布于干旱和半干旱高寒草原和草原，可生活在海拔高达 2 000～5 000 米的高山，栖息于高山裸岩上。主要栖息于低山丘陵和高山荒原与森林中的荒岩草地、山谷溪流和林缘地带，冬季偶尔也栖息于山脚平原地区的村庄、牧场、草地以及荒漠和半荒漠地区。

保护区内发现地：一区核心区乌桕林、水塘。

(4) 斑脸海番鸭 *Melanitta fusca*

分类地位：雁形目 ANSERIFORMES 鸭科 Anatidae。

保护现状：IUCN 易危(VU)等级。

形态特性：中等体型的深色矮扁形海鸭。身长 51～58 厘米，翼展 79～90 厘米，雌鸭体重 1 100～1 250 克，雄鸭体重 1 200～2 000 克。雄鸟通体呈黑色，具紫色光泽，翼呈镜白色；颏、喉、前颈和下体稍棕，眼下及眼后有白点，嘴灰但端黄且嘴侧带粉色，脚呈深红色。雌鸟呈烟褐色，眼和嘴之间及耳羽上各有一白色点块斑，羽端呈棕色，嘴甲和上嘴大都为淡紫色，嘴峰、上嘴边缘呈黑色；脚呈深红色。飞行时，次级飞羽呈白色易别于黑海番鸭，脚色浅。雄鸟虹膜白而雌鸟褐，嘴基有黑色肉瘤，其余为粉红色及黄色，雌鸟近灰色。

生活习性：可以在水下潜行深达 5～10 米。喜聚群，常集小群飞行，一般作短距离的迁徙，不在冰冻海域过冬。飞行能力很强，拍打翅膀的速度相对缓慢。除繁殖期外常成群活动，特别是迁徙期间和冬季，常集成大的群体，偶尔也见有单只活动。游泳时尾向上翘起，潜水时两翅微张，常频繁地潜水。主要通过潜水捕食，食物主要为鱼类、水生昆虫、甲壳类、贝类及其他软体动物等动物性食物，也食眼子菜和其他水生植物。白天活动觅食，相对安静。雄鸟求偶时大声尖叫，雌鸟为粗重的“karrr”声。

栖息地类型：在春季和夏季活动于冰川湖泊、沿海海滩、内陆淡水河湖和湖沼地区。冬天活动于湖泊、河流、海洋沿岸边缘。

保护区内分布范围：三区核心区潮沟。

(5) 大杓鹬 *Numenius madagascariensis*

分类地位：鸻形目 CHARADRIIFORMES 鹬科 Scolopacidae。

保护现状：国家二级重点保护物种，IUCN 濒危(EN)等级。

形态特性：体形硕大的鹬，体长 63 厘米。嘴细长，向下弯曲呈弧形，颜色为黑色。上体呈黑褐色，羽缘呈白色和棕白色，使上体呈黑白而沾棕的花斑状。颈部白色羽缘较宽，使黑褐色变为更细的纵纹，因而使颈部显得较白。初级飞羽外侧呈黑褐色，内侧呈灰褐色，具多道锯齿状白色横斑。外侧翅上大覆羽灰黑色具白色端缘。腰和尾上覆羽具较宽的棕红褐色羽缘，尾羽呈浅灰沾黄，具有棕褐色或灰褐色横斑。眼周呈灰白色，眼先呈蓝灰色。颏、喉呈白色。颊、颈侧和胸呈皮黄白色，具黑褐色羽干纹，尤以喉和胸较密和较细。腹至尾下覆羽呈灰白色，具较稀疏的灰褐色羽干纹；腋羽和翅下覆羽呈白色，具灰褐色或黑褐色横斑。脚呈灰褐色或黑色。

生活习性：春季于 4 月初至中旬到达我国东北繁殖地，秋季于 9 月下旬往南迁徙，常成小群迁徙。常单独或成松散的小群活动和觅食，在夜间休憩时常集成群，繁殖期间则成对活动。行动迟缓，性胆怯，活动时常不断地抬头伸颈观望，长时间地站在一个地方不动，如有危险则立刻起飞。主要在水边沙地或泥地及浅水处觅食，通过将长而弯曲的嘴插入水边沙地或淤泥中探觅隐藏于地下洞中的甲壳类和蠕形动物，也常在地表面啄取食物。主要以甲壳类等软体动物、蠕形动物、昆虫和幼虫为食，有时也吃鱼类、爬行类和无尾两栖类等脊椎动物。繁殖期为 4 至 7 月，每窝产卵 4 枚。

栖息地类型：栖息于低山丘陵和平原地带的河流。湖泊、芦苇沼泽、水塘，以及附近的湿草地和水稻田边，有时也出现于林中小溪边及附近开阔湿地。迁徙季节和冬季也常出现于沿海沼泽、海滨、河口沙洲和附近的湖边草地及农田地带。冬季则主要在海滨沙滩、泥地、河口沙洲活动。

保护区内发现地：三区核心区滩涂。

(6) 大滨鹬 *Calidris tenuirostris*

分类地位：鸻形目 CHARADRIIFORMES 鹬科 Scolopacidae。

保护现状：国家二级重点保护物种，IUCN 濒危(EN)等级。

形态特性：小型涉禽，体长 26～30 厘米，系滨鹬中个体最大者。嘴较长而直、呈黑色，脚呈暗绿色。夏季头和颈呈白色具黑色纵纹，背呈黑色具宽的白色或皮黄白色羽缘，肩具显著的栗红色斑纹和白色羽缘，尾上覆羽呈白色。下体呈白色具黑色斑点，尤以胸部特别密。冬羽上体呈淡灰褐色具黑色纵纹，腰和尾上覆羽呈白色微缀黑色斑点。下体呈白色，前颈和胸具黑色斑。虹膜呈暗褐色。嘴较长，呈黑褐色，基部呈淡绿色。脚呈暗石板色或灰绿色。幼鸟较淡、较绿。

生活习性：喜潮间滩涂及沙滩，常结大群活动。主要以甲壳类及其他软体动物、昆虫和昆虫幼虫为食。觅食时常将嘴插入泥中探觅食物，也常沿水边浅水处或水边沙滩和泥地上边走边觅食。繁殖期为 6 至 8 月。营巢于多苔藓和植物的西伯利亚北部冻原高原和岩石地带，通常置巢于水域附近草丛中或柳树和矮小桦树灌丛下。每窝产卵 4 枚。

栖息地类型：栖息于海岸、河口沙洲及其附近沼泽地带，迁徙期间亦见于开阔的河流与湖泊沿岸地带。常成群活动在河口沙滩和海岸潮间地带。

保护区内发现地：三区核心区滩涂。

(7) 普通燕鸥 *Sterna hirundo*

分类地位：鸻形目 CHARADRIIFORMES 鸥科 Laridae。

保护现状：我国三有保护动物。

形态特性：体形略小的迁徙夏候鸟，约 35 厘米。夏羽从前额经眼到后枕的整个头顶部，呈黑色，背、肩和翅上覆羽呈鼠灰色或蓝灰色。颈、腰、尾上覆羽和尾呈白色。外侧尾羽延长，外侧呈黑色，在翅折合时长度达到尾尖。尾呈深叉状。眼以下的颊部、嘴基、颈侧、颏、喉和下体呈白色，胸、腹呈沾葡萄灰褐色。初级飞羽呈暗灰色，外侧羽缘呈沾银灰黑色，羽轴呈白色，内侧具宽阔的白缘、由外向内渐次变小；次级飞羽呈灰色，内侧和羽端呈白色。冬羽和夏羽相似，但前额呈白色。头顶前部呈白色而具黑色纵纹。幼鸟和冬羽相似，但翅和上体具白色羽缘和黑色亚端斑，下嘴基部呈红色。虹膜呈暗褐色，东北亚种嘴和脚呈黑色。

生活习性：常成小群活动，频繁地飞翔于水域和沼泽上空。飞行轻快而敏捷，两翅煽动缓慢而轻微，并不时地在空中翱翔和滑翔，窥视水中猎物，如发现猎物，则急冲直下，捕获后又返回空中，有时也飘浮于水面。主要以小鱼、甲壳类等小型动物为食，也常在水面或飞行中捕食飞行的昆虫。繁殖期为 5 至 7 月，常成群在一起营巢繁殖。

栖息地类型：栖息于平原、草地、荒漠中的湖泊、河流、水塘和沼泽地带，也出现于河口、海岸和沿海、沼泽与水塘。

保护区内发现地：实验区聚仙湖。

(8) 紫寿带 *Terpsiphone atrocaudata*

分类地位：雀形目 PASSERIFORMES 王鹟科 Monarchinae。

保护现状：IUCN 近危(NT)等级。

形态特性：体长 20 厘米，雄鸟尾长 20 厘米，体重 19～25 克，为中型鸣禽。成年雄鸟胸部的羽毛呈黑灰色，有紫蓝色的光泽，具冠羽，下身则是白色。翼、背部及臀部呈黑栗色。尾巴中央有极长的黑色尾羽，雄雏鸟的此尾羽则较短。雌鸟与雄鸟在外形上相似，但胸部呈较深的褐色。脚呈黑色，眼大。嘴大而扁平，呈蓝色，上嘴具棱脊，嘴须粗长。头、颈、胸呈黑色，具羽冠，余部呈暗褐并具金属光泽；下胸呈灰色，至腹部逐渐成白色；尾呈黑色。虹膜呈深褐；眼周裸露皮肤呈蓝色；嘴呈蓝色。

生活习性：在中国台湾为留鸟，其他地区均为旅鸟，仅见于春秋迁徙季节。常单独或成对活动，偶尔也见 3～5 只成群。性羞怯，常活动在森林中下层茂密的树枝间。飞行缓慢,尾长,一般不做长距离飞行。常从栖息的树枝上飞到空中捕食昆虫,偶尔亦降落到地上,落地时长尾高举。繁殖期间领域性甚强,一旦有别的鸟侵入,立刻加以驱赶,直到赶走为止。杂食性,通常从森林较低层的栖处捕食,常与其他种类混群。主要以昆虫和昆虫幼虫为食,所吃食物种类主要有甲虫、金龟甲、剑蛇、蝉、粉蝶、蛾类幼虫、蝗虫、螽斯等鞘翅目、鳞翅目、直翅目、双翅目、同翅目等昆虫和昆虫幼虫。繁殖期为 5 至 7 月。

栖息地类型:主要栖息于海拔 1200 米以下的低山丘陵和山脚平原地带的阔叶林和次生阔叶林中,也出没于林缘疏林和竹林,尤其喜欢沟谷和溪流附近的阔叶林。

保护区内发现地:海堤林。

(9) 东方大苇莺 *Acrocephalus orientalis*

分类地位:雀形目 PASSERIFORMES 苇莺科 Acrocephalidae。

保护现状:IUCN 无危(LC)等级。

形态特性:体形略大(19 厘米)的褐色苇莺,具显著的皮黄色眉纹。雄性成鸟夏羽额至枕部呈暗橄榄褐色;背呈橄榄褐色;腰及尾上覆羽呈橄榄棕褐色;眼先呈深褐色,耳羽呈淡棕色;飞羽及覆羽呈深褐色,外缘具橄榄褐色羽缘,覆羽呈淡色羽缘较宽;尾羽圆尾形,呈褐色,具污白色羽端缘;颏、喉部呈棕白色,下喉及前胸羽毛具细的棕褐色羽纹,向后变为皮黄色;两胁呈皮黄沾棕色;覆腿羽色更深。秋羽羽色鲜艳,上体呈黄色,下体呈赭色;腹部中央呈乳白色;尾下覆羽呈棕白色;两胁与翼下覆羽均呈淡棕色。冬羽和夏羽相似,但下喉及上胸部羽毛的棕褐色羽干细纹明显。雌性成鸟与雄鸟相似,但羽色较暗淡,体形稍小。

生活习性:常单独或成对活动,性活泼,常频繁地在草茎或灌丛枝间跳跃、攀缘,当人靠近观察时极为警觉,不断地变换位置或突然消失,然后又突然在另一个地方出现。常大声鸣叫,声音如"ga-ga-ji"。繁殖期间常站在巢附近的芦苇顶端或附近的小枝头上鸣叫,有时也会活动一会,鸣叫一会,或边鸣叫边在附近活动,鸣声清脆尖厉。冬季仅间歇性地发出沙哑似喘息的单音"chack"。活动于苇地,主要以甲虫、金花虫、鳞翅目幼虫以及蚂蚁、豆娘和水生昆虫等为食,也吃蜘蛛、蜗牛等其他无脊椎动物和少量植物果实和种子。繁殖期在 5 月下旬到 7 月末。

栖息地类型:栖息在海拔 900 米以下的低山、丘陵和山脚平原地带,常出没于湖畔、河边、水塘、溪边、水库、河流沿岸、芦苇沼泽等水域或水域附近的植物丛和芦苇丛、柳灌丛中有茂密植物覆盖的沼泽和湿草地。

保护区内发现地:一区核心区芦苇丛。

(10) 震旦鸦雀 *Paradoxornis heudei*

分类地位:雀形目 PASSERIFORMES 莺鹛科 Sylviidae。

保护现状:国家二级重点保护物种,IUCN 近危(NT)等级。

形态特性:雌雄羽色相似。前额、头顶、枕和后颈呈蓝灰色或灰色沾赭色。头侧、耳羽呈灰白色,有一长而阔的黑色眉纹自眼上方经头侧,耳羽上方一直到后颈两侧,极为醒目。上背赭色杂以浅灰色粗纹(指名亚种)或背为浅葡萄色,有时带黑色纵纹,两肩、下背和腰概为黄赭色或浅赭色。两翅覆羽赭色中夹棕栗色,飞羽主要为褐色或黑褐色,初级飞羽外翈羽缘呈淡白色或棕黄色,次级飞羽由外向内逐渐由褐色变为黑褐色具白色外缘和棕白色内缘与端斑,或中央呈黑褐色四周均缘以淡白色,最内侧三级飞羽外翈呈黑色,内翈呈白色,尾上覆羽和中央一对尾羽呈淡红赭色或淡黄褐色,其余尾羽呈黑色具白色端斑,尾呈凸状,向两侧尾羽逐渐变短而白色端斑逐渐扩大,到最外侧一对尾羽白色端斑几占羽片的一半。颏、喉呈淡灰白色,胸呈淡葡萄红色或浅赭色,胸侧呈淡红褐色,其余下体呈暗黄色或浅赭色。

生活习性:繁殖季节以单只和较小集群为主,而非繁殖季节以较大集群为主。常常用粉黄色的脚爪牢牢地钩住芦苇秆,夏季以昆虫为食,冬季也吃浆果。体形娇小,活泼好动,嘴里不断发出短促的"唧唧"声,在树枝上稍做停留后,又一阵风似地轰然飞去,极少下到地面活动。主要以芦苇中的昆虫为食,也啄食种子。每年 4 月开始筑巢,雌雄共同筑巢,每窝产 2～5 枚卵,当中能孵出雏鸟 2～4 只。

栖息地类型:主要栖息于河流、江边、湖泊沼泽芦丛和河口沙洲及沿海滩涂芦苇丛中,冬季由于芦苇被大量收割,有些会游荡到附近沟边草丛活动和觅食。

保护区内发现地:一区核心区芦苇丛。

7.3 爬行动物

保护区爬行动物相关研究相对较少,2014 年编制的保护区综合科学考察报告显示保护区有爬行类 3 目 6 科 14 种。近年来,大丰麋鹿保护区内麋鹿种群增长导致区内生境类型和景观均处于变化之中,为准确掌握保护区爬行动物种群结构、分布格局及群落动态变化情况,促进保护区的有效管理,科考组对保护区爬行动物进行了多种调查方式并行、多时期多次的实地调查,为大丰麋鹿保护区今后开展野生动物资源监测和合理利用提供理论依据。

7.3.1 调查方法

保护区爬行动物调查于 2022 年 5 月、9 月开展调查,采用历史资料收集与整理、样方法、样线法、栅栏陷阱法开展调查。

(1) 历史资料收集与整理。收集麋鹿保护区已有资料(发表和未发表的文献、馆藏标本等),结合访谈调查,掌握调查区域内的爬行类物种组成及分布的历史记录。参考 2021 年 3 月科学出版社出版的《中国生物多样性红色名录:脊椎动物 第三卷 爬行动物》(上下册)、2022 年 5 月海峡书局出版的《中国蛇类图鉴》(第一册、第二册)、2006 年 1 月由安徽科学技术出版社出版的《中国蛇类》(上下册)、1998 年 10 月由科学出版社出版的《中国动物志:爬行纲》(第一卷、第二卷)进行物种鉴定及分类。

(2) 样方法。所选样方涵盖调查区域内爬行动物可能分布的主要生态系统类型如近水荒地、水生植物丛、滩涂等。记录样方内见到的所有爬行动物的种类和个体数量。

依次翻开样方内的石块，检视石块下的个体。本次布设样方 9 个，具体位置信息如表 7.3-1 和图 7.3-1 所示。

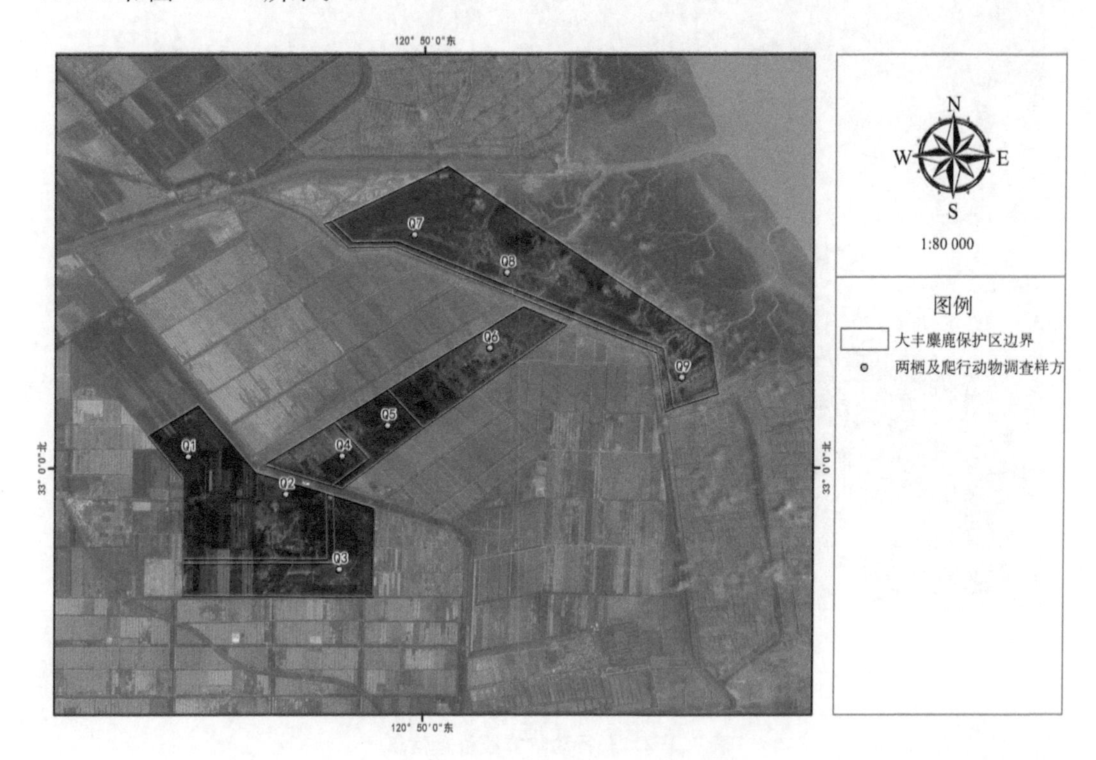

图 7.3-1 爬行动物调查样方分布

表 7.3-1 爬行动物样方位置信息

编号	经度	纬度	区域	生境
1	120.791 63	32.995 45	一区实验区	农田
2	120.802 27	32.986 35	一区实验区	农田
3	120.815 83	32.980 68	一区核心区	草地
4	120.825 10	33.009 01	二区缓冲区	草地
5	120.837 12	33.017 25	二区核心区	碱蓬滩
6	120.847 59	33.023 60	二区核心区	碱蓬滩
7	120.839 18	33.043 00	三区核心区	沿海滩涂
8	120.850 33	33.036 82	三区核心区	沿海滩涂
9	120.879 17	33.025 66	三区核心区	沿海滩涂

(3) 样线法。观测速度保持在 2 千米/时左右，行进期间记录物种和个体数量，并拍照或采集。采取 2 人合作，其中 1 人观测、报告种类和数量，另 1 人记录。样线长度在 500～1 000 米。麋鹿保护区共布设的爬行动物调查样线 8 条，总长度不少于 9 千米。麋鹿保护区爬行动物样线布设位置信息详见表 7.3-2 和图 7.3-2。

图 7.3-2 爬行动物调查样线分布

表 7.3-2 爬行动物样线位置信息表

编号	起点经度	起点纬度	终点经度	终点纬度	区域	生境
1	120.788 31	33.003 48	120.790 52	32.999 12	一区实验区	农田
2	120.790 37	32.993 43	120.790 39	32.985 81	一区实验区	农田
3	120.800 01	32.994 05	120.806 19	32.994 52	三区核心区	沿海滩涂
4	120.806 70	32.995 42	120.812 54	32.994 8	三区缓冲区	林地、草地
5	120.813 57	32.981 04	120.818 16	32.982 03	三区缓冲区	林地、草地
6	120.837 58	33.018 23	120.845 39	33.021 21	一区实验区	林地
7	120.843 37	33.041 04	120.850 97	33.037 09	一区实验区	淡水湿地
8	120.876 83	33.026 56	120.880 71	33.023 22	二区实验区	林地、农田

（4）栅栏陷阱法。设置 12 个陷阱，每天或隔天巡视检查 1 次，连续多天观测。麋鹿保护区爬行动物栅栏陷阱布设位置信息详见表 7.3-3。

表 7.3-3 爬行动物栅栏陷阱位置信息表

编号	经度	纬度	区域	生境
1	120.792 14	32.994 59	一区实验区	农田
2	120.799 78	32.986 88	一区实验区	农田

续表

编号	经度	纬度	区域	生境
3	120.804 50	32.977 16	一区核心区	草地
4	120.820 81	32.987 12	一区核心区	草地
5	120.816 69	32.997 59	二区缓冲区	草地
6	120.824 43	33.008 06	二区缓冲区	草地
7	120.832 65	33.013 90	二区核心区	碱蓬滩
8	120.845 01	33.022 14	二区核心区	碱蓬滩
9	120.827 93	33.045 14	三区核心区	沿海滩涂
10	120.853 17	33.035 01	三区核心区	沿海滩涂
11	120.857 37	33.041 19	三区核心区	沿海滩涂
12	120.880 46	33.023 34	三区核心区	沿海滩涂

7.3.2 物种变更

对比上一轮保护区科学考察报告，本次科考结合实地调查、历史文献及资料查阅、访问调查等结果，对爬行动物名录做出以下更新，具体变更见表 7.3-4。

表 7.3-4 爬行动物物种变更信息表

序号	目	科	中文名	拉丁名	变更形式	依据
1	有鳞目	游蛇科	王锦蛇	*Elaphe carinata*	新增	文献/访问

7.3.3 物种组成

通过样方法、样线法、栅栏陷阱法及收集历史资料和相关文献等方法，共统计到大丰麋鹿保护区内分布有爬行动物 15 种，隶属于 2 目 6 科，无入侵物种。根据形态结构和生活习性将保护区内的爬行动物分为三类，即龟鳖类、蜥蜴类和蛇类，其中蛇类 9 种，占保护区内爬行动物总种数的 60%；蜥蜴类 5 种，占总种数 33.33%；龟鳖类包含的物种数最少，仅 1 种，占总种数的 6.67%。保护区内爬行动物名录见表 7.3-5。

表 7.3-5 保护区爬行动物名录

<table>
<tr><th>序号</th><th>目</th><th>科</th><th>中文名</th><th>拉丁名</th><th>依据</th></tr>
<tr><td>1</td><td>龟鳖目
TESTUDINES</td><td>地龟科
Geoemydidae</td><td>乌龟</td><td>Mauremys reevesii</td><td>访问/文献</td></tr>
<tr><td>2</td><td rowspan="5">有鳞目
SQUAMATA</td><td>壁虎科 Gekkonidae</td><td>多疣壁虎</td><td>Gekko japonicus</td><td>实体</td></tr>
<tr><td>3</td><td>石龙子科 Scincidae</td><td>中国石龙子</td><td>Plestiodon chinensis</td><td>文献</td></tr>
<tr><td>4</td><td rowspan="3">蜥蜴科
Lacertidae</td><td>丽斑麻蜥</td><td>Eremias argus</td><td>访问/文献</td></tr>
<tr><td>5</td><td>北草蜥</td><td>Takydromus septentrionalis</td><td>实体</td></tr>
<tr><td>6</td><td>白条草蜥</td><td>Takydromus wolteri</td><td>访问/文献</td></tr>
</table>

续表

序号	目	科	中文名	拉丁名	依据
7	有鳞目 SQUAMATA	游蛇科 Colubridae	赤链蛇	*Lycodon rufozonatus*	实体
8			赤峰锦蛇	*Elaphe anomala*	实体
9			双斑锦蛇	*Elaphe bimaculata*	文献
10			王锦蛇	*Elaphe carinata*	访问/文献
11			红纹滞卵蛇	*Oocatochus rufodorsatus*	实体
12			黑眉锦蛇	*Elaphe taeniura*	实体
13			乌梢蛇	*Ptyas dhumnades*	实体
14		水游蛇科 Natricidae	虎斑颈槽蛇	*Rhabdophis tigrinus*	实体
15		蝰科 Viperidae	短尾蝮	*Gloydius brevicaudus*	实体

7.3.4 物种分布

结合本次调查及历史数据，保护区内爬行动物涵盖龟鳖类、蜥蜴类及蛇类3大类型共计15种，从生态型上看，陆栖型是最主要的生态型，占物种数的86.66%，另外，水栖型及半水栖型各记录到1种物种，各占物种总数的6.67%。保护区内爬行类生态型见表7.3-6。

表7.3-6 保护区内爬行动物生态型及占比

序号	中文名	拉丁名	生态型	占比
1	多疣壁虎	*Gekko japonicus*	陆栖型	86.66%
2	中国石龙子	*Plestiodon chinensis*		
3	丽斑麻蜥	*Eremias argus*		
4	北草蜥	*Takydromus septentrionalis*		
5	白条草蜥	*Takydromus wolteri*		
6	赤链蛇	*Lycodon rufozonatus*		
7	赤峰锦蛇	*Elaphe anomala*		
8	双斑锦蛇	*Elaphe bimaculata*		
9	王锦蛇	*Elaphe carinata*		
10	黑眉锦蛇	*Elaphe taeniura*		
11	虎斑颈槽蛇	*Rhabdophis tigrinus*		
12	乌梢蛇	*Ptyas dhumnades*		
13	短尾蝮	*Gloydius brevicaudus*		
14	红纹滞卵蛇	*Oocatochus rufodorsatus*	半水栖型	6.67%
15	乌龟	*Mauremys reevesii*	水栖型	6.67%

保护区内爬行动物主要分布于一区实验区及二区，而一区缓冲区及核心区、三区内则鲜有爬行动物记录，形成该分布格局主要是由湿地、林地的分布情况及麋鹿的主要活动范围所导致，从调查结果看无麋鹿分布的林地、草地、农田、内陆淡水湿地是爬

行动物的主要活动区域，而麋鹿的主要活动区以及堤外沿海滩涂湿地基本无爬行动物分布。

7.3.5　物种区系

保护区内爬行动物区系型以广布种为主，同时包含古北种及东洋种。保护区内爬行动物区系型见表 7.3-7。

表 7.3-7　保护区内爬行动物区系型

序号	中文名	拉丁名	生态型	占比
1	乌龟	*Mauremys reevesii*	广布种	60.00%
2	北草蜥	*Takydromus septentrionalis*		
3	赤链蛇	*Lycodon rufozonatus*		
4	双斑锦蛇	*Elaphe bimaculata*		
5	王锦蛇	*Elaphe carinata*		
6	红纹滞卵蛇	*Oocatochus rufodorsatus*		
7	黑眉锦蛇	*Elaphe taeniura*		
8	虎斑颈槽蛇	*Rhabdophis tigrinus*		
9	短尾蝮	*Gloydius brevicaudus*		
10	丽斑麻蜥	*Eremias argus*	古北种	20.00%
11	白条草蜥	*Takydromus wolteri*		
12	赤峰锦蛇	*Elaphe anomala*		
13	多疣壁虎	*Gekko japonicus*	东洋种	20.00%
14	中国石龙子	*Plestiodon chinensis*		
15	乌梢蛇	*Ptyas dhumnades*		

7.3.6　珍稀濒危物种

(1) 乌龟 *Mauremys reevesii*

珍稀濒危等级：国家二级重点保护物种，IUCN 濒危(EN)等级。

分类地位：龟鳖目 TESTUDINES 地龟科 Geoemydidae。

形态特征：雄性背甲长 94～168 毫米，宽 63.2～105 毫米；雌性背甲长 73.1～170 毫米，宽 52～116.5 毫米。头中等大小，头宽约为背甲宽的 1/4～1/3；头顶前部平滑，后部被以多边形的细粒状小鳞；吻短，端部略微超出下颚，并向内侧下方斜切；上喙边缘平直或中间部微凹；鼓膜明显。背甲较平扁，有 3 条纵棱，雄性成体棱弱。颈盾小，略呈梯形，后缘较宽；椎盾 5 枚，第一枚五边形，宽长相等或长略大于宽，第二至第四枚六边形，宽大于长；肋盾 4 枚，较之相邻椎盾略宽或等宽；缘盾 11 对；臀盾 1 对，呈矩形。背甲盾片常有分裂或畸形，致使盾片数超过正常数目。甲桥明显，具腋盾和胯盾，腋盾的大小变异殊大。腹甲平坦，几与背甲等长，前缘平截略向上翘，后缘缺刻较深，前宽后窄；雄性腹甲的后中部略凹；喉盾近三角形；肱盾外缘较长，似呈楔形；腹盾缝＞股盾缝＞胸盾缝＞喉盾缝>肛盾缝>肱盾缝。四肢略扁平;前臂及掌跖部有横列大鳞;指、趾间均全蹼,具爪,尾较短小。

生活习性:大多数龟均为肉食性,以蠕虫、螺类、虾及小鱼等为食,亦食植物的茎叶。4 月下旬开始交尾,傍晚进行;5 至 8 月为产卵期,每年产卵分 3~4 次完成,每次一穴产卵 5~7 枚;产卵前雌龟用后肢在向阳有荫的岸边松土处掘穴,将卵产于穴内,产毕复将松土覆盖于卵上。卵呈长椭圆形,坚硬,灰白色,卵径(27~38)毫米×(13~20)毫米。在自然条件下经 50~80 天孵出幼龟,幼龟出壳后即能入水独立生活。乌龟孵出的雌雄性别由温度控制,当温度为 25℃时孵化之幼龟为雄性,温度在 28℃以上时孵出的幼龟为雌性。

栖息地类型:常栖于江河,湖沼或池塘中。

保护区内发现地:发现于保护区一区实验区。

(2) 黑眉锦蛇 *Elaphe taeniura*

珍稀濒危等级:IUCN 易危(VU)等级。

分类地位:有鳞目 SQUAMATA 蛇亚目 SERPENTES 游蛇科 Colubridae。

形态特征:体形较大的无毒蛇,雄性体最长的达(1 630+450)毫米,体重达 1 300 克;雌性体最长达(1 370+325)毫米,体重达 550 克。眼后有 2 条明显的黑色斑纹延伸至颈部,状如黑眉,所以有"黑眉锦蛇"之称。体背呈土灰色或棕灰色。体背前段有窄的横行黑色梯状纹,前段明显,体后段逐渐消失,体侧和腹鳞两侧有 4 条黑色纵纹,从体中段开始伸至尾尖。腹部为灰白色或淡灰色,腹鳞两侧具黑色块斑。

生活习性:性情较为粗暴,当其受到惊扰时,即能竖起头颈,离地 20~30 厘米,身体呈"S"状,作随时攻击之势。以鼠类、麻雀及蛙类等为主要食物来源。卵生,每次产 2~12 枚,卵大约 40 毫米×23 毫米。孵化周期因孵化温度不同而不同,有研究结果显示,在 17~23℃时,孵化期 80~88 天;在 20~25℃时,孵化期 67~72 天。

栖息地类型:善攀爬,生活在高山、平原、丘陵、草地、田园及村舍附近,也常在稻田、河边及草丛中,有时还会在农舍附近活动。

保护区内分布范围:保护区内发现于一区缓冲区、二区核心区及缓冲区、三区缓冲区。

7.3.7 常见爬行动物

(1) 多疣壁虎 *Gekko japonicus*

保护现状:我国三有保护动物。

分类地位:有鳞目 SQUAMATA 壁虎科 Gekkonidae。

形态特征:头体长 52~69 毫米,小于尾长,体背粒鳞较小,前臂及小腿有疣鳞,圆锥状疣鳞明显大于粒鳞。趾间具蹼迹,尾基部肛疣多数为每侧 3 个,雄性具肛前窝 6~8 个。尾稍纵扁,背面被细鳞,腹面除尾基外,末端有 1 列横向扩大的鳞片。

生活习性:栖息在建筑物的缝隙中,野外岩缝中、石下、树上及柴草堆内亦常有发现。

夜晚常在有灯光处捕食，常数只在同一墙上出现。有时为争食而互相争斗，食物有蛾类、蚊类等。繁殖期为5至7月，5月中旬到6月中旬为产卵旺季，5月份捕获的雌成体55%怀有成熟的卵。卵呈白色，圆形，卵径平均13.02毫米×9.85毫米。孵化期为60～70天，刚孵出的幼体平均头体长27毫米。

栖息地类型：栖息在建筑物的缝隙中，野外岩缝中、石下、树上及柴草堆内亦常有发现。夜晚常在有灯光处捕食，常数只在同一墙上出现。

保护区内发现地：本轮科考于一区实验区及二区实验区内记录到该物种。

(2) 赤链蛇 *Lycodon rufozonatus*

保护现状：江苏省重点保护物种，我国三有保护动物。

分类地位：有鳞目 SQUAMATA 蛇亚目 SERPENTES 游蛇科 Colubridae。

形态特征：头部略扁，呈椭圆形。吻鳞高，从背面可以看到。鼻间鳞小，前端椭圆。额鳞短，长约等于自其前缘到鼻间鳞前缘的距离。颅顶鳞长而大，长为额鳞与前额鳞之和。眼上鳞小。颊鳞狭长、入眼，下与第2、3片上唇鳞相接。上唇鳞8片。体背面为黑色，具有约70条左右狭窄的红色横纹；头部鳞片为黑色，有显明的红色边缘。腹部为白色，在肛门前面则散生灰黑色小点，有时尾下全呈灰黑色。

生活习性：以蛙类、蜥蜴及鱼类为食。性较凶猛，多在傍晚出来活动，晚10时以后活动频繁，白天蜷曲不动，常将头部盘缩在身体下面。繁殖系卵生，5至6月交配，7至8月产卵，每产7～15枚，孵化期40～50天。

栖息地类型：生活于海拔1900米以下的丘陵、平原，常见于田野、竹林、村舍及水域附近。

保护区内发现地：本轮科考于二区核心区调查到该物种。

(3) 赤峰锦蛇 *Elaphe anomala*

保护现状：我国三有保护动物。

分类地位：有鳞目 SQUAMATA 蛇亚目 SERPENTES 游蛇科 Colubridae。

形态特征：全长1 500～2 000毫米的大型蛇类。体色斑从幼体至成体变化较大。成体头背呈棕灰或棕褐色，向后逐渐颜色变深，体中段以后呈棕黑色；自体中部向后直至尾端具有灰黄或土黄色斜行横斑，该横斑在两侧作不规则分叉，导致前后斑在侧面相连，横斑宽约2～4个鳞列；斑间隔约4～5个鳞列；腹面呈鹅黄色、乳白或灰白色，腹鳞两侧具黑斑；上下唇鳞呈鹅黄或乳白色，鳞片的后缘具细黑边。亚成体体色略浅于成体，横斑自颈部开始可显见，到中段以后更为明显。幼体色斑更鲜艳，背面呈棕褐色，自顶鳞缝后端开始向枕部两侧有一醒目的暗黄色倒“V”字形斑。鼻孔与眼之间有一浅色斑纹。瞳孔为圆形，自眼后到口角有一带状黑斑。自颈部至尾端具有暗黄色横斑，横斑两侧作不规则的分叉，横斑占1～3.5个鳞列，斑间隔为5～8个鳞列。在第一横斑向前的两侧有一暗黄色或淡褐色的细纵纹。上下唇鳞呈乳白色，鳞后缘具黑边。颔部呈乳白色，腹面呈苍灰色，缀有黑斑点，腹面的两侧黑斑明显。

生活习性：以鼠类为食，亦吃鸟类和鸟卵。

栖息地类型：在平原、山区、园田地、破旧房屋及住宅屋顶都可见到，能攀树。

保护区内发现地：本轮科考于一区实验区、二区核心区内调查到该物种。

(4) 虎斑颈槽蛇 *Rhabdophis tigrinus*

保护现状：我国三有保护动物。

分类地位：有鳞目 SQUAMATA 蛇亚目 SERPENTES 水游蛇科 Natricidae。

形态特征：体长约 0.8 米左右，体重一般为 200～400 克。颈背有一明显颈槽，枕两侧有一对粗大的黑色斑块。背面为翠绿色或草绿色，有方形黑斑，颈部及其后一段距离的黑斑之间为鲜红色；腹面为淡黄绿色。下唇和颈侧为白色。

生活习性：微毒蛇，毒液成分主要是金属蛋白酶类凝血酶等。以蛙、蟾蜍、蝌蚪和小鱼为食，也吃昆虫、鸟类、鼠类。繁殖方式为卵生，每年 6 至 7 月间产卵，每次 10 枚以上，也有多者可达 47 枚，孵化期为 29～50 天不等。

栖息地类型：生活于山地、丘陵、平原地区的河流、湖泊、水库、水渠附近。

保护区内分布范围：在保护区内广泛分布，遇见率较高。

(5) 短尾蝮 *Gloydius brevicaudus*

保护现状：我国三有保护动物。

分类地位：有鳞目 SQUAMATA 蛇亚目 SERPENTES 蝰科 Viperidae。

形态特征：体较短粗，全长 455(391＋64)毫米。头略呈三角形，与颈区分明显；吻棱明显。鼻间鳞内缘较长，外缘尖细且略向后弯，呈逗点状；鼻鳞较大，分为前后两片；鼻孔圆形，位于较大的前鼻鳞后半部，开口朝向后外方；鼻鳞与窝前鳞相接，其间无小鳞。上颊鳞 1 枚，近方形。瞳孔呈椭圆形；眶前鳞 2 枚，眶后鳞 2(3)枚，下枚眶后鳞呈新月形，弯至眼后下方；颞鳞(2＋3)枚；上唇鳞 7 枚，2—1—4 式，第二枚最小且不入颊窝，第三枚最大且入眶，第四枚位于眼正下方，与眶下鳞相接；下唇鳞 11 枚，左、右第一枚在颏鳞之后相接，前三枚与前颏片相接。

生活习性：剧毒蛇类，毒素种类为血循毒及前神经毒素构成的混合型毒素，致死因素可能主要为神经毒素，亦有咬伤后可引起心肌损害、血红尿蛋白的报道。昼夜活动；夏季、秋初分散活动于耕作区、沟渠、路边和村落周围，多利用树洞、鼠洞等现成的洞穴穴居。

栖息地类型：栖息于平原、丘陵草丛中。

保护区内发现地：本轮科考在一区实验区及二区核心区内调查到该物种。

7.4 两栖动物

两栖动物具有特殊的生物学和生态学特征，对环境变化极度敏感，长久以来一直被作为环境监测的重要指标性生物。此外，两栖动物位于营养链中层，一方面可以有效抑制无脊椎动物的数量，控制农业、林业害虫的增长，另一方面也是更高级消费者如鸟类及蛇类的重要食物来源。

7.4.1　调查方法

保护区两栖动物调查于2022年5月、9月开展调查，采用历史资料收集与整理、样方法、样线法、栅栏陷阱法开展调查。

(1) 历史资料收集与整理。收集麋鹿保护区已有资料(发表和未发表的文献、馆藏标本等)，结合访谈调查，掌握调查区域内的物种组成及分布的历史记录。两栖动物参考2020年2月科学出版社出版的《中国生物物种名录 第二卷动物 脊椎动物(Ⅳ)两栖纲》、2021年6月科学出版社出版的《中国生物多样性红色名录：脊椎动物 第四卷 两栖动物》(上下册)、2012年12月四川科学技术出版社出版的《中国两栖动物及其分布彩色图鉴》、1999年4月河南科学技术出版社出版的《中国两栖动物图鉴》进行物种鉴定及分类。

(2) 样方法。所选样地涵盖调查区域内两栖动物可能分布的主要生态系统类型如近水农田、草地、水域等。本次调查共设置9个样方。样方具体位置信息同爬行动物。

(3) 样线法。观测时行进速度保持在2千米/小时左右，行进期间记录物种和个体数量。采用2人合作方式，1人观测、报告种类和数量，另1人记录。麋鹿保护区两栖动物主要为无尾目的蛙蟾类，多生活在沟渠及水域中，两栖动物调查可参照溪流型两栖动物调查方法，沿河流、沟渠等水系设置样线。样线长度在500～1 000米，短样线可适当增加数量。样线的宽度根据视野情况而定，一般为2～6米，保护区两栖动物调查样线的日间样线和夜间样线比例为1∶1。保护区拟设置两栖动物调查样线8条，调查样线总长度约8千米。保护区两栖动物样线布设位置同爬行动物。

(4) 栅栏陷阱法。设置多个陷阱，每天或隔天巡视检查1次，连续多天观测。麋鹿保护区两栖动物的栅栏陷阱布设位置同爬行动物。

7.4.2　物种组成

通过样方法、样线法、栅栏陷阱法及收集历史资料与相关文献等方法，共统计到麋鹿保护区内分布有两栖动物7种，隶属于1目(无尾目)4科，无入侵物种，这一结论与保护区2014年科学考察报告中的结果一致。其中，蟾蜍科、蛙科及姬蛙科种类数量相同，均包含2种物种；叉舌蛙科仅包含1种物种。保护区内两栖动物名录见表7.4-1。

表7.4-1　保护区内两栖动物名录

<table>
<tr><th>序号</th><th>目</th><th>科</th><th>中文名</th><th>拉丁名</th><th>依据</th></tr>
<tr><td>1</td><td rowspan="7">无尾目
ANURA</td><td rowspan="2">蟾蜍科 Bufonidae</td><td>中华蟾蜍</td><td>Bufo gargarizans</td><td>实体</td></tr>
<tr><td>2</td><td>花背蟾蜍</td><td>Strauchbufo raddei</td><td>访问/文献</td></tr>
<tr><td>3</td><td>叉舌蛙科 Dicroglossidae</td><td>泽陆蛙</td><td>Fejervarya multistriata</td><td>实体</td></tr>
<tr><td>4</td><td rowspan="2">蛙科 Ranidae</td><td>黑斑侧褶蛙</td><td>Pelophylax nigromaculatus</td><td>实体</td></tr>
<tr><td>5</td><td>金线侧褶蛙</td><td>Pelophylax plancyi</td><td>实体</td></tr>
<tr><td>6</td><td rowspan="2">姬蛙科 Microhylidae</td><td>北方狭口蛙</td><td>Kaloula borealis</td><td>实体</td></tr>
<tr><td>7</td><td>饰纹姬蛙</td><td>Microhyla fissipes</td><td>实体</td></tr>
</table>

7.4.3 物种分布

从生态型上看，保护区内两栖动物可分为陆栖-静水型及水栖-静水型两类。具体物种信息见表 7.4-2。

表 7.4-2 保护区内两栖动物生态型

序号	中文名	拉丁名	生态型	占比
1	中华蟾蜍	*Bufo gargarizans*	陆栖-静水型	57.14%
2	花背蟾蜍	*Strauchbufo raddei*		
3	泽陆蛙	*Fejervarya multistriata*		
4	北方狭口蛙	*Kaloula borealis*		
5	黑斑侧褶蛙	*Pelophylax nigromaculatus*	水栖-静水型	42.86%
6	金线侧褶蛙	*Pelophylax plancyi*		
7	饰纹姬蛙	*Microhyla fissipes*		

两栖动物对于水系高度依赖，不同生态型两栖动物在保护区中的分布范围不尽相同。陆栖-静水型物种对于水源的依赖程度较低，其分布范围相对较广。陆栖-静水型物种中，中华蟾蜍在除三区沿海滩涂以外的生境均有分布，其他物种在一区及二区林地、淡水湿地内均有分布，如在一区实验区内林地、农田生境记录到泽陆蛙、北方狭口蛙等；对于水栖-静水型两栖类而言，黑斑侧褶蛙、金线侧褶蛙等对于栖息环境的要求比较苛刻，其偏好有浮水或挺水植物生长、水质较好的池塘或其他淡水水域生境，在一区实验区内中华麋鹿园附近淡水人工湖中有记录。总体上看，保护区内两栖动物主要分布于一区实验区淡水水系、林地及农田生境中，与麋鹿干扰较大的区域不重叠。

7.4.4 物种区系

保护区内两栖动物区系型涵盖广布种、东洋种及古北种，古北种物种占比稍高，广布种与东洋种包含的物种数相同。总体上看，保护区内两栖动物区系型呈现南北结合，相互渗透、相互过渡的趋势。保护区内两栖动物区系型见表 7.4-3。

表 7.4-3 保护区两栖动物区系型

序号	中文名	拉丁名	区系型	占比
1	中华蟾蜍	*Bufo gargarizans*	广布种	28.57%
2	黑斑侧褶蛙	*Pelophylax nigromaculatus*		
3	花背蟾蜍	*Strauchbufo raddei*	古北种	42.86%
4	金线侧褶蛙	*Pelophylax plancyi*		
5	北方狭口蛙	*Kaloula borealis*		
6	泽陆蛙	*Fejervarya multistriata*	东洋种	28.57%
7	饰纹姬蛙	*Microhyla fissipes*		

7.4.5 珍稀濒危物种

黑斑侧褶蛙 *Pelophylax nigromaculatus*

珍稀濒危等级:IUCN 近危(NT)等级。

分类地位:无尾目 ANURA 蛙科 Ranidae。

形态特征:雄蛙体长 49～70 毫米,雌蛙体长 35～90 毫米。头长大于头宽;吻部略尖,吻端钝圆,吻棱不明显;瞳孔呈横椭圆形,鼓膜大,约为眼径的 2/3～4/5,眼间距小于上眼睑宽。

生活习性:白天隐匿在农作物、水生植物或草丛中。黑斑侧褶蛙善于跳跃和游泳,受惊时能连续跳跃多次至进入水中,并潜入深水处或钻入淤泥或躲藏在水生植物间,15～30 分钟以后又游回岸边。早春时节,当气温回升到 10℃以上时,冬眠的成蛙开始出蛰,惊蛰后不久就能听见其鸣叫声。一般在 11 月上旬其活动能力开始降低,气温下降至 13℃左右,陆续进入冬眠,冬眠场所多在向阳的山坡、春花田、旱地及水渠、河、塘岸边的土穴或杂草堆里,潜伏深度达 10～15 厘米。冬眠期 5 个月左右,出蛰后即开始繁殖。

栖息地类型:生活在沿海平原至海拔 2 000 米左右的丘陵、山区,常见于水田、池塘、湖泽、水沟等静水或流水缓慢的河流附近。

保护区内发现地:本轮科考于一区实验区淡水水域附近调查到。

7.4.6 常见两栖动物

(1) 中华蟾蜍 *Bufo gargarizans*

保护现状:江苏省重点保护物种,我国三有保护动物。

分类地位:无尾目 ANURA 蟾蜍科 Bufonidae。

形态特征:形如蛙,体粗壮,体长 10 厘米以上,雄性较小,皮肤粗糙,全身布满大小不等的圆形瘰疣。头宽大,口阔,吻端圆,吻棱显著。舌分叉,可随时翻出嘴外,自如地把食物卷入口中,舌面含有大量黏液。近吻端有小型鼻孔 1 对。眼大而突出,对活动着的物体较敏感,对静止的物体迟钝。眼后方有圆形鼓膜,头顶部两侧有大而长的耳后腺 1 个。躯体粗而宽。在繁殖季节,雄蟾蜍背面多为黑绿色,体侧有浅色斑纹;雌蟾背面斑纹较浅,瘰疣呈乳黄色,有棕色或黑色的细花斑。四肢粗壮,前肢短、后肢长,趾端无蹼,步行缓慢。雄蟾前肢内侧 3 指(趾)有黑色婚垫,无声囊。

生活习性:水陆两栖爬行动物,喜湿、喜暗、喜暖。白天栖息于河边、草丛、砖石孔等阴暗潮湿的地方,傍晚到清晨常在塘边、沟沿、河岸、田边、菜园、路旁或房屋周围觅食,夜间和雨后最为活跃,主要以蜗牛、蛞蝓、蚂蚁、蚊子、孑孓、蝗虫、土蚕、金龟子、蝼蛄、蝇明及多种有趋光性的蛾蝶为食。气温下降至 10℃以下后,钻入砖石洞、土穴中或潜入水底冬眠。气温回升到 10℃以上结束冬眠,在水池朝阳面的浅水区或岸边活动。

栖息地类型:常见于阴湿的草丛中、土洞里以及砖石下等。其生存的海拔上限为 1 500 米。

保护区内发现地：本轮科考在一区实验区内调查到。

(2) 金线侧褶蛙 *Pelophylax plancyi*

保护现状：江苏省重点保护物种，我国三有保护动物。

分类地位：无尾目 ANURA 蛙科 Ranidae。

形态特征：头略扁，头长略大于头宽；吻端钝圆，吻棱略显，眼间距窄，小于上眼睑宽；鼓膜较大，略小于眼径；犁骨齿两小团。皮肤光滑或有疣粒，体侧疣粒显著，背侧褶宽，最宽处与上眼睑几乎等宽；腹面光滑，股腹面具扁平疣。生活时体背面呈绿色或橄榄绿色，鼓膜及背侧褶呈棕黄色。

生活习性：10 月下旬至 11 月上旬入眠，4 月中旬陆续出眠，并直接进入水区活动。平时多匍匐静栖于浮水植物的叶面上；有时可伸展四肢浮于水面，只将双眼及鼻孔露出水面。昼夜出外觅食，主要以水生动物为食（如水蚯蚓、田螺、虾、蟹、水蜘蛛，亦食鱼卵、鱼苗及小鱼，甚至捕食蝌蚪），另外还可捕食多种昆虫。鸣叫声似小鸡，拟音为"ji-ji"或"ji-ji-ji"声，匍匐静栖时较少鸣叫，急速运动时常伴有鸣叫，且叫声短促。繁殖季节在 4 至 6 月，卵群分散呈片状，雌蛙产卵 325～3 445（平均 1 500）粒。

栖息地类型：多栖于海拔 50～200 米稻田区内的池塘，在藕塘和池塘附近的稻田内也常能见到。

保护区内发现地：本轮科考于一区实验区淡水水域附近调查到。

(3) 北方狭口蛙 *Kaloula borealis*

保护现状：我国三有保护动物。

分类地位：无尾目 ANURA 姬蛙科 Microhylidae。

形态特征：体形较小，头宽大于头长，吻短而圆，吻棱不明显；鼻孔近吻端；眼间距大于鼻间距，上眼睑宽约为眼间距的 2/3；鼓膜不显著；无犁骨齿；内鼻孔后缘有显著的嵴棱，外侧细，内侧粗；舌后端无缺刻。前肢细长，后肢粗短，皮肤厚而较光滑，体背呈棕褐色，腹部色浅。

生活习性：不善跳跃，多爬行，平时难见其踪迹。夏季大雨时，可以听到雄蛙发出"姆阿-姆阿……"洪亮而低沉的鸣叫声，一般在雨后第 1 天傍晚、夜间至第 2 天早晨数量最多。后肢有发达的内跖突，善于挖土钻穴，所栖洞穴常深达数尺，受到惊扰时，一边用跖突向两侧拨开松土，一边将身体往下蹲埋于土中，最后只露出鼻、眼于穴外。当它被捕获或遇到侵袭时，常常肚子胀气如鼓，故有"气鼓子"之别名。以各种昆虫，如鞘翅目、双翅目、膜翅目等为主要食物来源，也食树根、花草的花、叶等。产卵期以雨季到来的早迟而定，常在大雨的夜间产卵，一只雌蛙每次可连续产卵 1 500 粒左右，孵化周期为 20 天左右。

栖息地类型：栖息于海拔 50～1 200 米的地区平原和山区，常选择水坑附近的草丛中或土穴内或石下作为栖息地。

保护区内发现地：本轮科考于一区缓冲区、二区缓冲区及实验区内调查到。

(4) 饰纹姬蛙 *Microhyla fissipes*

保护现状:我国三有保护动物。

分类地位:无尾目 ANURA 姬蛙科 Microhylidae。

形态特征:体形小,头小、体宽,吻端尖圆,吻棱不显,鼻孔近吻端,鼓膜不显;前肢细弱,后肢较粗短;趾间具蹼迹,跖部外侧有肤棱;关节下瘤明显,内跖突大于外跖突。皮肤粗糙,背部有许多小疣,枕部常有一横肤沟,并在两侧延伸至肩部;肛周围小圆疣较多。腹面皮肤光滑。背部有两个前后相连续的深棕色"∧"形斑。

生活习性:雄蛙鸣声低沉而慢,拟声为"ga-、ga-、ga-、ga-"。在阴雨天的求偶活动异常明显,能发出响亮的求偶鸣声。主要以蚁类为食,也捕食金龟子、叩头虫、蜻蜓等。

栖息地类型:生活于海拔 1 400 米以下的平原、丘陵和山地的水田、水坑、水沟的泥窝或土穴内,或在水域附近的草丛中。

保护区内发现地:本轮科考于一区核心区及缓冲区,二区核心区及缓冲区,三区缓冲区内调查到。

(5) 泽陆蛙 *Fejervarya multistriata*

保护现状:我国三有保护动物。

分类地位:无尾目 ANURA 叉舌蛙科 Dicroglossidae。

形态特征:背面颜色变异颇大,多为灰橄榄色或深灰色,杂有棕黑色斑纹,有的头体中部有一条浅色脊线;上下唇缘有棕黑色纵纹,四肢背面各节有棕色横斑 2～4 条,体和四肢腹面为乳白色或乳黄色。头长略大或相等于头宽,吻端钝尖,瞳孔呈横椭圆形,眼间距很窄,为上眼睑的 1/2;鼓膜呈圆形。背部皮肤粗糙,颞褶明显,无背侧褶,体背面有数行长短不一的纵肤槽。

生活习性:主要在夜间活动,以凌晨前和黄昏后为觅食高潮。常到旱地和庭园内活动,大雨后多在临时水坑内鸣叫。冬眠期四个月,冬眠地多在稻田、旱地内的泥洞土隙、石缝中,潜入深度 7～10 厘米,也有在水沟烂泥或田间杂草堆中冬眠的情况。主要吞食各种昆虫及其幼虫。蝌蚪在稻田内或静水塘(或坑)中生活,以浮游生物、水草、藻类及动物尸体和腐殖质为食。

栖息地类型:生活于平原、丘陵和 2000 米以下山区的稻田、沼泽、水塘、水沟等静水域或其附近的旱地草丛。

保护区内发现地:本轮科考于一区核心区、缓冲区、实验区及二区核心区、缓冲区,三区缓冲区调查到该物种。

7.5 鱼类

鱼类是麋鹿保护区水生生物中与人类关系最为密切的类群,同时鱼类占据了水生生态系统的各层空间和食物链的各个消费者层次,不仅能够调控各消费者层次的生物量,还能够调控初级生产者藻类和水生高等植物的群落结构和功能,对水生生态系统稳定性有重要的调控作用，具有重要的生态及环境意义。在我国，鱼类被广泛应用于水生态环境指示和监测评价中，其种类和数量是水生态健康与否的重要指标。

麋鹿保护区共调查记录到鱼类43种，隶属于9目16科。在各个目中，以鲤形目种类最多，共26种，占总数的60.47%；其次是鲈形目，有7种，占16.28%，其余目的种类在4种以下。鱼类区系有4种，分别为江河平原鱼类区系复合体、热带平原鱼类区系复合体、上第三纪鱼类区系复合体及海洋鱼类-温暖性种，其中江河平原鱼类区系复合体鱼类种类最丰富，占比为62.79%。保护区内51.16%的鱼类为小型鱼，经济鱼类30种。本次未发现食蚊鱼(*Gambusia affinis*)入侵。

7.5.1　调查方法

保护区鱼类调查于2022年7月、10月开展调查，采用历史资料收集与整理、自行采集法开展调查。

(1) 历史资料收集与整理。收集麋鹿保护区已有资料(发表和未发表的文献、馆藏标本等)，结合访谈调查，掌握麋鹿保护区内的鱼类组成及分布的历史记录。

(2) 自行采集法。在保护区沟渠、湖泊等区域进行采集，以撒网、地笼、流刺网等采样方法，收集鱼类样本。麋鹿保护区共计设置7个鱼类采样断面，如图7.5-1和表7.5-1所示。

图7.5-1　鱼类调查采样点分布

表 7.5-1 鱼类采样断面信息

断面编号	经度	纬度	区域	生境
1	120.819 463 60	32.982 356 21	一区核心区	沟渠
2	120.801 637 70	32.979 121 47	一区核心区	湖泊
3	120.813 181 90	33.006 758 95	二区实验区	沟渠
4	120.860 667 70	33.027 487 06	二区核心区	河渠
5	120.802 874 20	32.983 147 47	一区实验区	湖泊
6	120.802 474 50	32.996 008 66	一区实验区	湖泊
7	120.840 599 50	33.013 759 52	二区核心区	沟渠

7.5.2 物种组成

本次调查结果，按照《江苏鱼类志》(倪勇，2006)的分类体系，在保护区实地调查记录到鱼类 43 种，隶属于 9 目 16 科，如表 7.5-2 所示。在各个目中，以鲤形目种类最多，共 26 种，占总数的 60.47%；其次是鲈形目，有 7 种，占 16.28%，其余目的种类在 4 种以下。

表 7.5-2 大丰麋鹿保护区鱼类物种组成

序号	目	科	占比	种	占比
1	鲱形目 CLUPEIFORMES	1	6.25%	1	2.33%
2	鲑形目 SALMONIFORMES	1	6.25%	1	2.33%
3	鲤形目 CYPRINIFORMES	2	12.5%	26	60.47%
4	鲇形目 SILURIFORMES	2	12.5%	3	6.98%
5	颌针鱼目 BELONIFORMES	1	6.25%	1	2.33%
6	鲻形目 MUGILIFORMES	1	6.25%	1	2.33%
7	合鳃鱼目 SYNBRANCHIFORMES	2	12.5%	2	4.65%
8	鲈形目 PERCIFORMES	5	31.25%	7	16.28%
9	鲽形目 PLEURONECTIFORMES	1	6.25%	1	2.33%
总计		16	100.00%	43	100.00%

在 16 个科中，以鲤科种类为最多，共 24 种，占总数的 56.00%；鰕虎科 3 种，占总数的 7.00%；鲿科、花鳅科各 2 种，占总数的 5.00%；其余的各科均只有 1 种。

7.5.3 物种区系

依据《江苏鱼类志》(倪勇，2006)对保护区调查区域内的淡水鱼类及部分海洋鱼类资源进行区系分布研究，主要结果如表 7.5-3 所示。

表 7.5-3　鱼类区系组成表

序号	区系	鱼类	种数	占比
1	江河平原鱼类区系复合体	草鱼、鳡、青鱼、赤眼鳟、翘嘴鲌、达氏鲌、蒙古鲌、贝氏䱗、䱗、鲂、鳊、似鳊、鳙、鲢、棒花鱼、花䱻、黑鳍鳈、华鳈、蛇鮈、兴凯鱊、中华鳑鲏、鲇、中国花鲈、鳜、河川沙塘鳢、子陵吻鰕虎、乌鳢	27	62.79%
2	热带平原鱼类区系复合体	黄颡鱼、光泽黄颡鱼、黄鳝、中华刺鳅	4	9.30%
3	上第三纪鱼类区系复合体	麦穗鱼、鲫、鲤、泥鳅、大鳞副泥鳅	5	11.63%
4	海洋鱼类-温暖性种	刀鲚、大银鱼、间下鱵、鲻、矛尾鰕虎、纹缟鰕虎、窄体舌鳎	7	16.28%
	总计		43	100.00%

总体上麋鹿保护区淡水鱼类区系属于全北区华东亚区的江淮分区，其中多数种类属于江河平原鱼类区，部分种类为热带平原鱼类区和上第三纪鱼类区系复合体。另外保护区濒临黄海，水系通过川东港丁溪河连通黄海，因此存在部分河口鱼类及河海洄游性海洋鱼类，其海洋鱼类区系特征是暖温带性质，属于北太平洋区东亚亚区的范畴，为黄海南部鱼类区系。

(1) 江河平原区系复合体

该区系复合体为古近纪—新近纪由南热带迁入我国长江、黄河平原区，并逐渐演化为许多我国特有的地区性鱼类。麋鹿保护区鱼类区系组成中，江河平原区系复合体的鱼类种类最为丰富，共有 27 种，占麋鹿保护区鱼类总数的 62.79%。

(2) 热带平原鱼类区系复合体

本区系复合体为原产于南岭以南的热带、亚热带平原区各水系的鱼类，包括鲿科、刺鳅科、合鳃鱼科的 4 种，占麋鹿保护区鱼类总数的 9.30%。

(3) 上第三纪鱼类区系复合体

本区系复合体为古近纪—新近纪早期北半球温热带地区形成的种类，包括鲤科中的鲤亚科、鮈亚科、鳅科和鲇科共 5 种鱼，占麋鹿保护区鱼类总数的 11.63%。

(4) 海洋性鱼类

保护区的海洋性鱼类 7 种，占麋鹿保护区鱼类总数的 16.28%，主要为河口鱼类及河海洄游性鱼类。

7.5.4　生态类型

保护区鱼类可以分为淡水鱼与海洋鱼类。淡水鱼类可以分为 3 类：①湖库定居性鱼类，能在湖库中完成整个生活史周期，如鲤(*Cyprinus carpio*)、鲫(*Carassius auratus subsp. auratus*)、黄颡鱼(*Pelteobagrus fulvidraco*)、鲇(*Silurus asotus*)和乌鳢(*Channa argus*)等，定居性鱼类在麋鹿保护区中种类多、数量较大，在保护区渔业资源中占有重要的地位。②流水性鱼类，习惯于生活在流水生境中，如蛇鮈(*Saurogobio dabryi subsp. dabryi*)、光泽黄颡鱼(*Pelteobagrus nitidus*)等种类。③江湖洄游性鱼类，它们在流水生境中产卵繁殖，在湖泊池塘中生长发育，如青鱼（*Mylopharyngodon piceus*）、草鱼（*Ctenopharyngodon idella*）、鲢（*Hypophthalmichthys molitrix*）、鳙（*Aristichthys nobilis*）和赤眼鳟（*Squaliobarbus curriculus*）等，这些鱼类也是麋鹿保护区渔业资源的重要组成。

海洋鱼类的生态型可分 2 个类型，即①河口鱼类，如大银鱼（*Protosalanx chinensis*）、间下鱵（*Hyporhamphus intermedius*）、鲻（*Mugil cephalus*）、窄体舌鳎（*Cynoglossus gracilis*）可以季节性地进入川东港丁溪河口地区，这些鱼类进入河口区产卵繁殖或索饵肥育，亦能进入保护区内的淡水生活。②河海洄游性鱼类如刀鲚（*Coilia ectenes*），其为溯河性鱼类，通过川南海堤河等进入保护区。

综上所述，麋鹿保护区的淡水鱼类既无热带平原的鲃亚科和山区急流性的平鳍鳅科和鮡科等种类，也不存在高原高寒性的条鳅亚科和北方冷水性的鳕科、鲑科和狗鱼科等种类。相反，雅罗鱼亚科、鲌亚科、鲢亚科、鮈亚科等鱼类较为繁盛，显示了保护区淡水鱼类区系具有典型的平原静水型特征。另外，保护区河口鱼类及河海洄游性的海洋鱼类占比为 16.28%，显示该地区暖温带海洋鱼类的性质。

7.5.5 渔业资源

初步统计，麋鹿保护区的经济鱼类 30 种，其中既有较名贵的刀鲚、大银鱼等，也有草鱼、青鱼、鲢、鳙四大家鱼以及鲫、鲤、鳊（*Parabramis pekinensis*）等常见经济鱼类。保护区鱼类中 51.16% 的种类为小型鱼，如刀鲚、中华刺鳅（*Sinobdella sinensis*）、黄鳝（*Monopterus albus*）、间下鱵、大银鱼、大鳞副泥鳅（*Paramisgurnus dabryanus*）、泥鳅（*Misgurnus anguillicaudatus*）、棒花鱼（*Abbottina rivularis*）、贝氏䱗（*Hemiculter bleekeri*）、䱗（*Hemiculter leucisculus*）、麦穗鱼（*Pseudorasbora parva*）、中华鳑鲏（*Rhodeus sinensis*）、蛇鮈、似鳊（*Pseudobrama simoni*）、子陵吻鰕虎（*Rhinogobius giurinus*）等。

近年来极端干旱气候频发，麋鹿保护区内的湖泊及沟渠常面临水源枯竭的威胁，大型鱼类可能面临搁浅威胁，同时保护区周边公共河流渔网遍布，保护区周边鱼类资源小型化威胁将长期存在，且由于水系的连通性，麋鹿保护区渔业资源也将受到一定程度影响。

7.5.6 珍稀濒危物种

依据《中国生物多样性红色名录：脊椎动物》（2020 年），对保护区鱼类稀濒危物种的归属进行分析，发现保护区无珍稀濒危鱼类。同时，依据《国家重点保护野生动物名录》（2021 年），对保护区鱼类的国家重点保护物种的归属进行分析，发现保护区无国家重点保护鱼类。

7.5.7 主要鱼类

(1) 大银鱼 *Protosalanx chinensis*

分类地位：银鱼科 Salangidae 大银鱼属 *Protosalanx*。

别名：才鱼、栈鱼、黄瓜鱼。

识别特征：小型鱼类。活体呈半透明，体侧上方和头背部密布小黑点。各鳍呈灰白色，边缘为灰黑色。身体细长，前圆而后侧扁。通常体无鳞，但雄性个体体侧臀鳍基部上方各有一列前大后小的鳞片。头长而扁平，吻扁长而尖，呈三角形，下颌稍长于上颌。眼小，口裂大，舌有牙。背鳍起点到吻端距离为至尾鳍基部的 1.5～1.8 倍，背鳍位于臀鳍的前上方。腹鳍起点距胸鳍起点较距臀鳍起点为近。脂鳍位于臀鳍的后部上方，距背鳍末端较至尾鳍基部为远。胸鳍具有发达的肌肉基。性成熟时雄鱼臀鳍呈扇形，胸鳍大而尖。

分布范围：麋鹿保护区周边入海水体有分布。江苏沿海、各大通海江河及大中型湖泊均产；黄海、渤海和东海沿岸以及通海江河及其附属湖泊，以及朝鲜和日本部分地区也有分布。

栖息地和生态习性：大银鱼原为海洋鱼类，有溯河洄游习性，在江河的河口及其附属湖泊产卵。由于水闸等水利设施的原因，其江湖洄游通道被阻断，进入湖泊的群体被困于湖内，时间久了以后逐渐适应了内湖的环境，并能自然繁殖。因此，长江中下游的一些湖泊盛产大银鱼，其数量远超沿海和河口区，尤以江苏太湖等产量较高，成为当地的主要经济鱼类。其为小型肉食性凶猛鱼类，在湖泊中多以梅鲚、白虾等为食，在鱼仔、幼鱼阶段以浮游的枝角类和桡足类为主要饵料。

（2）刀鲚 *Coilia ectenes*

分类地位：鳀科 Engraulidae 鲚属 *Coilia*。

别名：刀鱼、鲚鱼、毛刀鱼、毛花鱼、梅鲚。

识别特征：体长而侧扁，形似篾刀。背部较平直，胸、腹部具尖锐棱鳞。尾部延长，渐尖细。头较大，吻短而圆突，吻长一般稍大于眼径。眼较大，近于吻端，眼间隔微突。鼻孔位于眼的前方，前鼻孔稍小。口大、下位，斜裂。上颌骨较长，向后伸至或超过胸鳍基底，下缘为锯齿状。鳃孔宽大，假鳃发达，鳃耙细长，左右鳃盖膜相连。体被薄圆鳞，易脱落，头部无鳞，腹缘具尖锐棱鳞，无侧线。背鳍基短，位于体前部，起点约与腹鳍起点相对，背鳍基前方有短棘。臀鳍基部长，与尾鳍下叶相连，起点距吻端较距尾鳍基为近。胸鳍下侧位，上部有 6 个分离而延长的鳍丝，如麦芒状，可伸达臀鳍基；腹鳍短小；尾鳍不发达，上下不对称，上叶尖长，下叶短小，属次生歪尾型。头、体背部为青绿色，体侧为银白色。受光线照射，体常可见红、蓝、紫、黄、橙等多种绚丽色彩。鳃孔后部及各鳍基部为橘黄色，唇及鳃盖膜为橘红色。

分布范围：麋鹿保护区周边的公共入海河流，江苏的长江段、长江口、太湖等水体，渤海、黄海及通海江河的中下游及其相通的湖泊河流。

栖息地和生态习性：刀鲚分为洄游性刀鲚和淡水定居性刀鲚。长江洄游性刀鲚属典型的溯河洄游鱼类，多生活于水质较混浊的近海底层，分散生活，不集成大群。每年 2 至 3 月为繁殖季节，集结成群，汇集于长江河口区，分批上溯进入江河及通江湖泊，可达湖南洞庭湖，距离 1 400 余千米，这时在长江中下游形成鱼汛。进入长江的亲鱼多生活于水域中、下层，停止摄食，产卵后分批降河入海。淡水定居性刀鲚又称湖鲚，终生生活于江河和湖泊内，与洄游性刀鲚在形态和生态方面有一定差异，但是，在分类上，《江苏鱼类志》将洄游性和定居性刀鲚归为一种。

（3）草鱼 *Ctenopharyngodon idellus*

分类地位：鲤科 Cyprinidae 草鱼属 *Ctenopharyngodon*。

俗名：混子、草混、鲩、油鲩、草鲩、白鲩、草青、青混。

识别特征：身体略呈圆筒形，腹部浑圆。无腹棱。口端位，上颌较下颌稍为突出。尾部侧扁，尾柄长略大于尾柄高。下咽齿通常不对称，侧扁，呈镰刀状；齿冠倾斜，为梳状栉齿，有一槽沟。鳞片较大。背鳍无分节硬棘，其起点与腹鳍起点相对，末端稍圆。胸鳍远不达腹鳍；腹鳍也短，末端不达肛门。臀鳍末端后延可接近尾鳍基；尾鳍叉形。身体呈茶黄色，背部呈青灰色，腹部常为银白色。腹鳍和胸鳍稍带灰黄色，其余各鳍多为浅灰色。

分布范围：保护区内一区、二区及三区淡水池塘有分布，省内各种大小水体中均能见到。

栖息地和生态习性：一般栖息于水体的中、下层，性活泼，游泳快，草食性。幼鱼阶段以浮游生物为主，兼食小型水生昆虫。体长达 50 毫米以上后，逐步转化为草食性，体长 100 毫米以上后，完全能适应摄食水生高等植物。成鱼主要以水生高等植物为食料，有时也食底栖生物。一般来说，苦草、轮叶黑藻、小茨藻、眼子菜、浮萍、芜萍是草鱼最喜食的种类。

（4）鳡 *Elopichthys bambusa*

分类地位：鲤科 Cyprinidae 鳡属 *Elopichthys*。

俗名：黄钻、黄鲇、黄秸秆。

识别特征：体延长，稍侧扁，腹部圆，无腹棱。头尖，呈锥形。吻尖长，呈喙状，吻长约为眼径 3 倍。眼小，位于头侧前半部，眼间隔宽而圆凸。口大，端位，稍斜裂。两颌约等长，上颌骨后端伸达眼中部下方，下颌缝合处有 1 角质凸起，与上颌缝合处的凹陷相嵌合。鳃孔宽大，向前伸至眼后缘下方。体被细小圆鳞。侧线完全，广弧形下弯，后部行于尾柄中央。背鳍无硬刺，起点距尾鳍基较距吻端为近；臀鳍无硬刺，起点距尾鳍基较距腹鳍起点为近或约相等。胸鳍下侧位，后端远部伸达腹鳍；腹鳍起点前于背鳍起点，距胸鳍基与距臀鳍基约相等；尾鳍分叉很深。背部为灰褐色，腹侧为银白色。背鳍和尾鳍为暗灰色，颊部为金黄色，其他各鳍为淡黄色。

分布范围：保护区有分布，部分甚至溯游到三区咸淡水域，在江苏省长江段干流、淮河及其附属湖泊、水库均有分布。

栖息地和生态习性：属江湖半洄游性鱼类。通常生活在水体的中、上层，在江河流水中产卵，幼鱼多在通江湖泊和水库中摄食育肥，为江河、湖泊和水库中的大型经济鱼类。游泳迅速，行动敏捷，常追捕其他鱼类，为掠食性凶猛鱼类。在长江干流深水处越冬。

（5）翘嘴鲌 *Culter alburnus*

分类地位：鲤科 Cyprinidae 鲌属 *Culter*。

俗名：白鱼、翘嘴白鱼、翘嘴白丝、大白鱼。

识别特征：体延长，侧扁。上颌短，下颌肥厚而上翘，突出于上颌之前；口大，侧上位，口裂垂直向上，无须。头部、体背部几呈水平。背缘较平直，腹部在腹鳍基部至肛门具明显腹棱，尾柄较长。头中大，侧扁，头背面几乎呈平直，头后背部略隆起，头长一般小于体高。吻钝，吻长大于眼径。眼大，侧上位，眼后缘至吻端的距离稍小于眼后头长。眼间较窄，眼间距大于眼径，约等于吻长。鳃孔宽大，向前伸至眼后缘的下方；鳃盖膜连于颊部。体被小圆鳞。侧线完全，前部浅弧形下弯，后部平直，伸达尾柄中央。背鳍末根不分枝鳍条为光滑的硬刺，刺强大，起点距吻端较距尾鳍基为近或相等。臀鳍无硬刺，鳍基较长，起点距腹鳍基较距尾鳍基为近。胸鳍较短，下侧位，末端不达腹鳍起点。腹鳍位于背鳍起点的前下方，末端不达臀鳍。尾鳍深叉，下叶长于上叶，末端尖形。肛门靠近臀鳍前方。

分布范围：保护区内淡水水域广布，周边主要水域均有分布。

栖息地和生态习性：翘嘴鲌为中、上层凶猛肉食性鱼类，成鱼主要以鱼类（如鳑鲏类、鮈类、鲌类等）为食。幼鱼以水生昆虫、虾、枝角类、桡足类及软体动物等为食。根据太湖资料记载，体长达 150 毫米时，其食物组成中出现鱼类，体长达 240～250 毫米以上时，即开始以鱼类为主要食物，吞食鲢、鳙鱼种和幼鱼。摄食频率较高，平均达 81%，几乎周年都持续摄食，在寒冷的冬季和生殖季节，也还有相当的摄食率。繁殖要求有一定的洪汛，繁殖期随夏汛到来而开始。卵黏性，受精卵黏附于水生植物上或砂石上发育，约经 48 小时孵出仔鱼。翘嘴鲌的近似种为蒙古鲌（*Chanodichthys mongolicus subsp. mongolicus*），其口端位，头部和体背部逐渐向上倾斜，眼较小，尾柄较短，尾鳍下叶显红色，通常与翘嘴红鲌总称为"红白鱼"。

（6）鳊 *Parabramis pekinensis*

分类地位：鲤科 Cyprinidae 鳊属 *Parabramis*。

俗名：鳊鱼、草鳊、长春鳊。

识别特征：体甚侧扁，呈菱形，长为高的 2.7～3.1 倍。口小，端位，斜向上，上颌比下颌稍长，无须。头小，侧扁，头长远较体高为小，头后背部急剧隆起。吻短，吻长大于或等于眼径。眼中大，侧位，眼后缘至吻端的距离小于眼后头长。眼间隔略宽凸，大于眼径。口小，端位，斜裂，上颌长于下颌，并有角质物。下咽齿细长，顶端向里弯曲。侧线完全，中央微下弯。背鳍起点在腹鳍起点和臀鳍起点之间的上方，具有强大的硬刺，后缘光滑，无锯齿。胸鳍不达腹鳍，腹鳍不达肛门。腹棱完全，自胸鳍至肛门。尾鳍深分叉，末端尖形，下叶略长于上叶。体背及头部背面呈青灰色，带有浅绿色的光泽，体侧呈银灰色，腹面银白色，各鳍边缘呈灰黑色。

分布范围：保护区及周边公共水域均有分布，在江苏的江河、湖泊、水库等水域均可见到。

栖息地和生态习性：中、下层鱼类，多水草水体的流水或静水中下层，在深水处越冬。草食性，幼鱼以浮游藻类和浮游动物为主要食物，成鱼以水生植物为食，还食浮游生物、水生昆虫等，生长较快。

（7）鳙 *Aristichthys nobilis*

分类地位：鲤科 Cyprinidae 鳙属 *Aristichthys*。

俗名：花鲢、大头鲢子、胖头鱼、黑鲢、黄鲢。

识别特征：大型鱼类。身体侧扁而较高，腹部在腹鳍基部之前较圆，在腹鳍基部之后至肛门有很窄起的腹棱。头很大，约为体长的 1/3，且长大于高。吻钝，阔而圆，口很宽，上唇中间有部分很厚。眼小，位置特别低，在头侧正中轴的下方。下咽齿 1 行，呈勺状。鳃耙数很多，呈叶状排列紧密，但不联合。鳞很小，侧线完全。背鳍短，无硬刺，起点至吻端的距离远于至尾鳍基部的距离。胸鳍大而延长，末端远远超过腹鳍基部。臀鳍较长，无硬刺，起点在背鳍基部的后下方，至腹鳍基部距离远较至尾鳍基部为近。尾鳍呈深叉形。背部及体侧上部呈灰黑色，带有浅黄色泽，体侧有许多不规则的黑色斑点，而腹部呈银白色。各鳍呈灰色，也带有黑色斑点。

分布范围：保护区内及周边淡水水体有分布，江苏各地均有分布和养殖，也见于全国各大江河及其附属湖泊。

栖息地和生态习性：生活在水体的中上层，性温和，易捕捞。江湖洄游习性，长江的天然个体产卵后大多进入沿江湖泊索饵肥育；冬季湖泊水位下降，则游入长江深水区越冬；翌年春季上溯繁殖。未成熟个体一般喜栖于江河附属湖泊，主食浮游动物等，性成熟个体则在繁殖季节溯河至江河上游产卵。

（8）鲢 *Hypoyhthalmichthys molitrix*

分类地位：鲤科 Cyprinidae 鲢属 *Hypoyhthalmichthys*。

俗名：白鲢、鲢子。

识别特征：大型鱼类，体侧扁而稍高。腹棱完全，自腹鳍一直达肛门。头大，一般占体长的 1/4，比鳙鱼略小。口斜而大，端位，下颌稍向上翘。眼小，位于头侧正中线的下方，头长与眼径的比例在不同个体中的变化较大，鳃耙特化，彼此相连，呈多孔海绵状膜质片。下咽齿阔而扁平，呈勺状。鳞片细密，侧线完全。背鳍起点距吻端距离与距尾鳍基部距离相等，在腹鳍的后上方。胸鳍末端可达或略超过腹鳍基部。臀鳍较长，其起点在背鳍的后下方。尾鳍呈深叉形。身体呈银白色，背鳍和尾鳍边缘呈青灰色。

分布范围：保护区内及周边淡水水体有分布，江苏各地均有分布和养殖，在我国东部地区各大江河及其附属湖泊也广泛分布。

栖息地和生态习性：生活于江河湖泊水域上层，性活泼，善跳跃，稍受惊扰即四处逃窜。终生以浮游生物为食，幼体主食轮虫、枝角类、桡足类等浮游动物，成体则滤食硅藻类、绿藻等浮游植物兼食浮游动物等。平时栖息于长江干流及其附属水体，冬季在深水处越冬。河湖洄游，多在水深的江河或大型湖泊及沿江各附属水体内育肥，性成熟期时在大江中产卵，产卵后大部分个体进入湖中。鲢为著名“四大家鱼”之一，分布极广，产量较高。

(9) 花䱻 *Hemibarbus maculatus*

分类地位:鲤科 Cyprinidae　䱻属 *Hemibarbus*。

俗名:季鱼、鸡骨郎、马鸡、花鸡郎鱼、季郎鱼、麻鸭子、假鳜鱼、沙沟子、子翘、麻鸡。

识别特征:中小型鱼类。体延长,前部略呈棍状,后部稍侧扁,腹部圆,无腹棱。吻略圆钝,口下位,呈马蹄形,具须1对。下唇两侧叶不发达,中央具1个三角形的小突起。体被中小圆鳞。侧线完全,较平直。背鳍末根不分枝鳍条为粗壮光滑硬刺,刺长通常几乎等于头长,背鳍起点距吻端较距尾鳍基为近;臀鳍无硬刺,起点距尾鳍基较距腹鳍起点较近,末端不伸达尾鳍基;胸鳍下侧位,末端不伸达腹鳍起点;腹鳍短小,起点稍后于背鳍起点,末端远不伸达臀鳍起点;尾鳍分叉,上下叶等长,末端钝圆。肛门紧靠臀鳍起点。背侧和体侧上部呈灰褐色,夹杂有许多深褐色的斑点;腹部呈银白色;沿侧线上方分布7～9个大的黑斑。背鳍和尾鳍上有明显的黑色斑点。

分布范围:保护区内及周边淡水水体有分布。

栖息地和生态习性:底栖肉食性鱼类,喜生活于含沙质的水体。生活于水体中下层,产卵季节亲鱼游向近岸产卵。以食底栖动物为主,如螺、蚯蚓等均为喜食的食物。成鱼主要摄食虾类和小型软体动物(如螺蚬、淡水壳菜、幼蚌等),其次,也摄食幼鱼(鮈亚科等)、水生昆虫幼体、枝角类和桡足类以及丝状藻类等。几乎全年摄食,4至5月产卵期间仍有相当数量的个体摄食,6至8月产卵后摄食活动加强,12至来年3月,随着性腺发育仍保持较高摄食水平。

(10) 鲫 *Carassius auratus*

分类地位:鲤科 Cyprinidae 鲫属 *Carassius*。

俗名:喜头、鲫鱼、河鲫鱼、本鲫。

识别特征:中型鱼类。体高侧扁,略厚而高,腹部圆,无腹棱,尾柄长短于尾柄高。头小,眼大,眼间隔宽而隆起,约为眼径2倍以上。吻钝,其长度小于宽度。口小,端位,无须。背鳍和臀鳍最后1根硬刺后缘具锯齿。体被较大圆鳞。侧线完全,微弯,行于体之中央。侧线鳞28～31。通常体背部呈黑色,腹部呈灰白色,各鳍呈灰色,但在不同水体中生长的鲫鱼,由于环境的长期影响,其体形和结构可有一定的改变。一般雌雄鲫鱼体形差别不大。

分布范围:保护区内一区、二区及周边公共河道广布,在苏南、苏北水体中均有分布。

栖息地和生态习性:广适性鱼类,喜栖息于水草丛生的浅水河湾与湖泊沿岸带内。杂食性,生命力较强,在各种环境条件下有广泛的适应能力,甚至在低氧、碱性较大的不良水体中也能生长繁殖。

(11) 鲤 *Cyprinus carpio*

分类地位:鲤科 Cyprinidae 鲤属 *Cyprinus*。

俗名:鲤鱼、鲤拐子。

识别特征:体延长,侧扁,背面隆起,腹部圆,无腹棱。头中大,侧扁。吻长而钝,吻长约为眼径 2 倍。眼较小，上侧位。口小，亚下位，上颌稍长于下颌、上颌骨后端伸达鼻前缘下方。须 2 对，吻须长约为颌须长 1/2。鳃孔中大，鳃盖膜与颊部相连。体被中大圆鳞。侧线完全，较平直，行于体侧中央。背鳍和臀鳍的不分枝鳍条均骨化成硬刺，最后 1 根刺后缘均具锯齿状缺刻；背鳍始于腹鳍基稍前上方，基底较长；臀鳍基短，始于背鳍后部鳍条下方；胸鳍下侧位，后端不伸达腹鳍基，腹鳍后端不伸达肛门，尾鳍叉形。身体背部呈暗黑色，体侧呈暗黄，腹部呈灰白色，尾鳍下叶呈橘红色，胸鳍与腹鳍均呈金黄色。

分布范围：保护区内一区、二区及周边公共河道广布，在苏南、苏北各种水体中均常见。

栖息地和生态习性：广适性定居鱼类，能在各种水域，甚至恶劣的环境条件下生存。杂食性。喜在大水面沿岸带水体下层活动，尤其是水草丛生和底质松软的水体环境。

(12) 黄颡鱼 *Pelteobagrus fulvidraco*

分类地位：鲿科 Bagridae 黄颡鱼属 *Pelteobagrus*。

俗名：盎公、盎丝、大头黄颡鱼、昂刺鱼、黄刺鱼。

识别特征：小型鱼，背鳍具硬刺，硬刺前缘光滑，后缘具小锯齿。脂鳍短，与臀鳍相对，后缘游离。臀鳍基部较长，后缘不与尾鳍相连。胸鳍侧下位，硬刺的前缘具小锯齿或粗糙，后缘具强锯齿。腹鳍腹位，末端到臀鳍起点。尾鳍后缘深分叉，两叶等长，叶端圆钝。肛门约位于腹鳍基部后缘和臀鳍起点间的中点。体裸露无鳞，皮肤光滑。体背呈橄榄绿色，体侧和腹面呈淡黄色。体侧有三块断续暗色纵带斑块。侧线完全，位于体侧中轴。腹面平直，在腹鳍前较肥胖，由此向后侧扁，尾柄较细长。头大而扁平，背面表皮很薄。吻钝圆，不突出。口裂大，下位，两颌及口盖上有绒毛状的齿带。眼较小，侧位。触须 4 对，鼻须达后眼缘，上颌须最长，达到或超过胸鳍基部之后。鳃盖膜不与颊部相连。

分布范围：保护区内及周边淡水水体有分布。我国分布区广，除青藏高原和新疆外，各大水系均有分布。

栖息地和生态习性：底层小型鱼类，栖息于缓流多水草的湖周浅水区和入湖河流中，营底栖生活，尤喜欢生活在静水或缓流的浅滩处、具腐殖质和淤泥多的地方。食性广，主要摄食小鱼、鱼卵、浮游动物和水生昆虫的幼虫，有时也食水生植物。白天潜伏水底或石缝中，夜间活动、觅食，冬季则聚集深水处。适应性强，即使在恶劣的环境中也可生存，甚至离水 5～6 小时尚不致死。幼鱼多生活在沿岸地带。

(13) 鲇 *Silurus asotus*

分类地位：鲇科 Siluridae 鲇属 *Silurus*。

俗名：鲇拐子、胡子鲇、鲶鱼。

识别特征：体延长，前部较宽，头后渐侧扁。头部平扁，尾部侧扁，口宽阔，口裂向上倾斜，下颌突出。鼻孔 2 对，前后分离，前鼻孔呈小管状，靠近吻端，后鼻孔呈平眼状，位于两眼内侧稍前方。眼小，侧上位，位于头的前半部，眼间隔宽而平坦。幼鱼须 3 对，成鱼须 2 对，上颌须较长，可达胸鳍之后。体表光滑无鳞，皮肤富有黏液，侧线上有一排黏液孔。背鳍甚小，无硬刺，位于腹鳍上前方。胸鳍略圆，呈扇形，有一硬刺，其前缘锯齿较明显，常背皮膜。腹鳍小，其末端超过臀鳍起点。臀鳍极长，后端与尾鳍相连。尾鳍甚小。体背部和侧面为灰黑色，腹部为灰白色。背鳍、臀鳍和尾鳍为灰黑色，胸鳍和腹鳍为灰白色。

分布范围：保护区内及周边各种水域均有分布；江苏各地江河、湖泊、水库均产；我国从黑龙江至珠江各大水系均有分布。

栖息地和生态习性：常生活于湖泊、水库和渠沟等水体中，属底栖肉食性鱼类，常以鱼、虾和水生昆虫的幼虫为食。在黄昏或夜间觅食，白天多隐居在水草丛生的水底或洞穴中，活动较少。性成熟早，1 龄时即可达到性成熟。产卵期为 4～6 月。产卵时要求有一定流水环境，卵产在有水流的草滩上，黏附在水草上发育，产卵规模较大。

(14) 黄鳝 *Monopterus albus*

分类地位：合鳃鱼科 Synbranchidae 黄鳝属 *Monopterus*。

俗名：鳝鱼、长鱼。

识别特征：体细长，呈蛇形，前段圆，向后渐侧扁，尾部尖细。头圆，吻端尖，唇颇发达，下唇尤其肥厚。上下颌及口盖骨上都有细齿。眼小，为一薄皮所覆盖。鼻孔每侧 2 个，相距颇远，前鼻孔在吻端，后鼻孔在眼前缘上方。左右鳃孔在腹面合二为一，呈“V”字形裂缝，鳃丝呈羽毛状。口腔、喉腔和肠腔内壁为其辅助呼吸器官。体润滑无鳞。无偶鳍，背鳍和臀鳍退化成皮褶，都与尾鳍相联合，无刺。生活时体色为微黄色或橙黄，全体满布黑色小斑点，腹部为灰白色。

分布范围：保护区内及周边各种水域均有分布；我国除西北高原地区外的各淡水水域均有分布。

栖息地和生态习性：底层生活鱼类，适应能力强，喜在腐殖质较多偏酸性或中性的水体中生活，以湖汊、稻田、池塘、沟渠等浅水区域中数量较多。钻洞穴居，春出冬眠，昼伏夜出。由于具辅助呼吸器官能直接呼吸空气，故在氧气较少的水体也能正常生活。当水温低于 15℃时，摄食明显减少，水温降至 10℃时，完全停食；水温较高的时期，白天也出洞觅食。杂食性，以动物性食物为主，主要捕食蚯蚓、蝌蚪、昆虫、小蛙、小鱼虾等和部分枝角类、桡足类等大型浮游动物，也食人工投喂的蚕蛹、蚌肉、螺肉等，经驯化后可食人工配合饲料。在生活史中有性逆转现象。

(15) 鳜 *Siniperca chuatsi*

分类地位：鮨科 Percichthyidae 鳜属 *Siniperca*。

俗名：桂鱼、季花鱼、翘嘴鳜。

识别特征：体侧扁，较高，眼后背部显著隆起。口大，上位，略倾斜。下颌向前突出，上颌骨延伸至眼的后缘的下方。上下颌、犁骨具有大小不等的尖齿。眼较小。前鳃盖骨后缘呈锯齿状，下缘有 4 枚大棘，鳃盖骨后有 2 个扁平的棘。鳞细小，侧线鳞 110～142。侧线鳞背鳍很发达，分为两部分，前部为硬刺。胸鳍和腹鳍皆为圆形。体侧为棕黄色，较鲜艳，分布有许多不规则的斑块。通常自吻端穿过眼部至背鳍基前下方有棕黑色或红褐色条纹，背鳍下方有一暗棕色横带。背鳍、尾鳍和臀鳍上有2～4条棕色圆斑连成的条带。

分布范围：保护区内有分布，我国除青藏高原外各地均有分布。

栖息地和生态习性：底栖凶猛鱼类，喜栖息于静水或缓流水中，尤以水草繁茂的湖泊数量较多。冬季在湖的深水处越冬，春季游向沿岸水草区。昼伏夜出。其食物有虾、刀鲚、鲫、红鳍原鲌、鳑鲏、麦穗鱼、似鳊、黄颡鱼、蛇 、间下鱵等。

(16) 乌鳢 *Channa argus*

分类地位：鳢科 Channidae 鳢属 *Channa*。

俗名：黑鱼、乌鱼、才鱼、生鱼、黑鱼鳇。

识别特征：体圆筒状，前部圆，后部逐渐扁。头部前端略尖而平扁，覆盖鳞片。口裂大，端位，斜向上。上下颌、犁骨均具有尖锐的细齿，下颌杂有少数犬齿。眼位于头侧前上方。侧线在臀鳍起点上方打断，相隔两行鳞片。背鳍和臀鳍很长，尾柄短。胸鳍较大，尾鳍呈圆形。有辅助呼吸器官。体呈灰黑色，侧面有许多不规则的黑斑，头侧有两条纵行的黑色条纹。背鳍、臀鳍和尾鳍均具有黑白相间的花纹。胸鳍和腹鳍呈浅黄色，腹鳍基部有一黑点。

分布范围：适应性强，保护区内及周边水域有分布。

栖息地和生态习性：底栖生活，凶猛肉食性鱼类。喜栖息于沿岸泥底的浅水区，潜伏在水草丛中等待时机追捕食物，夜间有时在上层游动。平常游动缓慢，当捕捉食物时行动则异常迅猛。乌鳢适应性强，在一般鱼类不能生活的环境也能适应，在缺氧的水体中能借助鳃上腔的辅助呼吸器，在水面进行呼吸。离开水体后还能活相当长的时间。冬季到深水处，埋在淤泥中越冬。乌鳢发育过程中食性有显著变化，大致分为三个阶段：仔鱼(体长在3.0厘米以内)以桡足类、枝角类和摇蚊幼虫为食；幼鱼(体长在3.0～8.0厘米)以水生昆虫的幼虫和小虾为主，其次为小型鱼类；成鱼主要捕食鱼类及虾类。春、秋季是摄食旺季，冬季很少摄食，产卵期亲鱼基本不摄食。

7.6　昆虫

江苏省大丰麋鹿国家级自然保护区是滨海湿地生态系统和森林生态系统相交融的多样性区域，是江苏省沿海较为典型的生物栖息地和聚集地。昆虫作为生物多样性的重要一环，在其漫长的演化历程中拥有多样化的食性和繁殖方式，能够适应广泛的生境类型，在维持生态系统功能稳定性方面具有重要作用和价值，构成了自然界宝贵的生命基因库，因此对昆虫种类的了解和掌握具有十分重要的生态及社会意义。

目前全球已记录的物种总数超过一百万种，占所有已知动植物种类的50%以上，我国已命名的昆虫仅有3万多种，约有75%的种类尚未发现，其中需要防治的害虫大约只占全部昆虫种类数的1%。受限于昆虫类群物种多样性基数庞大、分类起步较晚、受关注度小等客观因素，同其他生物多样性数据相比，昆虫多样性基础数据显得较为薄弱。目前，对于保护区昆虫多样性的研究论文、调查报告较为缺乏，在保护区 2014 年《大丰麋鹿保护区科学考察报告》中并未涉及昆虫多样性的调查工作，且对保护区所在区域昆虫多样性研究的论文也相对较少。本节通过对保护区昆虫多样性的实地调查并结合相关研究资料，分析其群落组成、分布状况、生态类型等特点，为今后保护区昆虫资源的合理利用和科学保护提供基础。

7.6.1　调查方法

保护区昆虫调查于 2022 年 7 月、8 月开展调查，采用历史资料收集与整理、样线法、灯诱法开展调查。

(1) 样线法、灯诱法。采用样线法(含扫网法、振落法)和灯诱法分别对日行性、夜行性昆虫资源进行全面调查，日间选择晴朗、风速小于四级(<20 千米/小时)的天气进行调查，调查时间为 8:00 至 17:00；夜间选择无风无雨天气下进行调查，调查时间为 19:00 至 24:00。为掌握昆虫类群在保护区不同空间位置的分布格局以及不同生境下的物种组成特征，采用抽样调查法，在实验区、缓冲区、核心区等不同位置，以及乔木群落、狗牙根群落、碱蓬—盐地碱蓬—盐角草—獐毛群落、芦苇—狼尾草—拂子茅—白茅等不同生境，设置 12 条样线和 5 处对照灯诱点位，抽样调查所设点位位置及生境情况如图 7.6-1、图 7.6-2 和表 7.6-1、表 7.6-2 所示。同时为充分了解保护区昆虫物种资源多样性，在保护区林地生境内额外设置 6 条样线和 5 处灯诱点位，于 2022 年 7 月、8 月进行补充调查。

图 7.6-1　昆虫调查样线分布

表 7.6-1 昆虫样线位置信息表

调查方式	样线编号	起点经度	起点纬度	终点经度	终点纬度	地域分区
抽样调查	YC1	120.785 3	33.003 9	120.786 8	33.005 2	一区实验区
	YC2	120.790 2	32.984 8	120.794 6	32.986 3	一区实验区
	YC3	120.801 7	32.983 1	120.801 6	32.984 5	一区缓冲区
	YC4	120.813 2	32.986 8	120.817 2	32.986 8	一区缓冲区
	YC5	120.800 6	32.980 3	120.806 1	32.979 4	一区核心区
	YC6	120.819 2	32.980 5	120.822 1	32.980 5	一区核心区
	YC7	120.813 8	33.002 3	120.814 3	33.001 7	二区实验区
	YC8	120.826 5	33.009 5	120.828 1	33.010 4	二区缓冲区
	YC9	120.831 1	33.012 2	120.833 4	33.013 8	二区核心区
	YC10	120.843 6	33.015 5	120.846 4	33.018 0	二区核心区
	YC11	120.853 7	33.032 3	120.855 7	33.033 6	三区核心区
	YC12	120.869 1	33.027 3	120.878 2	33.023 7	三区核心区
补充调查	YB1	120.789 2	33.002 1	120.792 0	33.002 7	一区实验区
	YB2	120.790 6	32.999 6	120.795 4	32.999 8	一区实验区
	YB3	120.806 1	32.994 8	120.811 3	32.994 7	一区实验区
	YB4	120.790 4	32.990 4	120.789 4	32.987 3	一区实验区
	YB5	120.788 2	32.976 2	120.791 6	32.976 3	一区核心区
	YB6	120.794 5	32.976 3	120.798 5	32.976 4	一区核心区

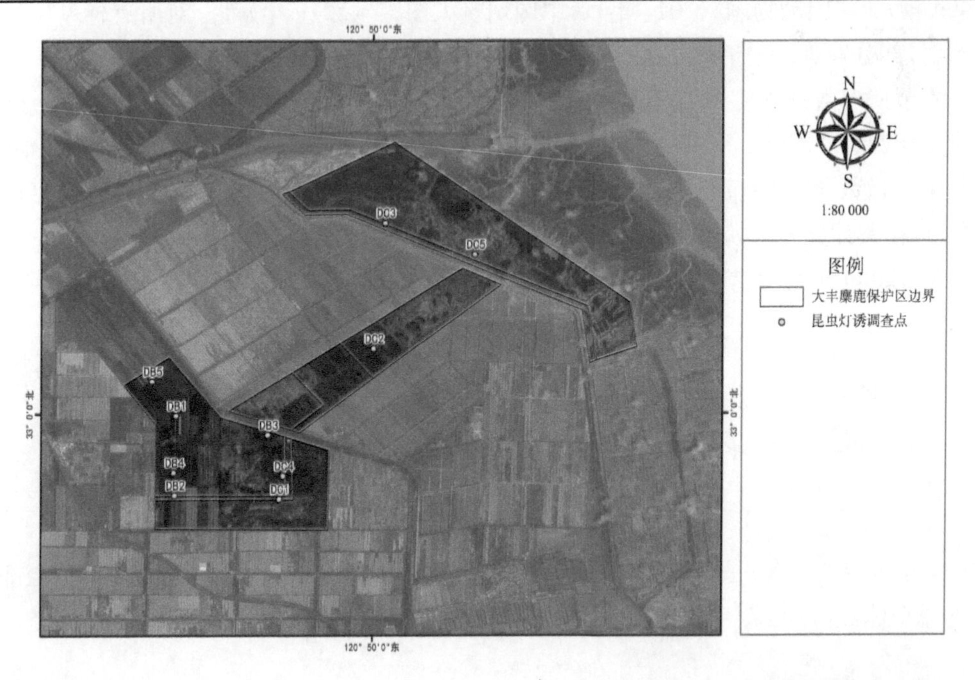

图 7.6-2 昆虫观测样点分布

表 7.6-2 昆虫观测样点位置信息表

调查方式	灯诱点位名称	经度	纬度	区域	植被群落组成
抽样调查	DC1	120.813 0	32.981 8	一区核心区	草地狗牙根群落
	DC2	120.833 4	33.013 7	二区核心区	碱蓬—盐地碱蓬—盐角草—獐毛群落
	DC3	120.835 9	33.040 3	三区核心区	滩涂狗牙根群落
	DC4	120.813 8	32.986 7	一区实验区	乔木群落
	DC5	120.855 5	33.033 6	三区核心区	滩涂狗牙根群落
补充调查	DB1	120.790 6	32.999 5	一区实验区	乔木群落
	DB2	120.790 3	32.982 6	一区实验区	乔木群落
	DB3	120.810 5	32.995 4	一区实验区	乔木群落
	DB4	120.790 1	32.987 4	一区实验区	乔木群落
	DB5	120.785 4	33.006 8	一区实验区	乔木群落

(2) 历史资料收集与整理。为尽可能掌握保护区昆虫资源情况，除开展实地调查外，同步还对保护区所在地区相关昆虫研究、学术资料进行调查，包括但不限于知网收录学术文献、相关高校待发表学术论文，以及江苏省于 2017 年以来开展生物多样性本底调查项目等成果。

本报告种类鉴定主要采用形态分类法，对于常见和资料描述详细的种类，依照其形态特征，参考国内外的相关文献、地区性专著和图册等进行鉴定，主要参考资料包括《中国蝽类昆虫鉴定手册》(1977 年)、《中国蛾类图鉴》(1983 年)、《中国蝴蝶原色图鉴》(1999 年)、《中国动物志》(2017 年)、《中国蜻蜓大图鉴》(2019 年)等。对所有标本至少鉴定到属，部分疑难标本请教相关专家后做进一步鉴定。

本节所有数据均使用 Excel 2019 和 R 4.2.1 软件进行处理，相关指数包括 Margalef 丰富度指数(R)、Shannon-Wiener 多样性指数(H')、Pielou 均匀度指数(J)、Simpson 优势集中性指数(C)、Berger-Parker 指数(d)、Jaccard 相似性系数(q)，以及群落稳定性指标(Q)，相关计算公式如下：

Margalef 丰富度指数(R)：

$$R = (S-1)/\ln N \tag{1}$$

式中：S 为物种数，N 为所有类群的个体总数。

Shannon-Wiener 多样性指数(H')：

$$H' = -\sum p_i \ln p_i \tag{2}$$

式中：p_i($p_i = N_i/N$)是第 i 种在总体中的个体比例，N_i 是物种 i 的个体数，N 是全部物种的总个体数。

Pielou 均匀度指数(J)：

$$J = H'/\ln S \tag{3}$$

式中：H'是 Shannon-Wiener 多样性指数，S 为物种数。

Simpson 优势集中性指数(C)：

$$C = \sum_{i=1}^{S}(p_i)^2 \tag{4}$$

式中：p_i($p_i = N_i/N$)是第 i 种在总体中的个体比例，N_i 是物种 i 的个体数，N 是全部物种的总个体数。

Berger-Parker 指数(d)：

$$d = 1/n_{max}/N \tag{5}$$

式中：n_{max} 是个体数量最多物种的个体数，N 是全部物种的总个体数。

Jaccard 相似性系数(q)：

$$q = c/(a+b) - c \tag{6}$$

式中：c 为两个群落共有物种数，a、b 为两个群落独有物种数。

群落稳定性指标包括 Q_1、Q_2 两个参数：

$$Q_1 = S_t/S_i \tag{7}$$

$$Q_2 = S_n/S_p \tag{8}$$

式中：S_t 为群落物种数，S_i 为群落个体数，S_n 为天敌类群物种数，S_p 为植食性类群物种数。

聚类分析由软件 R 4.2.1 中的 vegan 包完成，选择 Group Average 聚类模式，相似性系数采用 Jaccard 相似性系数。

7.6.2　群落组成

7.6.2.1　群落构成

本轮科考共调查到保护区昆虫 233 种，隶属于 11 目 101 科 204 属，鳞翅目(LEPIDOPTERA)、半翅目(HEMIPTERA)、鞘翅目(COLEOPTERA)、直翅目(ORTHOPTERA)和膜翅目(HYMENOPTERA)物种总数较多，构成保护区优势类群；双翅目(DIPTERA)、革翅目(DERMAPTERA)、蜻蜓目(ODONATA)、脉翅目(NEUROPTERA)、螳螂目(MANTODEA)、缨翅目(THYSANOPTERA)物种相对较少。

对科级物种丰度进行分析，科级数量较多的类群为鳞翅目、半翅目、鞘翅目、直翅目和膜翅目，上述 5 目科级数累计占总科数的 82.18%。其中，鳞翅目和半翅目所含科数最多，均占总科数的 20.79%；其次为鞘翅目，占总科数的 18.81%；而膜翅目、直翅目科数并列第三，均占总科数的 10.89%。保护区昆虫科级丰度从大到小依次为：鳞翅目=半翅目>鞘翅目>膜翅目=直翅目>双翅目>革翅目=蜻蜓目>脉翅目>螳螂目=缨翅目。

对种级物种丰度进行分析，种级数量较多的类群为鳞翅目、鞘翅目、半翅目、膜翅目和直翅目，5 目昆虫种数累计占总种数的 85.39%。其中鳞翅目所含种数最多，占总种数的 29.18%；其次为鞘翅目和半翅目，分别占总种数的 20.17%和 18.88%；最后为膜翅目和直翅目，科数相同，均占总种数的 8.58%。保护区昆虫种级丰度从大到小依次为：鳞翅目>鞘翅目>半翅目>膜翅目=直翅目>双翅目>蜻蜓目>革翅目>脉翅目>螳螂目=缨翅目。

表 7.6-3　保护区昆虫目级群落结构组成

目	科		属		种	
	数量	比例	数量	比例	数量	比例
蜻蜓目	3	2.97%	9	4.39%	12	5.15%
螳螂目	1	0.99%	1	0.49%	1	0.43%
直翅目	11	10.89%	16	7.80%	20	8.58%
革翅目	3	2.97%	3	1.46%	4	1.72%
缨翅目	1	0.99%	1	0.49%	1	0.43%
半翅目	21	20.79%	39	19.02%	44	18.88%
脉翅目	2	1.98%	2	0.98%	2	0.86%
鞘翅目	19	18.81%	41	20.00%	47	20.17%
双翅目	8	7.92%	14	6.83%	14	6.01%
鳞翅目	21	20.79%	62	30.24%	68	29.18%
膜翅目	11	10.89%	17	8.29%	20	8.58%
合计	101	100.00%	205	100.00%	233	100.00%

自然界中以鞘翅目为第一大目，鳞翅目、膜翅目、双翅目分别为第二、三、四大目。本次调查结果与自然界昆虫纲优势类群存在一定差异，可能与采样时段及采样方法带来的物种差异有关。在昆虫采样方法中，灯诱法的调查效率要显著高于样线法，不同采样方法昆虫物种数如图 7.6-3 所示。本轮科考中，灯诱法调查到昆虫物种 121 种，占全部物种数的 51.93%；样线法调查到昆虫物种 119 种，占全部物种数的 51.07%。从调查类群来看，42.15%的鳞翅目昆虫，以及 25.62%的鞘翅目昆虫为灯诱法采集而来。灯诱法高效率的采样方式及其对鳞翅目吸引特性的累加，使得鳞翅目成为科、种两级分类阶元下的优势类群。而螳螂目、缨翅目形成的单种类群，与调查时螳螂目多处于幼虫期和缨翅目物种虫龄较小，调查难度较大有关。

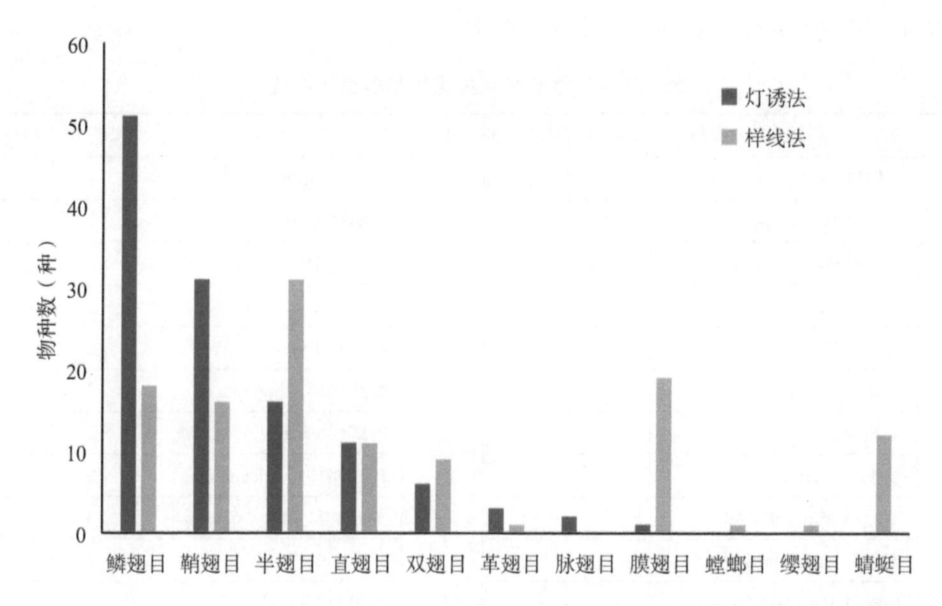

图 7.6-3　不同采样方法下昆虫物种多度图

7.6.2.2　优势类群

优势类群在物种群落中具有稳定物种种间相互关系和增强群落抗逆性的作用。5 目优势类群中不同科级物种，构成了保护区的优势昆虫，组成了保护区昆虫结构、功能的物种基础。

对 5 目优势类群的物种丰度进行分析，鳞翅目物种丰富度居前三位的类群分别为螟蛾科（Pyralidae）、夜蛾科（Noctuidae）、尺蛾科（Geometridae），其中螟蛾科和夜蛾科物种个体数较高，包括豆野螟（*Maruca testulalis*）、桃柱野螟（*Dichocrocis punctiferalis*）、甜菜夜蛾（*Spodoptera exigua*）；鞘翅目物种丰富度居前三位的类群分别为瓢虫科（Coccinellidae）、鳃金龟科（Melolonthidae）、丽金龟科（Rutelinae）（同金龟科 Scarabaeidae），其中以鳃金龟科和丽金龟科物种发生量较大，包括暗黑鳃金龟（*Holotrichia parallela*）、宽齿爪鳃金龟（*Holotrichia lata*）、铜绿异丽金龟（*Anomala corpulenta*）；半翅目中物种丰富度居前三位的类群分别为蝽科（Pentatomidae）、缘蝽科（Coreidae）、广翅蜡蝉科（Ricaniidae），其中蝽科与缘蝽科物种个体数较广翅蜡蝉科更多，包括斑须蝽（*Dolycoris baccarum*）、二星蝽（*Eysarcoris guttiger*）、瘤缘蝽（*Acanthocoris scaber*）；膜翅目中物种丰富度居前三位的类群分别为蚁科（Formicidae）、胡蜂科（Vespidae）、蜜蜂科（Apidae），其中以蚁科和胡蜂科的物种个体数最多，如草地铺道蚁（*Tetramorium caespitum*）、日本弓背蚁（*Camponotus japonicus*）、变侧异腹胡蜂（*Parapolybia varia*）；直翅目中物种丰富度居前三位的类群分别为蟋蟀科（Gryllidae）、草螽科（Conolephalidae）、斑翅蝗科（Oedipodidae）（同露螽科 Phaneropteridae、树蟋科 Oecanthidae），其中蟋蟀科物种石首棺头蟋（*Loxoblemmus equestris*），草螽科物种悦鸣草螽（*Conocephalus melaenus*）、鼻优草螽

(*Euconocephalus nasutus*)的物种个体数较多。

表 7.6-4　保护区昆虫优势类群群落组成

目	科名	属数/属	种数/种	目	科名	属数/属	种数/种
鳞翅目	螟蛾科 Pyralidae	12	15	半翅目	蝽科 Pentatomidae	8	9
	夜蛾科 Noctuidae	12	13		缘蝽科 Coreidae	4	4
	尺蛾科 Geometridae	8	8		猎蝽科 Reduviidae	2	2
	草螟科 Crambidae	3	3		土蝽科 Cydnidae	2	2
	天蛾科 Sphingidae	3	3		红蝽科 Pyrrhocoridae	2	2
	蛱蝶科 Nymphalidae	3	3		姬缘蝽科 Rhopalidae	2	3
	灰蝶科 Lycaenidae	3	3		叶蝉科 Cicadellidae	2	2
	卷蛾科 Tortricidae	2	2		广翅蜡蝉科 Ricaniidae	2	4
	刺蛾科 Limacodidae	2	2		象蜡蝉科 Dictyopharidae	2	2
	羽蛾科 Pterophoridae	2	2		蝉科 Cicadidae	2	2
	粉蝶科 Pieridae	2	3		黾蝽科 Gerridae	1	1
	雕蛾科 Glyphipterygidae	1	1		负子蝽科 Belostomatidae	1	1
	燕蛾科 Uraniidae	1	1		网蝽科 Tingidae	1	1
	枯叶蛾科 Lasiocampidae	1	1		跷蝽科 Berytidae	1	1
	蚕蛾科 Bombycidae	1	1		长蝽科 Lygaeidae	1	2
	舟蛾科 Notodontidae	1	1		地长蝽科 Rhyparochromidae	1	1
	毒蛾科 Lymantriidae	1	1		大眼长蝽科 Geocoridae	1	1
	灯蛾科 Arctiidae	1	1		蚜科 Aphidoidae	1	1
	鹿蛾科 Ctenuchidae	1	1		蜡蝉科 Coccidae	1	1
	弄蝶科 Hesperiidae	1	2		扁蜡蝉科 Tropiduchidae	1	1
	凤蝶科 Papilionidae	1	1		沫蝉科 Cercopidae	1	1
鞘翅目	瓢虫科 Coccinellidae	6	7	膜翅目	蚁科 Formicidae	4	5
	鳃金龟科 Melolonthidae	4	4		胡蜂科 Vespidae	4	5
	步甲科 Carabidae	3	3		三节叶蜂科 Argidae	1	1
	隐翅虫科 Staphylinidae	3	3		褶翅小蜂科 Leucospidae	1	1
	丽金龟科 Rutelidae	3	4		姬小蜂科 Eulophidae	1	1
	叩甲科 Elateridae	3	3		姬蜂科 Ichneumonidae	1	1
	金龟科 Scarabaeidae	2	4		蚁蜂科 Mutillidae	1	1
	花金龟科 Cetoniidae	2	2		蛛蜂科 Pompilidae	1	1
	天牛科 Cerambycidae	2	2		蜜蜂科 Apidae	1	2
	叶甲科 Chrysomelidae	2	2		土蜂科 Scoliidae	1	1
	肖叶甲科 Eumolpidae	2	2		隧蜂科 Halictidae	1	1

续表

目	科名	属数/属	种数/种	目	科名	属数/属	种数/种
鞘翅目	象甲科 Curculionidae	2	2	直翅目	蟋蟀科 Gryllidae	3	4
	虎甲科 Cicindelidae	1	2		草螽科 Conolephalidae	2	4
	龙虱科 Dytiscidae	1	1		露螽科 Phaneropteridae	2	2
	葬甲科 Silphidae	1	1		斑翅蝗科 Oedipodidae	2	2
	蜉金龟科 Aphodiidae	1	2		树蟋科 Oecanthidae	1	2
	犀金龟科 Dynastidae	1	1		蛉蟋科 Trigonidiidae	1	1
	露尾甲科 Nitidulidae	1	1		鳞蟋科 Mogoplistidae	1	1
	伪瓢虫科 Endomychidae	1	1		蝼蛄科 Gryllotalpidae	1	1
					蚱科 Tetrigidae	1	1
					剑角蝗科 Acrididae	1	1
					锥头蝗科 Pyrgomorphidae	1	1

7.6.3 分布

7.6.3.1 空间分布格局

(1) 整体分布

为了解保护区各区域昆虫水平空间分布格局，对抽样调查中样线昆虫数据进行统计，其中各样线物种种数及多样性指数如表 7.6-5 所示。从保护区管理分区来看，实验区、缓冲区、核心区不同的管理方式、植被丰度及组成情况以及麋鹿种群密度数量等因素均可对区域内昆虫种类及分布产生一定影响。通过对样线昆虫数据变化趋势图和昆虫水平空间分布格局分析发现，实验区是保护区昆虫种类最为繁盛的区域，且保护区从西向东，从内陆向沿海，昆虫种类和多样性存在递减趋势。

表 7.6-5 水平空间调查样线多样性组成表

管理分区	生境组成	样线名称	S	N	d	R	H'	J	C
一区实验区	乔木群落	YC1	32	153	5.884 6	6.162 5	2.967 0	0.856 1	0.081 4
		YC2	29	70	11.666 7	6.590 6	3.206 2	0.952 2	0.046 1
一区缓冲区	乔木群落	YC3	7	17	4.250 0	2.117 7	1.823 9	0.937 3	0.176 5
		YC4	12	99	4.304 3	2.393 8	2.116 2	0.851 6	0.147 4
一区核心区	狗牙根群落	YC5	7	61	2.652 2	1.459 5	1.524 0	0.783 2	0.262 6
		YC6	8	54	2.160 0	1.754 8	1.651 1	0.794 0	0.269 5
二区实验区	芦苇—狼尾草—拂子茅—白茅群落	YC7	6	19	3.166 7	1.698 1	1.666 9	0.930 3	0.207 8
二区缓冲区	芦苇—狼尾草—拂子茅—白茅群落	YC8	5	14	2.333 3	1.515 7	1.437 7	0.893 3	0.275 5

续表

管理分区	生境组成	样线名称	S	N	d	R	H′	J	C
二区核心区	碱蓬—盐地碱蓬—盐角草—獐毛群落	YC9	7	53	2.038 5	1.511 2	1.365 4	0.701 7	0.335 0
		YC10	5	27	3.000 0	1.213 7	1.504 2	0.934 6	0.240 1
三区核心区	狗牙根群落	YC11	7	45	1.800 0	1.576 2	1.390 6	0.714 6	0.357 0
		YC12	5	17	2.125 0	1.411 8	1.416 1	0.879 9	0.294 1

从昆虫多样性指数趋势图(图 7.6-4)中可以看出 YC1 和 YC2 样线所代表的实验区物种总数和 Shannon-Wiener 多样性指数均较高，昆虫组成情况较为复杂，累计物种达 61 种，占抽样样线物种总数的 46.92%，Shannon-Wiener 多样性指数均值为 3.086 6；种类组成以半翅目、鞘翅目为主，如边伊缘蝽(*Rhopalus latus*)、黄伊缘蝽(*Aeschyntelus chinensis*)、中华萝藦肖叶甲(*Chrysochus chinensis*)、七星瓢虫(*Coccinella septempunctata*)等物种。

缓冲区、核心区物种总数和 Shannon-Wiener 多样性指数均较为相近，8 条样线累计物种仅有 45 种，占抽样样线物种总数的 46.88%，Shannon-Wiener 多样性指数均值为 1.589 6；种类组成以半翅目、膜翅目为主，如短翅迅足长蝽(*Metochus abbreviatus*)、圆臀大黾蝽(*Aquarius paludum*)、草地铺道蚁、日本弓背蚁等物种。

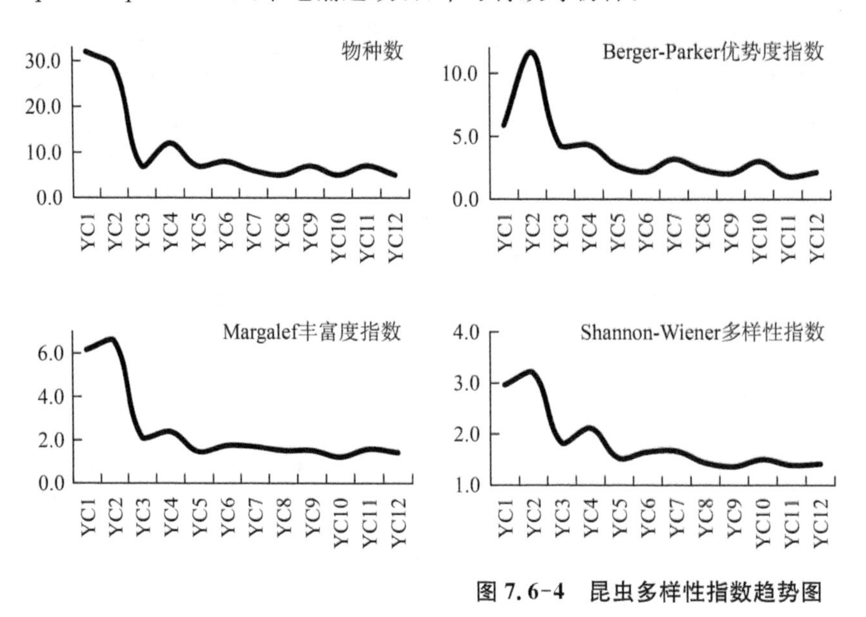

图 7.6-4　昆虫多样性指数趋势图

Pielou 均匀度指数和 Simpson 优势集中性指数可对 Shannon-Wiener 多样性指数在表现群落多样性水平上的不足加以弥补，从更多特征层面反映保护区昆虫分布的情况趋势。从各样线物种 Pielou 均匀度指数和 Simpson 优势集中性指数来看(图 7.6-5)，

Pielou 均匀度指数均值沿一区实验区—二区核心区—三区核心区存在逐渐递减的趋势，表明各区域物种多样性逐渐降低；而 Simpson 优势集中性指数均值则与 Pielou 均匀度指数正好相反，从一区实验区的 0.063 8 到二区核心区的 0.287 5 再到沿海核心区的 0.325 6，指数逐渐升高，表明各区域物种存在种类逐步减少和优势类群集中的趋势。

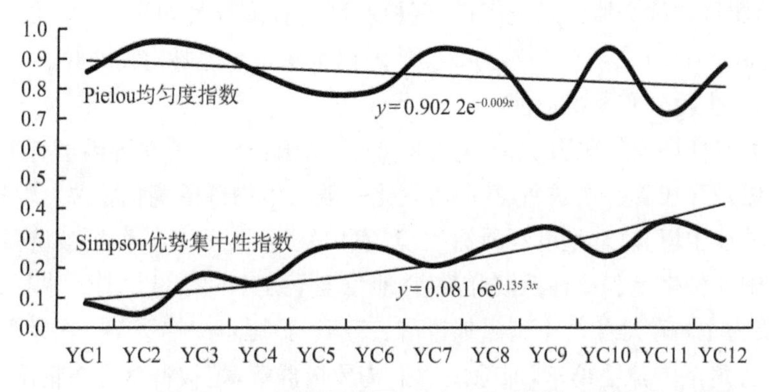

图 7.6-5　抽样样线昆虫均匀度和优势集中性指数曲线图

(2) 核心区分布

核心区是保护区保存最为完好的生态系统以及珍稀、濒危动植物的集中分布地，也是麋鹿繁衍、栖息和放养的集中地。大型哺乳动物种群数量的增长带来的植被啃食、踩踏等行为，给核心区昆虫多样性带来一定的压力，为详细了解保护区核心区昆虫多样性分布情况，特结合夜间灯诱数据对保护区 3 处核心区物种多样性进行分析，结果如图 7.6-6 所示。

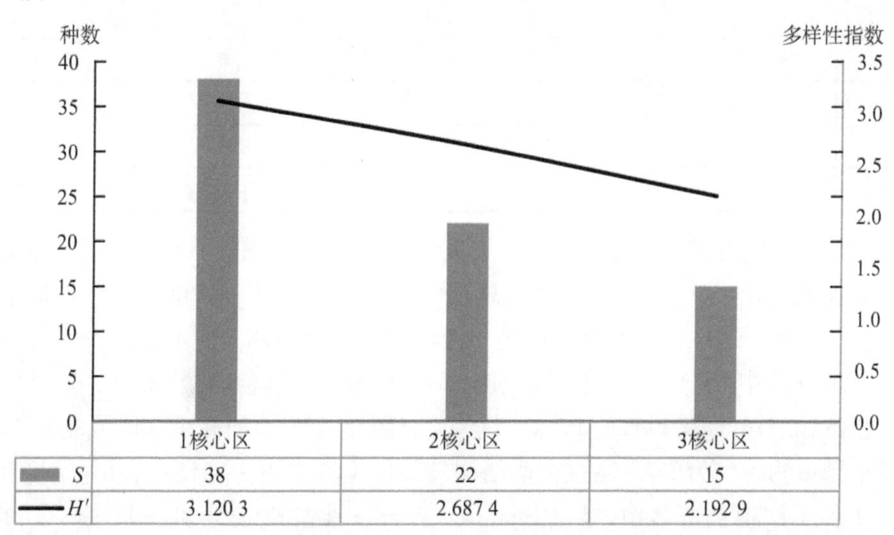

图 7.6-6　核心区样线和灯诱点昆虫种数和多样性柱状图

从昆虫物种种类和 Shannon-Wiener 多样性指数分布来看，一区核心区的昆虫多样性高于二区核心区和三区核心区，三个核心区物种多度依次降低，群落构成也随之发生变化。一区核心区整体物种多样性水平最高，共调查到 38 种昆虫，Shannon-Wiener 多样性指数为 3.120 3，以鳞翅目、鞘翅目、半翅目为主要构成类群；二区核心区物种多样性水平居中，共调查到 22 种昆虫，Shannon-Wiener 多样性指数为 2.687 4，以直翅目为主要构成类群，但鞘翅目物种个体数量较高；三区核心区物种多样性水平居中，共调查到 15 种昆虫，Shannon-Wiener 多样性指数为 2.192 9，以半翅目为主要构成类群。

7.6.3.2　生境分布及稳定性

昆虫种类多样性与气象因子、生境管理方式、动植物分布等多种因素有关，其中昆虫和植物之间更是存在着密切联系，其群落变化一般与植物群落变化相关。保护区典型生境类型包括林地生境、草地生境和滩涂生境、农田生境，可分为 8 种植被群落，昆虫抽样样线涉及其中 3 种生境和 5 种植被群落：林地生境下乔木群落（以加杨、水杉、池杉、落羽杉、乌桕林等为主），草地生境下狗牙根群落、芦苇—狼尾草—拂子茅—白茅群落、碱蓬—盐地碱蓬—盐角草—獐毛群落，滩涂生境下狗牙根群落，植被群落分布情况与保护区管理地域分区较为相近，如表 7.6-6 所示。

表 7.6-6　不同生境下目级物种组成　　单位：种

目	乔木群落	草地狗牙根群落	芦苇—狼尾草—拂子茅—白茅群落	碱蓬—盐地碱蓬—盐角草—獐毛群落	滩涂狗牙根群落
半翅目	20	3	3	2	5
鞘翅目	14	2	2	0	0
直翅目	6	2	3	5	1
蜻蜓目	4	2	1	1	1
双翅目	3	0	0	0	0
膜翅目	2	2	1	2	1
螳螂目	1	0	0	0	0
鳞翅目	1	3	1	0	2

从 5 种植被群落类型中昆虫目级分类多度及水平空间分布小节中样线昆虫物种多样性数值表现来看，昆虫群落多样性由高至低依次为乔木群落＞草地狗牙根群落＞芦苇—狼尾草—拂子茅—白茅群落≈碱蓬—盐地碱蓬—盐角草—獐毛群落≈滩涂狗牙根群落。乔木群落中 YC1、YC2 样线的 Shannon-Wiener 多样性指数（3.086 6）、Margalef 丰富度指数（6.376 5）及 Berger-Parker 优势度指数（8.775 6）均高于其他植被群落，表明该生境中昆虫物种较为丰富，昆虫群落结构较其他生境也更为稳定；而草地生境和滩涂生境的 4 种不同植被群落中，昆虫 Shannon-Wiener 多样性指数（1.403 4～1.587 5）、Margalef 丰富度指数（1.362 4～1.607 2）和 Berger-Parker 优势度指数（1.962 5～2.750 0）较低，且数值较为相近，表明该生境昆虫物种数量少，分布不均匀，多样性较低，

受外界环境影响程度相对较高。

保护区不同生境下昆虫群落多度分析表明，昆虫群落组成和结构受植物群落成分影响较大，不同生境中昆虫的种类、优势类群，有所差异，这与江苏盐城湿地珍禽国家级自然保护区的昆虫群落研究结果相似（蒋际宝 等，2010）；此外相关研究表明，互花米草的入侵可以对昆虫群落结构造成影响（陈秀芝，2012），因此保护区在昆虫多样性保护方面应注重植被多样性的保护与外来入侵物种的管控，避免因生境的改变而带来昆虫群落多样性的变化。

群落相对稳定性可用来衡量不同生境下，昆虫群落间物种相互制约和抗干扰性。$Q_1(S_t/S_i)$反映种间数量上的制约作用，Q_1 越大说明种间的制约作用越强；$Q_2(S_n/S_p)$反映食物网关系和天敌—害虫相互制约的复杂程度，Q_2 越大说明昆虫群落内部的食物网结构和相互制约关系越复杂。

通过对 5 种生境下昆虫群落相对稳定性特征值进行分析（表 7.6-7），发现从种间制约作用来看，芦苇—狼尾草—拂子茅—白茅群落＞乔木群落＞滩涂狗牙根群落＞碱蓬—盐地碱蓬—盐角草—獐毛群落＞草地狗牙根群落；而从天敌—害虫制约作用来看，草地狗牙根群落＞芦苇—狼尾草—拂子茅—白茅群落＞碱蓬—盐地碱蓬—盐角草—獐毛群落＞乔木群落＞滩涂狗牙根群落。通常认为物种的群落多样性与稳定性呈正比，但从本次调查群落稳定性指标来看，虽然乔木群落拥有较多的物种数，但乔木群落仅在 Q_1 指标下有优势，而在 Q_2 指标下优势不足，这可能是由于草地生境下物种采集效率低于同林地生境，从而造成昆虫群落组成产生偏差。

表 7.6-7　不同生境下群落稳定性指标值

指标	乔木群落	草地狗牙根群落	芦苇—狼尾草—拂子茅—白茅群落	碱蓬—盐地碱蓬—盐角草—獐毛群落	滩涂狗牙根群落
Q_1	0.273 5	0.130 4	0.333 3	0.133 3	0.193 5
Q_2	0.363 6	0.875 0	0.571 4	0.500 0	0.333 3

7.6.3.3　群落相似性分析

群落相似性系数常用来比较不同生境下昆虫群落结构组成的相似性，对不同生境下目级和科级分类水平的昆虫群落相似性聚类分析发现，不同生境群落下，昆虫群落聚类结果存在明显的差异。

在目级分类水平下（图 7.6-7），当聚类距离为 0.8 时，可将群落聚为 2 类，即乔木群落和其他植被群落；当聚类距离为 0.6 时，可将群落聚为 3 类，即乔木群落、碱蓬—盐地碱蓬—盐角草—獐毛群落和其他植被群落。在科级分类水平下（图 7.6-8），当聚类距离为 0.9 时，可将群落聚为 2 类，即乔木群落和其他植被群落；当聚类距离为 0.84 时，可将群落聚为 3 类，即乔木群落、滩涂狗牙根群落和其他植被群落。

综合两种分类阶元的聚类情况，在两种分类水平下，乔木群落显著不同于其余生境，群落组成差异较大,而草地狗牙根群落和芦苇—狼尾草—拂子茅—白茅群落,则相似性较强,物种组成更为类似。

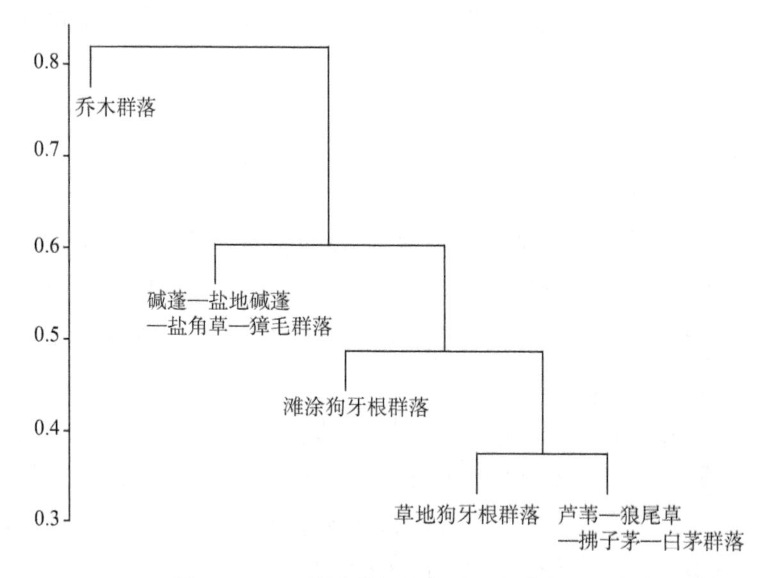

图 7.6-7　不同生境下目级水平群落相似性聚类树状图

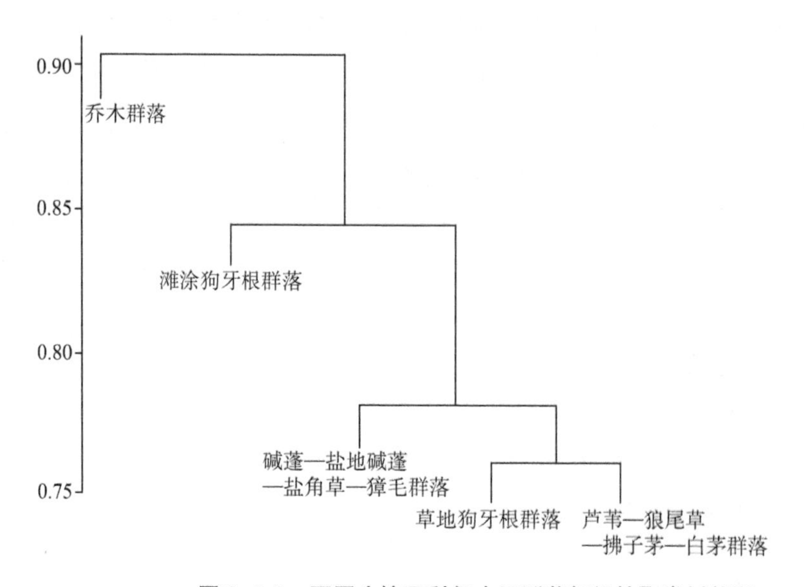

图 7.6-8　不同生境下科级水平群落相似性聚类树状图

7.6.4　区系

陆生昆虫种类繁多,相关区系研究未能涵盖本次调查所有物种,因此本节仅对有相关记载,能够判断分区的 169 种昆虫进行分析,区系归属参考《江苏省蝶类名录及分布研究》《中国蜻蜓分类名录(蜻蜓目)》《甘肃省异翅亚目(半翅目)昆虫区系分析》《江苏省蝽科昆虫的区系结构》等论文。通过对昆虫区系进行分析，发现保护区属东洋界与古北界过渡区，昆虫区系以东洋-古北共有种为主，偏向东洋种控制，如表 7.6-8 所示。

表 7.6-8　保护区昆虫区系构成　　单位:种

目	古北种	东洋种	东洋-古北共有种	共计
鳞翅目	3	8	39	50
半翅目	1	12	23	36
鞘翅目	8	4	21	33
直翅目	0	6	8	14
膜翅目	1	1	10	12
蜻蜓目	0	2	9	11
双翅目	2	1	4	7
脉翅目	0	1	1	2
革翅目	1	0	1	2
缨翅目	1	0	0	1
螳螂目	0	0	1	1
共计	17	35	117	169

保护区昆虫区系以东洋-古北共有种为主，占比为 69.23%；东洋种次之，占比为 20.71%；古北种种数最少，仅占 10.06%。表明保护区陆生昆虫区系以共有种为主，东洋种为辅，而保护区在世界动物地理划分中，可能处于东洋-古北两界交汇带，偏东洋界一侧(李朝晖 等，2007)。根据《中国昆虫地理区划》盐城市属于黄淮温带粮棉区，昆虫区系主要以东方种类为主，但由于平原地区缺乏阻碍昆虫分布的生境屏障，加之本区人类活动的因素十分显著，因此形成南北昆虫区系在当地相互交混的状态，而保护区昆虫区系构成再次印证了相关研究结论。

7.6.5　生态型

根据昆虫食性、生活史，以及与人类生产生活的关系，可归纳出如下不同生态类群。经济昆虫主要为取食农林作物、仓储食物、林木植被等产生经济损失的夜蛾科、蚜科、白蚁科，以及传播花粉等产生经济收益的蜜蜂科等与人类生产生活相关的物种；肉食昆虫主要为寄生、捕食其他昆虫的螳科、步甲科、瓢虫科等天敌物种；水生昆虫主要为取食水生动植物的蜻科、蜉蝣科等与水环境相关的物种；医学昆虫以刺吸血液、取食羽毛，从而传染疾病的蚊科、蝇科、猎蝽科等为主。

本次调查到的昆虫以经济昆虫为主，共 159 种，占总物种数的 68.24%；其次为肉食昆虫，共 65 种，占总物种数的 27.90%；水生昆虫 18 种，占总物种数的 7.73%；医学昆虫最少，仅调查到 6 种，占比 2.58%。其中以蜻蜓目为代表的 15 种昆虫，既是肉食昆虫也是水生昆虫，如表 7.6-9 所示。摸清保护区昆虫生态类型构成，有助于保护区利用当地昆虫资源，开展综合治理，控制农林虫害的发生，实现生物控制下的生态平衡。

表 7.6-9　陆生昆虫生态类型组成分析

	肉食昆虫	经济昆虫	水生昆虫	医学昆虫
种数(种)	65	159	18	6
占比	27.90%	68.24%	7.73%	2.58%

7.6.5.1　肉食昆虫

肉食昆虫即食性为食肉类昆虫，因其捕食其他昆虫，在种群控制方面发挥重要作用，也被称为天敌昆虫。本次调查共发现肉食昆虫 65 种，占总物种数的 27.90%，主要以蜻蜓目、鞘翅目及部分膜翅目为主。典型物种如蜻蜓目的大团扇春蜓(*Sinictinogomphus clavatus*)、异色多纹蜻(*Deielia phaon*)等；鞘翅目的星斑虎甲(*Cylindera kaleea*)、龟纹瓢虫(*Propylea japonica*)等；膜翅目的变侧异腹胡蜂等；双翅目的黑带蚜蝇(*Episyrphus balteatus*)等。其中保护区龟纹瓢虫保有量较大，在控制蚜科物种方面具有重要作用。

7.6.5.2　经济昆虫

经济昆虫主要包括植食性昆虫和传粉昆虫，它们能够通过自身行为习性对农林生产带来一定的生态影响。本次调查共发现经济昆虫 159 种，占总物种数的 68.24%，其中农林害虫 155 种，以直翅目、半翅目、鞘翅目、鳞翅目为主，典型物种如直翅目的悦鸣草螽(*Conocephalus melaenus*)、中华剑角蝗(*Acrida cinerea*)等；半翅目的菜蝽(*Eurydema dominulus*)、夹竹桃蚜(*Aphis nerii*)等；鞘翅目的铜绿异丽金龟、暗黑鳃金龟等；鳞翅目的苹小卷叶蛾(*Adoxophyes orana*)、甜菜白带野螟(*Spoladea recurvalis*)等。传粉昆虫 4 种，主要以膜翅目为主，包括意大利蜜蜂(*Apis mellifera*)、中华蜜蜂(*Apis cerana*)等。

7.6.5.3　水生昆虫

水生昆虫是常用的一类水质指示物种，包括蜻蜓目、双翅目等类群。本次调查共发现水生昆虫 18 种，占总物种数的 7.73%，其中蜻蜓目典型物种有黄蜻(*Pantala flavescens*)、东亚异痣蟌(*Ischnura asiatica*)；半翅目的代表物种有圆臀大黾蝽、锈色负子蝽(*Diplonychus rusticus*)等。

7.6.5.4　医学昆虫

医学昆虫是指通过吸血、刺螫等方式，传播各种疾病与病原体的昆虫。本次调查共发现医学昆虫 6 种，占总物种数的 2.58%，主要以双翅目为主，典型物种有中华按蚊(*Anopheles sinensis*)、骚扰黄虻(*Atylotus miser*)等。

7.6.6　资源昆虫

资源昆虫是指昆虫产物或昆虫本身可作为人类可利用资源、具有重大经济价值特征的一类昆虫，本节仅针对列入《江苏食用昆虫资源记述》《江苏药用昆虫资源概述》中，可食用和药用的两种保护区狭义资源昆虫进行分析。

保护区资源昆虫共计8目18科24属25种，其中以食用昆虫种类最多，共计18种，占资源昆虫总数的72.00%，食用发育阶段包括卵、幼虫、若虫、蛹、成虫、巢等；而药用昆虫共计16种，占资源昆虫总数的64.00%，药用部位或发育阶段包括卵鞘、若虫褪下的皮、老熟幼虫、虫茧、巢、成虫、排泄物等。

除食用和药用两种狭义昆虫资源外，随着认知水平不断深入，保护区内大团扇春蜓、龟纹瓢虫等肉食昆虫，意大利蜜蜂、中华蜜蜂等传粉昆虫，也发挥着形成生物防治、增加经济作物产量的作用，并且昆虫类群所蕴含的基因多样性，也同时隐藏着巨大的科研价值。

7.6.6.1　食用昆虫

自古以来，我国就有以不同种类的昆虫作为食物的风俗习惯，在《周礼・天官》和《礼记・内则》中就有记载将蚁子酱、蝉和蜂三种昆虫作为贡品进贡给皇族和达官贵人。昆虫含有丰富的蛋白质、脂肪、碳水化合物、钠、钾、磷、铁、钙等有机和无机物质，其巨大的种群数量、快速的繁殖能力和丰富的营养成分，使得它们作为食用产品具有广阔的发展前景。

本次共调查到食用昆虫18种，占总物种数的7.73%，典型物种有红蜻（*Crocothemis servilia*）、东方蝼蛄（*Gryllotalpa orientalis*）、短额负蝗（*Atractomorpha sinensis*）、黑蚱蝉（*Cryptotympana atrata*）、蟪蛄（*Platypleura kaempferi*）、铜绿异丽金龟、宽齿爪鳃金龟、暗黑鳃金龟等。在调查中还发现，保护区周边乡镇就有喜好食蟪蛄等蝉科昆虫的饮食特点。随着认知的深入，如未列入食用资源的鼻优草螽，也被发现其氨基酸全面且丰富，总氨基酸含量可达19.832毫克/克，是优质的高氨基酸食品，且含有亚油酸和亚麻酸等人体必需脂肪酸，具有降低血脂，调节免疫能力，健脑益智，改善视力的作用。

7.6.6.2　药用昆虫

我国民间研究和应用昆虫治疗疾病已有悠久历史，早在《周记》《诗经》中就有用昆虫和其他中草药配制中药的记载。中医体系中昆虫类中药多具有祛风通络、熄风止痉、补肾益精等功效，可用于肝阳上亢、肾虚阳痿等病症治疗。

本次共调查到药用昆虫16种，占总物种数的6.87%，典型物种有黄蜻、红蜻、中华大刀螳（*Tenodera sinensis*）等具有补肾壮阳、解毒止咳等疗效；黑蚱蝉、蟪蛄具有镇静、疏风散热、透疹退翳的功效。以双叉犀金龟（*Allomyrina dichotoma*）为例，传统医学认为其在解毒杀菌、镇惊止痛、明目攻毒等方面具有良好疗效，其幼虫所含有的独角仙素（dicotastin）具有一定的抗癌活性，对实体瘤W-256癌瘤有很高的活性，对P-388淋巴白血病也有边缘活性。

7.6.7　重要物种

本次调查未发现国家重点保护物种及IUCN珍稀物种，发现列入《国家保护的有益的或者有重要经济、科学研究价值的陆生野生动物名录》物种2种，即双叉犀金龟和中华蜜蜂；列入《江苏省生态环境质量指示物种清单（第一批）》物种6种，分别为曲纹稻弄蝶（*Parnara ganga*）、直纹稻弄蝶（*Parara guttata*）、斐豹蛱蝶（*Argyreus hyperbi-*

us)、黄钩蛱蝶(*Polygonia c-aureum*)、蓝灰蝶(*Everes argiades*)、酢浆灰蝶(*Pseudozizeeria maha*)。

本次调查未发现列入《中国外来入侵物种名单》(第1批～第4批)中昆虫物种,仅发现列入《江苏省森林湿地生态系统重点外来入侵物种参考图册》中外来入侵昆虫1种,菊方翅网蝽(*Corythucha marmorata*),于保护区核心区菊科植物上采集到,入侵规模较小,种群数量较为稳定。

7.6.7.1　保护物种

(1) 双叉犀金龟 *Allomyrina dichotoma*

保护级别:国家三有保护动物。

分类地位:鞘翅目 COLEOPTERA 金龟科 Scarabaeidae 叉犀金龟属 *Trypoxylus*。

识别特征:除角外其体长达35～60毫米,体宽18～38毫米,呈长椭圆形,脊面十分隆拱。体呈栗褐到深棕褐色,头部较小;触角有10节,其中鳃片部由3节组成。雌雄异型,雄虫头顶生1末端双分叉的角突,前胸背板中央生1末端分叉的角突,背面比较滑亮。雌虫体形略小,头胸上均无角突,但头面中央隆起,横列小突3个,前胸背板前部中央有一丁字形凹沟,背面较为粗暗。3对长足强大有力,末端均有利爪1对。

分布范围:广布于我国的吉林、辽宁、河北、山东、河南、江苏等地区;国外分布于朝鲜、日本等国家。保护区内分布于一区实验区。

价值:双叉犀金龟除可作观赏外,还可入药疗疾。入药者为其雄虫,夏季捕捉,用开水烫死后晾干或烘干备用。中药名独角螂虫,有镇惊、破瘀止痛、攻毒及通便等功能。

(2) 中华蜜蜂 *Apis cerana*

保护级别:国家三有保护动物。

分类地位:膜翅目 HYMENOPTERA 蜜蜂科 Apidae 蜜蜂属 *Apis*。

生态类群:经济昆虫。

形态性状:蜂王体长13～16毫米,雄蜂11～14毫米,工蜂10～13毫米。中华蜜蜂是东方蜜蜂的定名亚种,是中国的特有种。工蜂、蜂王和雄蜂分化明显,工蜂体呈黑色,被浅黄色毛。工蜂头部前端窄小;唇基中央稍隆起;上唇呈长方形;触角呈膝状;小盾片稍突起;后足胫节呈三角形,扁平;后足跗节宽且扁平;后翅中脉分叉。颜面、触角鞭节及中胸呈黑色;上唇、上颚顶端、唇基中央三角形斑、触角柄节及小盾片均呈黄色;足及腹部第3至第4节呈红黄色;第5至第6节色较暗,各节上均有黑环带。体被浅黄色毛;单眼周围及颅顶被灰黄色毛。

分布范围:我国从东南沿海到青藏高原的30个省、自治区、直辖市均有分布。保护区内分布于一区实验区、缓冲区、核心区。

价值:中华蜜蜂作为中国本土蜜蜂,在传粉方面具有重大意义,具备重要经济价值和科研价值。

生境类型:林地生境。

(3) 曲纹稻弄蝶 *Parnara ganga*

分类地位:鳞翅目 LEPIDOPTERA 弄蝶科 Hesperiidae 稻弄蝶属 *Parnara*。

生态类群:经济昆虫。

形态性状:翅正面颜色较深,斑纹前翅很少有小的中室斑,第一亚顶端斑(r3 室)通常消失。后翅中央 4 个白斑排列不整齐,形状大小不一,翅反面第六室很少有斑纹。雄蝶抱握瓣上缘光滑,轻微凹陷。

分布范围:我国主要分布于福建、香港等地。保护区内分布于一区实验区、核心区。

价值:作为环境指示物种,具有评价环境质量的价值。

生境类型:农田生境、林地生境。

(4) 直纹稻弄蝶 *Parara guttata*

分类地位:鳞翅目 LEPIDOPTERA 弄蝶科 Hesperiidae 稻弄蝶属 *Parnara*。

生态类群:经济昆虫。

形态性状:翅正面呈褐色,前翅具半透明白斑 7～8 个,排列成半环状;后翅中央有 4 个白色透明斑,排列成一直线。翅反面色淡,被有黄粉,斑纹和翅正面相似。雄蝶中室端 2 个斑大小基本一致,而雌蝶上方 1 个斑变大,下方 1 个斑多退化成小点或消失。

分布范围:全国均有分布;国外朝鲜、日本、越南、老挝、缅甸、马来西亚、印度、俄罗斯等地也有分布。保护区范围内分布于一区实验区。

价值:作为环境指示物种,具有评价环境质量的价值。

生境类型:农田生境、林地生境。

(5) 斐豹蛱蝶 *Argyreus hyperbius*

分类地位:鳞翅目 LEPIDOPTERA 蛱蝶科 Nymphalidae 豹蛱蝶属 *Argynnis*。

生态类群:经济昆虫。

形态性状:雌雄异形。雄蝶翅呈橙黄色,后翅外缘呈黑色具蓝白色细弧纹,翅面有黑色圆点。雌蝶前翅端半部呈紫黑色,其中有 1 条白色斜带。反面斑纹和颜色与正面有很大差异:前翅顶角呈暗绿色有小白斑;后翅斑纹呈暗绿色,亚外缘内侧有 5 个银白色小点,围有绿色环,中区斑列的内侧或外侧具黑线,此斑列内侧的 1 列斑多近方形,基部有 3 个围有黑边的圆斑,中室 1 个内有白点,另有数个不规则纹。

分布范围:在我国除黑龙江、吉林、内蒙古外,几乎全国各地均有分布;国外日本、朝鲜、菲律宾、印尼、缅甸等国也有分布。保护区内分布于一区实验区、核心区。

价值:具有观赏价值,是华东地区主要赏蝶的品种;同时作为环境指示物种,具有评价环境质量的价值。

生境类型:林地生境。

(6) 黄钩蛱蝶 *Polygonia c-aureum*

分类地位:鳞翅目 LEPIDOPTERA 蛱蝶科 Nymphalidae 钩蛱蝶属 *Polygonia*。

生态类群:经济昆虫。

形态性状：翅展44～60毫米。翅呈黄褐色，基部具黑斑，外缘突出部分尖锐。前翅中室具3黑斑，后翅中室基部具1黑斑。翅反面呈淡黄褐色，密布深色细纹，后翅L形斑呈黄白色。

分布范围：在我国除西藏外均有分布；国外日本、朝鲜、俄罗斯、越南也有分布。保护区范围内分布于一区核心区。

价值：具有艺术价值，是某些蝶翅画中制作松树干的原料；同时作为环境指示物种，具有评价环境质量的价值。

生境类型：林地生境、草地生境。

(7) 蓝灰蝶 *Everes argiades*

分类地位：鳞翅目 LEPIDOPTERA 灰蝶科 Lycaenidae 蓝灰蝶属 *Everes*。

生态类群：经济昆虫。

形态性状：翅展18～28毫米。雌雄异形，翅具尾突。雄蝶翅呈蓝紫色，外缘呈黑色，缘毛呈白色，前翅中室端具1黑斑，后翅外缘具1黑色点列。雌蝶翅呈黑褐色，后翅臀角具2～4个橙色斑及黑点。翅反面呈灰白色，前翅中室端具暗纹，近外缘具3列黑点，后翅还具3～4个橙色斑。

分布范围：国内在黑龙江、河北、河南、山东、陕西、浙江、福建、江西、海南、台湾等地均有分布；国外在日本、朝鲜及欧洲、北美洲等地分布。保护区范围内分布于一区缓冲区。

价值：作为环境指示物种，具有评价环境质量的价值。

生境类型：草地生境、林地生境。

(8) 酢浆灰蝶 *Pseudozizeeria maha*

分类地位：鳞翅目 LEPIDOPTERA 灰蝶科 Lycaenidae 酢浆灰蝶属 *Pseudozizeeria*。

生态类群：经济昆虫。

形态性状：雌蝶背底色呈黑褐色，翅基部有蓝色亮鳞，低温时翅基部蓝色亮鳞颜色增强，高温时亮鳞颜色则减退或消失。无论雌雄，酢浆灰蝶翅反面均无任何红色（或橙色）斑点，应与蓝灰蝶和多眼灰蝶仔细区分。翅展22.0～30.0毫米。复眼上有毛，呈褐色。触角每节上有白环。雄蝶翅面呈淡青色，外缘黑色区较宽；雌蝶呈暗褐色，在翅基有青色鳞片。翅反面呈灰褐色，有黑褐色具白边的斑点，无尾突。

分布范围：国内主要分布于广东、浙江、湖北、江西、福建、海南、广西、四川、台湾等地；国外分布于朝鲜、巴基斯坦、日本、印度、尼泊尔、缅甸、泰国、马来西亚等地。保护区内分布于一区核心区、三区核心区。

价值：作为环境指示物种，具有评价环境质量的价值。

生境类型：农田生境、草地生境。

7.6.7.2 入侵物种

名称：菊方翅网蝽 *Corythucha marmorata*。

分类地位：半翅目 Hemiptera 网蝽科 Tingidae 方翅网蝽属 *Corythucha*。

生态类群:经济昆虫。

形态性状:体长 2.81 毫米,宽 1.57 毫米。头兜、中纵脊、侧背板及前翅的网室室脉上密布直立小刺,侧背板外缘和前翅前缘具排列整齐刺列。头顶及体腹面呈黑褐色,足和触角呈浅黄色,腹部呈褐色,足第 2 跗节端部呈黑褐色。头兜、纵脊、侧背板及前翅网室呈乳白色、半透明或不透明,多具网状褐斑。头、胸部两侧及腹面密被白色粉被。头顶光滑,无头刺;角细长,喙短,端部伸达后胸腹板前缘;喙沟侧脊呈片状,无前胸喙沟,中后胸喙沟侧脊分别具 2 个较大小室,后胸喙沟两侧脊端部骤然降低,向内弯曲,端部近似封闭。

分布范围:在我国上海、江苏、浙江、武汉等地已有记载,主要分布于保护区一区核心区,在菊科植物上多有发现。

寄主及危害:主要寄主有紫菀属、茼蒿属、一枝黄花属、菊蒿属等,主要抑制光合作用,影响植株生长,其危险性较大,不易除治。保护区仅在菊科植物上采集到,未调查到种群广泛性分布及规模性虫口数,也未调查到明显植被危害状,目前入侵规模较小,危害程度较低。

防治措施:应加强菊方翅网蝽入侵监测,对分布范围、虫口数量及危害状况,进行持续性监测,如入侵种群保持在较低程度危害,可不采用人工干预措施;如危害程度加剧,可在危害程度较重区域,局部采取化学防治的方式,使用环境友好型农药进行化学防治。

生境类型:农田生境、草地生境。

7.7 大型底栖动物

大型底栖动物在水生态系统中具有重要的生态学作用,是水生态系统食物链中有机物、营养源和更高营养级生物之间的重要连接体,对水生态系统的物质循环、能量流动以及信息传递有着积极作用。同时不同类群的大型底栖动物对环境因子具有不同的敏感度,相较于其他对环境变化响应快速的生物类群,可以更为稳定地反映水域生态系统的变化、影响因素以及生态系统的稳定性和变异性,因此大型底栖动物也常作为反映水生态系统健康状况的指示性物种。

麋鹿保护区内实地调查记录到大型底栖动物 16 种。其中,节肢动物门有 7 科 13 种,约占大型底栖动物种数的 81.25%;环节动物门有 3 科 3 种,约占底栖动物种数的 18.75%。主要优势种为摇蚊幼虫、螺蠃蜚、日本沼虾及水丝蚓等。基于大型底栖动物 Shannon-Wiener 多样性指数(H')及物种 Pielou 均匀度指数(J)与水环境指示看,各点位水环境质量为中污染及以下。保护区内大型底栖动物不多,具有经济价值的有中华绒螯蟹(*Eriocheir sinensis*)、克氏原螯虾(*Procambarus clarkii*)及日本沼虾(*Macrobrachium nipponense*)。入侵物种有克氏原螯虾一种。

7.7.1 调查方法

保护区大型底栖动物调查于 2022 年 7 月、10 月开展调查,采用历史资料收集与整理、定量调查方法开展调查。

(1) 历史资料收集与整理。收集麋鹿保护区已有资料(发表和未发表的文献、馆藏标本等),结合访谈调查,掌握保护区内的物种组成及分布的历史记录。

(2) 定量调查。采用1/16平方米的普通彼德逊开展调查,通常每样点需要完成3个成功的彼德逊泥样。麋鹿保护区大型底栖动物计设置7个采样点(同鱼类采样断面),覆盖保护区内具有的水体类型,如湖泊、沟渠等。

本次大型底栖动物鉴定主要参考《中国淡水生物图谱》(1995)、《淡水微型生物与底栖动物图谱(第二版)》(2011)、《中国生物物种名录》(2022版)等资料。

7.7.2 物种组成

夏秋季实地调查结果显示,保护区内共记录到大型底栖动物16种。其中,节肢动物门有7科13种,约占大型底栖动物种数的81.25%;环节动物门有3科3种,约占底栖动物种数的18.75%。可以看出大型底栖动物的物种组成结构中的节肢动物比重很高,同时缺少软体动物(表7.7-1)。

表7.7-1 夏秋季底大型栖动物物种组成

序号	门	科	占比	种	占比
1	环节动物门 ANNELIDA	3	30.00%	3	18.75%
2	节肢动物门 ARTHROPODA	7	70.00%	13	81.25%
总计		10	100.00%	16	100.00%

夏季,调查区域各采样点大型底栖动物种类数在2~6种,均值为4种,其中断面2(一区核心区)采样点的大型底栖动物种类数最多,为6种;断面1(一区核心区)与断面6(一区实验区)的大型底栖动物种类数最少,只有2种。调查结果表明夏季保护区各采样点大型底栖动物种群数量相对较少,且皆为耐污种群。

夏季大型底栖动物的生物量变幅为1.77~182.2 g/m^2,均值为41.92 g/m^2(图7.7-1)。生物量最大值出现在断面1(一区核心区),最小值出现在断面7(二区核心区)。

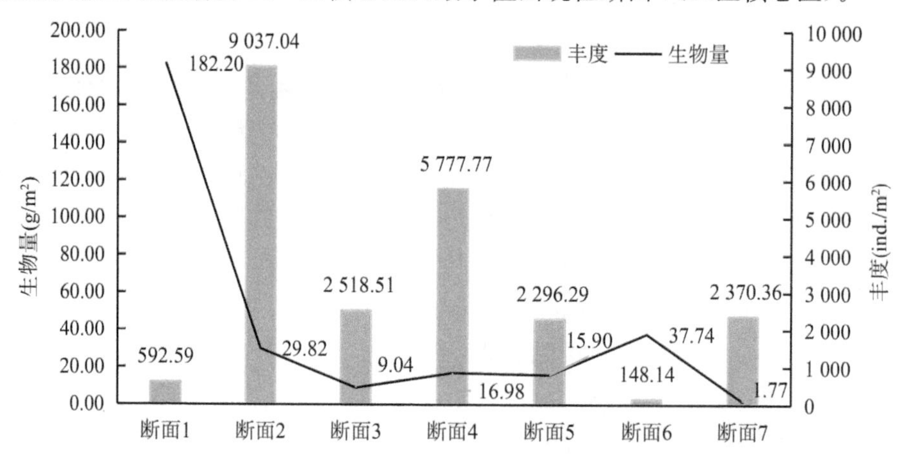

图7.7-1 夏季大型底栖动物丰度及生物量

夏季大型底栖动物各采样断面的总丰度变幅为148.14～9 037.04 ind./m^2，均值为3 248.67 ind./m^2。丰度最大值出现在断面2(一区核心区)，最小值出现在断面6(一区实验区)。断面2(一区核心区)的丰度主要由摇蚊幼虫所贡献。

秋季，调查区域各采样断面的大型底栖动物种类数在1～4种之间，均值为2种，其中断面2(一区核心区)与断面6(一区实验区)采样点大型底栖动物种类数最多，为4种；断面4(二区核心区)与断面1(一区核心区)大型底栖动物种类数最少，只有1种。

秋季各个采样断面的大型底栖动物的总丰度变幅为22.22～770.36 ind./m^2，均值为170.36 ind./m^2(图7.7-2)。丰度最大值出现在断面2(一区核心区)，最小值出现在断面4(二区核心区)。

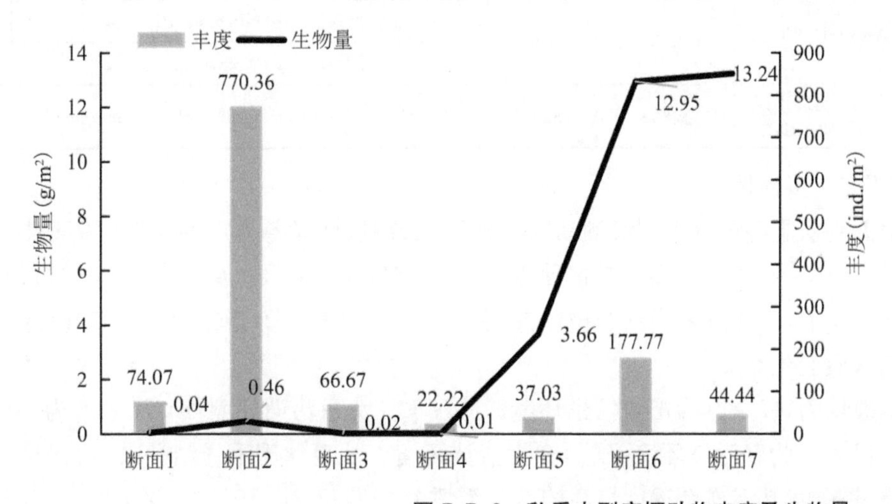

图7.7-2 秋季大型底栖动物丰度及生物量

秋季各个采样断面的大型底栖动物总生物量变幅为0.01～13.24 g/m^2，均值为4.34 g/m^2。生物量最大值出现在断面7(二区核心区)，最小值出现在断面4(二区核心区)。

从总体上看，保护区内各个水系的大型底栖动物皆为耐污种群，未发现EPT物种(蜉蝣目、襀翅目和毛翅目三类水生昆虫的统称)，因此保护区内水系环境质量有待提高。

7.7.3 优势种

据现行通用标准，以优势度指数$Y>0.02$定为优势种。

夏季，大型底栖动物的优势类群共计1类5种，节肢动物门雕翅摇蚊属一种的优势度最大为0.083；其次为节肢动物门蜾蠃蜚属一种(*Corophium* sp.)，优势度为0.041；最小为弯铗摇蚊属一种(*Crytotendipes* sp.)与日本沼虾。

秋季，大型底栖动物的优势类群共计2类4种，环节动物门的克拉泊水丝蚓(*Limnodrilus claparedeianus*)的优势度最大，为0.178；其次为节肢动物的雕翅摇蚊属一种

(*Glyptotendipes* sp.)，优势度为 0.071；剩余为流长跗摇蚊属一种(*Rheotanytarsus* sp.)与日本沼虾。

表 7.7-2 夏季大型底栖动物优势种

季节	门	科	物种名	优势度
夏季	节肢动物门 ARTHROPODA	蜾蠃蜚科 Corophiidae	蜾蠃蜚属一种 *Corophium* sp.	0.041
		长臂虾科 Palaemonidae	日本沼虾 *Macrobrachium nipponense*	0.020
		摇蚊科 Chironomidae	弯铗摇蚊属一种 *Crytotendipes* sp.	0.023
			雕翅摇蚊属一种 *Glyptotendipes* sp.	0.083
			多足摇蚊属一种 *Polypedilum* sp.	0.020
秋季	节肢动物门 ARTHROPODA	长臂虾科 Palaemonidae	日本沼虾 *Macrobrachium nipponense*	0.037
		摇蚊科 Chironomidae	雕翅摇蚊属一种 *Glyptotendipes* sp.	0.071
			流长跗摇蚊属 *Rheotanytarsus* sp.	0.040
	环节动物门 ANNELIDA	颤蚓科 Tubificidae	克拉泊水丝蚓 *Limnodrilus claparedeianus*	0.178

7.7.4 多样性

根据夏秋季各样点大型底栖动物的种类及数量，计算各样点的大型底栖动物 Shannon-Wiener 多样性指数(H')及物种 Pielou 均匀度指数(J)。从表 7.7-3 中可以看出，在不同的季节，各样点采集到的物种数、多样性程度及均匀性指数会发生变化，这与各采样点的水质变化有关。

一般认为，$H'=0$ 为严重污染环境；$0<H'\leqslant 1$ 为重污染环境；$1<H'\leqslant 2$ 为中污染环境；$2<H'\leqslant 3$ 为轻污染环境；$H'>3$ 为清洁环境。从夏秋季采样结果来看，保护区水域环境质量一般，其多样性程度最高的是在夏季采样断面 2(一区核心区)为 1.54，其均匀性指数 0.86，反映该区域水体为中污染环境。其余监测点位水环境质量则为中污染及以下。

表 7.7-3 夏秋季保护区各个采样断面底栖动物多样性与均匀性比较

季节	断面编号	物种数	多样性指数(H')	均匀性指数(J)
夏季	1	2	0.66	0.95
	2	6	1.54	0.86
	3	4	0.64	0.46
	4	3	0.64	0.59
	5	4	1.36	0.98
	6	2	0.69	1.00
	7	3	0.28	0.25

续表

季节	断面编号	物种数	多样性指数(H')	均匀性指数(J)
秋季	1	3	0.90	0.82
	2	4	0.82	0.59
	3	2	0.35	0.50
	4	1	0.00	0.00
	5	2	0.67	0.97
	6	4	1.24	0.89
	7	1	0.00	0.00

7.7.5 主要经济物种

底栖动物资源的利用方式可以分为直接利用与间接利用。大型底栖动物一方面摄取藻类、水生植物、浮游动物及水体中的有机碎片，另一方面它们又是鱼类的天然饵料。小型和微型底栖动物作为湿地生态系统的一个类群，参与了物质的循环和能量的转换，具有重要的生态、环境价值。此外，大型底栖经济动物中虾、蟹等是保护区的水产资源。调查结果显示，保护区内大型底栖动物种类较少，具有经济价值的有中华绒螯蟹、克氏原螯虾、日本沼虾等。其中中华绒螯蟹见于聚仙湖，克氏原螯虾见于剑农西海堤河，日本沼虾在保护区各水体中皆有分布。

(1) 中华绒螯蟹 *Eriocheir sinensis*

分类地位：弓蟹科 Varunidae 绒螯蟹属 *Eriocheir*。

识别特征：头胸甲呈圆方形，额宽约相当于头胸甲最宽处的 1/3，其前缘有 4 个尖锐的齿。前侧缘包括外眼窝齿共 4 个。第三颚足间多少具斜方形空隙，长节外末角不扩张，外肢窄长。大螯掌节的内、外面或仅一面具绒毛。每年秋季为繁殖盛期，成熟饱满的毛蟹要洄游到河口附近的浅海生殖。12 月到翌年 3 月是河蟹交配产卵的旺季。一只体重 100～200 克的母蟹，一次可产 20 万～90 万粒卵，温度适宜时，经 1～2 个月即可孵化成幼体。经五期溞状幼虫及一期大眼幼虫即可成为幼蟹。溞状幼虫在河口营浮游生活，变为大眼幼虫后即趋向淡水，溯河而上，在淡水中生长。

分布：见于聚仙湖，周边有人工养殖。在中国分布很广，通海的江河基本都有分布。

栖息地和生态习性：常穴居于江、河、湖荡泥岸，昼匿夜出。以水生植物、底栖动物、有机碎屑及动物尸体为食；取食时靠螯足捕捉，然后将食物送至口边；营养条件好时，当年幼蟹体重可达 50～70 克，最大可达 150 克，且性腺成熟，可与 2 龄蟹一起参加生殖洄游。如放养密度大或生长慢，则 2 龄时性腺也难以成熟，不能参加生殖洄游。河蟹味鲜美，其经济价值很高，又称毛蟹、河蟹、大闸蟹或螃蟹，是麋鹿保护区的重要经济水产品之一。

(2) 克氏原螯虾 *Procambarus clarkii*

分类地位：美螯虾科 Cambaridae 原螯虾属 *Procambarus*。

识别特征：体形较大呈圆筒状，甲壳坚厚，头胸甲稍侧扁，颈沟明显。第一触角较短小，双鞭；第二触角有较发达的鳞片；3对颚足都具外肢。步足全为单枝型，前3对呈螯状，其中第一对特别强大、坚厚，故又称螯虾。末2对步足简单、呈爪状。鳃为丝状鳃。胸部有步足5对，第一至第三对步足末端呈钳状，第四、第五对步足末端呈爪状。第二对步足特别发达而成为很大的螯，雄性的螯比雌性的更发达，并且雄性龙虾的前外缘有一鲜红的薄膜，十分显眼，雌性则没有此红色薄膜，因而这成为雄雌区别的重要特征。尾部有5片强大的尾扇，母虾在抱卵期和孵化期爬行或受敌时，尾扇均向内弯曲，以保护受精卵或稚虾免受损害。

分布：见于剑农西海堤河。世界广泛分布，保护区及其相邻水域广泛分布，生物量大。

栖息地和生态习性：喜栖息在有机质丰富的沟、塘、河流、湖泊等水体底层，杂食动物，主要摄食植物碎屑、小鱼、小虾、浮游生物、底栖生物、藻类等。

(3) 日本沼虾 *Macrobrachium nipponense*

分类地位：长臂虾科 Palaemonidae 沼虾属 *Macrobrachium*。

识别特征：体形呈长圆筒形，成虾体长3～8厘米。体形粗短，分为头胸部与腹部两部分。头胸部比较粗大，往后渐次细小，腹部后半部显得更为狭小。头胸部各节愈合，头胸甲前端中央有一剑状突起称为额剑，其长度约为头胸甲的3/4～4/5，额剑尖锐、平直，上缘有12～15个齿，下缘有2～4个齿。身体由20个体节组成(头部5节、胸部8节、腹部7节)。胸部8对附肢，前3对为颚足，后5对称为步足，用来爬行、捕食或防御敌害。腹部6对附肢，前5对称为游泳足。体色常随栖息环境而变化，若湖泊、水库、江河水色清且透明度大，则虾色较浅，呈半透明状；若池沼水质肥沃，透明度小，则虾色深，并常有藻类附生于甲壳上。

分布：保护区内各水体有分布。国内大部分地区都有分布。

栖息地和生态习性：日本沼虾喜欢生活在淡水湖泊、江河、水库、池塘、沟渠等水草丛生的缓流处，在冬季向深水处越冬，潜伏在洞穴、瓦块、石块、树枝或草丛中，活动力差，不吃食物。日本沼虾属杂食性动物，在不同的发育阶段，其食物组成不同。

7.7.6 外来入侵物种

基于实地调查，于剑农西海堤河发现克氏原螯虾分布，据保护区工作人员反映保护区内其他区域也曾发现过克氏原螯虾。克氏原螯虾原产美洲，因其杂食性、生长速度快、适应能力强而在当地生态环境中形成绝对的竞争优势。根据调查及访谈发现克氏原螯虾分布区域较为狭窄，种群规模不大，目前认为其入侵对保护区生态系统影响较为有限。

7.8 浮游生物

浮游生物是水生态系统食物网的关键组成部分，并在水生态系统的结构和功能方面发挥重要作用。其中浮游植物作为水生态系统的初级生产者，在水生态系统的能量流动和物质循环中扮演着重要角色。浮游动物在食物链中作为初级消费者，不仅以浮游植物为食，同时自身也被其他大型水生动物和鱼类捕食，是联系初级生产者和次级消费者的重要一环，在水生态系统中传递物质和能量。浮游生物群落对水环境变化都能迅速作出反应，因此目前已经有很多研究利用浮游生物的群落结构变化来评价水环境的变化。

麋鹿保护区实地调查到浮游植物122种，隶属于6门25科54属。浮游植物的优势种主要为蓝藻门的微小色球藻(*Chroococcus minutus*)、微小隐球藻(*Aphanocapsa delicatissima*)、细小平裂藻(*Merismopedia minima*)、伪鱼腥藻属一种(*Pseudanabaena* sp.)等物种。根据文献《关于用藻密度对蓝藻水华程度进行分级评价的方法和运用》，对本次调查区域内水华程度进行评估，发现保护区水域环境内存在水华暴发现象。

麋鹿保护区共调查到浮游动物32种，隶属于4个类群。其中，原生动物3科4种；轮虫类6科16种；枝角类2科4种；桡足类4科8种。浮游动物优势种主要为轮虫类的纤巧异尾轮虫(*Trichocerca tenuior*)、壶状臂尾轮虫(*Brachionus urceus*)、针簇多肢轮虫(*Polyarthra trigla*)等。

7.8.1　调查方法

保护区浮游生物调查于2022年7月、10月开展调查，采用历史资料收集与整理、定量调查方法开展调查。

(1) 历史资料收集与整理。收集麋鹿保护区已有资料(发表和未发表的文献、馆藏标本等)，结合访谈调查，掌握调查区域内的浮游生物组成及分布的历史记录。

浮游植物样品采用国际标准的25号浮游生物网，在选定的采样点于水面下0.5米深处以每秒20～30厘米的速度作“∞”形循环缓慢拖动，拖动时间5～10分钟，以此来定性采集浮游藻类；遇较大水体时，把浮游生物网拴在船尾，以慢速拖拽，时间为10～15分钟。浮游动物定性样品的采集使用13号浮游生物网，方法同浮游植物定性样品采集方法。调查位点同鱼类。

(2) 定量采样。浮游植物和浮游动物的定量样品，用竖式采水器采集。在水深小于2米的采样点，采集水面下0.5米的水样1升；当采样位点的水深大于2米时，对水体进行分层采样，分别取表层下0.5米处、中层以及底层上方0.5米处的水样各1 L。样品加固定液后送样检测鉴定。麋鹿保护区浮游生物计设置7个采样点(同鱼类采样断面)。

本次浮游植物鉴定主要参考《中国淡水藻类——系统、分类及生态》(2006)、《中国常见淡水浮游藻类图谱》(2010)等资料；浮游动物鉴定主要参考了《中国淡水轮虫志》(1961)、《淡水微型生物图谱》(2010)及《中国动物志》(节肢动物门甲壳纲淡水枝角类及淡水桡足类)等资料。

7.8.2　浮游植物调查结果

7.8.2.1　种类组成

麋鹿保护区夏秋两季实地调查到的浮游植物共有6门，包括硅藻门、蓝藻门、绿藻门、隐藻门、裸藻门、黄藻门，共计 25 科 54 属 122 种(表 7.8-1)。

浮游植物中绿藻门 44 种，占总种数的 36.07%，为保护区浮游植物第一大类群；蓝藻门 33 种，占总种数的 27.05%，为保护区浮游植物第二大类群；硅藻门 32 种，占总种数的 26.23%，为保护区浮游植物第三大类群；裸藻门与隐藻门各 6 种，分别占 4.92%；黄藻门 1 种，占比为 0.82%。

表 7.8-1　浮游植物组成

门	科	属	种	占比
蓝藻门 CYANOPHYTA	8	18	33	27.05%
黄藻门 XANTHOPHYTA	1	1	1	0.82%
硅藻门 BACILLARIOPHYTA	7	11	32	26.23%
隐藻门 CRYPTOPHYTA	1	2	6	4.92%
裸藻门 EUGLENOPHYTA	1	2	6	4.92%
绿藻门 CHLOROPHYTA	7	20	44	36.07%
总计	25	54	122	100.00%

7.8.2.2　生物量、密度及蓝藻分析

夏季，调查区域各采样点浮游植物种类数为 21～56 种，均值为 44 种，其中断面 3(二区实验区)采样点浮游植物种类数最少，为 21 种；断面 6(一区实验区)浮游植物种类数最多，共计 56 种。调查结果表明夏季保护区各采样点浮游植物种类数差异较大，空间分布不均匀，如图 7.8-1 所示。

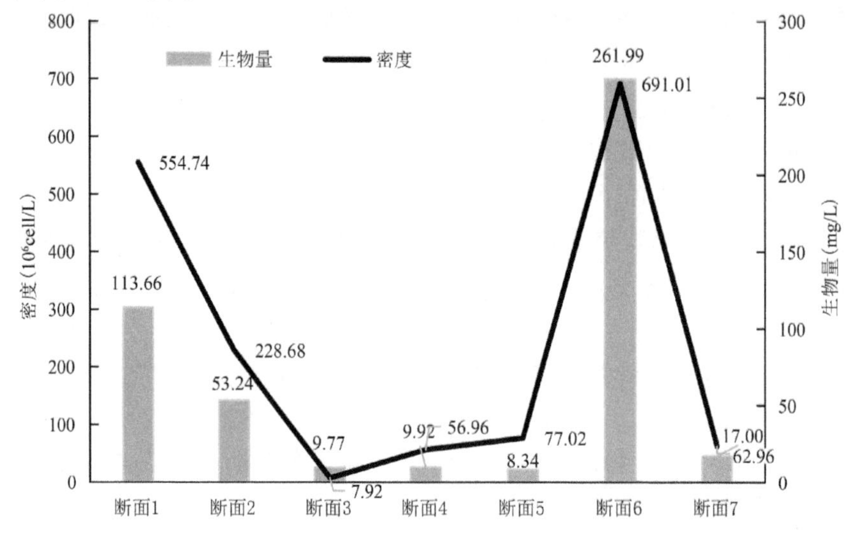

图 7.8-1　夏季各采样断面浮游植物密度与生物量

夏季浮游植物生物量变幅为 8.34～261.99 mg/L，均值为 67.70 mg/L。生物量最大值出现在断面6(一区实验区),最小值出现在断面3(二区实验区)。

夏季浮游植物密度变幅为(7.92～691.01)×10^6cell/L,均值为239.90×10^6cell/L。密度最大值出现在断面6(一区实验区),最小值出现在断面5(一区实验区)。

秋季,调查区域各采样点浮游植物物种数为29～52种,均值为41种,其中断面7(二区核心区)采样点浮游植物种类数最少,为29种;断面1(一区核心区)浮游植物种类数最多,共计52种。

秋季浮游植物生物量变幅为8.97～94.75 mg/L,均值为40.45 mg/L。生物量最大值出现在断面2(一区核心区),最小值出现在断面7(二区核心区),如图7.8-2所示。

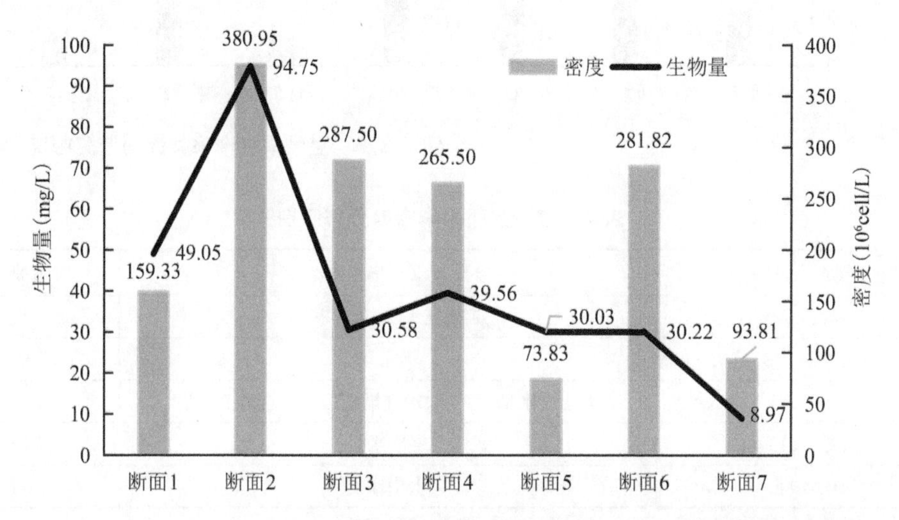

图7.8-2 秋季各采样断面浮游植物密度及生物量

秋季浮游植物密度变幅为(73.83～380.95)×10^6cell/L,均值为220.39×10^6cell/L。密度最大值出现在断面2(一区核心区),最小值出现在断面5(一区实验区)。

对蓝藻门进行单独分析(如图7.8-3所示),可以看出夏季蓝藻密度变幅为(2.91～675.21)×10^6cell/L,均值为233.68×10^6cell/L,蓝藻密度最大值出现在断面6(一区实验区)。秋季蓝藻密度变幅为(62.36～372.84)×10^6cell/L,均值为187.89×10^6cell/L,蓝藻密度最大值出现在断面2(一区核心区)。

根据文献《关于用藻密度对蓝藻水华程度进行分级评价的方法和运用》,对本次调查区域内水华程度进行评估。结果表明调查水域中,夏季,除断面3(二区实验区)评价等级为4级无明显水华外,其余断面均为水华暴发,其中断面1(一区核心区)、断面2(一区核心区)及断面6(一区实验区)评价等级均为劣5级水华暴发。秋季总体状况有所回落,尤其断面1(一区核心区)与断面6(一区实验区)蓝藻密度下降较多,但是所有断面的蓝藻水华评价等级整体仍为5级(轻度水华)以上(蓝藻水华密度分布级别如表7.8-2所示)。

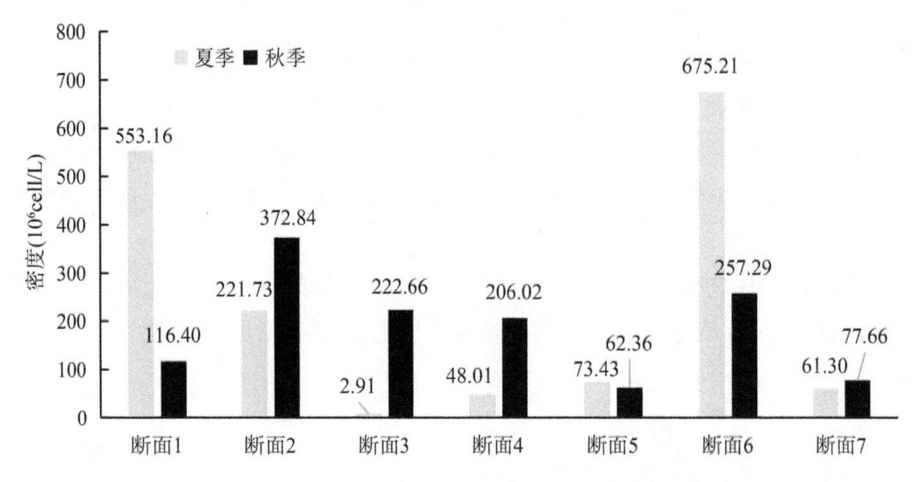

图 7.8-3　夏秋季各个采样断面蓝藻密度

表 7.8-2　蓝藻水华密度分布级别

藻类密度(a，$\times10^6$ cell/L)	蓝藻水华密度	级别
$a<0.2$	无蓝藻水华，理想状态	2 级
$0.2\leqslant a<2$	无水华	3 级
$2\leqslant a<15$	无明显水华，不采取治理措施可能出现蓝藻水华	4 级
$15\leqslant a<100$	轻度水华	5 级
$a\geqslant100$	水华暴发	劣 5 级

浮游植物生物量既是估测水体自然渔业产量的重要依据，也是衡量水体富营养化的重要指标。以淮河流域浮游植物的细胞平均密度为 13.08×10^6 cell/L，在 $11.67\times10^4\sim168\times10^6$ cell/L 浮动(朱为菊，2015)看，其浮游植物密度仍然偏大。

造成水华主要的原因为麋鹿种群超过其环境承载力，水体中的麋鹿粪便大量分解，水中氮磷浓度快速上升，造成藻类大量繁殖。客观原因为 2022 年以来的气候干旱异常，麋鹿保护区严重缺水，水体难以更新，水体中氮磷元素被浓缩富集，导致部分优势浮游植物数量迅速扩张，特别是断面 6(一区实验区)与断面 1(一区核心区)的微小色球藻与微小隐球藻种群数量呈现指数级的上升趋势，造成水华暴发的现象。

7.8.2.3　优势种

据现行通用标准，将优势度指数 $Y>0.02$ 定为优势种。

夏季，浮游植物的优势类群共计 1 门 3 种，色球藻科的微小色球藻优势度最大，为 0.427；其次为平裂藻科的微小隐球藻，优势度为 0.162；最后为细小平裂藻，优势度为 0.038。

秋季，浮游植物的优势类群共计 1 门 5 种，其中平裂藻科的细小平裂藻优势度最大，为 0.398；其次为伪鱼腥藻科的伪鱼腥藻属一种，优势度为 0.045；颤藻科的大螺旋藻

(*Spirulina major*)次之，优势度为 0.042，伪鱼腥藻科的泽丝藻属一种(*Limnothrix* sp.)及念珠藻科的弯形小尖头藻(*Raphidiopsis curvata*)再次之。

表 7.8-3　夏秋季浮游植物优势种

季节	门	科	物种名	优势度
夏季	蓝藻门 CYANOPHYTA	色球藻科 Chroococcaceae	微小色球藻 *Chroococcus minutus*	0.427
		平裂藻科 Merismopediaceae	微小隐球藻 *Aphanocapsa delicatissima*	0.162
			细小平裂藻 *Merismopedia minima*	0.038
秋季	蓝藻门 CYANOPHYTA	伪鱼腥藻科 Pseudanabaenaceae	伪鱼腥藻属一种 *Pseudanabaena* sp.	0.045
			泽丝藻属一种 *Limnothrix* sp.	0.04
		念珠藻科 Nostocaceae	弯形小尖头藻 *Raphidiopsis curvata*	0.036
		颤藻科 Oscillatoriaceae	大螺旋藻 *Spirulina major*	0.042
		平裂藻科 Merismopediaceae	细小平裂藻 *Merismopedia minima*	0.398

7.8.2.4　生态功能

浮游植物是水体生态系统的重要初级生产者，为鱼、虾、蟹、贝等重要经济水产动物提供了丰富的天然饵料生物资源，同时浮游植物也是水体生态系统物质循环的重要驱动者，参与水中碳、氮、磷、硅、硫以及重金属等的循环过程。

更重要的，浮游植物对水环境的变化敏感，其群落的结构可以响应水体理化因子的变化，因此浮游植物常作为水生生态系统的重要的生态环境指示物种(董立新，2017；潘鸿，2016)，例如：微囊藻属(*Microcystis*)主要指示富营养生境(冯天翼，2011)；谷皮菱形藻(*Nitzschia palea*)是 α-中污染指示种(李晶，2012)；变异直链藻(*Melosira varians*)和四尾链带藻(*Desmodesmus quadricauda*)是 β-中污染指示种(朱爱民，2020)；匍扇藻(*Lobophora variegata*)对重金属 Ag、Cd、As、Co、Cu、Cr、Mn 和 Ni 具有生物指示作用等。将浮游植物作为指示物种以及模式生物的研究，对各类生境水体质量状态进行监测，可以有效为生态修复及环境预警提供科学依据。

7.8.3　浮游动物调查结果

7.8.3.1　种类组成

浮游动物是水生生态系统的重要类群，是重要的次级生产者，在食物链中占重要地位，不仅是鱼类的重要天然饵料资源，与渔业生产、候鸟保护均有密切关系，而且是浮游藻类的捕食者，可有效控制藻类暴发，维护水生生态系统平衡。浮游动物是在水体中营浮游生活的动物种类，包括原生动物、轮虫、枝角类和桡足类等。

夏秋季实地调查到浮游动物 32 种，隶属于 4 个类群(表 7.8-4)。其中，原生动物 3 科 4 种；轮虫类 6 科 16 种；枝角类 2 科 4 种；桡足类 4 科 8 种。原生动物占考察中所记录到的浮游动物总数的 12.50%、轮虫占 50.00%、枝角类占 12.50%、桡足类占 25.00%。

表 7.8-4　浮游动物组成

序号	类别	科	种	占比
1	原生动物门 PROTOZOA	3	4	12.50%
2	轮虫类 ROTIFERA	6	16	50.00%
3	枝角类 CLADOCERA	2	4	12.50%
4	桡足类 COPEPODA	4	8	25.00%
总计		15	32	100.00%

7.8.3.2　生物量及密度

夏季,调查区域各采样点浮游动物种类数在 3～20 种,均值为 12 种,其中断面 1(一区核心区)采样点浮游动物种类数最少,为 3 种;断面 5(一区实验区)浮游动物种类数最多,共计 20 种。调查结果表明夏季保护区各采样点浮游动物种群数量差异较大,空间分布不均匀,如图 7.8-4 所示。

夏季浮游动物生物量变幅为 1.15～13.62 mg/L,均值为 4.85 mg/L。生物量最大值出现在断面 2(一区核心区),最小值出现在断面 4(二区核心区)。调查结果表明夏季保护区各采样点浮游动物生物量平面分布差异较大。

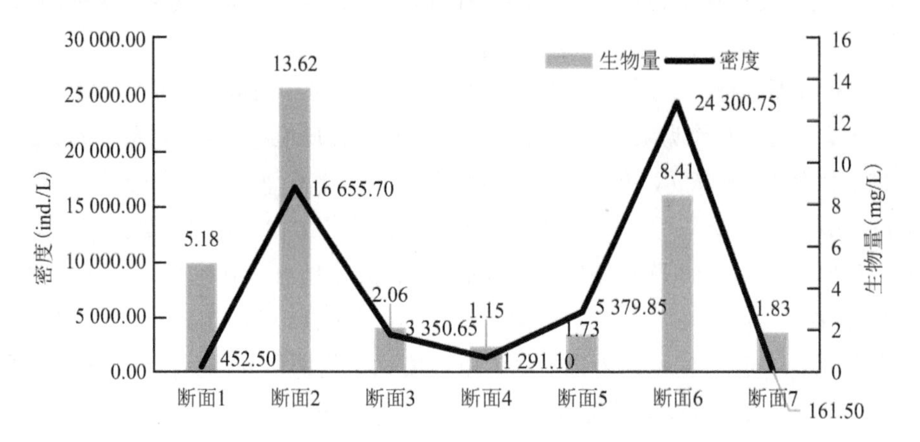

图 7.8-4　夏季浮游动物生物量及密度

夏季浮游动物密度变幅为 161.50～24 300.75 ind./L,均值为 7 370.29 ind./L。密度最大值出现在断面 6(一区实验区),最小值出现在断面 7(二区核心区)。调查结果表明夏季保护区各采样点浮游动物密度平面分布差异较大。

秋季,调查区域各采样点浮游动物种类数在 4～13 种,均值为 8 种,其中断面 4(二区核心区)采样点浮游动物种类数最少,为 4 种;断面 2(一区核心区)浮游动物种类数最多,共计 13 种,如图 7.8-5 所示。

秋季浮游动物生物量变幅为 0.07～10.39 mg/L,均值为 3.10 mg/L。生物量最大值出现在断面 7(二区核心区),最小值出现在断面 4(二区核心区)。

秋季浮游动物密度变幅为 119.50～10 253 ind./L，均值为 1 906.01 ind./L。密度最大值出现在断面 2(一区核心区)，最小值出现在断面 7(二区核心区)。调查结果表明秋季保护区各采样点浮游动物密度及生物量平面分布差异较大。

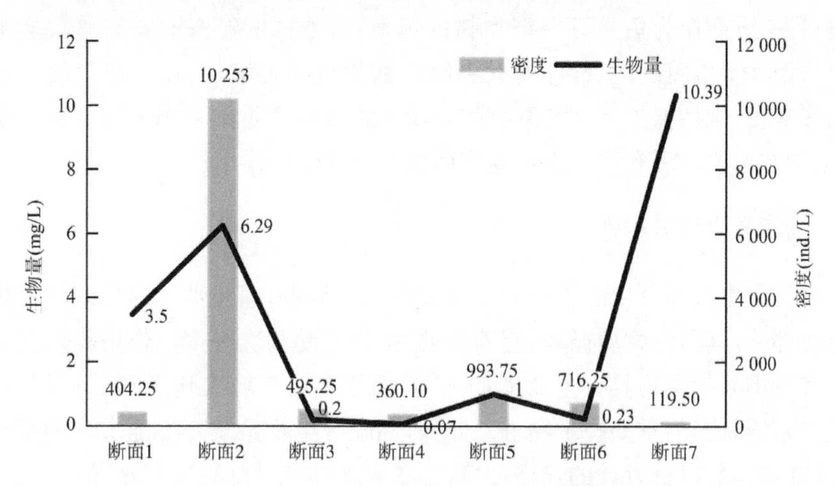

图 7.8-5 秋季浮游动物密度及生物量

7.8.3.3 优势种

据现行通用标准，以优势度指数 $Y>0.02$ 定为优势种，保护区夏秋季动物优势种如表 7.8-5 所示。

表 7.8-5 夏秋季浮游动物优势种

季节	类别	科	物种名	优势度
夏季	轮虫类 ROTIFERA	鼠轮科 Trichocercidae	纤巧异尾轮虫 *Trichocerca tenuior*	0.121
		疣毛轮科 Synchaetidae	针簇多肢轮虫 *Polyarthra trigla*	0.036
		臂尾轮科 Brachionidae	壶状臂尾轮虫 *Brachionus urceus*	0.280
秋季	轮虫类 ROTIFERA	臂尾轮科 Brachionidae	角突臂尾轮虫 *Brachionus angularis*	0.096
			剪形臂尾轮虫 *Brachionus forficula*	0.031
			萼花臂尾轮虫 *Brachionus calyciflorus*	0.035
		疣毛轮科 Synchaetidae	针簇多肢轮虫 *Polyarthra rigla*	0.147
		三肢轮科 Filiniidae	长三肢轮虫 *Filinia longiseta*	0.082

夏季，浮游动物的优势类群共计 3 种，壶状臂尾轮虫的优势度最大，为 0.280；其次为纤巧异尾轮虫，优势度为 0.121；针簇多肢轮虫次之，优势度为 0.036。

秋季，秋季浮游动物的优势类群共计 5 种，针簇多肢轮虫的优势度最大，为 0.147；其次为角突臂尾轮虫(*Brachionus angularis*)，优势度为 0.096；长三肢轮虫(*Filinia longiseta*)次之，优势度为 0.082，萼花臂尾轮虫(*Brachionus calyciflorus*)及剪形臂尾轮虫(*Brachionus forficula*)再次之。

7.8.3.4　生态功能

浮游动物在水域生态系统的要素循环中起着重要作用,是水域生态系统食物链及生物生产力的基本环节,即浮游动物一方面捕食浮游植物,控制藻类暴发,对水环境质量有重要影响;另一方面作为鱼类等经济动物的饵料,对地区的经济效益有重要影响。保护区内浮游植物大量增殖的区域,浮游动物种群数量也随之增加,在一定程度内浮游动物能限制水华暴发,维持保护区水域系统的浮游生物种群数量的动态平衡。同浮游植物一样,浮游动物在水质监测和水污染治理方面也能发挥重要作用。

7.9　潮间带生物多样性

潮间带是海岸带最具生态价值和生物多样性的地带,潮间带生物是潮间带生态系统的重要组成部分,其参与物质循环、营养流动、生物扰动和次级生产作用等重要生态系统过程。大多数潮间带生物具有生命周期长、易采集和对环境变化敏感等特征,其被认为是反映生态系统状况的重要指示物种。此外,潮间带生物是滨海湿地水鸟的重要食物来源,对于江苏每年数以百万计的迁徙过境、越冬水鸟具有重要的生态价值。

保护区实地调查到潮间带生物38种,隶属于6门25科,其中环节动物门10种,脊索动物门3种,节肢动物门15种,纽形动物门1种,软体动物门8种,星虫动物门1种,主要优势种有双齿围沙蚕(*Perinereis aibuhitensis*)、光滑河蓝蛤(*Potamocorbula laevis*)、加州齿吻沙蚕(*Nephtys californiensis*)、全刺沙蚕(*Nectoneanthes oxypoda*)、中国绿螂(*Glauconome chinensis*)、尖锥拟蟹守螺(*Cerithidea largillierti*)等。从物种分布看,潮间带生物以三区核心区次级潮沟影响范围内盐沼区域物种多样性最高,而潮沟分支末端或无潮沟影响的盐碱地最低,同时三区核心区中部一级潮沟附近受到潮汐影响太剧烈,因此物种多样性也相对较低。另外由于三区核心区沟通渠及防洪堤的修建,改变了部分生境,导致该区域的潮间带生物多样性较低。

7.9.1　调查方法

保护潮间带生物多样性调查于2022年7月、10月开展调查,采用定量调查方法开展调查。

依据《全国海洋生物物种资源调查技术规定(试行)》(2010)中潮间带生物调查方法,通过GPS定位,设置相同的3条采样断面(T1—T3),每条断面包含高、中、低潮带3个采样站点(图7.9-1和表7.9-1)。定量取样时,用25厘米×25厘米×30厘米的定量框准确挖取泥样,样品经网孔为0.5毫米的筛网筛选,获得大型底栖动物标本。同时在该站点附近尽可能多地采集定性标本。所有大型底栖动物标本用75%酒精固定后带回实验室,分拣和鉴定,鉴定时尽可能鉴定到种,并进行计数和称重。

本次潮间带生物鉴定主要参考《胶州湾大型底栖生物鉴定图谱》(2016)、《黄渤海软体动物图志》(2016)、《中国海岸带大型底栖动物资源》(2019)及《中国生物物种名录》(2022版)等资料。

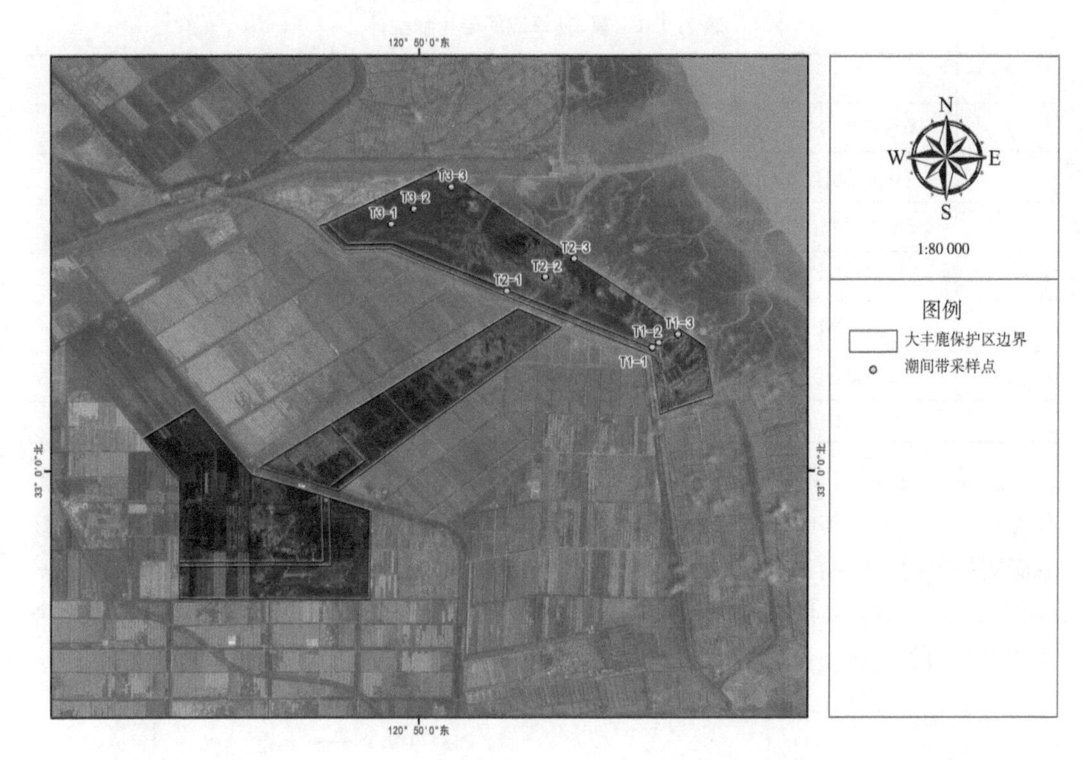

图 7.9-1 潮间带生物采样点分布

表 7.9-1 潮间带生物采样断面信息

断面编号	经度	纬度	生境
T1-1	120.827 81	33.046 88	潮沟滨岸
T1-2	120.832 28	33.049 81	盐沼滩涂
T1-3	120.839 58	33.053 92	光滩
T2-1	120.850 32	33.035 16	潮沟滨岸
T2-2	120.857 94	33.036 60	潮沟
T2-3	120.863 49	33.040 22	沟通渠
T3-1	120.878 19	33.023 04	潮沟末梢
T3-2	120.880 01	33.024 05	潮沟滨岸
T3-3	120.884 36	33.026 22	潮沟盐沼地

7.9.2 种类组成、生物量和丰度

夏秋季，在保护区三区核心区潮间带的 9 处采样地，共实地调查到潮间带生物 38 种，隶属于 6 门 25 科，其中环节动物门 10 种，脊索动物门 3 种，节肢动物门 15 种，纽形动物门 1 种，软体动物门 8 种，星虫动物门 1 种，具体如表 7.9-2 所示。

表 7.9-2　夏、秋季潮间带生物统计

序号	门	科	占比	种	占比
1	节肢动物门 ARTHROPODA	10	40.00%	15	39.47%
2	软体动物门 MOLLUSCA	7	28.00%	8	21.05%
3	环节动物门 ANNELIDA	5	20.00%	10	26.32%
4	纽形动物门 NEMERTEA	1	4.00%	1	2.63%
5	星虫动物门 SIPUNCULA	1	4.00%	1	2.63%
6	脊索动物门 CHORDATA	1	4.00%	3	7.89%
总计		25	100.00%	38	100.00%

夏季，保护区各采样点潮间带生物的丰度在 74.66～1 183.99 ind./m²，平均丰度为 458.66 ind./m²。其中，环节动物平均丰度为 65.55 ind./m²，占总丰度的 49.23%，为夏季潮间带生物丰度的最大贡献类群，生物量在 5.18～712.96 g/m²，平均为 202.47 g/m²（图 7.9-2）。节肢动物平均生物量为 49.62 g/m²，占总生物量的 62.62%，是夏季潮间带生物量的最大贡献类群。

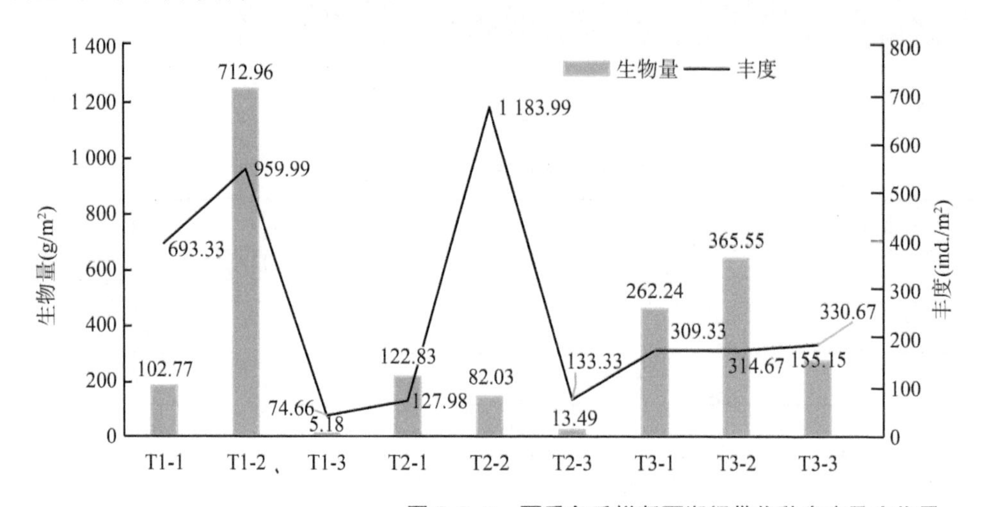

图 7.9-2　夏季各采样断面潮间带物种丰度及生物量

秋季，保护区各采样点潮间带生物的丰度在 96.00～399.99 ind./m²，平均丰度为 171.25 ind./m²。其中，环节动物平均丰度为 32.22 ind./m²，占总丰度的 50.17%，为秋季潮间带生物丰度的最大贡献类群。各采样点的生物量在 3.27～301.65 g/m²，平均为 18.59 g/m²（图 7.9-3）。其中，软体动物平均生物量为 29.20 g/m²，占总生物量的 36.09%，是秋季潮间带生物生物量的最大贡献类群。

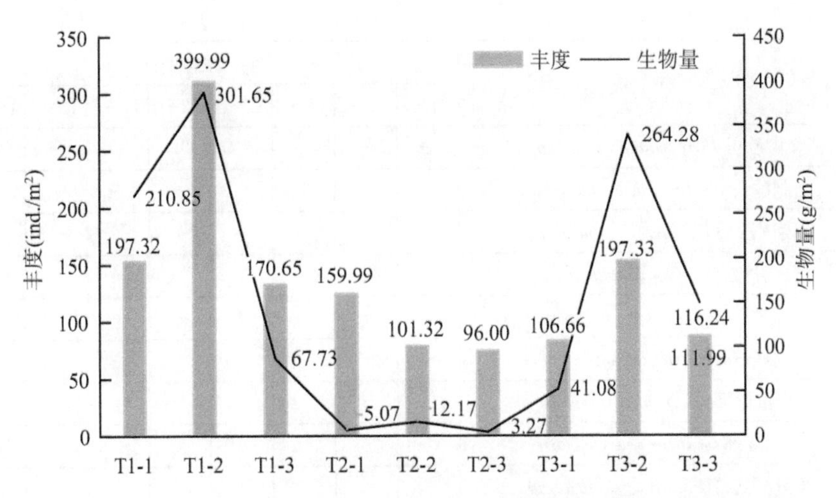

图 7.9-3 秋季各采样断面潮间带物种丰度及生物量

7.9.3 物种分布

夏秋季两次采样共记录到 38 种潮间带生物，具体如表 7.9-3 所示。总体上看，三区核心区的物种多样性较高的区域为 T1-2，该区域为潮沟分支影响区域，盐沼深厚，潮汐涨退有序，适合多数潮间带生物繁衍生息，同时麋鹿分布较少，因此潮间带生物量丰富，该调查结果与盐城潮间带生物调查报告的中潮位的物种多样性最高特征相一致(袁健美等，2018)。次之为 T3-3，该区域为一小型潮沟的影响范围，因此其多样性也较高。T1-3 与 T2-3 由于巡逻用的沟通渠及防洪堤的修建，难以直接沟通黄海，因此其虽最靠近黄海，但潮汐动力影响较弱，同时土层薄弱且板结，导致其物种丰度偏低。T1-1 与 T3-1 濒临川新线，为潮沟分支末端，土壤板结，潮汐作用对其影响有限，因此其物种丰度也偏低。

总体上，三区核心区潮间带生物以次级潮沟影响范围的盐沼区域多样性最高，如靠近川东港—丁溪河的 T2-1 潮沟滨岸与三区核心区东南角的 T3-3 潮沟盐沼地；而潮沟分支末端或无潮沟影响的盐碱地最低，三区核心区中部一级潮沟附近受到潮汐影响太剧烈，因此多样性也相对较低。

表 7.9-3 各个采样断面潮间带物种分布

序号	种	采样断面								
		T1-1	T1-2	T1-3	T2-1	T2-2	T2-3	T3-1	T3-2	T3-3
1	方格星虫 *Sipunculus nudus*		+							
2	纽虫科 Nemertinea					+			+	
3	背蚓虫 *Notomastus latericeus*					+				
4	小头虫 *Capitella capitata*				+				+	+
5	长吻沙蚕 *Glycera chirori*	+	+					+	+	+
6	独齿围沙蚕 *Perinereis cultrifera*				+			+		+

续表

序号	种	采样断面								
		T1－1	T1－2	T1－3	T2－1	T2－2	T2－3	T3－1	T3－2	T3－3
7	拟突齿沙蚕 *Paraleonnates uschakovi*	＋	＋					＋	＋	＋
8	全刺沙蚕 *Nectoneanthes oxypoda*				＋	＋	＋		＋	＋
9	双齿围沙蚕 *Perinereis aibuhitensis*	＋	＋	＋	＋	＋	＋	＋	＋	＋
10	日本角吻沙蚕 *Goniada japonica*					＋				
11	加州齿吻沙蚕 *Nephtys californiensis*		＋		＋	＋	＋			＋
12	缢蛏 *Sinonovacula constricta*						＋			＋
13	绯拟沼螺 *Assiminea latericea*			＋			＋		＋	
14	中国绿螂 *Glauconome chinensis*	＋	＋		＋		＋	＋	＋	＋
15	光滑河蓝蛤 *Potamocorbula laevis*				＋	＋	＋			
16	尖锥拟蟹守螺 *Cerithidea largillierti*		＋	＋			＋		＋	＋
17	中华拟蟹守螺 *Cerithidea sinensis*		＋							
18	中国耳螺 *Ellobium chinensis*		＋	＋			＋			＋
19	泥螺 *Bullacta ecarata*				＋					
20	葛氏长臂虾 *Palaemon gravieri*					＋				
21	脊尾白虾 *Exopalaemon carinicauda*	＋		＋						
22	中国毛虾 *Acetes chinensis*				＋					
23	摇蚊幼虫 *Chironomid* sp.					＋				
24	红螯螳臂相手蟹 *Chiromantes haematocheir*		＋	＋						
25	无齿螳臂相手蟹 *Chiromantes dehaani*				＋			＋		
26	弧边招潮 *Uca arcuata*							＋		
27	谭氏泥蟹 *Llyoplax deschampsi*	＋	＋				＋			
28	隆线背脊蟹 *Deiratonotus cristatum*		＋					＋		
29	东滩华蜾蠃蜚 *Sinocorophium dongtanense*	＋	＋		＋					
30	中华蜾蠃蜚 *Corophium sinensis*		＋		＋					
31	天津厚蟹 *Helice tientsinensis*		＋	＋			＋		＋	＋
32	伍氏拟厚蟹 *Helicana wuana*								＋	
33	长足长方蟹 *Metaplax longipes*	＋	＋						＋	＋
34	斑点拟相手蟹 *Parasesarma pictum*			＋						
35	阿部氏鲻鰕虎 *Mugilogobius abei*		＋							
36	大鳍弹涂鱼 *Periophthalmus magnuspinnatus*								＋	
37	小头虫科 Capitella sp.						＋			＋
38	普氏细棘鰕虎鱼 *Acentrogobius pflaumii*	＋				＋				
总计		9	17	8	12	10	12	8	13	14

7.9.4　优势种

潮间带生物一般以优势度指数 $Y>0.02$ 定为优势种。夏秋季潮间带生物优势种如表 7.9-4 所示。夏季，潮间带生物的优势类群共计 2 类 3 种，环节动物门的双齿围沙蚕优势度最大，为 0.391；其次为软体动物门的光滑河蓝蛤，优势度为 0.089；环节动物门的加州齿吻沙蚕次之，优势度为 0.023。

秋季，潮间带生物的优势类群共计 3 类 5 种，环节动物门的双齿围沙蚕优势度最大，为 0.329；其次为节肢动物门的尖锥拟蟹守螺，优势度为 0.090；软体动物门的中国绿螂次之，优势度为 0.061。

目前保护区潮间带生物的优势种与盐城其他区域的潮间带生物优势种有较大差异（袁健美，等 2018），可能与保护区潮间带生境发生较大变化有关。

表 7.9-4　夏秋季潮间带生物优势种

季节	门	种	优势度
夏季	环节动物门 ANNELIDA	加州齿吻沙蚕 *Nephtys californiensis*	0.023
		双齿围沙蚕 *Perinereis aibuhitensis*	0.391
	软体动物门 MOLLUSCA	光滑河蓝蛤 *Potamocorbula laevis*	0.089
秋季	环节动物门 ANNELIDA	加州齿吻沙蚕 *Nephtys californiensis*	0.042
		全刺沙蚕 *Nectoneanthes oxypoda*	0.015
		双齿围沙蚕 *Perinereis aibuhitensis*	0.329
	节肢动物门 ARTHROPODA	尖锥拟蟹守螺 *Cerithidea largillierti*	0.090
	软体动物门 MOLLUSCA	中国绿螂 *Glauconome chinensis*	0.061

7.9.5　主要经济、生态物种

（1）尖锥拟蟹守螺 *Cerithidea largillierti*

分类地位：汇螺科 Potamididae 拟蟹守螺属 *Cerithidea*。

识别特征：壳体呈长锥形，螺层约 11 层。体呈黄黑色，螺层中部有 1 条紫褐色的螺旋带。下缝合线之上饰有一旋脊。末螺环的周缘呈钝角状。底部平，有旋线及弧形的横线。壳口呈方形；轴唇稍凹。

分布范围：保护区三区核心区潮沟。我国沿海岩礁、滩涂及红树林有分布。

栖息地和生态习性：栖息于潮间带中低潮区的泥沙质海滩及底栖硅藻丰富的海滩上，对盐度、温度适应性强，严冬酷暑均生长良好。

（2）脊尾白虾 *Exopalaemon carinicauda*

分类地位：长臂虾科 Palaemonidae 白虾属 *Exopalaemon*。

识别特征：体长 50～90 毫米。额角侧扁，长度为头胸甲的 1.2～1.5 倍，基部鸡冠状突起短于末部尖细部，末部向上扬起；上缘隆起部分具 6～9 齿，末部附近有一附加小齿，下缘有 3～6 齿。头胸甲具有触角刺及鳃甲刺，不具肝刺，通常具鳃甲沟。触角刺甚小，鳃甲刺较大。第一触角柄基节前缘圆，前侧刺小。腹部第三至第六节背面具明显纵脊；

尾节明显长于第六节，后部末端尖细，两侧有2对微小的刺。大颚门齿部与臼齿部间深深裂开，略呈"Y"字形，门齿部具3～4尖齿，触须3节。第一、第二小颚及第一颚足内肢不分节；第三颚足呈细长棒状，具外肢。第一步足短小；第二步足较粗壮，掌部甚膨大，指节细长，长约为掌长的1.5倍，腕甚短，约等于掌长；末3对步足指节细长，均呈爪状；第五对步足掌节后缘末部附近具横行短毛列。第二至第五对腹肢都有内附肢，雄性附肢细小，呈长棒状，边缘具刺毛。尾肢宽大，外肢外缘末部有一刺，其内侧有一横裂缝。体色透明，微带蓝色。卵较小，呈橘黄色，随胚胎发育颜色逐渐加深。

分布范围：保护区三区的潮沟及其分支处。在我国河北（北戴河、昌黎、乐亭、滦南南堡、丰南涧河）、天津（北塘、塘沽）、黄海、东海及南海北部均有分布。

栖息地和生态习性：脊尾白虾食性广而杂，不论动、植物饵料均能摄食，以动物性饵料为主，对饲料蛋白质要求较高，通常在42%以上。一般白天潜伏在泥沙下1～3厘米，不活动，不摄食；夜间活动和摄食，生长周期短。在冬天低温时，有钻洞冬眠的习性，喜好群居。

（3）大鳍弹涂鱼 *Periophthalmus magnuspinnatus*

分类地位：鰕虎科 Gobiidae 弹涂鱼属 *Periophthalmus*。

识别特征：体延长，侧扁；背缘平直，腹缘呈浅弧形；尾柄较长。头宽大，略侧扁。吻短而圆钝，斜直隆起。头部和鳃盖部无任何感觉管孔。颊部无横列的皮褶突起，仅散具零星感觉乳突。吻褶发达，边缘游离，盖于上唇。眼中大，背侧位，位于头的前半部，互相靠近，突出于头的背面；下眼睑发达；眼间隔颇狭，不明显。鼻孔每侧2个，相距较远：前鼻孔呈圆形，为一小管，突出于吻褶前缘；后鼻孔小，呈圆形，位于眼前方。口小，亚下位，平裂或呈浅弧形。上颌稍长于下颌；上颌骨后端向后伸达眼中部下方。两颌齿各1行，尖锐，直立，前端数齿稍大；下颌缝合处无犬齿。唇发达，软厚；上唇分中央和两侧3个部分，口角附近稍厚。舌宽圆形，不游离。颏部无须。体及头均被小圆鳞，无侧线。背鳍2个，分离，第一背鳍高耸，略呈大三角形，第二背鳍基部长，稍小于或等于头长，最后面的鳍条平放时不伸达尾鳍基。臀鳍基底长，与第二背鳍同形、相对，起点在第二背鳍第二鳍条基的下方，最后面的鳍条平放时不伸达尾鳍基。胸鳍尖圆，基部肌肉发达，呈臂状肌柄。左、右腹鳍基部愈合成一心形吸盘，后缘凹入，具膜盖及愈合膜。尾鳍呈圆形，下缘斜直，基底上、下具短小副鳍条4～5条。

分布范围：保护区三区的潮沟及盐沼滩涂处有分布。在我国主要分布在沿海一带如海南、台湾等。

栖息地和生态习性：大鳍弹涂鱼可以利用胸鳍和尾鳍在水面上、沙滩和岩石上爬行或跳跃。大鳍弹涂鱼可用内鳃腔、皮肤和尾部作为呼吸辅助器官。只要身体湿润，便能较长时间露出水面生活。大鳍弹涂鱼有穴居习性，喜钻洞穴，对恶劣环境的水质忍受力比一般鱼类强，具有如淡水黄鳝同样的习性，能钻入孔道栖息，在滩涂中可见到众多的洞口散布。它们以滩涂上的底栖藻类、小昆虫等小型生物为食，属杂食性鱼类，但以取食底栖硅藻类(俗称泥油)为主。

(4) 光滑河蓝蛤 *Potamocorbula laevis*

分类地位:蓝蛤科 Corbulidae 河蓝蛤属 *Potamocorbula*。

识别特征:光滑河蓝蛤的贝壳很小(0.8～2.7 厘米),呈卵圆形,前端圆形,后端突出略成截形,体长为体高的 1.5 倍。两壳不等,左壳小右壳大,壳顶接近中央稍倾向前方,左右两壳的壳顶互相紧紧依靠相接。光滑河蓝蛤的外套膜属三孔型,由于足孔很小,故外套膜复缘几乎全部愈合。进出水管短,并且互相愈合,进水孔较出水孔粗大,水管末端的触手有的有树枝状的分枝,有的没有分枝。鳃是真瓣鳃型,自壳顶向贝体后方呈枝针状排列。唇瓣呈狭长的三角形。消化盲囊为黑褐色,位于内脏团的腹侧呈尖舌状,在繁殖季节消化盲囊的周围充满了乳白色的生殖腺(雌、雄生殖腺的颜色相同),使内脏团膨起呈球形。

分布范围:保护区三区的潮沟处有分布。在我国南北沿海均有分布。

栖息地和生态习性:光滑河蓝蛤广泛分布在有淡水注入的高潮区的泥沙滩中,营埋栖生活,在河口附近数量很大。光滑河蓝蛤的自然分布与底质有密切的关系,一般比较集中分布的滩涂都是以沙为主的泥沙底质;栖息于潮间带或浅海泥沙底质海底;呈半埋栖生活,喜群居,栖息密度大,其埋栖的深度与年龄及气候有关。它们可借潮流冲击力短距离移动,主要食物为硅藻类、有机碎屑。

(5) 双齿围沙蚕 *Perinereis aibuhitensis*

分类地位:沙蚕科 Nereididae 围沙蚕属 *Perinereis*。

识别特征:双齿围沙蚕可以长达 50 厘米。它们的尾部呈褐色,其余的部分呈青绿色或红褐色。它们的头部有 4 只眼、1 对触须及 8 只触手。在我国沿海分布广泛,喜欢栖息于中、高潮带海滩,富含有机质、硅藻等的生境有利于其生长和繁殖。它们的身体呈翠绿色或黄绿色,背部可见其体内血红色的背血管,口部长有发达的钩状颚齿。

分布范围:保护区三区的潮沟及盐沼滩涂处有分布。国内分布:渤海、黄海、东海、南海。国外分布:韩国、泰国、菲律宾、印度(安达曼群岛)、印度尼西亚(苏拉威西、苏门答腊、爪哇)。

栖息地和生态习性:为热带、亚热带广布种,喜栖于泥沙滩潮间带,是高中潮带的优势种,亦见于红树林群落中。

第三篇

麋鹿及其栖息地

8 麋鹿的历史

8.1 麋鹿起源

现有古生物化石材料表明，在中新世早期，鹿亚科（Cervinae）从鹿科（Cervidae）总进化枝分化出来，在上新世末期至更新世初期，鹿属（*Cervus*）自鹿亚科逐步分化，麋鹿属（*Elaphurus*）较黇鹿属（*Dama*）更晚从鹿亚科中独立分化出来，麋鹿与其他物种的分歧时间约在270万年。通过分子生物学技术，大多数学者认为，相比鹿亚科其他属，麋鹿属与鹿属有较近的亲缘关系，尤其与鹿属中的坡鹿的亲缘关系最近，与其聚成姐妹群。

麋鹿属（*Elaphurus*）化石为亚洲所特有，绝大部分集中于中国，少数发现于日本，在朝鲜等地也有分布。化石资料和分子生物学的研究结果显示，现生的麋鹿（*Elaphurus davidianus*，即达氏种）起源于中国中东部的长江、黄河流域，主要分布在平原、沼泽地区。在更新世初期陕西蓝田涝池河、山西芮城西侯度、河北阳原泥河湾等地都生存着比现生麋鹿（达氏种）更原始的麋鹿种群。在晚更新期至全新世中期，随着冰期结束、气候全面转暖，我国东部平原开始出现以麋鹿为代表的古脊椎动物组合，麋鹿规模在该阶段发展迅速，在我国东部地区分布十分广泛，广东、湖南、湖北、江苏、浙江、江西、安徽、河南、河北、海南、台湾、上海等省市均有分布。

8.2 麋鹿兴衰

自古麋鹿便为我国珍奇兽类，自周朝（公元前11世纪—前256年）起我国便有圈养麋鹿的历史记录，至今已超过3000年，《孟子·梁惠王章句下》中曾有记载“臣闻郊关之内有囿方四十里，杀其麋鹿者如杀人之罪”，足见麋鹿之于古人的重要程度。直至1865年，传教士阿尔曼·大卫前往北京南苑皇家猎场，麋鹿才为西方科学首次发现并称为“David’s deer”。1865—1894年，中国的麋鹿被运往英国、法国、德国等国家的动物园，但因环境差异较大导致麋鹿种群数量锐减，1896—1901年欧洲最后一群麋鹿被圈养在英国十四世贝德福德公爵的乌邦寺庄园，幸而这18只麋鹿得到有效繁衍并成为如今全球现存麋鹿的“奠基者”。随着清朝的灭亡，我国野生麋鹿在清代末期、民国初期灭绝，最后的活动地区可能位于我国东部的滨海地带和沿海岛屿。对于该物种灭绝的原因，科研工作者已经进行了大量的研究，目前普遍认为导致麋鹿野生种群灭绝的主要原因包括人为干扰加剧、自然条件变化和物种自身的特性。

近现代以来，随着轻工业和农业的快速发展，湖区围垦和城镇建设等因素造成野生麋鹿栖息地的退化和丧失。此外，因其外貌特异，人类对野生麋鹿开展了长期的捕杀和利用，加之中国各朝代更替、战争不断最终导致其“存者渐稀”。自然条件变化体现在气候和地理的变迁两方面：通过文献记载可知我国近五千年气候变化特点为寒冷期时长增加且寒冷程度加强，温暖期减短且温暖程度减弱，湿润期短而干旱期加长；纵观我国东部地理变迁，呈现沼泽和水体面积明显减少的趋势。麋鹿喜温暖湿润环境且对水域依赖性强，因此近千年的环境变化对野生麋鹿的生存产生了一定的不利影响。麋鹿的适宜生境狭窄，为适应在特殊生境内活动，其身体部位产生特化，如足部有宽大而能分开的蹄及蹼状的皮腱膜，适宜于在泥泞沼泽行走；颊齿的齿冠窄而薄，适宜吃嫩草或水草；毛被不厚从而适应温暖地区气候，但此类特化同时也限制了麋鹿的分布范围以及食物资源的获取，进而不利于野生麋鹿种群的扩散。此外，麋鹿自身的因素也加快了灭绝的进程，在进化过程中麋鹿体型的增大导致其行动迟缓、躲避敌害不及时，且缺乏耐力，不善于长途奔跑；偏好的芦苇、草丛生境难以提供足够的隐蔽性，喜集群生活却不具有保护行为；繁殖能力较差，孕期长约10个月，一胎仅一仔，种群复苏能力不强。麋鹿的灭绝不是单一因素造成的，而是内因外因共同作用的结果，其中人为干扰为麋鹿种群带来了毁灭性打击。

8.3 麋鹿种群的重建

为挽救濒危物种、实现中国麋鹿再引种，最终建立起能够长期自我维持的野外种群，1985年中国正式启动了麋鹿回归计划。1985—1987年，乌邦寺将20只麋鹿重引入到中国，饲养在北京南海子麋鹿苑，并成立北京麋鹿生态实验中心；1986年世界自然基金会(WWF)从英国伦敦引入39只麋鹿(公13只，母26只)放养在江苏省大丰麋鹿国家级自然保护区，自此正式拉开我国麋鹿迁地保护的序幕。

中国麋鹿自重引入后，逆着麋鹿种群灭绝的路径，经过了圈养与半散放种群、保护区野化训练种群到逐步归化为自然种群的过程。北京南海子麋鹿苑与江苏省大丰麋鹿国家级自然保护区承担了最初引入的麋鹿种群的饲养与种群复壮任务。大丰麋鹿保护区1986—1998年实现了麋鹿种群的扩大，经过饲养繁殖，出生率基本维持在20%～30%，1990年达到78只基础种群，2000年达到468只，2022年保护区麋鹿种群数量达到7 033头，其中野放麋鹿种群数量达到3 116头。大丰麋鹿保护区已经成为当今世界面积最大、种群总数最多、野化数量最多的麋鹿自然保护区。大丰麋鹿保护区自1995年开始向其他地方输出麋鹿，截至2020年底共计输出164只。

北京南海子麋鹿苑在完成奠基种群的初步建立后，为进一步恢复麋鹿自然种群，同时减少种群数量压力，于1993—1994年分别将64只麋鹿(公18只，母46只)输出至湖北石首市的长江天鹅洲湿地，湖北石首麋鹿国家级自然保护区也由此而来。此后，北京南海子麋鹿苑每年向全国各地输出麋鹿，例如，2002年12月输出30只到河南省原阳县麋鹿散养场，2006年输出31只至浙江临安国家濒危野生动植物种质基因保护中心建立繁育种群。截至2020年底，北京麋鹿苑共计输出麋鹿546只。

1998年，我国长江流域遭遇特大洪水灾害，致石首麋鹿保护区围栏破损，共有34只麋鹿外逃至保护区附近的湿地并开始野外生存，其中5只随洪水漂流到湖南省洞庭湖湖区，后陆续有多只麋鹿到此定居，经长时间野外生存、繁殖后，形成了湖南洞庭湖麋鹿种群。同年，国家选定在江苏大丰进行麋鹿野化放归实验，大丰麋鹿保护区选定了 8 只麋鹿作为首次实验的个体，实验顺利开展并取得极大的成功。此后为继续完成重建野外种群目标，从 2002 年开始，大丰麋鹿保护区又多次进行麋鹿野生放养，2003 年第一只野放幼体出生于大丰麋鹿保护区，结束了世界百年来没有野生麋鹿的历史。至此，经过了圈养与半散放种群、保护区野化训练种群后，逐步归化为自然种群的第三阶段正式完成。此成功经验被总结为“三步走模式”。

9　麋鹿生物学

9.1　分类学研究

麋鹿是原产于我国的珍稀有蹄类动物,历史上曾被认为有5个种,现仅存达氏麋鹿(*E. davidianus*),也即大卫鹿,其余4种均已灭绝(如表9.1-1所示)。双叉麋鹿(*E. bifurcatus*)是由德日进和皮韦托于1930年在研究中国河北泥河湾维拉方期哺乳动物群时,发现一类鹿角化石,其分叉性质与现生麋鹿相类似,从而建立的新种;晋南麋鹿(*E. chinanensis*)是由贾兰坡于1974年根据山西早更新世的考古材料确定的古代麋鹿新种;蓝田麋鹿(*E. lantianensis*)是由计宏祥于1975年根据陕西早更新世的考古材料确定的另一古代麋鹿种;台湾麋鹿(*E. formosanus*)由日本学者于1978年将我国台湾地区早更新世的狍属台湾种(*Capreolus formosanus*)修订为本种。

表9.1-1　历史上麋鹿属5个种的特征及分布情况

特征	种类	拉丁名	分布	现存状态
角枝主干分为前后枝。前枝双分,向上一段距离后双分为2个叉,充分发育的个体这两个叉再双分1次	达氏麋鹿	*Elaphurus davidianus*	中国东部200余个产地	现存
角枝主干分为前后枝。前枝双分,向上一段距离后分为2个叉	双叉麋鹿	*Elaphurus bifurcatus*	河北阳原泥河湾、山西武乡张家沟、山西平陆张峪后沟、山西芮城西侯度	灭绝
	台湾麋鹿	*Elaphurus formosanus*	台湾省台南左镇	灭绝
角枝主干分为前后枝。前枝双分,基部起即分为2个叉	晋南麋鹿	*Elaphurus chinanensis*	山西芮城西侯度、山西临猗、陕西渭南阳郭	灭绝
角枝主干分为前后枝。前枝不分叉	蓝田麋鹿	*Elaphurus lantianensis*	陕西蓝田金山九浪沟	灭绝

9.2　遗传学研究

如今生物多样性保护已然成为国际热点问题,遗传多样性作为生物多样性的核心,不仅直接关系到物种的形成与发展,更与生物多样性的消亡息息相关,保护生物多样性的最终目的就是要保护其遗传多样性。从保护遗传学角度看来,种内遗传多样性或变异性越丰富,物种对环境变化的适应性越强,其进化的潜力也就越大,因此,最大限度地保护现有种群的遗传多样性对生物多样性保护、就地保护及迁地保护计划显得尤为重要。麋鹿曾经在我国绝迹后又重引入,引入初期为典型的小种群,遗传多样性受到遗传漂变等多方面因素交叉影响而较为脆弱,虽然目前我国已经野化了部分麋鹿,世界各地的麋鹿种群数量也有了较大增长,但是由于20世纪初的瓶颈效应以及奠基者效应,加之栖息地分散，限制了麋鹿种群的交流扩散，因此麋鹿的遗传多样性依旧较低。2003 年，国外学者对 1947—2002 年世界各地动物园出生的共 2 042 只麋鹿进行研究，显示全球麋鹿近交系数 0.242 2～0.281 2，高于兄妹交配的近交系数，一旦遭遇剧烈的环境条件改变，极可能因缺乏调节机制而遭受物种绝灭危险，因此对麋鹿遗传多样性的长期监测研究十分重要。

19 世纪末，麋鹿经历了极其严重的瓶颈效应并出现了近交衰退迹象，主要表现在(1)寿命缩短。1876—1894 年在柏林 3 只亲本麋鹿的后代平均寿命为 9.7 岁($n=6$)，而由其子一代交配繁殖的后代平均寿命仅为 4.0 岁($n=11$)。(2)性比衰退。初期在欧洲繁殖的 28 只麋鹿，雄、雌性比为 2.5∶1，这是由于雄性性染色体具有杂合性并使其具有生存优势所导致。(3)产生白化个体。柏林动物园出现 1 只寿命为 5 岁的白化个体。如今全球的麋鹿均是乌邦寺庄园最初的 18 只麋鹿的后代，据资料记载其种群性比为 8 雄 10 雌，学者依据江苏大丰麋鹿种群参繁性比推算出乌邦寺参与交配繁殖的雄性麋鹿应为 2 只左右，即现存麋鹿应为当初 10 只麋鹿的后代，更有学者认为在英国乌邦寺出生的子一代麋鹿可能都是同一只雄性麋鹿的后代，因此它们的遗传变异变得非常单一。自 1945 年起，乌邦寺开始向其他地区输送麋鹿，研究人员计算此期间麋鹿的近交系数已达 0.16～0.26；随后是北京麋鹿苑和江苏省大丰麋鹿国家级自然保护区引种建群时，前者是乌邦寺的后代，后者则为英国 7 家动物园的后代，若假定乌邦寺初始麋鹿的近交系数为 0，则 1977 年麋鹿的平均近交系数为 0.116，据此推算出 1985 年麋鹿重引进中国前世界麋鹿近交系数至少在 0.2～0.3 间；江苏大丰麋鹿种群进行有效种群数量分析结果表明，当年大丰麋鹿的近交系数为 0.215 4～0.313 5，表明大丰麋鹿遗传变异约为其野生种群的 70%。

关于中国麋鹿的遗传多样性，学者们进行了一系列的研究。20 世纪末蛋白质电泳分析表明，麋鹿由于近交、瓶颈效应及遗传漂变的联合作用，麋鹿种群没有发现明显多态性，遗传变异已严重降低，成为一个近乎纯合的种群。到了 21 世纪初期，中国学者利用线粒体、基因片段开展了遗传多样性研究，结果表明目前中国麋鹿在母系遗传上非常单一，没有发生分化，表明我国麋鹿种群的遗传多样性比较贫乏。

虽然理论表明，近交系数每增加 10%，种群繁殖能力将下降 25%左右，但目前严重的近交似乎未对麋鹿种群生存力和繁殖力产生明显不良的影响。根据北京麋鹿苑的记载，近 20 年来幼体存活率一直维持在 80%以上，成体体重以及雄性个体鹿角明显增大，子代发生畸形和母兽难产现象出现的概率极低。现存麋鹿再引入我国能迅速适应原产地的自然条件并在野外生存繁衍，可能是因为在建群初期经过遗传狭窄过程，大量稀有有害基因被清除，种群内部发生了积极的遗传净化作用，结合麋鹿种群迅速增长、自由竞争等种群内部调节因素，从而使种群内优良基因得以保存并安然度过"瓶颈期"，同时耐受近交的能力显著增强。大丰麋鹿刚引入时，雌雄比约为 2∶1，且有效种群大小远小于实际种群大小，1997 年底，大丰麋鹿半散养种群的性别比为 1.24∶1，至 2014 年，大丰麋鹿经过多年的野外生活后，其野放种群的性别比为 1.66∶1，该比例低于建群种群，但高于半散养种群，说明大丰麋鹿野放种群发展成功，其种群结构在野外已经进行了自我调节。运用非损伤性遗传取样对大丰麋鹿野放种群的遗传多样性进行研究发现，大丰麋鹿野放种群和北京麋鹿种群已产生显著的遗传分化，并且大丰麋鹿野放种群的遗传多样性高于北京种群。

在中国政府的大力支持下，各省市保护区加强对麋鹿潜在栖息地的建设和保护，加之麋鹿对我国栖息地环境极强的适应性，使得麋鹿种群复壮取得较好成果，是中国乃至全球珍稀物种保护领域中的成功范例。但不能忽视的是，麋鹿种群仍然面临严峻的遗传困境，较低的遗传多样性水平可能削弱麋鹿抵抗随机风险的能力，使其更易受到自然灾害和疫病的威胁，因此在种群管理方面需要避免高度近交，同时加强遗传多样性的表达，充分利用雄性麋鹿的繁殖潜力，建议尽量避免近亲交配，加强北京麋鹿和大丰麋鹿的种群间的个体交流，同时避免小规模饲养麋鹿种群中出现麋鹿性别单一、个体衰老、无法繁殖的情况。随着分子生物学的发展，建议加强对我国麋鹿野放种群遗传多样性的跟踪监测，建立遗传档案，从而提高携有稀有等位基因的个体在种群中的繁殖成功率，以促进我国麋鹿种群持续健康繁衍。

9.3 形态学研究

麋鹿是一种大型鹿类，具有头大、吻长、眼小的特点，因角似鹿、脸似马、蹄似牛、尾似驴而俗称为“四不像”。采用大体解剖学方法对麋鹿头骨外形进行观察和研究，并与马鹿、驯鹿、牛、马头骨的解剖结构进行简单比较发现：麋鹿头骨狭长，吻部狭窄，鼻骨长且平直，犁骨不发达，下颌角钝圆，泪骨形态特殊，颜面有纵行深窝，泪孔有两个，位于眶缘上被尖状泪突分开。成年个体一般体长 170～200 厘米，肩高 110～120 厘米，体重 130～220 千克。体型具有性二型差异，雌性麋鹿的体型明显小于雄性，且雄性麋鹿的颈部和背部也更粗壮。

麋鹿仅雄性长角，雌性无角，麋鹿角的分叉是由主杆向后上方分叉，没有眉叉，角尖在同一高度上，形成向后分叉的枝形角，三岁后脱落的麋鹿角可以倒置在同一平面站立不倒，若生长出的角与正常枝形角的形状不相一致，即为畸形角。根据角的形态结构、分杈形状，可将畸形角分为掌形角、同根基二枝角、并列分杈角、主枝无规则分杈角、主枝与第一分杈再无规则分杈角五类。麋鹿角为实心角，经鹿茸阶段由茸质角骨化、脱茸后形成，每年冬至前后会脱落一次，更换周期与繁殖周期一致，且随着年龄的增加，脱角日期越发提前；近年有学者首次发现麋鹿骨质角在夏季脱落的现象，可能与个体年龄、体膘、内分泌机能调节和基因突变等体内因素有直接关系，此外与光周期、气温及食物相关物质含量等体外因子也具关联。

麋鹿的毛被不发达，背部、耳背及四肢下部的毛都很稀疏，和北方寒冷地区的有蹄类相比，差别较明显，表明麋鹿更适于温湿性气候。麋鹿的毛被到一定季节会进行生理性脱换，它可以根据不同的季节调整被毛的厚度，而颜色也跟着一起改变。冬天外界气温很低，麋鹿的被毛很长而且浓密，就像盖了一层厚“被子”为自身保暖，其颜色为灰棕色或者灰褐色。夏天麋鹿被毛稀薄短毛，增加了透气性以适应外界高温环境，其颜色为红棕色，有的也夹杂着灰色。麋鹿毛的显著特征是有 5～7 个毛旋，分布在颈部 2 个、肩部 2 个、肘部 2 个（肘部不一定出现）和腰部 1 个，且研究发现麋鹿背部、腹部和喉部的毛鳞片排序相同，与梅花鹿（*Cervus nippon*）和河麂（*Hydropotes inermis*）有明显差异，可作为种间鉴定依据。不同性别之间，被毛也存在一些差异，雄性麋鹿成年以后其颈下长有长毛，躯干部被毛也比雌性麋鹿浓密一些。

麋鹿的蹄扁平宽大，其周长 26～28 厘米，明显大于掌，与水牛的蹄相似，但悬蹄较长，第三蹄与第四蹄之间具有皮腱膜，厚度为 0.5～1.3 厘米，前指间皮腱膜面积 10.5～16.9 平方厘米，后趾间皮腱膜面积为 16～21 平方厘米，侧蹄长 4.5～5.5 厘米，主蹄、侧蹄及皮腱膜的总面积约为 335～362 平方厘米。如果全部着地承重，其压强约 200～280 克/平方厘米，而典型的适应深雪和沼泽生活的有蹄类如驯鹿（*Rangifer tarandus*），其压强为 140 克/平方厘米，表明麋鹿蹄子的特殊结构与适应沼泽生境密切相关；麋鹿趾间张开角度可达 36 度，在湿地行走时可以有效避免下陷。此外，指（趾）与地面所成夹角较小，区别于攀登高山、岩石、陡壁的岩羊（*Pseudois nayaur*）、北山羊（*Capra ibex*）等，更适合平原生活。

麋鹿的尾为鹿科动物中最长的，外形酷似驴尾，尾端丛生长毛，长度超过 36 厘米，尾毛末端超过踝关节，全长近躯干长度的 2/3。其尾椎骨数也比其他鹿类都多，但统计数字说法不一。麋鹿长尾的主要作用为驱赶吸血昆虫及缓解瘙痒，在行走奔跑时也能起到保持身体平衡的作用。

麋鹿的齿与鹿科中其他种类相似，月型齿的齿脊均不太发达，咀嚼面较小，其形态和南方的水鹿（*Rusa unicolor*）的齿相似，适于咀嚼草本植物。解剖后发现，麋鹿的下中门齿特殊发达，这一点也与水鹿相近，但比水鹿更特化，更适于挖掘水生植物的根茎。

9.4 生理学研究

9.4.1 体温

麋鹿为恒温哺乳动物，具备发达的体温调节中枢和产热、散热系统，能在不同温度的外界环境下保持恒定体温，使机体温度维持在一个较为稳定的范围内，以适应内外环境温度的变化。丁玉华（2004）对 35 头成年麋鹿体温测量的结果显示，麋鹿体温的平均温度为 38～39℃（直肠温度）。一般来说幼鹿体温高出成年麋鹿 0.5～1℃，初生仔鹿体温高出成年麋鹿 0.2～1.2℃。在清晨，麋鹿体温较低，下午 3 至 4 时体温较高，早晚温差变动在 1℃间。另外在麋鹿剧烈奔跑时体温会升高，可较正常状态下高出 1.8～2.8℃。

9.4.2 心率

麋鹿的心率与年龄、性别和其他生理情况有直接关系，一般来说幼年麋鹿心率高，而后随年龄的增长心率降低，成年后心率保持在一定范围，雄性心率比雌性稍低。正常状况下，麋鹿的心率为 55～70 次/分，仔鹿有记录心率为 243 次/分，疑为人为干扰惊吓所致。

9.4.3 呼吸

麋鹿的呼吸包括内呼吸和外呼吸，内呼吸即组织呼吸，是实现氧气和二氧化碳在组织细胞和血液中交换的过程；外呼吸通过呼吸道和肺部的收缩扩张实现，是实现肺内气体与外界环境进行交换，呼出二氧化碳、吸入氧气的过程。

麋鹿的呼吸方式分为三种类型，第一种是胸腹式呼吸，在呼吸时胸壁和腹壁动作协调、强度大致相等，也称混合式呼吸，胸腹式呼吸是麋鹿正常的呼吸方式。第二种是胸式呼吸，麋鹿患某些腹部疾病或外伤时，腹壁的运动减弱，胸壁起伏动作明显，即表现为胸式呼吸。第三种是腹式呼吸，当麋鹿患某些胸部疾病或出现肋骨骨折等问题时，腹部动作起伏明显，胸廓起伏轻微，呈现腹式呼吸态。

麋鹿呼吸具有一定的规律，呼气时间长、吸气时间段，呼气与吸气时间比约为 1∶0.71，成年雌鹿为 1∶0.65，成年雄鹿为 1∶0.76。从大丰麋鹿群 60 头成年麋鹿呼吸的频次统计，麋鹿平均每分钟呼吸 27.4 次，值域 15～40 次，仔鹿较成年麋鹿高 4～5 次/分。

9.4.4 血液

麋鹿血液由血浆和血细胞组成。动脉管中血液因含氧量高而呈鲜红色，静脉管中血液因含氧量低则呈暗红色。2003 年对 3 头成年麋鹿血液酸碱度测试结果表明，麋鹿血液 pH 值为 7.5。大丰麋鹿群各年龄段血红蛋白含量为 33.56％～47.13％；仔麋鹿、成年雄鹿红细胞数为 6.25％～17.58％，仔麋鹿、成年麋鹿、亚成体雄麋鹿血细胞比容 7.12％～19.15％；仔麋鹿和成年麋鹿的总蛋白含量为 4.05％～11.29％，仔麋鹿的血糖浓度为 36.49％～41.44％，而血清尿酸含量为 4.0～5.2 毫克/升。大丰麋鹿凝血时间为 2 分 48 秒，93％血样在 1 分 20 秒～4 分 33 秒内凝集，成年麋鹿凝血时间为 2 分 58 秒，幼年为 2 分 30 秒。

9.4.5 尿液

根据丁玉华 2003 年 4 月对麋鹿保护区 1 头健康麋鹿尿液取样送检化验的结果，尿液比重为 1.01，酸碱度为 8.50，蛋白质含量为 30 毫克/升，尿胆素为 0.20E.U./升。

9.4.6 反刍和咀嚼

麋鹿采食后，会反复地将瘤胃中的食物逆呕至口腔并重新咀嚼后再咽下，通常在安静时进行。通常情况下，麋鹿采食或运动后 5～10 分钟后开始反刍，每次反刍 4～7 个食团，每个食团平均被咀嚼 37.2±10.723 次，每个食团之间间隔 3～5 秒钟。在咀嚼过程中，如遇外界干扰等异常情况，麋鹿可将未完全咀嚼的食团保存在口腔，待外界干扰消失后继续咀嚼。食物纤维化程度高则咀嚼次数就越多、时间越长。咀嚼次数与麋鹿年龄有关，老年麋鹿的牙齿磨损面积大则咀嚼慢、时间长、次数多。反刍和咀嚼次数与反刍功能障碍也有很大关系，反刍功能出现障碍时麋鹿采食后反刍时间较迟，反刍、咀嚼时间过短，严重时还会停止咀嚼。

9.4.7 角成分

9.4.7.1 茸质角

丁玉华在1993年至1994年2—3月(生茸期)，对选择的12头4至8岁雄性麋鹿茸角成分测定发现，茸质角主要的有效成分包括氨基酸、维生素、矿物质等。氨基酸共19种，其中赖氨酸、蛋氨酸、苏氨酸和色氨酸是主要组成部分；维生素测出10种，以维生素B1/B2、维生素E、维生素C为主；矿物质测出26种，主要含锌、铁、铝、镁、钙、硒、磷等。通过测定指标综合分析，可以得出麋鹿茸质量优于梅花鹿茸和马鹿茸的结论。

9.4.7.2 骨质角

麋鹿骨质角外表乳白色，断面周围白色，中央灰色，并有细蜂窝状小孔。麋鹿角由骨密质和骨疏质组成。骨密质中有许多哈费氏系统，每个哈费氏系统由一个圆形哈费氏管和以哈费氏管为圆心的数层环形骨板及骨陷窝组成。在角横切面上，显微组织部分可见明显的骨板。骨陷窝排列不规则，呈类圆形或短梭形。骨小管由骨陷窝内伸出，做放射状排列。

9.5 疾病研究

9.5.1 内科疾病

9.5.1.1 瘤胃臌胀

(1) 病因

瘤胃臌胀是胃神经反应性降低、胃收缩力减弱、采食易发酵植物后在瘤胃内菌群作用下异常发酵产生大量气体引起瘤胃急剧臌胀的疾病。瘤胃臌胀常发生在可食草种茂盛的季节，特别是在枯草向青草期转换的季节，麋鹿在采食幼嫩多汁植物时可能引起胀青。另外麋鹿进食豆科、藤本、块根等植物和人工饼料等均易导致本病的发生。前胃迟缓、创伤性网胃炎、食道梗塞及前胃存在泥沙或毛球、塑料纸袋等均可引起排期障碍，致使瘤胃壁扩张而发生臌胀。

(2) 发病机制及症状

瘤胃内容物发酵和消化过程会产生大量二氧化碳和甲烷等气体，在病理条件下这些气体不能通过嗳气排出，又不能在消化时随内容物通过消化道排出和吸收，就会发生瘤胃臌胀。发病初期麋鹿表现为不安、神情忧郁、角膜充血、角膜周围血管扩张，不停起身、卧地、回头顾腹，腹围迅速膨大，瘤胃收缩性增强，然后逐步减弱或消失，腹壁紧张而有弹性，叩诊呈鼓音。麋鹿通常呼吸困难，呼吸急促而有力，甚至头颈伸展，张口伸舌，口吐白沫，采食反刍完全停止，腹围急剧扩大，眼球突出。病的后期，麋鹿会心力衰竭，血液循环障碍，静脉怒张，呼吸困难，黏膜发绀，目光恐惧，站立不稳，步态蹒跚，往往突然倒地痉挛、抽搐，陷于窒息和心脏麻痹状态，不及时治疗常导致死亡。

(3) 治疗

可进行瘤胃按摩,促进嗳气排出,同时用松节油、鱼石脂、酒精加适量温水一次性内服。急症或重病者,首先用套管针进行瘤胃穿刺放气,防止窒息,放气时切忌一次性快速放空,应间断放气。静脉注射5%~10%葡萄糖500~1 000毫升,10%氯化钠溶液500毫升,以减轻呼吸循环器官的负担,也可往瘤胃内注入止酵剂,预防继续产气。非泡沫性膨胀放气后,宜用鱼石脂10~15克、酒精30~40毫升、常温水1 000毫升注入瘤胃;泡沫性膨胀宜用二甲硅油片剂或菜籽油、豆油、花生油250毫升,温水500毫升制成油乳剂内服。

9.5.1.2 前胃弛缓

(1) 病因

前胃弛缓是由于各种原因引起麋鹿的前胃神经兴奋性降低,收缩力减弱,前胃内容物不能正常消化和向后移送,有害菌群在前胃中使内容物发酵、分解、腐败,产生许多有毒物质,引起消化机能障碍和全身机能紊乱。前胃弛缓一般分为原发性和继发性,原发性前胃弛缓主要是技术管理不当,让麋鹿采食了不易消化的草料及发酵、腐烂、变质的饲料,以及一些豆谷类和尿素等特殊饲料。另外气候异常、年龄增大、体质不佳、饥饿等因素均能诱发本病。继发性前胃弛缓通常病因复杂,瘤胃积食、网胃溃疡、瓣胃阻塞等都能伴发消化性障碍,引发前胃弛缓,另外口腔疾病引发的咀嚼障碍、肠道疾病及腹膜炎、某些传染病、寄生虫病、代谢疾病等均可引发前胃弛缓。

(2) 发病机制及症状

中枢神经系统和植物性神经系统机能障碍所导致的前胃机能紊乱是发生前胃弛缓的主要原因。瓣胃食物过度充满后,在压力感受器的刺激下瘤胃和网胃功能受到抑制,或是皱胃和肠道瘀滞及幽门阻塞,反射性地干扰前胃的运动机能,均会导致前胃弛缓。瘤胃内微生态系统受破坏后,pH值下降,纤毛虫数量及活性降低,瘤胃内容物得不到充分的搅拌而产生大量气体和有机酸,同时腐败食物产生的有毒物质均可被鹿体吸收产生神经系统和器官毒性,引起消化道炎症。前胃弛缓分为急性和慢性,急性多呈消化不良、精神萎靡,食欲不振,消化、反刍停止,便秘,粪球干硬,排便量减少,病期延长可继发胃肠炎,由便秘转为腹泻,排出大量棕褐色黏稠粪便或水样粪便,气味恶臭,行走时后躯摇摆;慢性多为食欲不振、异嗜、舔砖、食泥土,反刍无规律,瘤胃呈周期性或慢性臌气,毛被蓬乱,皮肤干燥,失去弹性,病鹿逐渐消瘦,严重者呈贫血、衰竭甚至死亡。

(3) 治疗

注射卡巴胆碱(氨甲酰胆碱)、新斯的明或毛果芸香碱以兴奋副交感神经,恢复神经体液调节机能,促进瘤胃蠕动。药物视鹿体大小,酌情选用剂量。

防止腐败和进行止酵,可采用鱼石脂10~15克、酒精45毫升、水1 000毫升内服,病的初期用硫酸镁250~300克、鱼石脂10~15克、温水600~800毫升一次性内服。

促反刍液500~1 000毫升,其中每500毫升含氯化钠25克,氯化钙5克,安钠咖

1克一次静脉注射，或用10%～20%高渗氯化钠溶液，10%安钠咖20～30毫升一次静脉注射。

伴有内中毒时，可静脉注射25%葡萄糖溶液500～1 000毫升。如胃肠道出现炎症时，可给磺胺制剂或黄连素等。

恢复期可用健胃剂，如酒石酸锑钾4克、番木鳖粉1克、干姜10克、龙胆粉10克，混合一次内服。

9.5.1.3　瓣胃阻塞

(1) 病因

瓣胃阻塞主要是由于前胃运动机能发生障碍，瓣胃收缩力减弱，内容物充满、干涸，不能排入皱胃所致。麋鹿长期采食谷糠类、夹带泥沙的块根、藤本类草料时最容易致病。此外，食入大量高纤维的干枯草料，加之水源缺乏，饮水严重不足，致使食料积累在瓣胃中而不能向后运送，引起本病的发生。另外还有一些疾病可继发本病，如前胃弛缓、瘤胃积食、瓣胃炎、皱胃扭转或变位、皱胃毛球阻塞以及某些中毒病、寄生虫病等。

(2) 发病机制及症状

麋鹿的瓣胃有许多小叶，在正常情况下瓣胃的蠕动和逆蠕动频率远低于瘤胃和网胃，由网胃进入瓣胃的食团必须经过瓣胃小叶间的机械消化过程才能送入皱胃。在运送过程中液态物质先进入皱胃，固体物质在瓣胃中大部分留在小叶间，在瓣胃收缩与舒张运动作用下固体物质被小叶挤压磨碎，最后推移到皱胃。当瓣胃运动机能减弱时，瓣胃内容物不能被及时地挤入皱胃，而瓣胃内一部分水流入皱胃，一部分水被瓣胃吸收，内容物因停滞过多变得干硬从而引起阻塞。瓣胃阻塞后，蠕动先减弱，然后完全消失。病鹿精神沉郁、食欲减少，反刍紊乱，严重时食欲、反刍完全停止。有时病鹿空口咀嚼和磨齿、脱水、鼻镜干燥，严重时鼻镜呈现龟裂。病鹿小便减少，后期无尿，有排粪动作而无粪便排出，直至完全没有排粪欲。

(3) 治疗

根据病因不同，选择不同的治疗方案。病初期，应以轻泻、补液为主。用硫酸钠或硫酸镁300～400克加水3 000～4 000毫升内服，也可用石蜡油500～1 000毫升、胡麻油250～300毫升投服。严重时可静脉注射5%氯化钠溶液300毫升、咖啡因1.5～2克或皮下注射士的宁15毫克、毛果芸香碱20毫克。目前最好的方法是向瓣胃直接注射10%硫酸镁或硫酸钠溶液3 000～5 000毫升，并加入石蜡油200毫升一次性注射完毕。如是塑料袋或难以消化的纤维制品引起的瓣胃阻塞，在确诊后应尽快施行手术，将阻塞物取出。

9.5.1.4　食毛症

(1) 病因

麋鹿的咬毛病俗称食毛症，一般认为是一种微量元素缺乏症。鹿群密度过大时、人工投料后鹿群相互争食时、雄鹿脱角生茸时、雌鹿群体活动时咬毛频次最多，最易发生本病。这可能是由于草料营养单一，摄取的蛋白质中胱氨酸、甲基丁氨酸不足，草料中长期缺乏矿物质和维生素引起的。鹿群密度过大也可能导致鹿体代谢紊乱、消化障碍，致使鹿群发生异嗜现象。

(2) 发病机制及症状

鹿咬毛并将毛吞入胃中后，毛不易被消化，最后在瓣胃或皱胃、肠管中形成毛球，极易引起消化道阻塞，导致消化道梗阻。咬毛病多发生于冬春季节，特别是每年2至5月间常见，夏季偶尔发生。病鹿表现为异嗜、异食、舔泥、啃砖块，随着病情发展，病鹿还会啃咬其他鹿的毛被。大多数情况下在啃咬过程中鹿会将啃下的毛吐在地上，但也有部分鹿将毛吃掉。毛进入鹿消化道后，在胃中与植物粗纤维混搅在一起，形成粪球或小毛团排出体外，如毛球过大则在胃内影响消化，出现消化不良、反刍减少或停止等现象。鹿外在表现为慢性消瘦、毛被粗乱无光泽、黏膜苍白，最后甚至衰竭死亡。毛球引起消化道阻塞时，病鹿症状为腹痛，向右侧回头顾腹。食毛症严重时可导致个体死亡。

(3) 治疗

食毛症不易诊断，也尚无较为满意的治疗方法，只能根据病因采取不同的预防措施。一是降低鹿群密度；二是食物多样化，不投喂单一草料；三是投放饲料添加剂以补充微量元素和维生素；四是将有异嗜的个体隔离饲养，以便观察诊断。

9.5.1.5 营养性衰竭症

(1) 病因

本病是由于草料缺乏或单一，造成营养成分不足，机体能量代谢过程中的异化作用加剧，鹿体将体内储备的脂肪、蛋白质和糖原加速分解从而严重耗损，导致机体营养不良、肌肉萎缩。

(2) 发病机制及机理

由于机体营养获得与消耗之间呈现负增长，鹿体在长期营养不足的情况下能耗增加、体质下降，体膘逐渐消瘦。此外消化吸收机能减退，某些疾病如齿病、口炎、慢性消耗性疾病、慢性化脓性疾病、慢性消化紊乱、贫血以及某些恶性传染病、寄生虫等都可以导致本病的发生。本病典型症状是渐进性消瘦。病鹿全身骨架显露，毛被粗乱、易脱落、无光泽，鹿体皮肤枯干、多屑、弹性降低。病鹿可视黏膜苍白、采食量少、咀嚼无力、反刍时嘴角流出咀嚼的细草沫。鹿体体表存在寄生虫时，临床常呈贫血症状，肉眼可见病鹿体表附有大量的虫体。病鹿死亡前胃肠弛缓，有的由便秘转泻痢，病程通常为1～3个月。

(3) 治疗

本病只能预防，日常加强饲料管理，改善生活环境，保持饲料多样性，给鹿群提供全价营养，做到增秋膘、保冬膘、早春早复膘；降低鹿群密度，保持鹿群正常生活空间；驱除寄生虫，防止各种疫病对鹿群的侵袭。一旦病鹿卧地不起，表明该鹿已到病程的后期，用药治疗治愈率较低，常实施的治疗方案是强心补液、解毒，增加体内能量，增强抵抗力，恢复消化吸收功能。

9.5.2 外科疾病

9.5.2.1 脓肿

(1) 病因

任何组织或器官内形成外有脓肿包裹,内有脓汁潴留的局限性脓腔时称为脓肿。一般来讲麋鹿脓肿多发生于体表,由于某些原因引起皮肤完整性破坏,屏障机能减退,为一些化脓菌提供了条件。

(2) 发病机制及症状

引起脓肿的致病菌主要为葡萄球菌,其次是化脓性链球菌、大肠杆菌、绿脓杆菌和其他腐败性细菌。致病菌通过皮肤或黏膜的微细伤口入侵机体,由于伤口很小,它们很快形成痂皮或生长上皮的密闭,致病菌入侵后开始生长繁殖。有的由于血液或淋巴将致病菌由原发病灶转移至某一新组织或器官内从而形成转移性脓肿。脓肿初期,局部无明显界线但稍高于皮肤表面,触诊时局部皮肤增高,坚实而有剧烈的疼痛反应。之后肿胀的界线逐渐清晰,在局部组织细胞中致病菌和白细胞崩解,破坏最严重的地方开始转化并出现波动。由于脓汁溶解,表层脓肿破裂,脓肿自溃排脓。麋鹿体表脓肿大小不一,突出体表,呈球形,常见于麋鹿面部、角柄部、枕部、颈侧部及下颌部等处。内脏脓肿多发生在肝、肺、肾、肠系膜等处,往往脓肿不大、数量不多,鹿无明显临床症状,但脓肿扩大或破溃会引起鹿体消瘦、发热、不食,甚至死亡。

(3) 治疗

可采取消炎、止痛及促进炎症产物消散吸收等方法对鹿体进行治疗。局部脓肿部位用樟脑软膏、复方醋酸铅涂擦,能抑制炎症渗出和止痛。炎症渗出停止后,可用温热疗法进行理化治疗。当炎症无法消散吸收时,局部可用鱼石脂软膏、温热疗法、超声波疗法等促进脓肿成熟,若出现波动应进行手术。治疗脓肿最好的办法是手术切开排脓,用高锰酸钾、双氧水冲洗,灌注5%碘酊或龙胆紫液,如有全身症状时,可灌服磺胺嘧啶或磺胺噻唑,一次0.05～0.08克/千克体重,1日2次,连用3～4日,或对症治疗。

9.5.2.2 淋巴外渗

(1) 病因

由于钝性暴力致使皮下组织损伤,淋巴管破裂,淋巴液聚集于组织内形成非开放性损伤,即出现淋巴液外渗。

(2) 发病机制及症状

淋巴液外渗一般在组织受伤后3～5天内形成,有的甚至经过1周左右皮肤局部才会出现逐渐增大的肿胀块,发生在皮下的肿胀块有明显的界线,明显的波动感,皮肤不紧张,炎症反应轻微,穿刺流出的液体为橙黄色半透明状,时间久了会析出纤维絮块,呈明显的坚实感;发生在筋膜下的则界限不清。小的淋巴外渗肿块有碗大,大的则有篮球大小。触诊时无热、无明显疼痛感。

(3) 治疗

首先保持鹿体安静，避免剧烈运动，这样有利于淋巴管的断漏、外渗、闭塞。较小的淋巴外渗可让其逐步自行制止外渗，不必实行药物治疗或手术。在肿块明显的部位，用注射器抽出外渗的淋巴液，然后注射90%的酒精或福尔马林溶液。若出现较大的皮下淋巴外渗，应观察患鹿行为，将其保定、治疗。治疗时应在皮肤肿块明显的部位视肿块的下沿作切口，切口应呈纵向切开，便于淋巴液从液腔中流出。淋巴液排出后用酒精90毫升、甲醛10毫升灌注冲洗创腔，以促进淋巴凝固，自然而愈。在手术治疗后鹿体不能下水，防止水灌入腔内引起创口感染。

9.5.2.3　关节脱位

(1) 病因

构成关节的两个骨端在外力作用下发生错位而又不能自行恢复的症状称为关节脱位，发病时大都伴有关节囊以及关节周围组织不同程度的损伤。关节脱位可分为3种，即两骨端的关节面彼此完全错位而不接触的称为完全脱位；两骨端的关节面尚有部分接触的称不完全脱位；因关节韧带松弛而发生反复脱位地称为习惯性脱位。

(2) 发病机制及症状

麋鹿关节脱位主要为外伤性脱位，大部分由蹬空、滑跌、跳跃、过度屈伸等日常行为或因打击、冲撞、踢蹴等暴力作用导致。幼鹿关节发育不全会引起先天性脱位。某些全身性疾病会造成关节韧带和关节囊破坏，引起关节错位。关节脱位后，患鹿可表现出不同的姿态，包括关节变形、异常固定、关节肿胀、姿势改变、运动机能障碍等。

(3) 治疗

可以通过全身麻醉、关节腔内麻醉或传导麻醉等进行人工物理复位。复位后用石膏绷带或者夹板绷带固定，经3～4周后恢复可原状态。固定期间应避免患鹿过多运动，防止重复脱位。若因闭合性整复不能复位时，应改用手术复位。

9.5.3　寄生虫病

9.5.3.1　长角血蜱 *Haemaphysalis longicornis*

(1) 生活史

长角血蜱属蛛形纲、蜱螨目、硬蜱科、血蜱属，分布广。在保护区主要寄生于麋鹿、獐、兔、刺猬、鼠类、黄鼬、狗、猫、环颈雉等动物的体表，对人也有侵袭。长角血蜱为不完全变态节肢动物，发育过程包括卵、幼虫、若虫和成虫4个阶段，多数在动物体表上交配、吸血，吸饱血的雌蜱离开宿主落地，爬到缝隙或0.5～1厘米深的松土下静伏不动，一般经1周左右所吸血液被消化及受精卵发育成熟后，开始产卵。1只蜱一生仅产卵1次，可产数千粒，在环境温度23℃左右时，卵需2～3周孵化出幼虫。幼虫经蜕化变为若虫，若虫常附着在草叶上1/3处，待麋鹿或其他动物经过时侵袭它们，进行吸血成为成虫。成蜱于4至7月活动，6月中下旬为活动盛期；若虫为4至9月活动，5月上中旬出现高峰；幼虫8至9月活动，9月上旬数量最多，饥饿的若虫和成虫在自然界入土冬眠越冬。如宿主密度高，长角血蜱可一年出现两个世代。

(2) 危害性

长角血蜱可机械性损伤宿主皮肤，造成寄生部位痛痒，导致病鹿不安。大量蜱虫寄生时，会消耗病鹿大量血液，引起鹿体消瘦、发育不良。长角血蜱可传播一些血液寄生虫和病毒性疾病、细菌性疾病、立克次氏体及释放某些毒素，直接或间接导致鹿患病及死亡。

(3) 治疗

用敌百虫片剂、2.5%敌杀死乳油(溴氰菊酯)、25%快杀灵乳油(菊酯类)3 种药物。敌百虫配 2%的水溶液，配制敌杀死 1∶1 000、快杀灵 1∶2 000 的水溶液对麋鹿生活环境进行灭蜱。鹿体用 2%敌百虫水溶液擦涂寄生部位，1～2 周擦涂一次。环境灭蜱以往采取火烧杂草的方式以及轮牧方式，对蜱虫的个体进行杀灭及消耗。

9.5.3.2 虻

(1) 生活史

虻是双翅目虻科一类昆虫的总称，是大中型吸血昆虫，主要吸食麋鹿的血液。虻体型粗壮，颜色随种类不同而不同，一般呈灰色或黄色。在保护区内夏季主要有麻虻属(*Haematopota*)和斑虻属(*Chysops*)的虻对麋鹿产生危害。虻为全变态昆虫，发育过程包括卵、幼虫、蛹和成虫 4 个阶段。雌虻吸血交配后，于中午或黄昏在池塘、沼泽、河沟或其他潮湿场所的植物或其他物体上产卵，每次产卵 200～500 粒，呈白色，经 1～2 天变为褐色或黑色。卵经 4～7 天孵出幼虫，幼虫掉入水中或潮湿的土壤中，觅食其他动物如昆虫幼虫、蚯蚓和软体动物等。幼虫生活期很长，可达数月至 1 年以上，需经 6～8 次蜕化。虻以幼虫形态过冬，翌年春季幼虫成熟后爬到水边干燥的泥土内进行化蛹，蛹经 7～15 天孵化成虻。

(2) 危害性

虻白天活动，喜在强烈阳光下，以中午活动最为活跃，阴雨天不活动。雌虻活动能力强，能飞至很远的地方寻找动物吸血。雄虻缺上颚，不能吸血，只吸食植物汁液。雌虻叮咬麋鹿皮肤时注入含有毒素的唾液，使伤口肿胀、痛痒和流血。虻对麋鹿骚扰性很大，会使麋鹿不得安宁、逐渐消瘦，还能传播疾病如寄生虫病、传染病等。

(3) 防治

虻的危害一般无特效处理办法，多为做好排水、改土等净化环境工作。另外虻有许多天敌，如黑卵蜂、赤眼蜂等可捕食成虻，降低虻密度。

9.5.4 传染病

9.5.4.1 大肠杆菌病 Colibacillosis

(1) 流行病学

病鹿和带菌者是本病的主要传染源，通过鹿体排出带菌的粪便，会污染外界的地面、水源、植物及母体的乳头和皮肤，仔鹿吮乳、舔舐或饮水时经消化系统感染。另外气候突变、温差过大、连日降雨、久旱无雨，生活环境无流动水源，植物量少、质量下降都会导致鹿体抵抗力下降，易发本病。

(2) 症状

部分患鹿无任何外在症状便突然死亡。急性病例在初期食欲减退、饮欲增加、精神沉郁、呆立；有的卧地不起，粪便呈条状，不成球，带有血液；后期食欲废绝，排血便，腰背拱起，里急后重，体温升高至 41～41.5℃，病程 1～3 天。仔鹿主要表现为精神沉郁、食欲废绝、腹痛卷缩，排出红色血便和脓血便，体温不高于 40℃，死前角弓反张、鸣叫。

(3) 诊断及防治

该病需采样后通过化验室培养进行诊断。该病需注意环境公共卫生，防止致病菌污染麋鹿生活环境，减少体质差的鹿及仔鹿与致病菌接触的机遇。人工饲养麋鹿可用 1∶1 000～1∶2 000 高锰酸钾溶液让仔鹿自由饮用，也可在饲料中拌饲土霉素、磺胺咪或呋喃西林，让麋鹿自由采食，但要谨防前胃弛缓等不良后果。链霉素对该病有较好的疗效，每日在饲料中拌喂 3～4 克，连喂 7 日，也可使用磺胺咪每头用量 8～10 克，每日分两次喂给病鹿，5 日为 1 个疗程。

9.5.4.2 布鲁氏杆菌病 Brucellosis

(1) 流行病学

本病是由布鲁氏杆菌(*Brucella abortus*)引起的一种人鹿共患的慢性传染病。传染源为病鹿及其他野生哺乳动物、禽类等。已感染的妊娠雌鹿是最危险的，它们在流产或分娩时将大量布鲁氏杆菌随着胎儿、胎水和胎衣排出污染周围环境，也可通过乳汁传染给哺乳仔鹿。本病主要传播途径为消化道，即通过被污染的植物和水源传播，吸血昆虫也可传播此病，如蜱虫。本病无季节性。

(2) 症状

已感染的雌鹿表现为流产，妊娠期在任何阶段都可能发生流产。在有分娩预兆的情况下，流产时伴有生殖道发炎，生产时胎水多而清但含有脓样絮片。产后继续排出不洁棕红色渗出物，有恶臭。早期流产呈死胎，发育完全胎儿被产出时可能存活，但仍衰弱，出生不久即死亡。雄鹿有时阴茎潮红肿胀，常见有睾丸炎，2%雄鹿一侧或两侧睾丸肿大，不愿走动，站立时后肢张开，生长出畸形茸或病态茸，21%鹿膝关节肿大，少数跗关节肿大。

(3) 诊断及防治

根据流行病学和临床症状如流产、关节炎等不难做出诊断，最终还应根据生物学、血清学和动物接种的结果进行确诊，并对临床症状相似的疾病进行鉴别诊断。本病无特效药治疗，可以通过注意公共卫生、对生活环境进行消毒来防止细菌污染，还要开展杀虫灭鼠工作，并对流产胎儿尸体、胎衣、羊水等分泌物及乳汁、粪便等进行消毒处理。本病使用金霉素、土霉素、四环素等进行治疗的效果均不理想。

9.5.4.3 炭疽病 Anthrax

(1) 流行病学

炭疽为炭疽杆菌(*Bacillus anthracis*)引起的一种人鹿共患的急性、败血型传染病，菌体为革兰氏阳性，竹节状，有荚膜，无鞭毛，不能运动。菌体在鹿体内不形成芽孢，一旦暴露于空气中，在12～42℃条件下形成芽孢后，菌体抵抗力特别强大，在干燥的环境中能存活10年以上，在土壤中能存活34年，在粪便和水中也可长期存活。本病原的传染性可延续30多年。炭疽杆菌可感染家畜、野兽等，草食动物最易感染。死亡尸体处理不当时，带菌的新鲜组织、血液、脏器以及临死前由天然孔流出的血液，排出带血的粪尿会污染环境。菌体遇空气可形成芽孢，鹿群采食被污染的植物和水后经消化道感染，也有因带菌的吸血昆虫叮咬鹿体的皮肤而致使鹿体感染，此外还能通过呼吸道、皮肤创伤等途径感染。

(2) 症状

炭疽杆菌病一般分为最急性型、急性型和亚急性型。最急性型患鹿会突然倒地，全身痉挛、口吐黄水，死前体温升高、呼吸困难，黏膜发绀，天然孔流出血样泡沫或血液，数分钟就会死亡，死前无其他明显症状。急性型患鹿突然发病时，体温升高至41.5～42℃，精神沉郁，食欲减退或废绝，呼吸困难，黏膜发绀，离群呆立，有腹泻及腹痛症状，排出带血粪便或血块，小便暗红，有时带血，死前口吐大量黄水，瞳孔散大，病程1～3天，最后会因窒息死亡，死亡尸僵不全，天然孔流出煤焦油样血液，血液不易凝固。亚急性型患鹿体表皮肤松软的部分及肠和口腔黏膜等处会发生局部炎性水肿，有的两耳或一耳基部肿胀，并逐步蔓延至角基部，有的颜面、下颌水肿，结膜充血呈紫色。亚急性型也可转为急性型引起死亡。

(3) 诊断及防治

一旦保护区内发生此病，应及时确诊、上报疫情、划定疫区、封锁发病场所，严禁疫点的人和动物及各类物品流动，迅速对病鹿实施隔离治疗，对病死鹿按兽医规则进行及时处理，不得剖检、剥皮利用。对已被污染的棚舍、场所和物品进行消毒，消毒可用20%漂白粉溶液或0.1%升汞按每平方米1升药液，连续消毒3次，连续两周内不见新的病例出现才能解除封锁。

对病鹿使用抗生素有一定的疗效，应肌肉注射大剂量青霉素或使用疗效更好的金霉素、土霉素、四环素，也可用磺胺类药，但疗效仅次于抗生素。另外可静脉注射或皮下注射抗炭疽杆菌血清，将会获得更好的治疗效果。

9.5.4.4 巴氏杆菌病 Pasteurellosis

(1) 流行病学

巴氏杆菌病由多杀性巴氏杆菌(*Pasteurella multocida*)引起，菌体为革兰氏阴性，不形成芽孢，无鞭毛，不能运动。本菌为需氧或兼性厌氧菌，对外界不利因素的抵抗力不强，容易死亡，然而在组织中能存活较长时间，在尸体内可存活1～3个月，对一般消毒药敏感。该病主要传染源为病鹿或其他发病兽类，特别是强毒菌株引起的急性病鹿或其他兽类。病菌存在于病鹿全身各组织器官、体液、分泌物和排泄物中，由病鹿排出带有病菌的排泄物和分泌物污染饲料、水、用具和环境，再通过食物、水、空气经消化道、呼吸道感染鹿体。另外吸血昆虫也是本病传播媒介之一。

(2) 症状

该病潜伏期 1～5 天,患鹿呈急性败血型和大叶性肺炎型。急性败血型病鹿体温高达 41℃以上,精神沉郁、呼吸急促,口、鼻流出泡沫液体或淡血色液体,食欲废绝,有血便,病程 1～2 天,有的来不及表现症状就已经死亡。大叶性肺炎型病鹿精神沉郁、呼吸困难、咳嗽,鼻镜干燥,有的口吐泡沫或有鼻漏,病程 5～6 天;剖检时可见纤维素性胸膜炎,胸肺粘连,胸腔积液较多;肺部有不同程度变化,有坏死灶,淋巴结肿大充血并出血。

(3) 诊断及防治

对人工饲养的鹿群应加强日常卫生管理,提高鹿群的抗病能力,对鹿棚舍做好清洁卫生和消毒工作。发现病鹿时应及时确诊治疗。根据病鹿大小,给予合适剂量青霉素,一般一次肌肉注射 160 万～320 万单位,每日 2～3 次,5 日为一个疗程。在发病初期可用高免血清治疗,后用抗生素治疗,也可用磺胺类药物并根据病情进行治疗。

9.5.4.5 口蹄疫 FMD(foot and mouth disease)

(1) 流行病学

口蹄疫为偶蹄兽类的一种急性发热、高度接触性传染病,为口蹄疫病毒引起,该病毒有 7 种血清型,其中以 O 型最为常见。该病毒对外界环境抵抗力较强,病鹿及带毒肉制品是主要传染源。发病初期的病鹿又是最危险的传染源,病状出现后的几天内排毒量最多、毒力最强,可通过直接接触传染,也可通过媒介物进行传播,消化道、呼吸道均可自然感染,也能经损伤的口、鼻、眼、乳腺黏膜和皮肤感染。此外动物及动物产品的流通及野生动物等均是可能的传播媒介,空气也是传播媒介之一。本病传染性最强,散布最快,发病率最高,季节性表现不太明显。

(2) 症状

病鹿口腔内有散在的水疱,水疱很快破裂形成糜烂,其上有凝乳样的被覆物覆盖。病鹿体温升高至 40～40.6℃,有时持续 6～8 天。口腔有病变时则大量流涎。发病时四肢及蹄呈现跛行,严重者蹄壳脱落。无并发症状,10 天左右可痊愈。

(3) 诊断及防治

本病临床症状特殊,易于辨识,但必须注意鉴别诊断。应做好口蹄疫与传染性水疱病、水疱疹和水疱性口炎的鉴别诊断。病鹿应进行隔离饲养,给予易消化的柔软饲料以保护口腔和胃黏膜;对口腔溃疡处用高锰酸钾液冲洗后,涂以碘甘油;蹄部用 0.1%高锰酸钾、0.1%双氧水冲洗,涂抗生素软膏或磺胺软膏。病鹿痊愈后可获得免疫,其血清可用于对本病的预防和治疗。由于麋鹿处于半野生状态,捕捉保定难度大,难以用药治疗,按照烈性病传染要求进行预防和扑灭是本病防治的最好方法。

9.5.4.6 恶性卡他热 Malignant Catarrhal Fever

(1) 流行病学

恶性卡他热是一种病毒性传染病,主要特征为持续发热,口腔黏膜发炎和眼的损伤,对麋鹿危害严重。病原为嗜热型病毒,病毒存在于病鹿的血液、脑、脾等组织中,血液中的病毒紧紧附着在白细胞上，不易脱离。该病毒异常脆弱，对外界环境抵抗力不强，不能抵御冷冻和干燥。本病无季节性变化，一年四季都可以发生，但多见于冬季和早春，呈散发性地方流行性。目前本病自然传播方式尚不清楚，但绵羊是自然带毒者和传播媒介。病鹿康复后可再次感染，复发时病情更为严重，死亡率更高。

（2）症状

潜伏期3～8周，根据临床表现分为急性型和慢性型。急性型表现厌食，离群独立，几小时即倒地死亡。慢性型表现精神沉郁、迟钝、食欲下降、结膜充血、眼睑肿胀及结膜炎；初期症状有高热、肌肉震颤，进而角膜混浊流泪；病鹿鼻内流出水样液体或脓性分泌物，口腔黏膜潮红、干燥，不久在牙齿、舌面出现纤维素膜，脱落后出现溃疡坏死，反刍减少或停止；前期大便干燥、后期泻痢；病鹿体质逐渐消瘦，最后死亡。

（3）诊断及防治

目前尚无特效治疗药物，也无免疫预防措施。除加强卫生管理、增强动物抵抗力外，应避免山羊、绵羊、牛与麋鹿接触。

9.5.4.7　腐败梭菌病 Bradsot

（1）流行病学

腐败梭菌病由腐败梭菌（*Clostridium septicum*）引起，是麋鹿的一种急性传染病，特点为突然发病，病程短、死亡率高，幼鹿发病率高于成体鹿，成年雌鹿发病率高于成年雄鹿。本病主要经消化道传染，多发生于4月至9月。病原在自然界分布较广，常存在于土壤、污水、人畜粪便及草料中，麋鹿采食被污染的草料和水后，病菌进入消化道大量繁殖并产生毒素，被鹿体吸收后会引发该病。本病多发生在春末和夏初，青嫩食草丰富、含蛋白质高的时期。2000年5月至6月，由于气候连续干旱，外水源无法引进，鹿群栖息地水源干枯，仅剩的一点水塘也较为浑浊，鹿群饮水、大小便、水浴均在水塘内，加之采食大量青草，导致34头麋鹿因发病而死亡，其中1岁鹿17头，占50%。

（2）症状

患病后病鹿发病突然，发病时间短。发病时病鹿离群，跟随鹿群行走时病鹿掉队，精神不振，采食停止。病鹿开始时大便正常，在较短时间内病鹿会突然倒地，卧地不起，鼻孔流出白沫，口腔黏膜苍白，四肢和耳尖发冷，有的在濒死期发生腹泻，最后后肢麻痹，呈昏迷状态后死亡。

（3）诊断及防治

根据临床症状、流行病学及部分死亡尸体的病理解剖，可对此病作初步判断。应做肝脏触片，对心、血、脾的涂片进行细菌学检查，必要时还应实施动物接种，最后镜检查到菌体后才能确诊。腐败梭菌病的防治主要为净化环境，保持栖息地水源畅通，降低水中的细菌浓度。在大环境中开挖多个饮水塘，确保干旱季节鹿群有无污染的饮用水。病鹿的尸体一律深埋，对被病鹿污染的环境要消毒，消毒药物可选用2%氢氧化钠，刷洗喷洒。如病鹿可治疗，应注射青霉素，每头鹿100万～160万单位，每天2次，连续给药5～7天。

10 麋鹿生态学

10.1 食性选择

麋鹿是一种适应湿地环境的食草动物，主要食物是草本植物，喜食禾本科和部分豆科植物的幼嫩枝叶，不耐粗食，只在饥饿情况采食干草或老草。

丁玉华等(1989)对大丰麋鹿保护区建立初期的麋鹿食性进行了初步探讨，野外观察记录到大丰麋鹿采食植物共51种，其中，禾本科、菊科、豆科植物是麋鹿的主要食物，并根据适口性将麋鹿采食植物分为不食类、可食类和喜食类；梁崇岐和李渤生(1991)利用食痕法对大丰麋鹿采食植物种类进行调查，共记录到42科133属194种及变种植物，且7月麋鹿可食植物种类最多；张国斌(2005)再次调查了大丰半散养麋鹿的采食植物种类，记录到其可食、喜食植物共53科159属198种，其中禾本科和菊科具显著优势地位，由于大丰麋鹿保护区半散养区内麋鹿的干扰和种间竞争压力，部分麋鹿喜食植物种类数量减少甚至消失，植物多样性较低，网内主要优势种是白茅、狼尾草、芦苇，而未放养麋鹿的网外，主要优势种是芦苇、白茅、中华补血草。

10.2 行为研究

行为指动物在一定的环境条件下，为了完成摄食、排遗、体温调节、生存、繁殖以及其他个体生理需求而以一定姿势完成的一系列动作。行为是姿势和动作的组合，具有明显的环境适应性。一般在物种再引种后需提供必要的环境条件，圈养环境下，麋鹿的生存繁衍几乎完全依赖人工；野生环境下，麋鹿种群的生存繁衍则不需要人工干预；半散养环境下的麋鹿介于二者之间。目前，我国关于麋鹿的行为研究主要针对散养和圈养种群进行，尤其是各迁地种群对不同环境的行为适应。

麋鹿相关行为习性研究主要涉及集群行为、警戒行为、繁殖行为、行为编码、时间分配、上山行为等。1983年，美国学者首次用传统方法系统地编制了麋鹿行为谱，共描述了人工圈养状态下麋鹿的83种行为。2000年，蒋志刚以北京和江苏大丰两地的麋鹿为目标种建立了以"姿态—动作—环境"为轴心的、以生态功能为分类依据的麋鹿PAE编码分类系统，记录了麋鹿的姿态、动作和行为达200多种，还区别了各种行为在雄性、雌雄及幼体之间的发生频次及发生时间，该成果将动物行为进行了直观分类标准，从结构上分辨了行为的层次，依行为的生态生理效应将动物行为聚类。丁玉华(2013)等用直接观察法对大丰野化麋鹿和半散养麋鹿行为进行归纳总结，共描述麋鹿行为152种并编制麋鹿行为谱，主要涉及采食、饮水、排遗、运动、休息、集群、警戒和防御、繁殖、信息传递等方面，本部分仅选取部分常见行为加以说明。

10.2.1　集群行为

动物利用空间资源通常分为分散利用和集群共同利用两大类。有研究表明，大多数有蹄类动物是集群生活的，显然集群对大多数有蹄类动物是有利的，不仅能够增加群体觅食成功率，还能降低群体中的警戒时间，从而提高个体采食时间和采食效率，此外集群生活还利于抵御天敌、增加繁殖成功率以及提高幼体成活率等。但集群生活也有不利因素，如集群行为会增加群体间被寄生虫和疾病感染的几率、增加个体间的竞争等。对动物集群产生影响的主要因素是食物、天敌、婚配制度等，其中种群密度对麋鹿的集群具决定性作用，动物集群有一个最适种群密度(Optimal population density)，种群密度过高或过低都可能会对种群产生抑制性的影响，此外，很多动物的社群结构在繁殖期和非繁殖期是不同的。

麋鹿喜好集群活动，半野放麋鹿群主要有 5 种社群类型：雄鹿群、母仔群、混合群、雄仔群和仔鹿群。麋鹿发情期与非发情期的集群存在明显的差异，不同生境内的集群类型也有所不同：江苏大丰麋鹿较其他鹿类更偏好集群活动，混合群是其主要的集群类型，出现率最高且集群最大，1988—1990 年大丰麋鹿群平均大小为 13.87 头(n＝1 596)；北京麋鹿苑的麋鹿在冬季非繁殖期聚成大群，夏季繁殖期则分成多个小群活动，并且在发情季节，麋鹿同性聚群(Sexual segregation)强度指数达到最高值，同性聚群又称为性别分离，指同性个体形成群体，在一起觅食、休息和运动，该行为是基于不同性别的繁殖对策差异而形成的。

同时，麋鹿的集群情况受其发情活动的影响，在 5 月至 7 月发情期间，种群中最优秀的雄性麋鹿被称为“群主”，它控制着几乎所有成年雌鹿，包括随母的仔鹿和雌性亚成体，从而组成单雄多雌型的混合群，而其余成年雄鹿只能被赶出鹿群，形成同性成体群。6 月发情盛期，少数交配失败的发情雌鹿逃离繁殖群，与游离的雄鹿组成临时的单雄单雌型群组，也有少数多雄多雌群共同活动。8 月发情期结束后，多雄多雌型组群频率增加，母仔群增多，至 10—12 月，单性群多于混合群。

10.2.2　警戒行为

动物面对栖息地存在的风险或潜在危险时，个体通过警戒行为来抵御天敌的威胁和其他生物与环境的干扰以提高自适性。不同动物有不同的警戒行为模式，模式中包含了动物警戒时的动作和姿势，主要以警戒时的头部动作特征为主要研究目标，包括转动头部对周围的环境进行扫描观察的过程，因此将有蹄类动物的警戒行为定义为头高于肩并向四周观望。不同物种的警戒模式因各自的行为特点产生具体差别，如采食特点、感应能力、运动能力等。

麋鹿的警戒行为模式由扫视、观望、走开、跑开、顿蹄示警和警戒吼叫组成，李春旺对麋鹿的警戒行为过程描述为：麋鹿首先通过听觉察觉到有干扰存在时，开始抬头扫视四周，寻找干扰源，发现干扰源后开始注视干扰源，如果干扰强度增加，比如干扰源向鹿群靠近、干扰源动作幅度变大或干扰声音增强，麋鹿如果原本处于卧息状态，则会变为站立，并继续观望，如果干扰进一步加强，麋鹿会选择走开甚至跑走。

通过对大丰野放麋鹿种群的观察，将麋鹿警戒行为进一步补充：鹿群在初次受干扰后会奔跑100～200米后止步停留，确认干扰源是否对自己仍有威胁，若确有威胁，鹿群会再次快速奔跑，形成二次奔跑行为。此外，繁殖期母鹿对一月龄以下的仔鹿有明显的藏仔和护仔行为，母鹿会将幼仔藏于避风的草丛中并定时哺乳。当仔鹿受到威胁时会发出音调高、时间长且连续的呼救声，听到呼救后，母鹿会奔跑至幼仔身边并不断吼叫，同时做出进攻姿势，直至带走仔鹿。

麋鹿曾经遍布东亚地区，通常认为它们在1200年前从野外自然生境中消失，从此以后只生存在圈养环境中。虽然它们长时间没有接触过虎(*Panthera tigris*)和狼(*Canis lupus*)等捕食者，但麋鹿仍保留下了部分关于从前捕食者的相关图像和声音记忆的反捕食机制，但如今的大丰保护区内并没有实际存在的捕食威胁，因此麋鹿在警戒行为上分配的时间及采取的措施仍值得研究。郑炜(2012)验证了大丰麋鹿保护区半散养条件下麋鹿警戒的集群效应，研究表明警戒行为是对麋鹿至关重要的基本生存技能，是被捕食动物的反捕食反应机制的重要组成部分之一。通过对影响麋鹿警戒行为因素的多角度研究我们得到了如下认识，即人为干扰对于麋鹿来说也被视为潜在的威胁。人为干扰程度、集群大小、集群构成、雄鹿的行为都会对麋鹿的警戒行为产生影响。通常在干扰程度大的地方，警戒程度越高；集群规模越大，个体警戒的程度越低；此外，雄性麋鹿在繁殖期的频繁活动，会对警戒行为的集群效应产生负面的影响，如雄性麋鹿对同性的挑战和对异性的发情行为会刺激群体内其他同伴产生警戒行为。

10.2.3　繁殖行为

麋鹿的婚配制度为典型的"一夫多妻"制，即"后宫式"繁殖模式，优势的雄性个体通常控制大量雌性。大丰野放麋鹿进入繁殖期后，为争得交配权，雄性个体间会通过争斗行为建立等级序位。麋鹿社会等级与其睾酮分泌水平有关，优势个体(群主和挑战者)的睾酮水平显著高于从属个体(单身个体和被打败的头领)，且高水平的睾酮含量能引起雄鹿社会等级的提升。另外，雄麋鹿的社会等级还与年龄有关，一般认为2岁以下的公鹿无竞争能力，3岁至5岁的公鹿一般仅可成为挑战者，只有5岁以上的公鹿才可能成为群主，老龄公鹿又退居为挑战者，直到失去繁殖能力。

在江苏大丰麋鹿群中，雄性麋鹿年龄达到5岁、体重达到200千克以上的为性成熟。雌性2岁后性成熟并可参与交配，3岁开始产仔。大丰野放麋鹿群发情交配期为5月上旬至7月初，比半散放麋鹿群要早近1个月。雌鹿每年有2～3个发情周期，每个周期约20天，发情表现为性情不安，食欲下降，愿意与异性接触，并表现出一些亲昵的行为。雄鹿5月初至8月底均有发情行为，7月至8月为其发情后期，进入发情期的雄鹿行为极为丰富，包括吼叫行为、休息行为、奔跑行为、走动行为、追雌行为、驱雄行为等。雄性麋鹿发情时会表现出性格暴躁，颈部明显增粗，运步时头上下摆动，时常用角挑起地上的杂草、异物作为角饰，挑戳水中的泥泞涂抹在背上，把腹部弄潮或泥浴，频繁发出吼叫，并通过炫耀、角斗等行为进行竞争。此外，一些行为的表现方式在繁殖季节和非繁殖季节也有所不同,比如在非繁殖期的吼叫主要起警戒作用,而进入发情期后,雄鹿则通过吼叫向雌性炫耀自己的地位,并向其他雄性宣告自己的势力范围。

受孕母鹿整个怀孕期平均为 289 天,雌鹿产仔季节为每年的 3 月至 5 月,高峰期为 3 月下旬及 4 月的上中旬,每胎 1 仔。新生的幼鹿毛色为红棕色并具白色梅花斑,白斑 30～45 天后消失。温铁峰(2005)等对大丰保护区内半散养母鹿产仔行为的研究表明,母鹿首次离群至分娩平均耗时 32.25 小时;临产行为主要有走动、卧底、回头顾腹、呆立和嗅地等,其中走动的频次最高;分娩平均历时 33.75 分钟,以卧式分娩为主;仔鹿起身站立平均耗时 39 分钟,吃到初乳的时间约为 60.75 分钟。

10.2.4 活动节律

生物的生存环境经常发生周期性变化,生物的活动节律与环境的周期性相一致。江苏大丰麋鹿野放和半散养种群的日活动节律研究表明,采食和休息行为是大丰野放麋鹿和半散养麋鹿的日间主要活动类型,运动、警戒和其他行为只占了很小一部分。麋鹿日间活动有晨昏两个采食高峰,中午为休息期。在全年的日活动时间分配中,大丰野放麋鹿与半散养麋鹿在采食、运动上存在极显著差异,与半散养麋鹿相比,野放麋鹿在采食行为上花费更多的时间。气候条件和食物资源对大丰野放麋鹿和半散养麋鹿活动时间的分配产生了重要影响,冬季大丰半散养麋鹿用大部分的时间用来休息,只在人工补饲时进行采食。

江苏大丰野放麋鹿种群中不同性别、年龄个体间的日活动节律也不同,春冬季时期雄性个体采食行为所占时间的比例低于雌性,这可能是由于两者的生理结构不同导致的。通常在有蹄类动物中,雄性个体比雌性个体要大,个体的代谢率与体重成反比,胃肠容量与体重成正比,麋鹿也遵循此规律,体型大的雄鹿胃容量大而食物通过率慢,因而它们从食物中获取能量的效率就比雌性要高。在冬季和早春,野外的食物资源匮乏,体型更大的雄鹿在与雌性的竞争中处于优势,短时间内能够摄入更多的食物,而雌性只能花费更多的时间来搜寻和摄入食物。此外,处于繁殖期的雌性麋鹿对能量的需求更高,因此需要增加采食时间。夏秋季雄性个体的活动时间和频率则远高于雌性和幼体,这主要与发情期的争斗有关。

10.3 种群动态

10.3.1 江苏大丰麋鹿种群

1986 年国家林业部和世界自然基金会(WWF)合作,从英国伦敦动物学会 7 家动物园引进 39(13 雄,26 雌)头麋鹿,在江苏大丰建立麋鹿保护区。经圈养、繁殖形成的种群,且麋鹿种群数量持续性增长,36 年来增长了 180 倍,平均年递增率为 15.67%,至 2022 年,保护区麋鹿种群数量达到 7 033 头。

为了恢复野生麋鹿种群,1998 年国家选定在大丰实施有计划的野生放养试验,在中国科学院动物研究所的动物学家指导下,8 头麋鹿走出围栏回归大自然,并很快适应了野外自然环境,成功进行自然繁殖。自此之后又分别于 2002 年、2003 年和 2006 年进行了

3 次野生放养试验，共计 53 头麋鹿成功回归大自然，至 2012 年子四代已顺利降生，并在野外生存良好，野放麋鹿种群恢复工作取得阶段性成果。2016 年 8 月，为优化野放麋鹿种群结构和丰富种群遗传多样性，再次挑选 30 头放归自然。截至 2022 年，大丰野放麋鹿种群数量达到 3 116 只(如图 10.3-1 所示)。

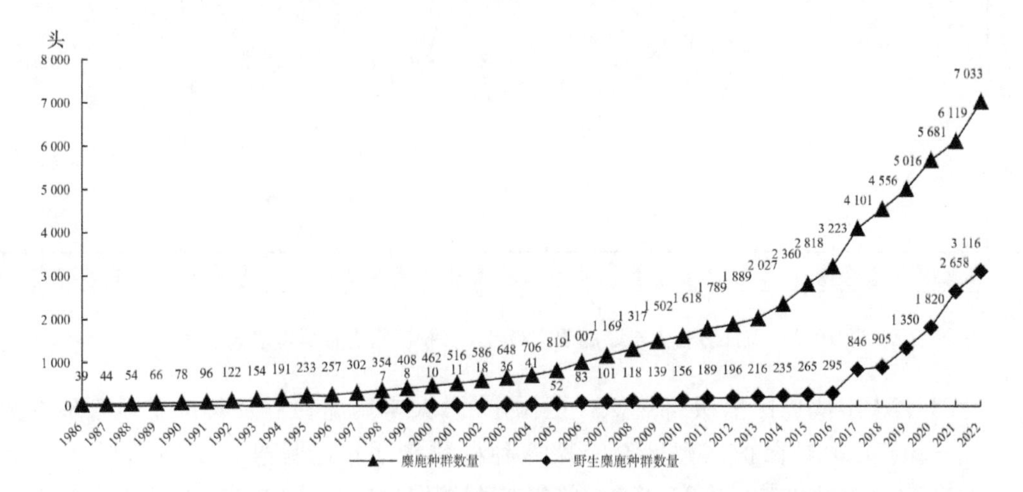

图 10.3-1 江苏省大丰麋鹿国家级自然保护区麋鹿种群数量变化动态

此前学者依据大丰麋鹿种群的出生率、死亡率，得出一个种群的期望寿命和增长模型，得到的结论是重引入 5 年内麋鹿种群数量增长缓慢，是其逐步适应新生境和渡过近亲繁殖“瓶颈”期的过渡时期；5 年之后种群将迅速增长，期望生命为 6.29 岁，7 岁之后，死亡率迅速增加，因此存活率显著减小。1986—2004 年期间麋鹿种群数量一致保持着较为平稳的增长，年增长量低于 100 头，但在 2004 年以后，因麋鹿种群基数增大，且保护区在降低麋鹿难产率、开展麋鹿冬季补饲等方面做了大量卓有成效的工作，故麋鹿种群数量增长幅度变化梯度较大，年增长量超出 100 头，2017 年及 2022 年麋鹿种群的年增量最大，增长量分别为 878 头和 914 头(如图 10.3-2 所示)，增长率趋势如图 10.3-3 所示。

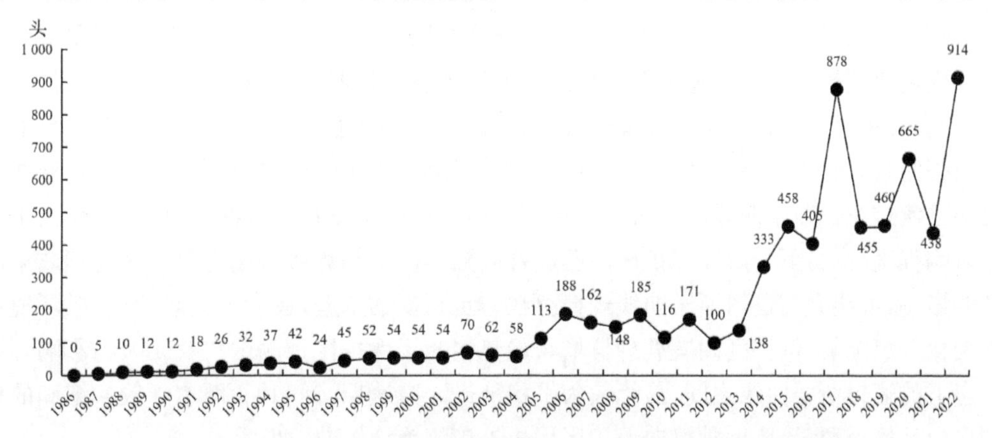

图 10.3-2 江苏省大丰麋鹿国家级自然保护区麋鹿种群年增长数量趋势

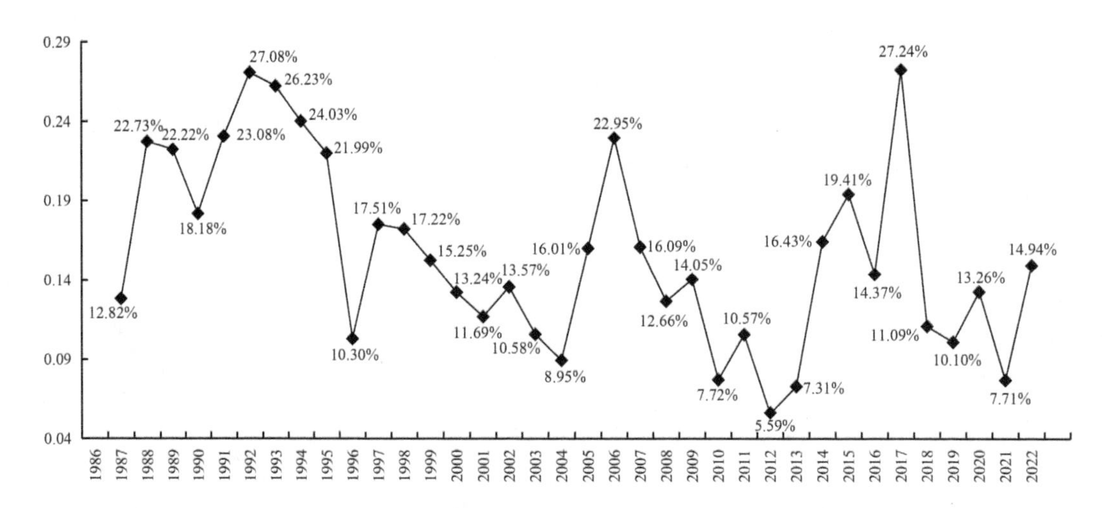

图 10.3-3 江苏省大丰麋鹿国家级自然保护区麋鹿种群年增长率趋势

江苏省大丰麋鹿国家级自然保护区制定的《大丰麋鹿种群及其栖息地管理方案(2018—2025)》中对保护区建区至今麋鹿种群数量增长趋势进行了回归拟合($y=44.80e^{0.143x}$),并对 2019—2023 年 5 年的麋鹿种群数量变化进行了预测,预计保护区麋鹿种群在 2023 年将首次突破 1 万头。根据 2019—2022 年保护区麋鹿种群数量实际统计结果,麋鹿种群数量增速低于预测,具体如表 10.3-1 所示。

表 10.3-1 麋鹿种群预测值与实际情况

年份	实际统计结果(头)	预测值(头)	偏离值(头)	预测偏离程度
2019	5 016	5 191	−175	3.49%
2020	5 681	6 182	−501	8.82%
2021	6 119	7 409	−1 290	21.08%
2022	7 033	8 494	−1 461	20.77%
2023	—	10 002	—	—

统计显示,2019—2022 年 4 年的实际统计结果与预测值发生了一定偏差,麋鹿种群实际变化速度较预测增长速度有所放缓。根据生态学种群增长模型理论,麋鹿保护区在面积、资源相对固定且无重大环境变化的情况下,麋鹿种群的增长曲线最终将呈 S 形逻辑斯蒂曲线,从近 4 年的实际统计结果来看麋鹿增速较拟合曲线已有所放缓,种群增长可能已渡过逻辑斯蒂曲线的转折期。由于麋鹿保护区生态系统资源量、稳定性受人工调控影响程度较大,下一阶段保护区内麋鹿种群数量变动趋势将持续受保护区管理政策调整的影响,可能会与逻辑斯蒂曲线规律存在一定程度的偏差,在无重大政策调整、环境因素变化等情况下,保护区内麋鹿种群增长趋势将介于保护区预测函数及无人为影响环境状态下的逻辑斯蒂曲线之间,最终较为平稳地进入减速期、饱和期,而迫于较为饱和的保护区内环境资源量,麋鹿种群向保护区周边外扩的趋势将进一步增大。

10.3.2 其他迁地保护种群

36年来，中国麋鹿种群得以重新恢复，超过700只麋鹿从最初的2个分布地（北京南海子麋鹿苑和江苏省大丰麋鹿国家级自然保护区）被输送到其他82处分布地。截至2021年，全国麋鹿种群数量达到9 136只，已几乎全面覆盖麋鹿灭绝前原有的栖息地。2020年底，全国野化麋鹿数量总计达2 855只，包括江苏大丰黄海滩涂种群（约为1 820只）、湖南东洞庭湖种群（约为220只）、湖北石首（含杨坡坦和三合垸）种群（约为500只）、江西鄱阳湖种群（约为60只）、江苏盐城种群（约为230只）、河北木兰围场种群（约为25只）。

（1）北京南海子麋鹿苑（北京麋鹿生态实验中心）

1985年北京南海子麋鹿苑从英国乌邦寺庄园引进麋鹿20头开展科学研究和繁殖扩群工作，南海子麋鹿苑采取种植牧草和季节性人工补饲的方法保障麋鹿正常的营养需求。在麋鹿生态实验中心精心照料下，麋鹿适应了引入地生存环境，从第三年开始，种群数量呈指数式增长，到1990年种群数量已经达到66头，1993年达到了种群数量引入麋鹿以来的最高峰（202头），此后由于种群数量达到了超饱和状态，麋鹿出生率开始降低。因此为缓解草场压力和降低麋鹿种群密度，1992年南海子麋鹿苑开始向全国各地输出麋鹿，使其麋鹿种群数量保持在120头左右；输送后，南海子麋鹿苑新生麋鹿的出生率开始重新升高。截至2021年1月，南海子麋鹿苑的麋鹿数量为183只。

（2）湖北石首麋鹿自然保护区

湖北石首麋鹿自然保护区1991年建立，1993年、1994年分别从北京麋鹿苑引入麋鹿30头（8雄，22雌）和34头（10雄，24雌）。2002年又从北京麋鹿苑引入麋鹿30头（10雄，20雌），用以补充和优化种群结构。该区位于长江中游的湖北石首市东北部，原为长江故道，属亚热带季风气候，总面积1 567公顷，围网面积1 000公顷。麋鹿栖息地内可采食植物100多种，由于湖北石首一年四季均有绿色可食植物生长，除极端天气外全年不需要人工补饲。1998年长江中游发生了特大洪涝灾害，湖北石首麋鹿保护区有34头麋鹿被洪水冲走，一部分到达保护区附近的长江北岸杨波坦，一部分游过长江到达长江南岸三合垸和湖南洞庭湖等几处芦苇湿地，在那里长期繁衍生息，形成了杨波坦、三合垸、洞庭湖3个野放麋鹿种群，其数量至2012年末依次为100头、98头和65头。2018年底石首麋鹿种群数量增长至1 218头，其中野放麋鹿种群数量为528头。

（3）湖南洞庭湖种群

湖南洞庭湖麋鹿种群因长江水灾，石首麋鹿外逸而自然形成，奠基种群数量不详，主要栖息于湖南东洞庭湖国家级自然保护区范围内，该区位于长江中下游荆江江段南侧，总面积190 000公顷，无围栏。麋鹿主要分布在注滋口湿地（约8 000公顷）、君山后湖（约1 250公顷）、红旗湖（约3 750公顷）、华容县的胜峰原国有林场区域（约253公顷）。2016年为优化野外麋鹿种群结构，丰富基因多样性，有关部门决定从大丰麋鹿保护区引进16头麋鹿野放至红旗湖湿地，至2018年湖南洞庭湖麋鹿种群数量为182头。

（4）鄱阳湖湿地

在“三步走模式”的示范下，北京麋鹿苑于2013年在鄱阳湖湿地公园建立了麋鹿迁地种群；2018年4月将迁地种群的47只麋鹿成功野放；至2020年野外种群数量达到60余只。

11 麋鹿栖息地

11.1 栖息地分布

大丰麋鹿保护区在2000年后，麋鹿种群数量较引种初期发生了较大的提升，为避免种群密度过高对麋鹿生存带来的负面影响，保护区于1998年开始进行麋鹿野生放养试验，截至2022年野放麋鹿种群数量已达3 116头，占整个麋鹿种群数量的44.31%，基本的野放流程为一区向二区调节，二区向三区进行野放。现阶段保护区二区内有少量麋鹿生存，保护区内麋鹿主要分布于一区和三区。

麋鹿为大型鹿科哺乳动物，游泳能力强、适于湖沼生活，野化后扩散速度快、扩散范围大，在江苏省连云港、盐城、南通三处沿海地区均有发现，省外已在上海崇明东滩有记录，足见麋鹿优秀的涉水能力。大丰野放麋鹿主要以沿海滩涂为扩散路线向保护区外扩散，在夏季发情期，绝大多数野放麋鹿在保护区范围以外的农场和乡镇活动，即大丰区新海堤以东、川东港河闸以南至东台市条子泥以北的区域。在秋冬至初春的休情期，野外可食性植物的缺乏导致野放麋鹿的活动范围不断扩大，从原先局限于新海堤以东的海边沼泽区域，逐步向周边的农田扩散，因此常造成野放麋鹿放养与周边农户间的矛盾频发，也导致了麋鹿事故的增加。对野放麋鹿的救护案例进行分析后发现因落水、缠网和交通事故等原因造成麋鹿受困、死亡比例最高，在养殖塘附近发生的麋鹿救助次数和救助数量最多，秋季时对野化麋鹿的救护频率最高。

11.2 生境选择

利用GPS项圈对大丰野放麋鹿跟踪调查研究显示，从植被类型来看，全年野放麋鹿个体高频次地利用互花米草生境，偏好选择互花米草生境和芦苇生境，回避选择碱蓬生境；从植被高度特征上来看，野放个体高频次地利用植被高度高于1米的生境类型，但从偏好选择上看，野放个体却偏好选择低于0.5米的植被生境中，回避选择植被高度高于1米的生境类型。从植被盖度上看，野放麋鹿高频率地利用并偏好选择植被覆盖度中等的生境类型，回避植被覆盖度较低或较高的生境类型。从地上生物量等级上来看，野放个体高频次地利用在地上生物量中等的生境，低频次地利用地上生物量等级较高的生境类型。

从与水源距离上来看，野放个体集中利用距离水源地0～200米的范围区域，很少利用距离水源地200米范围外的区域；从偏好选择上看，不同季节不同的监测个体对水源距离的偏好选择不同。从与道路距离上看，野放个体较平均地利用在距离道路0～1 000米的生境，未利用距离道路1 400米以外的区域；从偏好选择上看，野放个体偏好选择距离道路300～700米的区域，回避选择距离道路1 100米以外的区域。

11.3 麋鹿对互花米草的控制

11.3.1 麋鹿对互花米草的取食

丁玉华(2009)首次发现滩涂外来入侵植物——互花米草是野生放养麋鹿的喜食植物,且野外观察发现麋鹿膘度多为8成膘(十级评膘法),正常生长脱茸、换毛、发情、产仔,体质状况良好。张雪敬(2015)对大丰野生放养麋鹿食性进行了研究,并初步比较了野生放养麋鹿食性与半散养区等其他区域麋鹿食性的差异,结果表明互花米草和芦苇在大丰野生放养麋鹿全年的主要食物组成中所占比例均较高,且麋鹿优先采食互花米草。野生放养麋鹿主要食物的季节性变化主要表现为互花米草和芦苇在食物组成中所占比例的变化。互花米草在春季野生放养麋鹿食物组成中所占比例较低,而在秋冬季占比较高。

麋鹿属于大型食草动物,食物营养质量和可利用量是影响食草动物食物选择的主要因素。首先,从食物可利用量角度来看,互花米草原产大西洋西岸,是一种耐盐耐淹植物且竞争力大于芦苇等的滩涂植物,湿地互花米草的地上生物量显著大于芦苇,大丰野生放养区拥有大面积的互花米草群落和少量的芦苇群落;其次,从食物营养角度来看,互花米草全年粗蛋白水平均高于芦苇,粗纤维水平低于芦苇,麋鹿更喜食互花米草,其中,6月时植物含水量高,纤维含量低,易消化。10月时虽然互花米草已开始抽穗,可食性较差,但经麋鹿长期反复采食后又不断长出高蛋白、低纤维的鲜嫩叶片,麋鹿仍可采食。

11.3.2 麋鹿对互花米草区的栖息选择

互花米草不但是野放麋鹿的可食植物,而且还是其自我保护的隐蔽物和冬季御寒避风物。互花米草是麋鹿生境中的显著优势植物,植株高而粗,远远高于麋鹿的肩高,夏季草高可达2米以上。当麋鹿遇到人为因素或其他因素干扰时,互花米草生境成为其隐蔽遮身、躲避干扰的地方。在冬季寒流到来时,野放麋鹿常把枯萎的互花米草压倒,厚厚一层铺在地上,起着保温作用。统计中也发现野放麋鹿白昼利用互花米草时间比例高达43.5%,越近夜间麋鹿利用互花米草时间越长,据此推测,野放麋鹿晚上利用互花米草的时间比例也比较高。

大丰野生放养区内,野外麋鹿的日常活动、觅食以及休息行为均主要发生在互花米草群落的生境中,在一些低矮新生的芦苇丛也有一些麋鹿取食的痕迹和卧迹。有研究指出当食草动物的食物资源有限时,植物的可利用量就会成为食草动物采食的主要影响因子。因此,尽管互花米草、芦苇等营养价值相对较低,但是综合考虑其较高的可利用量、适度的粗维水平以及可为麋鹿提供一定的隐蔽性等因素,互花米草仍是野生放养麋鹿觅食的最佳选择。

11.3.3 麋鹿对互花米草的影响

麋鹿是一种草食性动物,食草动物与植物之间的相互关系一直是放牧生态学的研究内容,包括动物对植物选择性取食、践踏及动物排泄物对土壤的生态作用等。在江苏大丰，互花米草是近海海滩的优势物种，沿海滩涂互花米草覆盖面大，形成了单一优势种群，经过研究人员长期监测发现麋鹿啃食及踩踏等活动对抑制互花米草有一定的效果，麋鹿活动干扰较严重的区域，其互花米草多项生态指标平均值（如盖度、鲜重、茎干重、叶干重、株高、叶长、叶宽、基茎等）明显弱于轻度干扰区，故推测麋鹿对大丰沿海滩涂的互花米草治理起到了一定的促进作用。原因可能有几点：第一，麋鹿为大型食草动物，集体采食抑制了区域内互花米草的生长势；第二，麋鹿踩踏、卧息等行为限制了互花米草的生长；第三，据资料记载，麋鹿倾向于选择成熟的、2 米左右高度的互花米草，作为隐蔽区，推测麋鹿粪尿可能对互花米草的生长存在影响。

第四篇

生态旅游与科普宣教

12 生态旅游

旅游业是当今发展最快的产业之一，传统旅游业依附娱乐消费，且伴随着资源和能源消耗，正逐渐被新时代下发展出的生态旅游(ecotourism)方式所替代，并在世界各地快速扩张。我国生态旅游起步稍晚，至 20 世纪 90 年代中期才受到国内学术界的重视。1995 年我国成立了中国旅游协会生态旅游专业委员会，发表了《发展我国生态旅游的倡议》；国家旅游局将 1999 年定为“生态环境旅游年”，又将 2009 年确定为“中国生态旅游年”，并将主题年口号确定为“走进绿色旅游、感受生态文明”，自此生态旅游在我国蓬勃发展，成为可持续旅游的基石。

保护区得天独厚的生态资源和源远流长的麋鹿文化，拥有丰富的生态旅游资源。本章对保护区生态旅游开展情况及相关旅游资源进行调查，了解其发展历程和可利用资源，为今后保护区开展相关生态旅游活动提供资料基础。

12.1 调查方法

本章节分别对 2022 年 5 月至 8 月保护区生态旅游开展情况和多年旅游人数进行调查，通过大数据分析、实地调查、资料搜集等手段，对保护区生态旅游发展历程、旅游人数时间分布，旅游资源等内容展开调查，并对相关数据采用 Excel 2019 进行分析制图。

12.2 发展历程

12.2.1 萌芽期

自 1986 年保护区创建以来，保护自然，禁止各类砍伐、狩猎、捕捞等与生态环境保护相违背的活动，便成为保护区首要责任。20 世纪 90 年代初期，保护区在实验区建设中华麋鹿园景区(简称“中华麋鹿园”)，以探索生态旅游发展之路。

2012 年前，中华麋鹿园一直以来是一个半封闭的景区，保护区生态旅游发展单纯依靠游客自主游览、自主消费，缺乏统一管理和科学引导，更对旅游带来的负面影响没有足够的认识和重视。后期随着保护区和中华麋鹿园对生态旅游认知地不断深化，并对旅游与生态的协调发展进行持续性重心转移，开展真正以生态保护为目标的旅游形式，提倡环保、崇尚绿色、倡导人与自然和谐共生的旅游方式，逐渐成为保护区和中华麋鹿园的重要战略支撑。

12.2.2 转变期

2012 年，是中华麋鹿园战略转变的转折年，为适应新形势下生态旅游的发展需求，科学合理规划中华麋鹿园未来发展，保护区管理处牵头成立专家小组对中华麋鹿园景区进行改革重组。对长期困扰生态旅游发展的痛点、难点进行全面梳理和逐项整治，先后对海洋馆、生物标本馆、跑马场、观鹿台、农家乐、电动游览车、百鸟园、摄影艺术馆、东方培训中心、电教馆、商店等进行全面清理，同时制订符合可持续发展的生态旅游长期规划。

2014年，中华麋鹿园启动国家级5A级景区创建工作，紧紧围绕生态旅游主线，彻底改变了传统旅游的发展模式，把珍稀濒危物种旅游资源和湿地生态环境优势有机结合起来，并明确提出"以旅游促保护，以保护促发展"的理念，使景区旅游业发展定位发生变化。保护区重点推出生态游（游客中心观看电教片—金滩鹿鸣（游船、游览车）—观鹿台—植物迷宫—鹿王展示区—斯巴鲁生态林—麋鹿文化园）、科普游（游客中心观看电教片—盐城黄海湿地世界自然遗产展示中心—金滩鹿鸣（游船、游览车）—观鹿台—鹦鹉园—鹿王展示区—麋鹿文化园）等专项产品，将生态保护理念宣传、生态知识普及宣讲、环境保护区意识提升等理念融入旅游产品中，形成了具有保护区自身特色的生态旅游路线，并积极发展以认识自然、享受自然、爱护自然为主题的其他生态旅游产品。

12.2.3　发展期

2015年10月8日，中华麋鹿园被国家旅游局评定为盐城首个5A级旅游景区，正式进入跨越式发展新阶段，标志着中华麋鹿园生态旅游迎来了全新的发展机遇。保护区为实现景区开放、协调的生态旅游发展，构建了监控指挥调度、无线网络覆盖、云数据、电子票务、智能停车场等智慧景区系统，有效提升了景区的规范化、便捷化、智能化，为生态旅游建设提供了新优势。

2016中美旅游年收官之际，保护区生态旅游景观更是作为中国旅游形象宣传片的美丽景色，亮相美国纽约时代广场，形成一定的国际影响力。2018年聚仙湖湿地公园作为保护区生态旅游的基础组成，正式投入使用，成为展示湿地文化、麋鹿文化和封神文化的重要景点，给游客带来更多优质的景观感受。

2019年7月，保护区作为"中国黄（渤）海候鸟栖息地（第一期）"的组成部分，成功列入《世界遗产名录》，成为我国首个滨海湿地类世界自然遗产的重要组成。中华麋鹿园也借此机遇提出绿化、美化、优化"三化"工程，将中华麋鹿园从硬件到软件，从环境到氛围进行了再次提升，形成以麋鹿为核心，含生态观光、生态休闲、生态度假、康体疗养为一体的生态旅游产业，从而推动保护区周边经济增长，实现了保护区与周边社区居民的惠益分享，"绿水青山就是金山银山"的发展理念成为当地共识。

12.3　旅游资源

12.3.1　生态旅游资源

《全国生态旅游发展规划（2016—2025年）》涵盖了山地、森林、草原、湿地、海洋、荒漠以及人文生态等7大类型旅游资源。经调查，麋鹿保护区拥有丰富且多元的生态旅游资源，除明星物种麋鹿外，还具有丰富的珍稀动植物观赏资源，且同时具有森林、湿地、海洋三类生态旅游资源，如表12.3-1所示。

表 12.3-1 保护区自然生态旅游资源

资源类型	资源代表	开发潜力
麋鹿生物资源	麋鹿(国家一级保护物种)	可进一步开发
其他珍稀动植物资源	国家一级保护动植物物种 10 种、国家二级保护动植物物种 50 种	可进一步开发
森林生态旅游资源	大丰林场	可进一步开发
湿地生态旅游资源	湿地生态系统	可进一步开发
海洋生态旅游资源	滩涂生态系统、海洋生态系统	适宜远期开发

12.3.1.1 麋鹿生物资源

自 1986 年,国家重新引进 39 头麋鹿后,截至 2022 年 9 月,保护区麋鹿数量已达 7 033 头,占世界麋鹿总数 70%,其繁殖率、存活率、年递增率均居世界之首。其中,野放麋鹿数量已达 3 116 头,结束了全球百年以来无完全野生麋鹿群的历史,并且创造了世界面积最大的麋鹿保护区、世界最大的麋鹿野放种群及世界最大的麋鹿基因库三个"世界之最",为人类拯救濒危物种提供成功的范例。

麋鹿,不但成为保护区最具典型代表的生物资源,也成为保护区最具代表性的生态旅游资源,以麋鹿为代表的生物资源,在生态旅游效益方面有很大的资源潜力。

12.3.1.2 其他珍稀动植物资源

保护区在麋鹿资源的基础上,还拥有丰富的鸟类等其他珍稀濒危动植物资源,如国家一级保护区动物丹顶鹤、"鸟中大熊猫"震旦鸦雀、国家一级保护植物水杉等物种资源,可结合相应物候特征,开发出对应旅游产品。

12.3.1.3 森林生态旅游资源

森林是陆地最大的生态系统,是人类文明的摇篮,保护区拥有大丰林场森林资源,是重要的生态系统旅游资源之一。据世界旅游组织估算,森林生态旅游业收入已占世界旅游业收入总数的 15%~20%。目前,我国共有太行山、秦岭、大兴安岭等 12 条国家森林步道,江苏省也发布有 16 条森林步道;保护区大丰林场总面积 631.941 公顷 ,拥有成片水杉、落羽杉、银杏、加杨等乔木物种,具备开发相关生态旅游资源的潜力和价值。

12.3.1.4 湿地生态旅游资源

保护区作为"中国黄(渤)海候鸟栖息地(第一期)"的重要组成部分,是典型的滨海湿地,拥有滩涂、季节河和部分人工湿地、芦荡、沼泽地等多种湿地资源。中华麋鹿园内也拥有丰富的湿地资源,可进行相应生态旅游路线规划开发。

12.3.1.5 暗夜星空文化

保护区毗邻野鹿荡中华暗夜星空保护地,该区域平均全年可观察星空达 238 天,所设的国家自动气象观察台是观测星空的最佳位置,向世界展示了黄海湿地独特的人文及生态资源。

12.3.2 人文旅游资源

12.3.2.1 麋鹿文化

麋鹿是保护区的主要保护目标,也是我国自古以来的文化符号。麋鹿在中国早期古籍中单称“鹿”，甲骨文的“鹿”字，即是麋鹿的象形描绘。我国古代农民曾利用麋鹿踩踏过的烂泥地，播种水稻，谓之“蹄耕”，并将麋鹿踩踏过的、混合草叶的、饱含水土的泥地，称之“麋田”。另外由于雄性麋鹿魁伟高大，古代人常以之象征帝王，故而衍生出“登鹿台”“逐鹿中原”等说法。

保护区建有听嗷坡、《麋鹿本纪》书法石刻、八层麋鹿塔、观鹿廊等麋鹿文化景观，其中听嗷坡专为麋鹿而建。麋鹿起源于我国中东部的长江、黄河流域的平原、沼泽区域，曾广泛存在，后因自然、人为和动物特化等方面的因素，使麋鹿在周朝后，野生种群数量逐渐减少；至清代，仅生存在皇家猎苑内；后因八国联军入侵，导致麋鹿在中国本土绝迹；1986 年，我国重引入麋鹿资源，逐渐繁衍至今。麋鹿在我国衰替兴盛的生命史，与国家繁荣复兴的社会史戚戚相关，为纪念当初重引入的第一批麋鹿而建设的听嗷坡，正是当年回归中国的 39 头麋鹿的安息之所，以此作为整个重引入历史的象征与纪念。

《麋鹿本纪》书法石刻是世界上最长的以麋鹿文化为题材的石刻书法长廊，麋鹿作为古代祥瑞之兽，历来多为文人墨客所歌咏。《诗经・大雅》中有“王在灵囿，麀鹿攸伏”，苏洵在《心术》中有“泰山崩于前而色不变，麋鹿兴于左而目不瞬”，杜甫、白居易、李白、苏轼等著名文人也曾在诗词中描述过麋鹿文化。《麋鹿本纪》书法石刻便是将麋鹿文化同书法文化相结合而制成的石刻书法长廊。《麋鹿本纪》书法石刻全长 42 米，高 3.9 米，39 块黑色大理石镶嵌在长廊上，寓意着 39 头麋鹿的后代绵长亘远，并以《史记》中记载皇家历史的体裁形式“本纪”，用文言文记述了麋鹿物种起源、与先民共存、千百成群，到深居园囿、飘零异乡、绝处逢生，最后回归故土、种群复兴的曲折历史，是集书法、石刻、美文、历史于一体的文化标记。

12.3.2.2　传说文化

保护区在景区内建有“封神台”景观，塔高 39 米，是为了纪念重引入的 39 头麋鹿。封神台为一座八层砖木中式宝塔，第五层是为储水而设，使此塔兼备了饮水和观赏的功能。因台内藏有《封神榜》珍本，又因在封神榜的传说中，姜子牙在东海滨筑台封神，并将该地称为封神台，故而保护区结合该塔所藏珍本和神话传说，将此塔命名为“封神台”。

12.3.2.3　湿地文化

人类逐水而居，文明伴水而生，人类的文明史就是与湿地有关的生态历史。保护区周边居民原本依靠保护区富饶的湿地物产而生活、生产，从湿地获取物质积累，但随着生产方式的改变，这种生活方式正逐渐消亡。通过打造保护区湿地文化的游览路线，可以形成保护区原住民生活方式的展示窗口，介绍人与自然最朴素的交换方式，也是保护区人文旅游资源中重要一环。

12.4　发展成效

保护区已经建成世界上占地面积最大、麋鹿数量最多、基因库最丰富的麋鹿自然保护区，在国内外产生了重要影响，大丰麋鹿的引进也已成为中国野生动物引进的成功范例。保护区内除麋鹿之外，被国家列为国家一级保护动物的还有丹顶鹤、东方白鹳等9种物种和二级保护动物豹猫、貉、獐等40多种物种，保护区内还有其他留鸟、候鸟283种，蕨类植物4种和种子植物318种。自从保护区发展生态旅游以来，现已建成具有海滨特色、以麋鹿为主、多种动物共存的旅游景观，累计接待了来自40多个国家近100万人次的游客，为开展宣传野生动物保护的科普教育，提高公众的生态意识发挥了巨大作用（王献溥，2009），不但建成盐城首个5A级旅游景区，更被国家旅游局和国家环保总局（现国家生态环境部）联合确定为中国生态旅游15个精选景点之一。

保护区自20世纪90年代开始，建立了规范的统计制度，对2018—2021年景区接待游客资料进行统计，访客人数同国庆节、五一劳动节等节假日相关联，其次与气候适宜度相关联。

从年季变化来看，平均年访客人数为90.38万人，其中受疫情影响，2020年和2021年访客人数明显较低，尚不足2019年和2020年的三分之一；从月季变化来看，平均月访客人数为7.53万人，旅游高峰期发生在10月，平均访客人数为15.63万人，占年平均访客人数的17.30％；其次为5月，平均访客人数为9.86万人，占年平均访客人数的10.91％；随后为11月和12月。

12.5 生态影响

自然保护区是生态文明建设的重要载体，生态旅游也是我国生态文明建设的重要实践内容。生态旅游的发展可为野生动植物及生境保护提供资金，助力于生物多样性整体保护，也可帮助社区居民增加经济收入，带动经济发展，还可通过解释和教育，提高人们的环境保护意识，起到环境教育的作用，在保护区发展中具有重要作用。但如不进行完善的管理和科学的规划，旅游活动本身会对包括植被、土壤、水体、野生动物在内的自然生态系统造成不良影响，影响因子主要包括活动的类型，游憩者行为，干扰的大小、频度、时间、区域等。

生态旅游作为非消耗型游憩活动，对野生动物的影响分为直接影响和间接影响两类。最直接的影响包括个体行为的改变，如取食时间减少、放弃现有生境等，以及生理指标的变化，如产生过多的能量损耗、压力反应等，这些影响进而导致动物的丰富度、分布以及物种多样性的变化。旅游活动的间接影响主要在于生境改变，如对植被的破坏、外来种的引入和散布以及环境污染等。

保护区以麋鹿为主要保护目标，区内大多数兽类对旅游活动是回避的，频繁的干扰会使动物放弃适宜生境，但也有相关国外研究认为，有相当一部分兽类因旅游活动而表现出了适应和行为改变，如黑熊、浣熊、臭鼬、猕猴等。可遇见生态旅游和麋鹿保护也将相互适应，如加以研究可引导产生正向作用，最大化降低生态旅游对保护区物种的生态影响。

13 科普宣教

科技创新、科学普及是实现创新发展的两翼，是国民素质的重要组成部分，也是社会文明进步的基础。近年来，我国科普工作取得重大进展，各类科普活动参与人数不断攀升，科普人才队伍持续壮大，科普场馆相继兴建，2020 年公民具备科学素质的比例达到 10.56%。科普宣教作为我国自然保护区主要责任之一，历来受到高度重视。目前，林业系统自然保护区每年接待的参观考察人数已超过了 3 000 万人次，有 150 余处自然保护区被列为科普教育基地、生态教育基地和爱国主义教育基地。

江苏省大丰麋鹿国家级自然保护区是世界最大的麋鹿基因库，是亚洲东方最大的湿地，以及太平洋西岸古生境保护最完好的半原始湿地。保护区同山东长岛国家级自然保护区、云南西双版纳国家级自然保护区等 19 个保护区，于 1999 年被中国科学技术协会授予成为全国第一批国家级科普教育基地，科普宣教之路，愈发任重道远。本次对保护区开展科普宣教的基础设施建设情况，科普宣传方式成果以及社会交流互动情况进行调查，为未来持续推动科普工作社会化、科技资源科普化、科普人才专业化、科普活动品牌化提供基础资料。

13.1 调查方法

本次考察在开展生物多样性调查同时，也对保护区科普宣教情况进行了调查，主要采用资料检索法、访谈调查法等方式对保护区的科普场馆、人才储备、科普条件及现有的科普活动进行调查。

资料检索法：查阅分析公开发表的论文、专著、研究报告、馆藏机构保藏的实物及信息、政府主管部门的统计资料、地方民间组织或社会团体保存的资料、相关数据平台保存的资料等，获取保护区相关数据信息。

访谈调查法：通过对保护区管理处的相关人员、景区内的游客和当地居民进行访谈、调查问卷填写、现场观察、市场调查等方式，获取保护区科普宣教相关信息。

13.2 宣教资源

13.2.1 场馆设施

科普场馆在科普宣教中起到主阵地作用，肩负着传播科学思想、倡导科学方法、推广科学技术、弘扬科学精神等多种责任。保护区为开展科普宣教活动，对外建设有中华麋鹿园、“世界自然遗产 · 盐城黄海湿地展示中心”等场馆。“世界自然遗产 · 盐城黄海湿地展示中心”于 2019 年建成，一楼以图片、视频、标本、模型相结合的方式，向社会展示黄海湿地的独特风貌，以及保护区对这片“净土”的保护成效；二楼通过互动设备，将麋鹿特性及保护麋鹿和湿地的知识以寓教于乐的方式传递给参观者。

13.2.2　人才队伍

建设高素质的科普人才队伍，是提高科普教育基地科普能力的重要任务之一。科普能力和科普资源的建设，不仅仅需要科普场馆、基础设施、科普展品等“硬资源”的建设，更需要科普人才等“软资源”的建设和提升(林爱兵等 2008)。保护区作为省市双管单位，即江苏省林业局为业务主管部门、盐城市人民政府为行政管理，建立起一支以博士为领衔，硕士为主导，本科生为主力军的科研科普队伍；同时大量吸收当地高校在校大学生，参与到兼职科普队伍中；此外还与各大高校学者、专家合作，开展一系列生态环境科研项目，为保护区生态环境及野生动植物保护工作提供技术指导。

13.2.3　生态条件

保护区作为麋鹿和黄海滩涂生物多样性保存的实体场所，拥有丰富的物种资源、生态资源及文化资源，具有极高的观赏价值和科研价值，是开展科普宣教的良好场所。

13.2.3.1　物种资源

保护区自 1986 年引进麋鹿 39 头，到如今麋鹿数量已经发展到 7 033 头，其中野放种群达到 3 116 头，是世界最大的麋鹿基因库，除麋鹿之外还栖息着丹顶鹤、东方白鹳、秃鹫、獐、豹猫等 329 种陆生脊椎动物，322 种维管植物。保护区通过麋鹿行为观察、鹿角收集等活动，通俗易懂地向人们揭示了大自然的奥秘，成为培养公众，尤其是青少年“热爱自然、保护自然、拥抱自然”的第二课堂。

13.2.3.2　生态资源

保护区麋鹿重引入的成功，实现了林、草、湿、鸟、鹿等生态系统共生共荣，是我国保存最为完好的湿地生态系统之一，被联合国列入国际重要湿地名录。湿地作为地球上最真实的体征表现，反映着生态状况的变化，是地球体征的代言者，湿地保护现状也在一定程度上反映了麋鹿保护现状。通过湿地展示、科学内涵宣讲，可增强大众的生态保护意识，帮助大众树立生态道德观，促进人与自然和谐相处。

13.2.3.3　文化资源

麋鹿不但是生态系统中重要一环，也是文化传承的重要象征，其在中国的生活变迁反映了中国近代历史的发展变化。麋鹿种群的回归与壮大是中华民族走向复兴的标志之一(蔡家奇，等 2014)。1997 年香港回归、1999 年澳门回归，中华麋鹿园分别制作了以麋鹿为主题的“九九归一”图和“百鹿归乡”图，作为祖国内地馈赠回归游子的特殊礼物，受到了两位特首的热烈欢迎。2000 年和 2001 年中华麋鹿园分别被团中央和江苏省委宣传部确定为“全国青少爱国主义教育基地”和“爱国主义教育基地”。

13.3　宣教活动

13.3.1　宣教品牌

随着科技发展、应用以及科普领域的不断交流，科普工作也在因地制宜彰显中国特色的同时，融入更多新理念，品牌化成为科普工作的一大趋势。

保护区结合自身优势，开创性地举办了“鹿王争霸”宣教品牌。每年5月底6月初麋鹿发情期，雄性麋鹿会通过打斗的方式选择优胜者繁衍后代，从而保留群体内的优秀基因。保护区利用麋鹿这一行为特点并结合背后的行为学、生态学知识，在2013—2022年期间，通过举办“鹿王争霸”现场直播活动，向公众展示野放麋鹿求偶打斗情景，并邀请专家解读生物学知识，从而将保护区天人合一的壮丽景观全景式地向观众呈现。目前“鹿王争霸”活动深受游客喜爱，增强了保护区科普宣传范围和效果，向国内外展示了麋鹿保护区乃至盐城优美的生态环境和生态文明建设成果，进一步扩大了麋鹿保护区的知名度和社会影响，为宣传珍稀物种保护工作做出了积极贡献。

13.3.2　宣教开展情况

保护区被中国科协确定为“全国科普教育基地”，被湿地国际确定为“湿地科普教育示范区”，被中国林学会、中国野生动物保护协会命名为“全国林业科普基地”和“全国野生动物保护科普教育基地”，并在2021年生态环境部、科技部组织的科普基地综合评估中评为“优秀”等级。

保护区在宣传教育中开展了多种形式的普及教育，在每年“植树节”“世界湿地日”“六五环境日”等特殊日期窗口，保护区组织景区、学校以及驻地官兵等开展植树活动、爱鸟周活动、“六五环境日”直播等各色活动。大众可通过游戏、体验等方式参与了解生物多样性保护的工作内容，认识保护环境的重要性，以及保护区物种保护、科研监测等知识。

保护区利用自身资源优势，开展“麋鹿角的认知”“麋鹿小厨师”等麋鹿系列课程，让公众通过测量麋鹿角的长度和亲自制作麋鹿饲料的方式，对麋鹿有更加深刻了解，亲身参与到麋鹿保护行动中，向公众传播珍稀濒危物种生态知识以及自然保护区的生态意义，并在麋鹿互动、知识讲解、湿地科普等活动中，融入麋鹿物种种群演变同国家兴旺、民族复兴的历史联系，起到开展爱国主义教育的作用。

13.4　社会活动

13.4.1　学术交流

近年来，科研人员与各大高校学者、专家合作，对保护区开展长期科学研究，目前已在国内外期刊发表学术论文50余篇，其中核心期刊论文12篇、SCI论文4篇；获科研成果奖11项；申请发明专利2项；开展一系列生态环境科研项目，为保护区的单位生态环境及野生动植物保护工作提供技术指导。

保护区与周边高校、科研单位建立长期合作，增强国际交流——与南京林业大学合作建立“南京林业大学外国留学生实习基地”，与盐城师范学院共建“湿地学院”，为保护区生态建设、高质量发展作出积极贡献。

13.4.2 社会交流

科普宣教要有效实现其提高公众科学文化素质的使命，必须与国内外各种相关社会组织密切配合，形成社会联动，协同开展的科普大局面。

近年来，保护区积极参加社会活动，不仅参加了世界自然基金会(WWF)上海崇明东滩观鸟培训，国家生态文明教育基地广西南宁、云南西双版纳学习培训，还承办了江苏省科普场馆协会会员日活动、江苏省科普场馆协会科普教育基地专委会研讨会、长三角科普场馆联盟等活动，保护区还作为江苏省对台交流基地，每年接待台湾同胞百余人次，并拍摄麋鹿专题宣传片等向台湾青少年播放。

第五篇

自然保护区综合评价

14 自然生态质量

14.1 典型性和自然性

保护区位于黄海沿岸，区内有着典型的滨海湿地生态系统，不但是麋鹿的最佳栖息地，还为东亚-澳大利西亚迁飞区候鸟提供了理想的栖息环境，是我国滨海湿地生态系统的典型代表，同时保护区也是国际重要湿地和世界自然遗产地，对于维护特定生物地理区的生物多样性具有重要意义。

保护区基本处于自然状态，人为干扰极少，仅实验区内有少量居民和访客，但由于麋鹿种群对食物的需求不断增加，对植物的采食、踩踏严重，导致保护区内植被覆盖度降低。在保护区在局部地区实施了植被修复和湿地修复以维持滨海湿地生态系统的生态功能之后，半自然生态系统占比有所提高。

14.2 生物多样性和稀有性

保护区内生态系统类型主要有湿地、林地和草地等。保护区内植被多样，物种资源丰富，加之众多的河流、沟渠，构成了复杂多样的生境，为动植物提供了良好的栖息环境。保护区内共有维管束植物 322 种，其中种子植物 318 种、蕨类植物 4 种；陆生脊椎动物 329 种，其中哺乳动物 24 种、鸟类 283 种、爬行动物 15 种、两栖动物 7 种；淡水水生生物 213 种，其中鱼类 43 种、大型底栖动物 16 种、浮游植物 122 种、浮游动物 32 种；昆虫 233 种，潮间带生物 38 种。保护区拥有世界上麋鹿数量最多、基因库最为丰富的麋鹿种群，是我国沿海生物多样性丰富的重要地区之一，是重要的沿海湿地动物资源基因库，在珍稀物种、基因资源和科学研究方面都具有重要意义。

保护区栖息着大量珍稀濒危动植物，有国家二级重点保护野生植物野大豆；有国家重点保护野生动物 59 种，其中属于一级重点保护的有麋鹿、丹顶鹤、东方白鹳、黑嘴鸥、黑脸琵鹭等 10 种，二级重点保护的有白琵鹭、白腹鹞、白尾鹞、红隼、灰鹤、小鸦鹃、獐、貉、豹猫、乌龟等 49 种。另外属于中日双边协定保护的鸟类 135 种，中澳双边协定保护的鸟类 46 种。

14.3 面积适宜性

保护区属野生动物类型自然保护区，主要保护对象为麋鹿及其栖息的湿地生态系统。1986 年保护区成立之初，原林业部林政保护司和江苏农林厅联合发文，将大丰林场南场 1 000 公顷土地改造为保护区，麋鹿被放养在围栏内。随着麋鹿数量的增加和国内外人士对麋鹿关注程度的提高，保护区每年接待的游客数量也逐年增加。为避免对麋鹿正常生活造成影响，保护区在一区划出了一块区域(中华麋鹿园)专门用于生态旅游、宣传教育、办公等，并在一区西区修建巡护道路用于巡护和游客参观车通道。经过 2015 年调整后，保护区总面积为 2 666.67 公顷，核心区面积 1 656.67 公顷，占全区土地总面积的 62.13%，缓冲区面积 288 公顷，占全区土地总面积的 10.80%，实验区面积 722 公顷，占全区土地总面积的 27.07%。总体来说，2015 年保护区功能区划分较为适宜，兼顾了主要保护对象麋鹿种群的保护需要和保护区生态旅游、宣传教育、办公等客观需求。

随着麋鹿数量的指数递增，保护区面积并未扩大，每头麋鹿所占用地呈对数级下降。据科学研究，保护区麋鹿种群的密度上限为 0.5 头/公顷，即每头麋鹿需约 2 公顷空间，以保护区实际可利用面积计算，早在 2009 年，平均每头麋鹿所占栖息地面积为 1.8 公顷，首次低于麋鹿适宜的栖息地面积。而实际上，保护区三个放养区内每头麋鹿占地并不相同，再加上 2009 年后，密度过大的麋鹿种群导致了麋鹿栖息地承载力退化，保护区有效的栖息地面积已经不足以维持自然状态下麋鹿种群正常发展需求。因此保护区积极采取补饲、种群调控、植被恢复等多种措施保障麋鹿种群的健康发展，并在麋鹿种群迁地保护方面做了积极探索，人为提升了区内麋鹿栖息地的承载能力，也使得保护区内麋鹿种群增长至现在的 7 033 头。

15 保护管理

15.1 保护管理工作成效明显

近年来，保护区始终坚持把麋鹿种群管理作为一项核心工作，围绕实现麋鹿种群健康发展的目标，着力开展麋鹿种群内部结构调整、异地保护、扩大野放种群、麋鹿驯养、网格化管理、野放麋鹿救助等六大重点措施，取得了八项主要成果：一是麋鹿种群数量实现稳定增长；二是网格化管理机制建立；三是种群内部调节有序推进；四是小麋鹿驯养初步成功；五是野放麋鹿救助工作成效显著；六是日常管理实现制度化；七是科研成果实现新突破；八是助推盐城黄海湿地成功列入世界自然遗产。

值得一提的是，在迁地保护方面，保护区向全国 20 处地区，先后输出麋鹿 217 头，保护区科研团队对输出地环境、气候、水文等条件进行实地考察，对饲养人员进行培训，并建立了多渠道沟通平台，确保输出麋鹿在当地可以很好的繁衍生息。

15.2 麋鹿种群实现健康稳定增长

近 10 年来，保护区主要保护对象麋鹿种群实现健康稳定发展，并建立了三个“世界之最”，即世界上最大面积的麋鹿自然保护区、世界上最大的野放麋鹿种群、世界上最大的麋鹿基因库。1986 年从英国重引进的 39 头麋鹿种群经过引种扩群、繁殖再驯化、野化放归等系统拯救工程，种群数量不断增加，为其走出濒危物种红皮书奠定了坚实的基础，野生麋鹿种群恢复工作取得了初步成功，基本达到了 1986 年确定的麋鹿重引进的目标任务。同时保护区还攻克了麋鹿难产率高这一世界性难题，为世界范围内麋鹿种群的复壮做出了突出贡献。

15.3 科研监测成果斐然

保护区在国内外专业刊物上发表科研论文 200 多篇，主持实施科研课题 30 余项，撰写麋鹿研究专著 15 部。近 10 年保护区科研水平进一步提升，获得科研成果奖 11 项，申请发明专利 2 项，发表科研论文 60 余篇，其中包含核心期刊论文 24 篇、SCI 论文 4 篇。

保护区通过开展与麋鹿密切相关的科学研究，在麋鹿种群内部调控、人工驯养、行为习性、种群补饲等研究领域上取得突破。保护区用取得的研究成果来指导保护区麋鹿的保护管理，并建立了大丰麋鹿保护区物联网数据监测平台，实现了麋鹿种群 10 年的持续增长。通过开展鸟类监测、环志等相关科研工作，保护区在鸟类生态、种群结构、繁殖习性等领域上取得较多成果，并用取得的成果来指导保护区鸟类的保护管理，为南来北往的迁徙鸟类提供安全保障，实现了保护区鸟类种群和数量的增长，使得保护区的生物多样性更加丰富。通过开展生态环境监测等相关科研工作，保护区在盐碱地适生树种、湿地生境恢复等研究领域进行了初步探索，用取得的成果来引领生态修复路径，为保护区珍稀濒危物种提供了良好的生存环境。通过与高校和科研机构建立良好的合作伙伴关系，并积极开展国际合作，保护区成为多所机构的生态教育、道德教育基地，为保护区建立了多样化的科研交流平台，有效提升了自身科研能力。

15.4　国内外社会影响力不断增加

保护区管理工作得到了各级领导及中外学术界的认可和赞许。保护区被国家林业局列入林业系统首批国家级示范自然保护区，先后荣获“全国自然保护区管理先进集体”“全国生物多样性保护示范基地”“全国科普教育基地”“国家生态环境科普基地”“全国青少年爱国主义教育示范基地”“全国林业科普基地”“全国野生动物保护科普教育基地”“斯巴鲁生态保护奖先进集体奖”“全国未成年人生态道德教育先进单位”“第五批全国林草科普基地”等称号，且已被列入国际重要湿地名录、东亚-澳大利西亚迁飞区伙伴关系(EAAF)和人与生物圈保护区网络，成为全球环境基金(GEF)中国项目示范区，在国内国际自然保护领域中产生了重要影响力。

15.5　网格化管理机制初见成效

保护区制定出台《麋鹿巡护监测工作制度》(苏丰鹿〔2020〕41 号)、《野生麋鹿救助应急管理制度》(苏丰鹿〔2020〕40 号)、《野生动物保护普法宣传工作方案》(苏丰鹿〔2020〕26 号)，明确巡护责任和范围，同时巡护人员定期按要求上报巡护表格。据统计，近几年保护区每年救助保护区范围外的野放麋鹿超过 100 次。

2018 年 11 月保护区开始实施野外麋鹿网格化管理工作，调查人员坚持每月 5 日、15 日、25 日统一调查统计，每月调查轨迹里程达到 1 000 公里，累积 300 多个标注点，基本覆盖了野放麋鹿活动区域。野外麋鹿网格化调查，不但可以充分掌握野放麋鹿活动规律、家域范围、生活习性和生理等状况，为野放麋鹿科学管理奠定坚实的基础，也可以通过社区走访，提高公众的野生动物保护意识，让更多公众参与野生动物保护，真正实现麋鹿的社会化保护。

野外麋鹿网格化管理过程中，保护区还多次联合大丰森林公安、川东港边防派出所、蹲门边防派出所开展普法宣传；联合森林公安、交通部门在川东闸防汛路设置多块限速警示牌和宣传牌，增设 1 处摄像头融入保护区监控系统，老海堤公路路口设置减速带和爆闪灯，提醒过往司机注意安全；与当地公安开展自然保护地专项整治行动，排查复河内尼龙网和地笼等。上述措施，均有效降低了野生麋鹿受伤的风险，促进了保护区周边人与麋鹿的和谐共生。

16 存在问题与对策

16.1 存在的主要问题

1. 保护区麋鹿种群规模超过生态系统承载力

麋鹿栖息地对种群健康发展的制约在 2009 年时已经初现端倪，具体体现为在自然状态下，保护区现有栖息地已不足以为麋鹿种群提供充足的食物、清洁的淡水和隐蔽的环境，麋鹿栖息生境呈现退化趋势。目前保护区麋鹿种群数量已达到 7 033 头(含扩散至保护区外的麋鹿数量)，不加控制的话其数量还将呈现指数增长，密度过高的麋鹿种群在突发一些高致病性传染病时，保护区将很难予以及时有效隔离控制。其次，保护区麋鹿半散养区植被生境三十多年来一直被反复利用，植被退化严重，生物量急剧下降，麋鹿食物匮乏的压力空前巨大，半散养麋鹿自 2015 年开始实施全年补饲；野放区麋鹿栖息地植被被不断采食利用，原本分布较为广泛的互花米草被麋鹿采食和利用，使得互花米草的分布范围和密度发生显著下降；海堤林内林下植被和灌木植被被麋鹿不断采食，林下裸露土壤层。同时，保护区内沼泽水域受气候变化影响明显、水文变化大，现有的水塘面积已不足以满足现有麋鹿种群的生活、生理需要。

2. 野放麋鹿向保护区外扩散引发人鹿冲突

保护区从 1986 年成立至今，其周边地区经历三十多年的农林业生产，交通日益完善，生产生活平稳发展。而随着麋鹿自然种群数量的增加，野放麋鹿在保护区核心区以外的生活空间不断拓展，麋鹿野放区外缺少有效的缓冲区，实验区、核心区暴露。由于早期图件绘制转化等技术误差，保护区批复面积与实际勘界面积、自然资源确权登记面积不相符；保护区一区西侧仍有近 500 公顷的土地权属不属于保护区管理处，其中包括一部分核心区；根据 2022 年江苏省林业局已批复同意的《大丰林海省级森林公园总体规划(2021—2030)》，保护区还与大丰林海省级森林公园存在重叠。

野放麋鹿向保护区外扩散使人兽冲突问题不断加剧，当前生态补偿难以有效弥补麋鹿造成的经济损失；野放麋鹿种群在向外扩散的过程中易受困于水产养殖塘，导致麋鹿被渔网电缆缠绕风险的增加；保护区距离最近的人类聚居地为 300 m，人类聚居地内养殖的畜禽将增加野放麋鹿种群感染家畜共患病的风险；麋连线公路穿越保护区一区实验区，且麋连线公路距离保护区仅 70 m，保护区周边不断扩张的路网和增长的车流，不但使得麋鹿等野生动物的栖息地破碎化加剧，也增加了麋鹿等野生动物路杀事件发生的风险。

3. 传统监测手段难以满足种群管理需要

保护区主要通过巡护计数、大丰麋鹿保护区物联网数据监测平台和无线电跟踪项圈对麋鹿种群进行跟踪监测，但随着野放麋鹿种群活动范围日益扩大，保护区自 2018 年起对麋鹿种群实施网格化管理。然而，科学、准确地回答保护区生物多样性的现状和趋势如何，仍面临诸多挑战和困难，将有限的人力投入到耗时较长的麋鹿扩散网格调查中也仅是一时之策。目前，保护区尚未能将新技术、新产品与保护区麋鹿及其栖息地保护的实际需求有效衔接，新技术、新产品与现有物联网监测平台、无线电跟踪项圈等监测手段的协同应用也面临较大的挑战。

4. 保护区科研宣教理念有待更新转变

在科学研究方面，随着麋鹿种群的不断发展，野放麋鹿种群的自然健康发展已经取代半野放麋鹿种群复壮，成为保护区面临的重要任务。野放麋鹿种群的健康发展需要麋鹿种群遗传多样性、家域、种群结构、野外扩散模型、生境承载力、疾病控制等相关研究的科学指导，但保护区对野放麋鹿种群的研究仍处于起步阶段。

在公众教育领域，2019 年 4 月，国家林业和草原局印发了《关于充分发挥各类自然保护地社会功能大力开展自然教育工作的通知》，提出要着力建设有中国特色的自然教育体系。保护区每年有大批外来访客有意到保护区来学习体验，保护区也有对外宣传、普及管护理念的强烈需求，但目前自然教育的研究和实践仍较为缺乏，宣教体系及宣教设施稍显陈旧，对发挥保护区特色、推动自然教育的实践形成了一定的方法、规范上的制约。

5. 保护区管理能力及队伍建设有待进一步提升

保护区已开展的信息化工作已有初步进展，但是目前的道路交通、通信、水电供应、公众教育、管护巡护设备等硬件不能满足现代化保护管理工作需要，保护区物联网智能监测平台只能在一定程度上辅助麋鹿种群及生态环境的监测管理，在巡护管理、档案管理、科研监测等方面仍需进一步提升。

保护区内现有管理人员 13 人、科研人员 11 人，虽较建立时已有增加，但随着区内鹿群数量的增加，保护管理方面面临着管理人员和专业科研人员不足、麋鹿研究所与其他部门同工不同酬等问题；且随着麋鹿种群的扩散，保护区内现有管护体系及相应救护队伍也需进一步完善，才能很好地掌握麋鹿种群及其栖息地的基本情况和动态变化情况；同时保护区疫源疫病基础研究、有害生物监测防控、科普宣教形式创新、自然灾害风险应急处置等现阶段技术支撑能力与新形势下管理需求不匹配的问题也很突出。

16.2 建议对策

1. 分步实施麋鹿种群长期调控及迁地保护

科学制定麋鹿种群长期调控方案。保护区遵循麋鹿种群自然发展的优胜劣汰规律，按照自然发展、紧密监测、应急救护的原则，逐步实现麋鹿种群自然性的过程；适当开展人为干预，通过一定的种群调控手段来淘汰不良个体，以控制种群密度；同时按照“减少一区鹿群数量，控制二区数量，扩大野放麋鹿种群数量”的思路，进行种群内部调控，合理利用麋鹿生存空间。

麋鹿种群迁地保护。保护区协调野生动物主管部门，做好全国麋鹿保育和发展方案，与国内外相关单位合作，对符合麋鹿栖息地标准的场所实施麋鹿有效种群输出工作，建立迁地保护种群。

2. 扩大麋鹿栖息地并加强肇事防控和致害补偿

首先，保护区外部应努力争取国家政策支持，加大补偿力度，将保护区周边有较多互花米草的区域及有较多麋鹿分布的农用地、林地，纳入麋鹿栖息地范围进行管理，在扩大麋鹿栖息地范围的同时，也为麋鹿迁地保护的栖息地管理提供经验。其次，保护区应开展栖息地改造修复，利用建成的围网，有计划地进行地块轮牧、生态补水、水系疏浚、外来物种治理、林地修复等栖息地修复提升工程，为麋鹿种群健康发展提供赖以生存的栖息空间。此外，保护区被列为国际重要湿地，同时也在世界自然遗产地——中国黄(渤)海候鸟栖息地(第一期)范围内，保护区内堤外滩涂湿地、内陆河湖是重要的候鸟栖息地，也是獐、豹猫等沿海本土珍稀濒危动物活动栖息的乐园，保护区应进一步加强对麋鹿伴生物种种群数量、分布及其栖息地动态变化的监测。最后，保护区应积极与盐城市有关职能部门沟通，加强盐城市沿海区域野生动物肇事防控和生态补偿。

3. 建设"天空地一体化"监测与评估网络平台

一是针对现存的管理能力短板，加强保护区科技引领，通过与人工智能、云计算、大数据、多元异构数据集成等高新技术的应用，创新自然保护区建设和野生动植物保护工作技术手段，并全面升级保护区业务工作保障性设施设备，改善基础工作条件，保障主体业务需求。二是集成红外相机技术、卫星遥感技术、信息技术、无人机定向巡航、AI智能监测识别等现代监测技术，克服传统"点"尺度监测技术的局限性，以麋鹿、獐、豹猫等陆生大中型兽类、湿地迁徙水鸟及栖息地状况等为主要调查对象，构建生物多样性综合监测技术体系。三是以保护区栖息地结构、植被以及空气、水文、土壤等生态系统功能参数作为主要监测指标，实现对栖息地生态长时间序列、多空间尺度的全方位快速监测与评价，并对栖息地变化、变迁方向和未来发展做出评估，为政策的制定和保护策略提供重要的信息保障和决策支持。

4. 加强科研宣教的对外合作交流

在科学研究方面，根据保护区的实际，更新现有科研监测设施设备，加强生态环境监测、野生动物监测和野生动物疫源疫病监控等设备的投入，以信息化的手段获取科研监测数据，进一步提高保护区野放麋鹿种群监测研究水平；加强对外合作，搭建良好的大学生实习基地，吸引国内外各大高校与科研机构，合作开展麋鹿种群遗传多样性、家域、种群结构、野外扩散模型、生境承载力、疾病控制等相关研究，为保护区科研监测提供可再生力量。

在公众教育方面，以保护前提，不断提升保护区宣传教育基础建设水平，为自然教育工作提供有利条件。加快自然教育区域硬件建设，重点加强资源环境保护设施、科普教育设施、解说系统以及各种安全、环卫设施的建设，加强电信、互联网等建设，加快推进自然教育课程、科普小径等生态服务设施建设，为全社会提供科研、教育、体验、游憩等公共服务。

5. 提升保护区管理队伍能力水平

积极与国内外野生动物及生物多样性保护研究机构、自然保护地等协会组织的合作交流，进一步提高保护区的专业管理水平；此外，加强与江苏盐城湿地珍禽国家级自然保护区、盐城市湿地和世界自然遗产保护管理中心等单位的合作，拓展监测数据获取途径，同时在周边社区建立社区临时巡护岗，吸纳社区居民参与到保护区巡护管理中来。

针对现存的管理队伍人员不足问题，应积极制订人才引进计划，扩充人员编制，并将盐城市麋鹿研究所的自收自营编制转为全额事业编制，同时结合现有人员，对新引进人才的专业、学历、年龄、人数进行合理配置，增加自然保护区管理、野生动物保护等专业相关人员，积极开展培训工作，提高管理队伍的业务素质和专业水平。

参考文献

ANDREW T S,解焱. 中国兽类野外手册[M]. 长沙：湖南教育出版社，2009.

安玉亭，刘彬，王立波，等. 不同麋鹿干扰强度对栖息地土壤理化特性的影响[J]. 生态学报，2020，40(11)：3571-3578.

安玉亭，王立波，解生彬，等. 大丰麋鹿种群密度制约及资源化潜力初探[J]. 当代畜牧，2019(04)：23-26.

白加德，张渊媛，钟震宇，等. 中国麋鹿种群重建35年：历程、成就与挑战[J]. 生物多样性，2021，29(02)：160-166.

彩万志，庞雄飞，花保祯，等. 普通昆虫学(第2版)[M]. 北京：中国农业大学出版社，2011.

蔡东章，王德森. 河南鸡公山国家级自然保护区昆虫多样性研究[J]. 环境昆虫学报，2021，43(03)：594-600.

蔡家奇，温华军，李鹏飞. 麋鹿保护与科普教育途径研究及对策[J]. 绿色科技，2014(09)：295-297+301.

蔡垚. 北草蜥生活史特征变异及种群遗传结构的地理格局[D]. 南京：南京师范大学，2007.

曹春婧，何建龙，王占军，等. 宁夏不同区域欧李园昆虫群落多样性[J]. 浙江农林大学学报，2021,38(06):1253-1260.

曹克清，陈彬. 关于野生麋鹿绝灭原因的再探讨[J]. 四川动物，1990(01)：41-42.

曹克清. 关于野生麋鹿回归中国放养地点选择的意见[J]. 四川动物，1985(02)：31-33.

曹克清. 麋鹿[J]. 科学杂志，1985(01)：46-53+79.

曹克清. 麋鹿研究[M]. 上海：上海科技教育出版社，2005.

曹克清. 野生麋鹿绝灭地区的初步探讨[J]. 动物学研究，1982(04)：475-477.

曹克清. 野生麋鹿绝灭时间初探[J]. 动物学报，1978(03)：289-291.

曹克清. 野生麋鹿绝灭原因的探讨[J]. 动物学研究(英文)，1985(01)：111-115.

曹克清. 野生麋鹿生活景观复原[J]. 化石，1991(01)：34.

曹克清. 中国的麋鹿[J]. 野生动物，1983(04)：12-18+71.

曹克清,邱莲卿,陈彬,等. 中国麋鹿[M]. 上海：学林出版社，1990.

陈宝雄，孙玉芳，韩智华，等. 我国外来入侵生物防控现状、问题和对策[J]. 生物安全学报，2020，29(03)：157-163.

陈潘，张燕，朱晓静，等. 互花米草入侵对鸟类的生态影响[J]. 生态学报，2019，

39(7)：2282-2290.

陈森. 麋鹿主要组织、器官的组织学观察与STC-1在肾脏中的定位[D]. 武汉：华中农业大学，2012.

陈威. 政府在推动科普品牌化中的作用研究[D]. 南京：东南大学，2016.

陈兴. 外来生物入侵对农业生物多样性的危害及预防[J]. 现代农村科技，2017(11)：31-32.

陈秀芝. 上海九段沙国家级湿地自然保护区昆虫多样性及其影响因素研究[J]. 上海师范大学学报(自然科学版)，2012,41(04)：399-409.

陈勇，何中发，黎兵，等. 崇明东滩潮沟发育特征及其影响因素定量分析[J]. 吉林大学学报(地球科学版)，2013，43(01)：212-219.

陈正勇，王国祥，刘金娥，等. 苏北潮滩群落交错带互花米草斑块与土著种竞争关系研究[J]. 生态环境学报，2011，20(10)：1436-1442.

程志斌，郭青云，钟震宇，等. 麋鹿常见疾病及其防治[J]. 野生动物学报，2021，42(03)：897-902.

程志斌，张林源，张伟，等. 鹿类动物被毛形态学研究进展[J]. 四川动物，2013，32(05)：793-799.

仇乐，刘金娥，陈建琴，等. 互花米草扩张对江苏海滨湿地大型底栖动物的影响[J]. 海洋科学，2010，34(08)：50-55.

党凯，高磊，朱瑾. 菊方翅网蝽在中国首次记述(半翅目，网蝽科)[J]. 动物分类学报，2012，37(4)：5.

丁晶晶，薛欢，朱立峰，等. 江苏大丰野生麋鹿种群及其栖息地保护[J]. 野生动物学报，2015，36(03)：265-269.

丁晶晶. 大丰野放麋鹿的活动区域格局及生境选择研究[D]. 南京：南京师范大学，2017.

丁民. 国家级自然保护区——大丰麋鹿保护区[J]. 生物学教学，2001(10)：47-48.

丁玉华，曹克清. 中国麋鹿历史纪事[J]. 野生动物，1998(02)：7-8.

丁玉华，丁晶晶，李鹏飞，等. 中国野生麋鹿种群发展策略探究[J]. 江苏林业科技，2018，45(05)：49-51+56.

丁玉华，李鹏飞，杨涛，等. 麋鹿畸形角的研究初探[J]. 特种经济动植物，2021，24(04)：27-28.

丁玉华，李鹏飞，张玉铭，等. 麋鹿骨质角夏季脱落的首次发现与探究[J]. 野生动物学报，2018，39(03)：493-498.

丁玉华，刘广新，孙大明，等. 麋鹿采食植物的初步探讨[J]. 畜牧与兽医，1989(03)：116-117.

丁玉华，任义军，温华军，等. 中国野生麋鹿种群的恢复与保护研究[J]. 野生动物学报，2014，35(02)：228-233.

丁玉华，任义军，徐安宏，等. 发情期野生与圈养麋鹿群主行为差异[J]. 南京师大学报(自然科学版)，2009，32(03)：114-118.

丁玉华，任义军，徐安宏，等. 半散养麋鹿角的特征及其脱落生境选择[J]. 南京师大学报(自然科学版)，2005,28(02)：79-82.

丁玉华，沈华，徐安宏，等. 眠乃宁麻醉保定麋鹿的试验初报[J]. 畜牧与兽医，1992(04)：176.

丁玉华，孙华金，郭耕，等. 麋鹿同性爬跨的行为研究[J]. 野生动物学报，2020，41(02)：309-313.

丁玉华，王立波，徐安宏，等. 大丰麋鹿野生放养[J]. 野生动物，2004,25(05)：33-34.

丁玉华，王丽娟，刘训红，等. 麋鹿角研究现状及其开发利用设想[J]. 时珍国医国药，2009，20(07)：1749-1750.

丁玉华，朱梅，任义军. 苏北滨海湿地麋鹿恢复种群的研究[J]. 兽类学报，2006，26(03)：249-254.

丁玉华. 大丰野生麋鹿采食互花米草的发现与研究[J]. 野生动物，2009，30(03)：118-120+139.

丁玉华. 黄海湿地恢复麋鹿野生种群的再探讨[C]// 中国动物学会兽类学分会第六届会员代表大会暨学术讨论会论文摘要集，2004：28.

丁玉华，刘彬. 江苏大丰麋鹿国家级自然保护区珍稀野生动植物名录[M]. 南京：南京师范大学出版社，2012.

丁玉华. 江苏省第一个珍稀动物救护中心在大丰麋鹿保护区成立[J]. 人与生物圈，1996(04)：34.

丁玉华. 麋鹿生长三支角罕见案例的剖析[J]. 野生动物，2013，34(06)：320-322+326.

丁玉华. 麋鹿文化的继承与发展[J]. 安徽农业科学，2016，44(06)：214-215.

丁玉华. 麋鹿轶事——麋鹿回归的历史真相[J]. 特种经济动植物，2021，24(05)：3-4.

丁玉华. 中国麋鹿研究[M]. 长春：吉林科学技术出版社，2004.

董立新，周绪申. 浮游植物多样性指数在内陆水体污染类型评价中的应用简述[J]. 海河水利，2017(05)：57-60.

董梅，陆建忠，张文驹，等. 加拿大一枝黄花——一种正在迅速扩张的外来入侵植物[J]. 植物分类学报，2006,44(01)：72-85.

董娜. 云南省一种新型丙型肝炎病毒全基因组和遗传进化分析[D]. 大理：大理大学，2020.

费梁，叶昌媛，江建平. 中国两栖动物及其分布彩色图鉴[M]. 成都：四川科学技术出版社，2012.

费梁，叶昌媛，江建平．中国两栖动物彩色图鉴[M]．成都：四川科学技术出版社，2010.

冯天翼，宋超，陈家长．水生藻类的环境指示作用[J]．中国农学通报，2011，27(32)：257-265.

冯照军，孙建梅．江苏云台山地区两栖爬行动物多样性及地理区划[J]．四川动物，2000,19(02)：57-59.

冯照军，赵彦禹，周虹，等．江苏新沂县骆马湖湿地两栖、爬行及哺乳动物调查[J]．四川动物，2005(03)：385-388.

冯振兴．互花米草生物量变化对盐沼沉积物有机碳含量的影响——以王港河口潮滩为例[D]．南京:南京大学，2015.

郭来喜．中国生态旅游——可持续旅游的基石[J]．地理科学进展，1997，16(4)：3-12.

韩茂森，束蕴芳．中国淡水生物图谱[M]．北京：海洋出版社，1995.

韩书霞，张林源．麋鹿鹿角的结构形态及其密度[J]．东北林业大学学报，2013，41(02)：129-132.

韩曜平，卢祥云．江苏太湖流域啮齿类种类及鼠类群落的初步调查[J]．四川动物，2001(01)：38-40.

韩争伟，马玲，曹传旺，等．太湖湿地昆虫群落结构及多样性[J]．生态学报，2013，33(14)：4387-4397.

杭子清，王国祥，刘金娥，等．互花米草盐沼土壤有机碳库组分及结构特征[J]．生态学报，2014，34(15)：4175-4182.

郝昕．江苏辐射沙洲陆岸潮沟形态特征及演变研究[D]．南京:南京师范大学，2021.

侯立冰，丁晶晶，丁玉华，等．江苏大丰麋鹿种群及管理模式探讨[J]．野生动物，2012，33(05)：254-257+270.

侯立冰，孙大明，任义军，等．麋鹿大规模驯养实践与思考[J]．当代畜牧，2018(20)：63-64.

侯立冰，孙大明，俞晓鹏，等．江苏大丰麋鹿人工驯养试验研究[J]．畜牧兽医科学(电子版)，2019(01)：13-14.

胡鸿钧，魏印心．中国淡水藻类——系统、分类及生态[M]．北京：科学出版社，2006.

胡娟，谢培根，梅祎芸，等．浙江清凉峰国家级自然保护区黑麂和小麂潜在适宜栖息地预测及重叠性分析[J]．生态学报，2023,43(06)：2210-2219.

滑荣，崔多英，刘佳，等．江苏盐城湿地麋鹿冬季食性研究[J]．动物学杂志，2020，55(01)：1-8.

环境保护部．关于发布全国生物物种资源调查相关技术规定(试行)的公告[EB/

OL]. 2010-03-04[2022-12-15]. https://www.mee.gov.cn/gkml/hbb/bgg/201004/t20100428_188866.htm.

黄世能，王伯荪．热带次生林群落动态研究：回顾与展望[J]．世界林业研究．2000，13(06)：7-13.

黄松．中国蛇类图鉴[M]．福州：海峡书局，2021.

纪一帆，吴宝镭，丁玉华，等．大丰野放麋鹿生境中芦苇和互花米草的营养对比分析[J]．生态学杂志，2011，30(10)：2240-2244.

贾媛媛，安玉亭，孙大明，等．麋鹿采食与非采食区群落重要值和狼尾草种群的差异[J]．野生动物学报，2018，39(01)：49-53.

贾媛媛，解生彬，袁红平，等．野生麋鹿活动对互花米草部分生态指标的影响[J]．安徽农业科学，2022，50(15)：63-65.

贾媛媛，陆立林，徐亦忻，等．大丰麋鹿保护区盐碱地绿化造林技术初探[J]．农技服务，2016，33(07)：89-90+57.

贾媛媛，严睿，陆立林，等．大丰麋鹿主要生活区的生境特征调查[J]．安徽农业科学，2015，43(25)：114-116.

贾媛媛．大丰麋鹿保护区构树栽植技术及在麋鹿喂养中的应用[J]．现代农业科技，2021(02)：192-193+196.

贾媛媛．大丰麋鹿种群适合度及其生境现状调查分析[D]．南京：南京农业大学，2017.

江建平，谢锋．中国生物多样性红色名录：脊椎动物 第四卷 两栖动物[M]．北京：科学出版社，2021.

江建平，谢锋，李成，等．中国生物物种名录 第二卷 动物　脊椎动物(Ⅳ) 两栖纲[M]．北京：科学出版社，2020.

江苏大丰麋鹿保护区管理处．江苏大丰麋鹿保护区科学考察报告(2014)[R].

周元生，等．江苏大丰麋鹿保护区综合科学考察报告[R]．盐城：江苏大丰麋鹿保护区管理处，1996.

江苏省大丰麋鹿国家级自然保护区[J]．江苏林业科技，2018，45(05)：2.

蒋炳兴．我国第一个麋鹿保护区[J]．野生动物，1986(06)：14.

蒋际宝，赵梅君，胡佳耀，等．盐城国家级珍禽自然保护区不同生境的昆虫群落研究[J]．上海师范大学学报(自然科学版)，2010，39(2)：181-188.

蒋燮治，堵南山．中国动物志．节肢动物门甲壳纲淡水枝角类[M]．北京：科学出版社，1979.

蒋志刚，丁玉华．大丰麋鹿与生物多样性[M]．北京：中国林业出版社，2011.

蒋志刚，李春旺，曾岩．麋鹿的配偶制度、交配计策与有效种群[J]．生态学报，2006(07)：2255-2260.

蒋志刚，谢宗强．物种的保护[M]．北京：中国林业出版社，2008.

蒋志刚，张林源，杨戎生，等．中国麋鹿种群密度制约现象与发展策略[J]．动物学报，2001(01)：53-58.

蒋志刚．麋鹿行为谱及PAE编码系统[J]．兽类学报，2000,20(01)：1-12.

蒋志刚．麋鹿行为生态学与保护生物学研究[R]．北京：中国科学院动物研究所，2013.

蒋志刚．我国自然保护区发展的对策建议[J]．中华环境，2016(09)：26-29.

蒋志刚，马勇，吴毅，等．中国哺乳动物多样性及地理分布[M]．北京：科学出版社，2015.

蒋志刚．中国生物多样性红色名录：脊椎动物 第一卷 哺乳动物[M]．北京：科学出版社，2021.

蒋志刚．自然保护野外研究技术[M]．北京：中国林业出版社，2002.

解生彬，郜志鹏，杨禹治，等．不同性别和季节麋鹿血浆性激素水平的变化[J]．畜牧与兽医，2018，50(08)：25-29.

景存义，曹克清，梁崇政．海南岛引进麋鹿的可行性研究[J]．南京师大学报(自然科学版)，1992(02)：92-96.

匡叶叶．麋鹿AFLP分子标记系统的建立及其遗传多样性评估[D]．杭州：浙江大学，2011.

李宝泉，李新正，陈琳琳，等．中国海岸带大型底栖动物资源[M]．北京：科学出版社，2019.

李朝晖，陈建秀，黄诚，等．江苏省蝶类名录及分布研究[J]．南京林业大学学报(自然科学版)，2004,28(04)：73-78.

李朝晖，黄成，虞蔚岩，等．江苏省云台山地蝶类多样性与区系研究[J]．南京林业大学学报(自然科学版)，2007(03)：122-124.

李弛，杨道德，张玉铭，等．麋鹿夜间卧息地选择的季节变化[J]．生物多样性，2016，24(09)：1031-1038.

李春旺，蒋志刚，曾岩，等．麋鹿茸与梅花鹿茸、(黇)鹿茸雌二醇含量比较[J]．动物学报，2003(01)：124-127.

李春旺，蒋志刚，曾岩．雄性麋鹿的吼叫行为、序位等级与成功繁殖[J]．动物学研究，2001(06)：449-453.

李春旺，蒋志刚，房继明，等．麋鹿繁殖行为和粪样激素水平变化的关系[J]．兽类学报，2000(02)：88-100.

李锋涛，段金廒，钱大玮，等．麋鹿角中多糖类成分资源化学分析评价[J]．中国实验方剂学杂志，2016，22(01)：22-26.

李锋涛，段金廒，钱大玮，等．我国麋鹿药用资源的发展与研究现状及其资源产业化的思考[J]. 中草药，2015，46(08)：1237-1242.

李晶. 扎龙湿地浮游植物生态特征及其环境效应研究[D]. 哈尔滨:哈尔滨工业大学，2012.

李坤，陈颀，张林源，等. 麋鹿头骨的解剖学特征描述[J]. 四川动物，2011，30(05)：784-785.

李鹏飞，丁玉华，张玉铭，等. 长江中游野生麋鹿种群的分布与数量调查[J]. 野生动物学报，2018，39(01)：41-48.

李鹏飞，张玉铭，杨丰利，等. 首例麋鹿幼仔疑似脑包虫病的救治[J]. 湖北畜牧兽医，2020，41(06)：18-20.

李新正，王洪法，张宝琳，等. 胶州湾大型底栖生物鉴定图谱[M]. 北京：科学出版社，2016.

李忠秋. 大丰麋鹿的种群现状及行为学研究进展[C]// 第十三届全国野生动物生态与资源保护学术研讨会暨第六届中国西部动物学学术研讨会论文摘要集，2017：184.

李忠秋. 三种珍稀有蹄类动物的警戒行为数据[J]. 生物多样性，2016，24(12)：1335-1340.

梁崇岐，李渤生. 我国半散放麋鹿生境植被及采食植物种类的研究[J]. 林业科学，1991(04)：425-434.

梁慧. 国际生态旅游发展趋势展望[J]. 当代经济，2007(01)：72-73.

林爱兵，刘颖. 全国科普教育基地人才队伍建设现状及发展策略研究——全国科普教育基地现状调查[J]. 科普研究，2008(01)：6-12.

林邦俊. 库塘型湿地公园科普宣教规划设计研究——以湖北龙湖国家湿地公园为例[D]. 武汉:湖北大学，2019.

林鹏. 海洋高等植物生态学[M]. 北京：科学出版社，2006.

刘彬，安玉亭，薛丹丹，等. 人类活动对野化麋鹿生存的影响及保护对策[J]. 四川动物，2021，40(02)：176-182.

刘彬，丁玉华，任义军. 大丰麋鹿保护区冬季鸟类群落特征[J]. 野生动物，2010，31(04)：192-196.

刘彬，孙大明，王立波，等. 狼尾草和白茅生境鸟类群落研究[J]. 野生动物学报，2018，39(03)：693-698.

刘金娥，苏海蓉，徐杰，等. 互花米草对中国海滨湿地土壤有机碳库的影响[J]. 生态环境学报，2017，26(06)：1085-1092.

刘金根，薛建辉，王磊，等. 江苏大丰麋鹿自然保护区栖息地退化特征[J]. 生态学杂志，2011，30(08)：1793-1798.

刘君. 不同入侵程度的加拿大一枝黄花对本地植物群落物种多样性和功能多样性的影响[D]. 镇江:江苏大学，2017.

刘力维，张银龙，汪辉，等. 1983—2013 年江苏盐城滨海湿地景观格局变化特征[J]. 海洋环境科学，2015，34(01)：93-100.

刘旎. 雄性麋鹿繁殖策略的吼叫行为机制与生殖贡献[D]. 雅安：四川农业大学，2014.

刘蓉蓉. 中国姬鼠属种类分子系统关系及其地理分布研究[D]. 北京：中国疾病预防控制中心，2017.

刘少英，吴毅，李晟. 中国兽类图鉴(第 3 版)[M]. 福州：海峡书局，2022.

刘童祎，陈静，姜立云，等. 中国半翅目等 29 目昆虫 2020 年新分类单元[J]. 生物多样性，2021，29(08)：1050-1057.

芦康乐，杨萌尧，武海涛，等. 黄河三角洲芦苇湿地底栖无脊椎动物与环境因子的关系研究——以石油开采区与淡水补给区为例[J]. 生态学报，2020，40(05)：1637-1649.

陆军，于长青，丁玉华，等. 半野生麋鹿集群行为的初步研究[J]. 兽类学报，1995(03)：198-202.

陆琳莹，邵学新，杨慧，等. 浙江滨海湿地互花米草生长性状对土壤化学因子的响应[J]. 林业科学研究，2020，33(05)：177-183.

陆树刚. 中国蕨类植物区系概论[M]//李承森. 植物科学进展(第 6 卷). 北京：高等教育出版社，2004：29-42.

路亚北. 江苏食用昆虫资源记述[J]. 四川动物，2005(01)：49-53.

路亚北. 江苏药用昆虫资源概述[J]. 江苏林业科技，2004，31(02)：44-48.

吕士成，孙明，邓锦东，等. 盐城沿海滩涂湿地及其生物多样性保护[C]// 全国生物多样性保护及外来有害物种防治交流研讨会论文集，2008：196.

吕士成，孙明，邓锦东，等. 盐城沿海滩涂湿地及其生物多样性保护[J]. 农业环境与发展，2007(01)：11-13.

吕亭豫，龚政，张长宽，等. 粉砂淤泥质潮滩潮沟形态特征及发育演变过程研究现状[J]. 河海大学学报(自然科学版)，2016，44(02)：178-188.

马金双. 中国入侵植物名录[M]. 北京：高等教育出版社，2013.

马世骏. 中国昆虫生态地理概述[M]. 北京：科学出版社，1959.

缪文俊. 江苏大丰麋鹿野放与半散养种群日活动时间分配和集群特征[D]. 南京：南京师范大学，2013.

倪勇，伍汉霖. 江苏鱼类志[M]. 北京：中国农业出版社，2006.

潘鸿，唐宇宏. 威宁草海浮游植物污染指示种及水质评价[J]. 湿地科学，2016，14(02)：230-234.

庞振刚. 自然保护区可持续发展的必由之路——发展生态旅游[J]. 生态经济，2001(05)：20-23.

彭少麟，周厚诚，陈天杏，等. 广东森林群落的组成结构数量特征[J]. 植物生态学与地植物学学报，1989(01)：10-17.

任静. 基于GPS技术的洞庭湖区野外放归麋鹿种群迁移行为研究[D]. 长沙：中南林业科技大学，2019.

任义军，丁玉华，解生彬，等. 野生麋鹿发情后期行为比较[J]. 野生动物，2011，32(06)：309-311+342.

任义军，沈华，俞晓鹏，等. 哺乳期仔麋鹿体重体尺动态变化及相关性研究[J]. 畜牧与兽医，2018，50(07)：6-9.

任义军，孙大明，丁玉华，等. 乏食压力下幼龄麋鹿的行为[J]. 野生动物，2013，34(01)：4-7.

任义军，孙大明，俞晓鹏，等. 哺乳期麋鹿的生长发育与疾病发生的关系[J]. 江苏农业科学，2020，48(11)：153-157.

任义军，王立波，俞晓鹏，等. 休情状态下圈养麋鹿昼间冲突行为初步分析[J]. 四川动物，2018，37(01)：1-7.

沈国坤. 中国两栖爬行动物地理分布的模糊聚类分析[J]. 四川动物，1985(02)：13-16.

沈华，丁玉华，徐安宏. 半野生麋鹿草地管理对策的探究[J]. 草与畜杂志，1993(03)：19+9.

沈华，丁玉华，徐安宏. 麋鹿长角血蜱病的诊治[J]. 草与畜杂志，1996(03)：36.

沈华，解生彬，任义军，等. 化解大丰野生麋鹿放养与周边农户种植矛盾的措施[J]. 当代畜牧，2020(11)：5-7.

沈华，刘彬，任义军，等. 大丰麋鹿保护区野生鸟类疫源疫病监测初报[J]. 畜牧兽医杂志，2016，35(02)：126-127.

沈华，任义军，解生彬，等. 大丰麋鹿放归自然时的特殊行为习性观察[J]. 中国畜牧兽医文摘，2015，31(10)：103-104.

沈华，任义军，解生彬，等. 麋鹿的驯化[J]. 畜牧兽医杂志，2014，33(02)：85-86.

沈华，任义军，解生彬，等. 野生麋鹿发情交配及产仔行为研究[J]. 当代畜牧，2015(30)：28-30.

沈华，任义军，解生彬. 野生麋鹿产仔期活动时间分布[J]. 中国畜牧兽医文摘，2015，31(11)：60+59.

沈华，徐安宏，陈勇. 大丰麋鹿国家级自然保护区生态经济和社会效益评估[J]. 当代畜牧，2015(17)：28-29.

适碧叶. 食鸟蝙蝠——南蝠的头骨形态和咬合力适应研究[D]. 长春：东北师范大学，2020.

宋玉成，李鹏飞，杨道德，等. 湖北石首散养麋鹿种群的调控机制：密度制约下种群产仔率下降[J]. 生物多样性，2015，23(01)：33-40.

宋玉成. 洞庭湖区自然野化麋鹿种群扩散机制与种群动态[D]. 长沙：中南林业科技大学，2015.

孙大明，王桂宏，徐绍良，等. 仔麋鹿大肠杆菌病[J]. 畜牧与兽医，1993(03)：126.

孙大明，薛春林，王伯高，等. 麋鹿血液生理指标和血清化学成分指标的研究[J]. 畜牧与兽医，1994(03)：106-109.

孙大明，朱明，王桂宏，等. 大量蜱寄生引致麋鹿贫血症病例报告[J]. 畜牧与兽医，1998,30(02)：24-25.

孙鸿烈. 中国生态系统[M]. 北京：科学出版社，2005.

田耕芜. 江苏云台山自然保护区两栖爬行动物调查简报[J]. 四川动物，1999(03)：129.

涂剑锋，杨福合，邢秀梅. 中国鹿亚科动物的遗传分化研究[C]//“十二五”鹿科学研究进展，2016：198-202.

王春麟，徐惠强，姚志刚. 改革创新天地宽——江苏大丰麋鹿国家级保护区改革创新调查[J]. 中国林业，2003(12)：8.

王刚，杨文斌，王国祥，等. 互花米草海向入侵对土壤有机碳组分、来源和分布的影响[J]. 生态学报，2013，33(08)：2474-2483.

王浩. 我国自然保护区可持续发展管理模式研究[D]. 南京：南京林业大学，2005.

王荷生. 中国植物区系的基本特征[J]. 地理学报，1979，34(03)：224-237.

王华清. 中华姬鼠(*Apodemus draco*)视器结构及辨色能力研究[D]. 西安：陕西师范大学，2015.

王荟，杨伟，杨春平，等. 鼻优草螽的资源成分分析及价值评价[J]. 应用昆虫学报，2012，49(05)：5.

王加连，吕士成. 江苏省盐城滩涂野生动物资源调查研究[J]. 四川动物，2008(04)：620-625.

王加连. 江苏盐城自然保护区陆生兽类资源调查研究[J]. 四川动物，2009，28(01)：140-144.

王加连. 江苏盐城自然保护区药用兽类资源调查与评价[J]. 时珍国医国药，2008(09)：2200-2202.

王家楫. 中国淡水轮虫志[M]. 北京：科学出版社，1961.

王娟，刘红玉，李玉凤，等. 入侵种互花米草空间扩张模式识别与景观变化模拟[J]. 生态学报，2018，38(15)：5413-5422.

王立波，丁玉华，魏吉祥. 大丰麋鹿种群增长抑制因素初步探讨[J]. 野生动物，2009，30(06)：299-301.

王立波，姜慧，安玉亭，等. 中国麋鹿种群现状分析及保护对策探讨[J]. 野生动物学报，2020，41(03)：806-813.

王立波，解生彬，姜慧，等. 麋鹿常见普通病例诊断与治疗[J]. 安徽农业科学，2015，43(31)：108-110.

王立波，解生彬，姜慧，等. 中国麋鹿疾病的病例分析[J]. 畜牧与兽医，2020，52(04)：135-138.

王立波. 大丰麋鹿种群恢复与疾病调查[D]. 南京:南京农业大学，2010.

王倩，钱宏革，苏日娜，等. 江苏省常州市武进区昆虫多样性及区系特征分析[J]. 内蒙古林业调查设计，2022，45(01)：52-57+85.

王瑞，周忠实，张国良，等. 重大外来入侵杂草在我国的分布危害格局与可持续治理[J]. 生物安全学报，2018，27(04)：317-320.

王婉莹. 普氏蹄蝠、鲁氏菊头蝠、长翼蝠的生态、形态及耳蜗结构和听觉功能的研究[D]. 西安:陕西师范大学，2007.

王献溥，于顺利，王宗帅. 江苏大丰麋鹿保护区有效管理的成就和展望[J]. 北京农业，2009(15)：58-64.

王献溥. 保护区发展生态旅游的意义和途径[J]. 植物资源与环境学报，1993(02)：49-54.

王新华. 长尾大麝鼩生态学特性初步研究[J]. 动物学杂志，1999(04)：23-24.

王璇，陈国科，郭柯，等. 1∶100 万中国植被图森林和灌丛群系类型的补充资料[J]. 生物多样性，2019，27(10)：1138-1142.

王亚超，徐恒省，王国祥，等. 氮、磷等环境因子对太湖微囊藻与水华鱼腥藻生长的影响[J]. 环境监控与预警，2013，5(01)：7-10.

王琰. 运用非损伤性遗传取样研究大丰麋鹿野生种群的遗传多样性[D]. 南京:南京师范大学，2014.

王轶. 北京南海子麋鹿苑半散放麋鹿食性研究[D]. 哈尔滨:东北林业大学，2011.

王玉玺，刘光远，张先恭，等. 祁连山园柏年轮与我国近千年气候变化和冰川进退的关系[J]. 科学通报，1982(21)：1316-1319.

王玉玺，张淑云. 从麋鹿的形态特点探讨其生境[J]. 野生动物，1983(05)：10-13.

王跃招. 中国生物多样性红色名录：脊椎动物 第三卷 爬行动物[M]. 北京：科学出版社，2021.

王者茂. 山东沿海的爬行动物[J]. 动物学杂志，1966(02)：89.

王治国. 中国蜻蜓分类名录(蜻蜓目)[J]. 河南科学，2017，35(01)：48-77.

温铁峰，赵靖波，卫功庆. 大丰麋鹿产仔行为的观察[J]. 中国畜牧兽医文摘，2005(03)：25.

翁建中，徐恒省. 中国常见淡水浮游藻类图谱[M]. 上海：上海科学技术出版社，2010.

吴征镒. 中国植被[M]. 北京：科学出版社，1980.

吴征镒. 中国种子植物属的分布区类型[J]. 植物资源与环境学报，1991,13(S4)：1-3.

夏欣，张昊楠，郭辰，等. 我国哺乳动物就地保护状况评估[J]. 生态学报，2018，38(10)：3712-3717.

萧采瑜. 中国蝽类昆虫鉴定手册(半翅目异翅目)第一册[M]. 北京：科学出版社，1977.

徐安宏，丁玉华，沈华. 治疗麋鹿巨形外伤一例[J]. 畜牧与兽医，1993(04)：187.

徐安宏，丁玉华，王立波，等. 重引入野生动物麋鹿的野外观察[J]. 野生动物，2013，34(05)：274-275+299.

徐安宏，任义军，原宝东. 大丰麋鹿种群复壮制约因素和发展策略探讨[J]. 当代畜牧，2017(06)：45-48.

徐安宏，孙大明，刘彬，等. 大丰麋鹿保护区麋鹿保护与环境教育[J]. 安徽农业科学，2013，41(06)：2500-2502.

徐殿波，丁玉华. 大丰麋鹿保护区生境改造的探讨[J]. 农村生态环境，1997,13(01)：10-12.

徐红霞，包新康，王洪建，等. 甘肃省异翅亚目(半翅目)昆虫区系分析[J]. 兰州大学学报(自然科学版)，2019，55(06)：789-796.

徐宏发，郑向忠，陆厚基. 人类活动和滩涂变迁对苏北沿海地区獐分布的影响[J]. 兽类学报，1998(03)：161-167.

徐伟伟，王国祥，刘金娥，等. 苏北海滨湿地互花米草种群繁殖方式[J]. 生态学报，2014，34(14)：3839-3847.

徐宗昌，周金辉，张成省，等. 我国罗布麻种质资源研究利用现状[J]. 植物学报，2018，53(03)：382-390.

薛达元，张渊媛，程志斌，等. 中国麋鹿种群动态发展与挑战[J]. Journal of Resources and Ecology，2022，13(01)：41-50.

薛建辉. 江苏沿海典型滩涂濒危物种麋鹿和丹顶鹤保护与栖息地恢复[R]. 南京：南京林业大学，2007-01-30.

岩崑，孟宪林，杨奇森. 中国兽类识别手册[M]. 北京：中国林业出版社，2006.

杨戎生，张林源，唐宝田，等. 中国麋鹿种群现状调查[J]. 动物学杂志，2003(02)：76-81.

姚明灿，魏美才，聂海燕. 中国有尾两栖类地理分布格局与扩散路线[J]. 动物学杂志，2018，53(01)：1-16.

姚明灿. 中国两栖动物地理分布格局研究[D]. 长沙：中南林业科技大学，2014.

尤民生. 论我国昆虫多样性的保护与利用[J]. 生物多样性，1997,5(02)：135-141.

于清娟. 种群生存力分析及其在麋鹿种群动态中的应用[D]. 兰州：兰州大学，2009.

于长青. 中国麋鹿遗传多样性现状与保护对策[J]. 生物多样性，1996(03)：8-12.

余顺海，钱海源，武克壮，等. 钱江源国家公园昆虫物种组成及其多样性分析[J]. 浙江林业科技，2022，42(4)：51-55.

俞晓鹏，任义军，陈杰，等. 驯化放养和半散养仔麋鹿五种行为的初步研究[J]. 当代畜牧，2021(10)：3-5.

袁红平，解生彬，薛丹丹，等. 湿地生态监测系统设计与应用研究——以江苏省大丰麋鹿国家级自然保护区为例[J]. 中国农业文摘·农业工程，2022，34(01)：18-20.

袁红平，王立波，郜志鹏，等. 麋鹿血液生理生化指标的性别及年龄差异[J]. 野生动物学报，2021，42(04)：973-980.

袁健美，张虎，汤晓鸿，等. 江苏潮间带大型底栖动物群落组成及次级生产力[J]. 生态学杂志，2018，37(11)：3357-3363.

张广伦，钱学射，顾龚平. 晋冀豫鲁罗布麻资源及栽培技术[J]. 中国野生植物资源，2005，24(6)：26-27+50.

张国斌. 麋鹿干扰对栖息地的影响及种群动态研究[D]. 南京：南京林业大学，2005.

张浩淼. 中国蜻蜓大图鉴[M]. 重庆：重庆大学出版社. 2019.

张宏，黄震方，方叶林，等. 湿地自然保护区旅游者环境教育感知研究——以盐城丹顶鹤、麋鹿国家自然保护区为例[J]. 生态学报，2015，35(23)：7899-7911.

张怀胜. 石首麋鹿栖息地生态环境评价研究[D]. 荆州：长江大学，2020.

赵尔宓，赵肯堂，周开亚，等. 中国动物志：爬行纲. 第二卷：有鳞目 蜥蜴亚目[M]. 北京：科学出版社，1999.

张孟闻，宗愉，马积藩. 中国动物志：爬行纲. 第一卷：总论 龟鳖目 鳄形目[M]. 北京：科学出版社，1998.

张明海，马建章. 野生动物生境破碎化理论探讨[J]. 野生动物学报，2014，35(01)：6-14.

张荣祖. 中国动物地理[M]. 北京：科学出版社，1999.

张树苗，白加德，李夷平，等. 麋鹿的分类地位与遗传多样性研究概述[J]. 野生动物学报，2019，40(04)：1035-1042.

张素萍，张均龙，陈志云，等. 黄渤海软体动物图志[M]. 北京：科学出版社，2016.

张小龙，张恩迪. 江苏大丰麋鹿自然保护区内獐在冬季各种生境中分布的初步研究[J]. 四川动物，2002(01)：19-22.

张雪敬. 大丰野生放养麋鹿食性研究及其主食植物营养分析[D]. 南京：南京师范大学，2015.

章士美，朱建. 江苏省蝽科昆虫的区系结构[J]. 江西农业大学学报，1989(02)：11-16.

赵尔宓. 中国蛇类[M]. 合肥：安徽科学技术出版社，2006.

赵锦，王婷婷，沈苏彦. 生态旅游资源开发研究——以大丰麋鹿自然保护区为例[J]. 商业经济，2014(14)：76-77+85.

赵小雷，凌云，张光富，等. 大丰麋鹿保护区不同生境梯度下滩涂湿地植被的群落特征[J]. 生态学杂志，2010(2)：244-249.

赵雪萍，谢献胜，王子玉，等. 麋鹿皮肤成纤维细胞的细胞周期同步化研究[J]. 南京农业大学学报，2007(01)：84-87.

郑光美. 中国鸟类分类与分布名录[M]. 北京：科学出版社，2005.

郑炜. 半散养麋鹿的警戒行为[D]. 南京:南京大学，2012.

郑玉香，杨梅. 大丰麋鹿自然保护区营销渠道剖析[J]. 经营与管理，2014(07)：32-35.

中国科学院动物研究所. 中国蛾类图鉴[M]. 北京：科学出版社. 1983.

中国科学院动物研究所甲壳动物研究组. 中国动物志:节肢动物门 甲壳纲 淡水桡足类[M]. 北京：科学出版社，1979.

中国科学院生物多样性委员会. 中国生物物种名录(2022 版) [M/OL]. 北京：科学出版社，2022.

中国科学院中国动物志编辑委员会. 中国动物志[M]. 北京：科学出版社，2017.

中国野生动物保护协会. 中国两栖动物图鉴[M]. 郑州：河南科学技术出版社，1999.

周大庆，高军，钱者东，等. 中国脊椎动物就地保护状况评估[J]. 生态与农村环境学报，2016，32(01)：7-12.

周大庆，夏欣，张昊楠，等. 中国自然植被就地保护现状评价[J]. 生态与农村环境学报，2015，31(06)：796-801.

周凤霞，陈剑虹. 淡水微型生物图谱[M]. 北京：化学工业出版社，2005.

周凤霞，陈剑虹. 淡水微型生物与底栖动物图谱(第二版)[M]. 北京：化学工业出版社，2011.

周婷. 中国龟鳖动物的分布[J]. 四川动物，2006(02)：272-276.

周尧. 中国蝴蝶分类与鉴定[M]. 郑州：河南科学技术出版社，1998.

周尧. 中国蝴蝶原色图鉴[M]. 郑州：河南科学技术出版社，1999.

周宇虹，许丽萍. 大丰自然保护区麋鹿种群增长模型以及种群密度对种群增长影响的研究[J]. 生物数学学报，2012，27(04)：673-676.

朱爱民，陈明秀，李嗣新. 基于浮游植物的赤水河枯水期水生态状况评价[J]. 环境科学与技术，2020，43(S1)：183-189.

朱为菊. 淮河流域浮游植物群落分布格局及其影响因素[D]. 上海：华东师范大学，2015.

祝振昌. 崇明东滩互花米草扩散格局及其影响因素研究[D]. 上海：华东师范大学，2011.

邹寿昌，陈才法. 江苏省(含上海市)爬行动物区系及地理区划[J]. 四川动物，2002(03)：130-135.

邹言. 北京市延庆区昆虫种类组成和群落多样性研究[D]. 南京：南京农业大学，2020.

左平，刘长安，赵书河，等. 米草属植物在中国海岸带的分布现状[J]. 海洋学报(中文版)，2009，31(05)：101-111.

CHUNG C H. Forty years of ecological engineering with Spartina plantations in China [J]. Ecological Engineering，2006，27(1)：49-57.

CURRIN C A，NEWELL S Y，PAERL H W. The role of standing dead Spartina alterniflora and benthic microalgae in salt marsh food webs：considerations based on multiple stable isotope analysis[J]. Marine Ecology Progress Series，1995，121：99-116.

GOODWIN H. In pursuit of ecotourism[J]. Biodiversity & Conservation，1996，5(3)：277-291.

LAETITIA H，PACO B，RENAUD F，et al. The tropical brown alga Lobophora variegata as a bioindicator of mining contamination in the New Caledonia lagoon：A field transplantation study[J]. Marine Environmental Research，2008，66(04)：438-444.

MARC M，EVE G，VANESSA B，et al. The brown alga Lobophora variegata，a bioindicator species for surveying metal contamination in tropical marine environments [J]. Journal of Experimental Marine Biology and Ecology，2008，362(01)：49-54.

QIU J. China battles army of invaders[J]. Nature，2013，503(7477)：450-451.

SHEN Q，MA X J，REN Y D，et al. The Distribution Patterns of Main Ecological Groups of Insects in the World and Its Ecological Significance—Biogeographical Regionalization Research Ⅻ[J]. International Journal of Ecology，2018，7(03)：170-184.

TALLAMY D W. Do alien plants reduce inset biomass? [J]. Conservation Biology，2004，18(2)：1689-1692.

WAN F H，YANG N W. Invasion and management of agricultural alien insects in China[J]. Annual Review of Entomology，2016，61(01)：77-98.

WEINSTEIN M P，LITVIN S Y，BOSLEY K L，et al. The Role of Tidal Salt Marsh as an Energy Source for Marine Transient and Resident Finfishes：A Stable Isotope Approach[J]. Transactions of the American Fisheries Society，2000，129(03)：797-810.

附录

附表 1 :大丰麋鹿保护区维管束植物名录

序号	科	属	种	拉丁名	分布	2022 年调查	2014 年记录
			蕨类植物门 PTERIDOPHYTA				
1	木贼科 Equisetaceae	木贼属 Equisetum	木贼	*Equisetum hyemale*			+
2			节节草	*Equisetum ramosissimum*	Ⅰ-3	+	+
3	蘋科 Marsileaceae	蘋属 Marsilea	蘋	*Marsilea quadrifolia*	Ⅰ-1	+	
4	槐叶蘋科 Salviniaceae	满江红属 Azolla	满江红	*Azolla pinnata subsp. asiatica*	Ⅰ-3	+	+
5	金星蕨科 Thelypteridaceae	金星蕨属 Parathelypteris	中日金星蕨	*Parathelypteris nipponica*			+
6		毛蕨属 Cyclosorus	渐尖毛蕨	*Cyclosorus acuminatus*	Ⅰ-3	+	
			种子植物门 SPERMATOPHYTA				
			裸子植物亚门 GYMNOSPERMAE				
7	银杏科 Ginkgoaceae	银杏属 Ginkgo	银杏 *	*Ginkgo biloba*(特)	Ⅰ-3	+	
8	松科 Pinaceae	松属 Pinus	马尾松 *	*Pinus massoniana*	Ⅰ-3	+	
9			黑松 *	*Pinus thunbergii*	Ⅰ-3	+	
10	杉科 Taxodiaceae	落羽杉属 Taxodium	落羽杉 *	*Taxodium distichum*	Ⅰ-3、Ⅰ-1	+	
11			池杉 *	*Taxodium distichum var. imbricatum*	Ⅰ-2、Ⅰ-1	+	
12		水杉属 Metasequoia	水杉 *	*Metasequoia glyptostroboides*(特)	Ⅰ-3、Ⅰ-2、Ⅰ-1	+	+
13	柏科 Cupressaceae	侧柏属 Platycladus	侧柏 *	*Platycladus orientalis*	Ⅰ-3	+	
14		刺柏属 Juniperus	圆柏 *	*Juniperus chinensis*	Ⅰ-3	+	+

续表

序号	科	属	种	拉丁名	分布	2022 年调查	2014 年记录
被子植物亚门 ANGIOSPERMAE							
15	玉兰科 Magnoliaceae	木兰属 Magnolia	玉兰 *	*Magnolia denudata*	Ⅰ-3	+	
16			望春玉兰 *	*Magnolia biondii*	Ⅰ-3	+	
17			荷花玉兰 *	*Magnolia grandiflora*	Ⅰ-3	+	
18	莲科 Nelumbonaceae	莲属 Nelumbo	荷花 *	*Nelumbo nucifera*	Ⅰ-3	+	
19	毛茛科 Ranunculaceae	毛茛属 Ranunculus	茴茴蒜	*Ranunculus chinensis*	Ⅰ-3	+	+
20			毛茛	*Ranunculus japonicus*			+
21			石龙芮	*Ranunculus sceleratus*	Ⅰ-3	+	
22		水毛茛属 Batrachium	毛柄水毛茛	*Batrachium trichophyllum*			+
23		唐松草属 Thalictrum	短梗箭头唐松草	*Thalictrum simplex var. brevipes*			+
24	榆科 Ulmaceae	朴属 Celtis	朴树	*Celtis sinensis*	Ⅰ-3、Ⅰ-1、Ⅰ-2	+	
25		榉属 Zelkova	大叶榉树 *	*Zelkova schneideriana*(特)	Ⅰ-3	+	
26			榉树 *	*Zelkova serrata*	Ⅰ-3	+	
27		榆属 Ulmus	榆树 *	*Ulmus pumila*	Ⅱ-2	+	
28			榔榆 *	*Ulmus parvifolia*	Ⅰ-3	+	
29	大麻科 Cannabaceae	葎草属 Humulus	葎草	*Humulus scandens*	Ⅰ-3、Ⅰ-1	+	+
30	桑科 Moraceae	柘属 Maclura	柘树	*Maclura tricuspidata*	Ⅰ-3、Ⅰ-2、Ⅰ-1、Ⅱ-2	+	
31		桑属 Morus	桑树	*Morus alba*	Ⅰ-3、Ⅰ-2、Ⅰ-1、Ⅱ-2、Ⅱ-3	+	+
32			鸡桑	*Morus australis*	Ⅰ-3	+	+
33		构属 Broussonetia	构树	*Broussonetia papyrifera*	Ⅰ-1、Ⅰ-2、Ⅰ-3、Ⅱ-2	+	
34	胡桃科 Juglandaceae	山核桃属 Carya	美国山核桃 *	*Carya illinoinensis*	Ⅰ-3	+	

续表

序号	科	属	种	拉丁名	分布	2022年调查	2014年记录
35	商陆科 Phytolaccaceae	商陆属 Phytolacca	商陆	*Phytolacca acinosa*			+
36			垂序商陆	*Phytolacca americana*	Ⅰ-3	+	
37	藜科 Chenopodiaceae	盐角草属 Salicornia	盐角草	*Salicornia europaea*	Ⅰ-3	+	+
38		菠菜属 Spinacia	菠菜*	*Spinacia oleracea*	Ⅰ-3	+	
39		地肤属 Kochia	地肤	*Kochia scoparia*	Ⅰ-3	+	+
40		藜属 Chenopodium	狭叶尖头山藜	*Chenopodium acuminatum*	Ⅰ-1	+	
41			灰绿藜	*Chenopodium glaucum*	Ⅱ-2	+	+
42			东亚市藜	*Chenopodium urbicum subsp. sinicum*	Ⅰ-1、Ⅱ-2	+	
43			白藜	*Chenopodium album*	Ⅰ-1、Ⅱ-2	+	+
44			小藜	*Chenopodium ficifolium*	Ⅱ-2、Ⅱ-1	+	+
45		碱蓬属 Suaeda	碱蓬	*Suaeda glauca*	Ⅰ-3、Ⅰ-1、Ⅱ-2、Ⅱ-1、Ⅲ-1	+	+
46			盐地碱蓬	*Suaeda salsa*	Ⅱ-2、Ⅱ-1、Ⅲ-1	+	+
47	苋科 Amaranthaceae	苋属 Amaranthus	刺苋	*Amaranthus spinosus*	Ⅰ-3、Ⅰ-1	+	
48			反枝苋	*Amaranthus retroflexus*	Ⅰ-3	+	+
49			苋菜*	*Amaranthus tricolor*	Ⅰ-3、Ⅰ-1	+	+
50			皱果苋	*Amaranthus viridis*	Ⅰ-3	+	+
51			凹头苋	*Amaranthus blitum*	Ⅰ-3	+	
52		牛膝属 Achyranthes	牛膝	*Achyranthes bidentata*	Ⅰ-3	+	+
53		莲子草属 Alternanthera	空心莲子草	*Alternanthera philoxeroides*	Ⅰ-3、Ⅰ-2、Ⅰ-1、Ⅱ-2、Ⅱ-3	+	
54	马齿苋科 Portulacaceae	马齿苋属 Portulaca	马齿苋	*Portulaca oleracea*	Ⅰ-3、Ⅱ-2	+	+
55			大花马齿苋*	*Portulaca grandiflora*	Ⅰ-3	+	+

续表

序号	科	属	种	拉丁名	分布	2022 年调查	2014 年记录
56	石竹科 Caryoohyllaceae	牛繁缕属 Myosoton	牛繁缕	*Myosoton aquaticum*	Ⅱ-2	+	+
57		拟漆姑属 Spergularia	拟漆姑	*Spergularia marina*	Ⅱ-1	+	+
58		繁缕属 Stellaria	中国繁缕	*Stellaria chinensis*			+
59		卷耳属 Cerastium	球序卷耳	*Cerastium glomeratum*	Ⅰ-3、Ⅰ-2、Ⅰ-1、Ⅱ-2	+	+
60		漆姑草属 Sagina	漆姑草	*Sagina japonica*	Ⅰ-1	+	+
61		石竹属 Dianthus	瞿麦 *	*Dianthus superbus*			+
62		白鼓钉属 Polycarpaea	白鼓钉	*Polycarpaea corymbosa*			+
63	蓼科 Polygonaceae	萹蓄属 Polygonum	萹蓄	*Polygonum aviculare*	Ⅰ-3	+	+
64		春蓼属 Persicaria	扛板归	*Persicaria perfoliatum*	Ⅱ-2	+	
65			蚕茧蓼	*Persicaria japonica*	Ⅰ-3、Ⅰ-1、Ⅰ-2	+	+
66			酸模叶蓼	*Persicaria lapathifolia*	Ⅰ-1、Ⅰ-3	+	+
67			绵毛酸模叶蓼	*Persicaria lapathifolia* var. *salicifolia*	Ⅰ-3	+	+
68			长鬃蓼	*Persicaria longiseta*	Ⅰ-3、Ⅰ-1	+	
69		酸模属 Rumex	巴天酸模	*Rumex patientia*			+
70			羊蹄	*Rumex japonicus*	Ⅰ-3	+	
71			齿果酸模	*Rumex dentatus*	Ⅰ-1、Ⅱ-2、Ⅲ-1	+	+
72	白花丹科 Plumbaginaceae	补血草属 Limonium	中国补血草	*Limonium sinense*	Ⅰ-2、Ⅰ-1、Ⅱ-2、Ⅱ-3	+	+
73	梧桐科 Sterculiaceae	梧桐属 Firmiana	梧桐 *	*Firmiana simplex*	Ⅰ-3	+	
74	锦葵科 Malvaceae	苘麻属 Abutilon	苘麻	*Abutilon theophrasti*	Ⅰ-3	+	+
75		木槿属 Hibiscus	大麻槿	*Hibiscus cannabinus*			+
76			木槿 *	*Hibiscus syriacus*	Ⅰ-3	+	
77		棉属 Gossypium	海岛棉 *	*Gossypium baradense*			+
78		沼葵属 Kosteletzkya	海滨沼葵 *	*Kosteletzkya virginica*	Ⅱ-2	+	

续表

序号	科	属	种	拉丁名	分布	2022年调查	2014年记录
79	堇菜科 Violaceae	堇菜属 Viola	白花地丁	*Viola patrinii*	Ⅰ-3	+	
80			紫花地丁	*Viola philippica*	Ⅱ-1	+	+
81			如意草	*Viola arcuata*			+
82	柽柳科 Tamaricaceae	柽柳属 Tamarix	柽柳	*Tamarix chinensis*	Ⅰ-3、Ⅱ-1、Ⅰ-2、Ⅱ-2、Ⅲ-1	+	+
83	葫芦科 Cucurbitaceae	盒子草属 Actinostemma	盒子草	*Actinostemma tenerum*	Ⅱ-1	+	
84		赤瓟属 Thladiantha	南赤瓟	*Thladiantha nudiflora*			+
85		马瓟儿属 Zehneria	马瓟儿	*Zehneria japonica*	Ⅰ-3、Ⅰ-1	+	+
86		黄瓜属 Cucumis	香瓜	*Cucumis melo*	Ⅰ-3	+	
87		西瓜属 Citrullus	西瓜 *	*Citrullus lanatus*	Ⅰ-3	+	
88		南瓜属 Cucurbita	南瓜 *	*Cucurbita moschata*	Ⅰ-3	+	+
89		栝楼属 Trichosanthes	栝楼	*Trichosanthes kirilowii*	Ⅰ-3	+	+
90	杨柳科 Salicaceae	杨属 Populus	小叶杨 *	*Populus simonii*			+
91			加拿大杨 *	*Populus × canadensis*	Ⅰ-1、Ⅰ-2、Ⅰ-3、Ⅱ-2、Ⅱ-1、Ⅲ-1	+	+
92		柳属 Salix	垂柳 *	*Salix babylonica*	Ⅰ-1、Ⅰ-3、Ⅰ-2、Ⅱ-2	+	+
93			旱柳 *	*Salix matsudana*			+
94	十字花科 Brassicaceae	芸薹属 Brassica	欧洲油菜 *	*Brassica napus*	Ⅰ-1、Ⅱ-2、Ⅰ-3	+	
95			芥菜 *	*Brassica juncea*	Ⅰ-1、Ⅱ-2	+	+
96		诸葛菜属 Orychophragmus	诸葛菜 *	*Orychophragmus violaceus*	Ⅰ-3	+	
97		蔊菜属 Rorippa	蔊菜	*Rorippa indica*	Ⅰ-3	+	
98			沼生蔊菜	*Rorippa palustris*	Ⅰ-3	+	
99		播娘蒿属 Descurainia	播娘蒿	*Descurainia sophia*	Ⅰ-3	+	+

续表

序号	科	属	种	拉丁名	分布	2022 年调查	2014 年记录
100	十字花科 Brassicaceae	涩荠属 Malcolmia	涩荠	*Malcolmia africana*			+
101		荠属 Capsella	荠菜	*Capsella bursa-pastoris*	Ⅰ-3	+	+
102		臭荠属 Coronopus	臭荠	*Coronopus didymu*	Ⅱ-2	+	
103	海桐科 Pittosporaceae	海桐属 Pittosporum	海桐 *	*Pittosporum tobira*	Ⅰ-3	+	+
104	景天科 Crassulaceae	景天属 Sedum	珠芽景天	*Sedum bulbiferum*	Ⅰ-3	+	
105	蔷薇科 Rosaceae	绣线菊属 Spiraea	菱叶绣线菊 *	*Spiraea × vanhouttei*	Ⅰ-3	+	
106		桃属 Amygdalus	桃树 *	*Amygdalus persica*	Ⅰ-3	+	
107		李属 Prunus	紫叶李 *	*Prunus cerasifera f. atropurpurea*	Ⅰ-3	+	
108		悬钩子属 Rubus	插田泡	*Rubus coreanus*	Ⅰ-3	+	
109		蔷薇属 Rosa	野蔷薇	*Rosa multiflora*	Ⅰ-1、Ⅰ-2、Ⅰ-3	+	+
110			月季花 *	*Rosa chinensis*	Ⅰ-3	+	+
111		蛇莓属 Duchesnea	蛇莓	*Duchesnea indica*	Ⅰ-3	+	+
112		委陵菜属 Potentilla	朝天委陵菜	*Potentilla supina*	Ⅰ-3	+	
113			蛇含委陵菜	*Potentilla kleiniana*			+
114		火棘属 Pyracantha	火棘 *	*Pyracantha fortuneana*	Ⅰ-3、Ⅰ-2	+	
115			细圆齿火棘	*Pyracantha crenulata*			+
116		石楠属 Photinia	红叶石楠 *	*Photinia × fraseri*	Ⅰ-3、Ⅰ-1	+	
117		枇杷属 Eriobotrya	枇杷 *	*Eriobotrya japonica*	Ⅰ-3	+	+
118	含羞草科 Mimosaceae	含羞草属 Mimosa	含羞草	*Mimosa pudica*			+
119	云实科 Caesalpiniaceae	皂荚属 Gleditsia	皂荚 *	*Gleditsia sinensis*	Ⅱ-2	+	
120		紫荆属 Cercis	紫荆 *	*Cercis chinensis*	Ⅰ-3	+	+

续表

序号	科	属	种	拉丁名	分布	2022 年调查	2014 年记录
121	蝶形花科 Papilionaceae	刺槐属 Robinia	刺槐 *	*Robinia pseudoacacia*	Ⅰ-1、Ⅲ-1	+	+
122		田菁属 Sesbania	田菁	*Sesbania cannabina*	Ⅰ-3、Ⅰ-1	+	+
123		米口袋属 Gueldenstaedtia	少花米口袋	*Gueldenstaedtia verna*			+
124		甘草属 Glycyrrhiza	刺果甘草	*Glycyrrhiza pallidiflora*	Ⅰ-3、Ⅰ-1	+	+
125		黄芪属 Astragalus	斜茎黄芪	*Astragalus laxmannii*			+
126		野豌豆属 Vicia	救荒野豌豆	*Vicia sativa*	Ⅰ-3	+	+
127			小巢菜	*Vicia hirsuta*	Ⅰ-3	+	
128			四籽野豌豆	*Vicia tetrasperma*	Ⅰ-3	+	+
129			广布野豌豆	*Vicia cracca*	Ⅰ-3	+	+
130		扁豆属 Lablab	扁豆 *	*Lablab purpureus*	Ⅰ-1	+	+
131		豇豆属 Vigna	绿豆 *	*Vigna radiata*	Ⅰ-1	+	
132			赤豆 *	*Vigna angularis*	Ⅰ-3、Ⅰ-1	+	
133		大豆属 Glycine	野大豆	*Glycine soja*(特)	Ⅰ-3、Ⅰ-1	+	+
134			大豆 *	*Glycine max*	Ⅰ-3、Ⅰ-1	+	
135		草木犀——属 Melilotus	草木犀	*Melilotus officinalis*	Ⅰ-1、Ⅱ-2	+	+
136		苜蓿属 Medicago	紫苜蓿	*Medicago sativa*	Ⅰ-3	+	+
137			天蓝苜蓿	*Medicago lupulina*	Ⅰ-3	+	+
138		车轴草属 Trifolium	白车轴草 *	*Trifolium repens*	Ⅰ-3、Ⅰ-1	+	+
139		胡枝子属 Lespedeza	截叶铁扫帚	*Lespedeza cuneata*	Ⅰ-1	+	+
140		鸡眼草属 Kummerowia	鸡眼草	*Kummerowia striata*	Ⅰ-3	+	
141		紫穗槐属 Amorpha	紫穗槐	*Amorpha fruticosa*	Ⅰ-3	+	+
142	小二仙草科 Haloragaceae	狐尾藻属 Myriophyllum	穗状狐尾藻	*Myriophyllum spicatum*	Ⅱ-1	+	+
143	千屈菜科 Lythraceae	水苋菜属 Ammannia	多花水苋	*Ammannia multiflora*	Ⅰ-3	+	+

续表

序号	科	属	种	拉丁名	分布	2022 年调查	2014 年记录
144	卫矛科 Celastraceae	卫矛属 Euonymus	白杜 *	*Euonymus maackii*	Ⅰ-3、Ⅰ-2	+	+
145			冬青卫矛 *	*Euonymus japonicus*	Ⅰ-3	+	+
146			扶芳藤	*Euonymus fortunei*	Ⅰ-3	+	
147	黄杨科 Buxaceae	黄杨属 Buxus	大叶黄杨 *	*Buxus megistophylla*			+
148	大戟科 Euphorbiaceae	铁苋菜属 Acalypha	铁苋菜	*Acalypha australis*	Ⅰ-3	+	+
149		蓖麻属 Ricinus	蓖麻 *	*Ricinus communis*	Ⅰ-1	+	+
150		乌桕属 Triadica	乌桕 *	*Triadica sebifera*	Ⅰ-1、Ⅰ-2、Ⅰ-3、Ⅱ-2、Ⅱ-3	+	+
151		大戟属 Euphorbia	细齿大戟	*Euphorbia bifida*	Ⅱ-1	+	
152			斑地锦	*Euphorbia maculata*	Ⅰ-1、Ⅰ-2、Ⅱ-2	+	+
153			千根草	*Euphorbia thymifolia*	Ⅰ-3、Ⅰ-1、Ⅱ-2	+	
154			地锦草	*Euphorbia humifusa*	Ⅰ-3	+	
155			泽漆	*Euphorbia helioscopia*	Ⅰ-3、Ⅰ-2、Ⅰ-1、Ⅲ-2	+	+
156	葡萄科 Vitaceae	乌蔹莓属 Causonis	乌蔹莓	*Causonis japonica*	Ⅰ-3	+	+
157	无患子科 Sapindaceae	栾树属 Koelreuteria	栾树 *	*Koelreuteria paniculata*	Ⅰ-3	+	
158			复羽叶栾树 *	*Koelreuteria bipinnata*	Ⅰ-1	+	
159		无患子属 Sapindus	无患子 *	*Sapindus saponaria*	Ⅰ-3	+	
160	槭树科 Aceraceae	槭属 Acer	鸡爪槭 *	*Acer palmatum*	Ⅰ-3	+	
161			三角槭 *	*Acer buergerianum*	Ⅰ-3	+	+
162	苦木科 Simaroubaceae	臭椿属 Ailanthus	臭椿	*Ailanthus altissima*	Ⅰ-3	+	
163	楝科 Meliaceae	楝属 Melia	楝树	*Melia azedarach*	Ⅰ-3	+	+
164	酢浆草科 Oxalidaceae	酢浆草属 Oxalis	酢浆草	*Oxalis corniculata*	Ⅱ-2、Ⅰ-1、Ⅲ-2	+	+
165			红花酢浆草 *	*Oxalis corymbosa*	Ⅰ-3	+	

续表

序号	科	属	种	拉丁名	分布	2022 年调查	2014 年记录
166	牻牛儿苗科 Erodiaceae	老鹳草属 Geranium	野老鹳草	*Geranium carolinianum*	Ⅰ-1	+	
167	伞形科 Apiaceae	天胡荽属 Hydrocotyle	天胡荽	*Hydrocotyle sibthorpioides*	Ⅰ-3、Ⅰ-2、Ⅰ-1	+	
168		窃衣属 Torilis	窃衣	*Torilis scabra*	Ⅰ-3	+	
169		胡萝卜属 Daucus	野胡萝卜	*Daucus carota*	Ⅰ-3	+	+
170			胡萝卜 *	*Daucus carota var. sativus*	Ⅰ-3	+	+
171	柿树科 Ebenaceae	柿属 Diospyros	柿树 *	*Diospyros kaki*	Ⅰ-3	+	
172	报春花科 Primulaceae	点地梅属 Androsace	点地梅	*Androsace umbellata*	Ⅰ-3	+	+
173		珍珠菜属 Lysimachia	星宿菜	*Lysimachia fortunei*			+
174	龙胆科 Gentianaceae	龙胆属 Gentiana	龙胆	*Gentiana scabra*			+
175			鳞叶龙胆	*Gentiana squarrosa*			+
176		獐牙菜属 Swertia	瘤毛獐牙菜	*Swertia pseudochinensis*			+
177	夹竹桃科 Apocynaceae	罗布麻属 Apocynum	罗布麻	*Apocynum venetum*	Ⅰ-1、Ⅱ-2	+	+
178	萝藦科 Asclepiadaceae	鹅绒藤属 Cynanchum	合掌消	*Cynanchum amplexicaule*			+
179			鹅绒藤	*Cynanchum chinense*	Ⅰ-3、Ⅱ-1	+	+
180			隔山消	*Cynanchum wilfordii*			+
181			牛皮消	*Cynanchum auriculatum*			+
182		萝藦属 Metaplexis	萝藦	*Metaplexis japonica*	Ⅰ-3	+	+
183	茄科 Solanaceae	枸杞属 Lycium	枸杞	*Lycium chinense*	Ⅰ-3	+	+
184		酸浆属 Physalis	苦蘵	*Physalis angulata*	Ⅰ-3	+	+
185		茄属 Solanum	龙葵	*Solanum nigrum*	Ⅱ-1	+	+
186			野海茄	*Solanum japonense*			+
187			白英	*Solanum lyratum*	Ⅰ-3	+	+

续表

序号	科	属	种	拉丁名	分布	2022年调查	2014年记录
188	旋花科 Convolvulaceae	打碗花属 Calystegia	打碗花	*Calystegia hederacea*	Ⅰ-3	+	
189		旋花属 Convolvulus	田旋花	*Convolvulus arvensis*			+
190		牵牛属 Pharbitis	牵牛	*Pharbitis nil*	Ⅰ-3	+	+
191			圆叶牵牛	*Pharbitis purpurea*	Ⅰ-3	+	
192		虎掌藤属 Ipomoea	瘤梗番薯*	*Ipomoea lacunosa*	Ⅰ-3、Ⅰ-1	+	
193	紫草科 Boraginaceae	紫草属 Lithospermum	田紫草*	*Lithospermum arvense*	Ⅰ-3	+	+
194		附地菜属 Trigonotis	附地菜	*Trigonotis peduncularis*	Ⅰ-3	+	+
195		斑种草属 Bothriospermum	细茎斑种草	*Bothriospermum zeylanicum*	Ⅰ-3	+	+
196	唇形科 Lamiaceae	益母草属 Leonurus	益母草	*Leonurus japonicus*	Ⅰ-3	+	+
197		石荠苎属 Mosla	小鱼仙草	*Mosla dianthera*	Ⅰ-3	+	
198			石荠苎	*Mosla scabra*	Ⅰ-3	+	+
199		薄荷属 Mentha	薄荷*	*Mentha canadensis*	Ⅰ-1	+	+
200		紫苏属 Perilla	野生紫苏	*Perilla frutescens var. purpurascens*	Ⅰ-3	+	+
201		香茶菜属 Isodon	香茶菜	*Isodon amethystoides*			+
202			毛叶香茶菜	*Isodon japonicus*			+
203	车前科 Plantaginaceae	车前属 Plantago	车前	*Plantago asiatica*	Ⅰ-3、Ⅰ-1、Ⅰ-2	+	+
204			大车前	*Plantago major*	Ⅰ-3、Ⅰ-1	+	+
205	木犀科 Oleaceae	雪柳属 Fontanesia	雪柳*	*Fontanesia fortunei*	Ⅰ-3	+	
206		素馨属 Jasminum	迎春*	*Jasminum nudiflorum*	Ⅰ-3	+	
207			野迎春*	*Jasminum mesnyi*	Ⅰ-3	+	
208		女贞属 Ligustrum	女贞*	*Ligustrum lucidum*	Ⅰ-1	+	

续表

序号	科	属	种	拉丁名	分布	2022年调查	2014年记录
209	玄参科 Scrophulariaceae	地黄属 Rehmannia	地黄	*Rehmannia glutinosa*			+
210		胡麻草属 Centranthera	胡麻草	*Centranthera cochinchinensis*			+
211		通泉草属 Mazus	通泉草	*Mazus pumilus*	Ⅰ-1	+	+
212		母草属 Lindernia	母草	*Lindernia crustacea*	Ⅰ-3	+	
213		婆婆纳属 Veronica	北水苦荬	*Veronica anagallis-aquatica*	Ⅰ-3	+	
214			阿拉伯婆婆纳	*Veronica persica*	Ⅰ-3	+	+
215			婆婆纳	*Veronica polita*	Ⅰ-3	+	+
216			蚊母草	*Veronica peregrina*	Ⅰ-3	+	
217	爵床科 Acanthaceae	爵床属 Justicia	爵床	*Justicia procumbens*	Ⅰ-3	+	
218	狸藻科 Lentibulariaceae	狸藻属 Utricularia	黄花狸藻	*Utricularia aurea*	Ⅰ-3	+	+
219	茜草科 Rubiaceae	鸡矢藤属 Paederia	鸡矢藤	*Paederia foetida*	Ⅰ-3、Ⅰ-2	+	+
220		拉拉藤属 Galium	猪殃殃	*Galium spurium*	Ⅰ-3	+	
221			四叶葎	*Galium bungei*	Ⅰ-2	+	+
222			原拉拉藤	*Galium aparine*			+
223	五福花科 Adoxaceae	接骨木属 Sambucus	接骨草	*Sambucus chinensis*	Ⅰ-3	+	
224		荚蒾属 Viburnum	绣球荚蒾 *	*Viburnum macrocephalum*	Ⅰ-3	+	+
225			日本珊瑚树 *	*Viburnum odoratissimum var. awabuki*	Ⅰ-3	+	
226	忍冬科 Caprifoliaceae	忍冬属 Lonicera	忍冬	*Lonicera japonica*	Ⅰ-3、Ⅰ-2	+	
227	菊科 Asteraceae	鸦葱属 Scorzonera	华北鸦葱	*Scorzonera albicaulis*			+
228			鸦葱	*Scorzonera austriaca*			+
229			蒙古鸦葱	*Scorzonera mongolica*			+

续表

序号	科	属	种	拉丁名	分布	2022年调查	2014年记录
230	菊科 Asteraceae	苦苣菜属 Sonchus	续断菊	*Sonchus asper*	Ⅰ-2	+	
231			苦苣菜	*Sonchus oleraceus*	Ⅰ-3	+	+
232			长裂苦苣菜	*Sonchus brachyotus*	Ⅰ-3、Ⅱ-2	+	+
233		蒲公英属 Taraxacum	蒲公英	*Taraxacum mongolicum*	Ⅰ-3	+	+
234		黄鹌菜属 Youngia	黄鹌菜	*Youngia japonica*	Ⅰ-2	+	+
235		莴苣属 Lactuca	山莴苣	*Lactuca indica*	Ⅰ-2	+	
236			野莴苣	*Lactuca serriola*	Ⅰ-1	+	
237		蓟属 Cirsium	刺儿菜	*Cirsium arvense* var. *integri folium*	Ⅰ-3、Ⅱ-2	+	+
238			绿蓟	*Cirsium chinense*	Ⅰ-1	+	
239			线叶蓟	*Cirsium lineare*			+
240			蓟	*Cirsium japonicum*			+
241		泥胡菜属 Hemisteptia	泥胡菜	*Hemisteptia lyrata*	Ⅰ-3	+	+
242		拟鼠麹草属 Pseudognaphalium	鼠麹草	*Pseudognaphalium affine*	Ⅰ-3	+	+
243		旋覆花属 Inula	欧亚旋覆花	*Inula britannica*			+
244			旋覆花	*Inula japonica*	Ⅰ-1	+	+
245			线叶旋覆花	*Inula linariifolia*	Ⅰ-2	+	+
246		天名精属 Carpesium	天名精	*Carpesium abrotanoides*	Ⅰ-3、Ⅰ-1	+	+
247			烟管头草	*Carpesium cernuum*			+
248		一枝黄花属 Solidago	加拿大一枝黄花	*Solidago canadensis*	Ⅰ-3、Ⅰ-2、Ⅰ-1、Ⅱ-3、Ⅱ-2、Ⅱ-1	+	
249			一枝黄花	*Solidago decurrens*			+
250		联毛紫菀属 Symphyotrichum	钻叶紫菀	*Symphyotrichum subulatum*	Ⅰ-3、Ⅰ-2	+	+

续表

序号	科	属	种	拉丁名	分布	2022年调查	2014年记录
251	菊科 Asteraceae	紫菀属 Aster	马兰	*Aster indicus*			+
252			全叶马兰	*Aster pekinensis*	Ⅰ-3	+	+
253			紫菀	*Aster tataricus*			+
254		女菀属 Turczaninovia	女菀	*Turczaninovia fastigiata*			+
255		飞蓬属 Erigeron	一年蓬	*Erigeron annuus*	Ⅰ-3、Ⅰ-2、Ⅰ-1	+	+
256			春飞蓬	*Erigeron philadelphicus*	Ⅰ-3、Ⅰ-1、Ⅰ-2、Ⅱ-3	+	
257		小蓬草属 Conyzella	野塘蒿	*Conyzella bonariensis*	Ⅰ-2	+	+
258			小蓬草	*Conyzella canadensis*	Ⅰ-3、Ⅰ-1、Ⅰ-2、Ⅱ-3	+	+
259		碱菀属 Tripolium	碱菀	*Tripolium pannonicum*	Ⅱ-2	+	+
260		石胡荽属 Centipeda	石胡荽	*Centipeda minima*	Ⅰ-3	+	
261		白酒草属 Eschenbachia	白酒草	*Eschenbachia japonica*	Ⅰ-3	+	
262		狗舌草属 Tephroseris	狗舌草	*Tephroseris kirilowii*			+
263		苍耳属 Xanthium	苍耳	*Xanthium strumarium*	Ⅰ-3、Ⅰ-1、Ⅰ-2、Ⅱ-3	+	+
264		豨莶属 Sigesbeckia	豨莶	*Sigesbeckia orientalis*	Ⅰ-2	+	+
265		鳢肠属 Eclipta	鳢肠	*Eclipta prostrata*	Ⅰ-3、Ⅰ-1	+	+
266		松果菊属 Echinacea	紫松果菊 *	*Echinacea purpurea*	Ⅰ-3	+	+
267		鬼针草属 Bidens	鬼针草	*Bidens pilosa*	Ⅰ-3、Ⅰ-1、Ⅰ-2、Ⅱ-1	+	+
268			大狼杷草	*Bidens frondosa*	Ⅰ-3、Ⅰ-1、Ⅰ-2、Ⅱ-1	+	
269			狼杷草	*Bidens tripartita*			+
270		苦荬菜属 Ixeris	变色苦荬菜	*Ixeris chinensis subsp. versicolor*			+
271			苦荬菜	*Ixeris polycephala*	Ⅰ-2	+	+
272		苦苣菜属 Sonchus	短裂苦苣菜	*Sonchus uliginosus*			+
273		万寿菊属 Tagetes	万寿菊 *	*Tagetes erecta*	Ⅰ-3	+	+

续表

序号	科	属	种	拉丁名	分布	2022 年调查	2014 年记录
274	菊科 Asteraceae	菊属 Chrysanthemum	野菊	*Chrysanthemum indicum*	Ⅰ-3	+	+
275		蒿属 Artemisia	猪毛蒿	*Artemisia scoparia*	Ⅰ-2	+	
276			茵陈蒿	*Artemisia capillaris*	Ⅰ-1、Ⅱ-1、Ⅰ-2	+	+
277			青蒿	*Artemisia caruifolia*			+
278			矮蒿	*Artemisia lancea vaniot*	Ⅰ-3、Ⅱ-2	+	
279			野艾蒿	*Artemisia lavandulifolia*	Ⅰ-3、Ⅰ-1	+	+
280			艾蒿 *	*Artemisia argyi*	Ⅰ-3	+	+
281			蒙古蒿	*Artemisia mongolica*	Ⅰ-2	+	
282			红足蒿	*Artemisia rubripes*	Ⅰ-3、Ⅱ-2	+	+
283			阴地蒿	*Artemisia sylvatica*	Ⅰ-3、Ⅱ-2	+	+
284		泽兰属 Eupatorium	林泽兰	*Eupatorium lindleyanum*	Ⅰ-2	+	
285			佩兰	*Eupatorium fortunei*			+
286			泽兰	*Eupatorium japonicum*			+
287		猫耳菊属 Hypochaeris	猫耳菊	*Hypochaeris ciliata*			+
288	水鳖科 Hydrocharitaceae	苦草属 Vallisneria	苦草	*Vallisneria natans*	Ⅰ-3	+	+
289	眼子菜科 Potamogetonaceae	眼子菜属 Potamogeton	菹草	*Potamogeton crispus*	Ⅰ-3、Ⅲ-1	+	+
290			小眼子菜	*Potamogeton pusillus*			+
291	茨藻科 Najadaceae	川蔓藻属 Ruppia	川蔓藻	*Ruppia maritima*			+
292		茨藻属 Najas	大茨藻	*Najas marina*	Ⅰ-3	+	+
293	角果藻科 Zannichelliaceae	角果藻属 Zannichellia	角果藻	*Zannichellia palustris*			+
294	槟榔科 Arecaceae	棕榈属 Trachycarpus	棕榈 *	*Trachycarpus fortunei*	Ⅰ-3	+	
295	菖蒲科 Acoraceae	菖蒲属 Acorus	菖蒲 *	*Acorus calamus*	Ⅰ-3	+	
296	浮萍科 Lemnaceae	浮萍属 Lemna	浮萍	*Lemna minor*	Ⅰ-3	+	

续表

序号	科	属	种	拉丁名	分布	2022 年调查	2014 年记录
297	鸭跖草科 Commelinaceae	鸭跖草属 Commelina	火柴头	*Commelina benghalensis*	Ⅰ-3、Ⅰ-1	+	
298	莎草科 Cyperaceae	三棱草属 Bolboschoenus	扁秆荆三棱	*Bolboschoenus planiculmis*	Ⅰ-1	+	
299		水葱属 Schoenoplectus	水葱 *	*Schoenoplectus tabernaemontani*	Ⅱ-2	+	+
300		莎草属 Cyperus	异型莎草	*Cyperus difformis*	Ⅰ-3	+	+
301			褐穗莎草	*Cyperus fuscus*	Ⅰ-3	+	+
302			香附子	*Cyperus rotundus*	Ⅰ-3	+	+
303			头状穗莎草	*Cyperus glomeratus*	Ⅰ-3	+	+
304			碎米莎草	*Cyperus iria*	Ⅰ-3	+	
305			具芒碎米莎草	*Cyperus microiria*	Ⅰ-3	+	
306		扁莎属 Pycreus	球穗扁莎	*Pycreus flavidus*	Ⅰ-3	+	+
307			多枝扁莎	*Pycreus polystachyos*	Ⅰ-3	+	
308		水蜈蚣属 Kyllinga	短叶水蜈蚣	*Kyllinga brevifolia*	Ⅰ-1、Ⅲ-1	+	+
309		荸荠属 Eleocharis	具刚毛荸荠	*Eleocharis valleculosa var. setosa*	Ⅱ-1	+	
310		飘拂草属 Fimbristylis	水虱草	*Fimbristylis littoralis*	Ⅰ-3	+	+
311			拟二叶飘拂草	*Fimbristylis diphylloides*	Ⅰ-1、Ⅱ-2、Ⅱ-1	+	
312			锈鳞飘拂草	*Fimbristylis sieboldii*	Ⅰ-1	+	
313			双穗飘拂草	*Fimbristylis subbispicata*	Ⅲ-1	+	+
314			复序飘拂草	*Fimbristylis bisumbellata*	Ⅰ-3	+	+
315			两歧飘拂草	*Fimbristylis dichotoma*			+
316		刺子莞属 Rhynchospora	华刺子莞	*Rhynchospora chinensis*			+
317		珍珠茅属 Scleria	高秆珍珠茅	*Scleria terrestris*	Ⅰ-2	+	

续表

序号	科	属	种	拉丁名	分布	2022 年调查	2014 年记录
318	莎草科 Cyperaceae	薹草属 Carex	青绿薹草	*Carex breviculmis*	Ⅰ-3	+	
319			糙叶薹草	*Carex scabrifolia*	Ⅰ-2	+	+
320			仙台薹草	*Carex sendaica*			+
321			滨海薹草	*Carex bodinieri*			+
322			签草	*Carex doniana*			+
323			长叶薹草	*Carex hattoriana*			+
324	禾本科 Poaceae	刚竹属 Phyllostachys	刚竹 *	*Phyllostachys sulphurea* var. *viridis*	Ⅰ-1、Ⅰ-3	+	+
325		雀麦属 Bromus	雀麦	*Bromus japonicus*	Ⅰ-3、Ⅰ-1、Ⅱ-2	+	+
326		羊茅属 Festuca	草甸羊茅	*Festuca pratensis*			+
327		早熟禾属 Poa	早熟禾	*Poa annua*	Ⅰ-3、Ⅰ-1	+	
328			白顶早熟禾	*Poa acroleuca*	Ⅰ-3、Ⅱ-2	+	
329		碱茅属 Puccinellia	朝鲜碱茅	*Puccinellia chinampoensis*	Ⅰ-2	+	+
330			碱茅	*Puccinellia distans*	Ⅰ-1	+	
331			柔枝碱茅	*Puccinellia manchuriensis*			+
332		假硬草属 Pseudosclerochloa	耿氏假硬草	*Pseudosclerochloa kengiana*(特)	Ⅰ-1	+	
333		画眉草属 Eragrostis	大画眉草	*Eragrostis cilianensis*	Ⅱ-2	+	
334			知风草	*Eragrostis ferruginea*	Ⅰ-3、Ⅰ-1	+	+
335			小画眉草	*Eragrostis minor*	Ⅰ-3	+	
336		隐子草属 Cleistogenes	朝阳隐子草	*Cleistogenes hackelii*			+
337		獐毛属 Aeluropus	獐毛	*Aeluropus sinensis*	Ⅱ-1、Ⅰ-1、Ⅱ-2、Ⅲ-1	+	+
338		芦竹属 Arundo	芦竹	*Arundo donax*	Ⅰ-1	+	
339		芦苇属 Phragmites	芦苇	*Phragmites australis*	Ⅰ-1、Ⅰ-2、Ⅰ-3、Ⅱ-1、Ⅱ-2	+	+

续表

序号	科	属	种	拉丁名	分布	2022年调查	2014年记录
340	禾本科 Poaceae	燕麦属 Avena	野燕麦	*Avena fatua*	Ⅰ-3	+	+
341		拂子茅属 Calamagrostis	拂子茅	*Calamagrostis epigeios*	Ⅱ-2、Ⅲ-1	+	+
342		梯牧草属 Phleum	鬼蜡烛	*Phleum paniculatum*	Ⅰ-3、Ⅰ-1、Ⅱ-2	+	+
343		棒头草属 Polypogon	长芒棒头草	*Polypogon monspeliensis*	Ⅰ-1、Ⅰ-3、Ⅱ-2	+	+
344			棒头草	*Polypogon fugax*	Ⅰ-3、Ⅰ-1、Ⅱ-2	+	+
345		看麦娘属 Alopecurus	看麦娘	*Alopecurus aequalis*	Ⅰ-3、Ⅰ-1、Ⅱ-2	+	+
346			日本看麦娘	*Alopecurus japonicus*	Ⅰ-2	+	
347		鼠尾粟属 Sporobolus	鼠尾粟	*Sporobolus fertilis*	Ⅰ-1、Ⅱ-2	+	+
348		披碱草属 Elymus	纤毛披碱草	*Elymus ciliaris*	Ⅰ-2	+	+
349			柯孟披碱草	*Elymus kamoji*	Ⅰ-3	+	+
350			日本纤毛草	*Elymus ciliaris var. hackelianus*	Ⅰ-3、Ⅰ-2	+	+
351		小麦属 Triticum	小麦*	*Triticum aestivum*	Ⅰ-1	+	
352		黑麦草属 Lolium	黑麦草*	*Lolium perenne*	Ⅰ-1	+	+
353		大麦属 Hordeum	大麦*	*Hordeum vulgare*			+
354		千金子属 Leptochloa	双稃草	*Leptochloa fusca*	Ⅰ-1	+	
355			千金子	*Leptochloa chinensis*	Ⅰ-2	+	+
356			虮子草	*Leptochloa panicea*	Ⅰ-2	+	
357		䅟属 Eleusine	牛筋草	*Eleusine indica*	Ⅰ-3、Ⅱ-2	+	+
358		狗牙根属 Cynodon	狗牙根	*Cynodon dactylon*	Ⅰ-2、Ⅰ-1、Ⅲ-2、Ⅲ-1、Ⅱ-2	+	+
359		米草属 Spartina	大米草	*Spartina anglica*	Ⅲ-1	+	+
360			互花米草	*Spartina alterniflora*	Ⅲ-1	+	
361		菵草属 Beckmannia	菵草	*Beckmannia syzigachne*	Ⅰ-3、Ⅰ-2	+	

续表

序号	科	属	种	拉丁名	分布	2022年调查	2014年记录
362	禾本科 Poaceae	稻属 Oryza	水稻*	*Oryza sativa*	Ⅰ-1	+	
363		柳叶箬属 Isachne	柳叶箬	*Isachne globosa*			+
364		黍属 Panicum	糠稷	*Panicum bisulcatum*	Ⅰ-2	+	
365			铺地黍	*Panicum repens*			+
366			细柄黍	*Panicum sumatrense*			+
367		求米草属 Oplismenus	求米草	*Oplismenus undulatifolius*			+
368		稗属 Echinochloa	稗子	*Echinochloa crus-galli*	Ⅰ-2、Ⅰ-3	+	
369			稻田稗	*Echinochloa oryzoides*	Ⅰ-1	+	
370			光头稗	*Echinochloa colonum*			+
371			西来稗	*Echinochloa crusgalli var. zelayensis*	Ⅰ-2	+	+
372		野黍属 Eriochloa	野黍	*Eriochloa villosa*			+
373		雀稗属 Paspalum	双穗雀稗	*Paspalum distichum*	Ⅰ-1	+	+
374		马唐属 Digitaria	紫马唐	*Digitaria violascens*	Ⅰ-1、Ⅰ-2	+	+
375			马唐	*Digitaria sanguinalis*	Ⅰ-3	+	+
376			短叶马唐	*Digitaria radicosa*	Ⅰ-1、Ⅰ-2、Ⅰ-3	+	+
377			红尾翎	*Digitaria radicosa*	Ⅰ-1、Ⅰ-2、Ⅰ-3、Ⅱ-2	+	+
378		狗尾草属 Setaria	大狗尾草	*Setaria faberi*	Ⅰ-2、Ⅰ-3	+	+
379			狗尾草	*Setaria viridis*	Ⅰ-3、Ⅰ-1、Ⅱ-2	+	+
380			金色狗尾草	*Setaria pumila*	Ⅰ-3、Ⅰ-1、Ⅱ-2	+	+
381		狼尾草属 Pennisetum	狼尾草	*Pennisetum alopecuroides*	Ⅰ-3、Ⅰ-1、Ⅱ-2	+	+
382		野古草属 Arundinella	毛秆野古草	*Arundinella hirta*	Ⅰ-3	+	+
383		结缕草属 Zoysia	大穗结缕草	*Zoysia macrostachya*	Ⅲ-1、Ⅱ-2	+	+
384		甘蔗属 Saccharum	河八王	*Saccharum narenga*			+

续表

序号	科	属	种	拉丁名	分布	2022 年调查	2014 年记录
385	禾本科 Poaceae	芒属 Miscanthus	芒	*Miscanthus sinensis*	Ⅰ-3	+	+
386			荻	*Miscanthus sacchariflorus*	Ⅰ-3、Ⅱ-2	+	+
387		白茅属 Imperata	大白茅	*Imperata cylindrica* var. *major*	Ⅰ-1、Ⅰ-2、Ⅰ-3、Ⅱ-2、Ⅱ-1、Ⅲ-1	+	+
388		莠竹属 Microstegium	柔枝莠竹	*Microstegium vimineum*	Ⅰ-3	+	+
389		高粱属 Sorghum	苏丹草	*Sorghum sudanense*			+
390		荩草属 Arthraxon	荩草	*Arthraxon hispidus*	Ⅰ-3	+	+
391		束尾草属 Phacelurus	束尾草	*Phacelurus latifolius*	Ⅰ-3	+	+
392		牛鞭草属 Hemarthria	牛鞭草	*Hemarthria sibirica*			+
393	香蒲科 Typhaceae	香蒲属 Typha	水烛 *	*Typha angustifolia*	Ⅱ-2、Ⅰ-3	+	+
394	百合科 Liliaceae	葱属 Allium	韭菜 *	*Allium tuberosum*	Ⅰ-3	+	
395		山麦冬属 Liriope	山麦冬 *	*Liriope spicata*	Ⅰ-3	+	
396	鸢尾科 Iridaceae	鸢尾属 Iris	白花马蔺 *	*Iris lactea*	Ⅰ-3	+	+
397	龙舌兰科 Agavaceae	丝兰属 Yucca	凤尾丝兰 *	*Yucca gloriosa*	Ⅰ-3	+	+
398	薯蓣科 Dioscoreaceae	薯蓣属 Dioscorea	黄独	*Dioscorea bulbifera*	Ⅰ-3	+	
399			薯蓣 *	*Dioscorea polystachya*	Ⅰ-3	+	+
400	兰科 Orchidaceae	绶草属 Spiranthes	绶草	*Spiranthes sinensis*	Ⅰ-1	+	+
401		美冠兰属 Eulophia	美冠兰 *	*Eulophia graminea*			+

注：表内“2022 年调查”一列表示本轮科考的调查成果，“2014 年记录”表示 2014 年科考报告的调查成果，二者相互独立，本次均列出供读者参考。本名录是在大丰麋鹿保护区采集的 1700 多号标本系统鉴定的基础上，参考了《*Flora of China*》、《江苏植物志》(第二版)、《大丰麋鹿保护区科学考察报告》(2014)等文献资料编撰而成的。本名录各大分类群的分类系统参照《江苏植物志》(第二版)，即蕨类植物采用张宪春分类系统(2012)；裸子植物采用郑万钧分类系统(1978)；被子植物采用克朗奎斯特系统(1981)，其中部分科的位置参考了 APGⅢ分支系统(2009)进行了调整。本名录中包含物种类群、科属种、拉丁名、分布区域及物种名录来源。中文名后带“ * ”号者为栽培植物或归化植物，学名后“(特)”为中国特有分布，科属种概念依《*Flora of China*》。本表中“分布”一列仅列出本次 2022 年科考调查的结果，Ⅰ-1、Ⅰ-2、Ⅰ-3、Ⅱ-1、Ⅱ-2、Ⅱ-3、Ⅲ-1、Ⅲ-2、Ⅲ-3 分别表示保护区一区核心区、一区缓冲区、一区实验区、二区核心区、二区缓冲区、二区实验区、三区核心区、三区缓冲区、三区实验区。

附表2:大丰麋鹿保护区哺乳动物名录

序号	目	科	中文名	拉丁名	区系型	国家级	IUCN	收录依据
1	劳亚食虫目 EULIPOTYPHLA	猬科 Erinaceidae	东北刺猬	*Erinaceus amurensis*	广			实体
2		鼩鼱科 Soricidae	山东小麝鼩	*Crocidura shantungensis*	广			文献
3			大麝鼩	*Crocidura lasiura*	广			实体
4			灰麝鼩	*Crocidura attenuata*	东			实体
5	翼手目 CHIROPTERA	蝙蝠科 Vespertilionidae	东亚伏翼	*Pipistrellus abramus*	东			实体
6			东方棕蝠	*Eptesicus pachyomus*	古			文献
7			南蝠	*Ia io*	东		NT	访问/文献
8		菊头蝠科 Rhinolophidae	中华菊头蝠	*Rhinolophus sinicus*	东			访问/文献
9	啮齿目 RODENTIA	松鼠科 Sciuridae	赤腹松鼠	*Callosciurus erythraeus*	东			访问/文献
10		仓鼠科 Cricetidae	大仓鼠	*Tscherskia triton*	古			文献
11			黑线仓鼠	*Cricetulus barabensis*	古			实体
12		鼠科 Muridae	褐家鼠	*Rattus norvegicus*	古			实体
13			小家鼠	*Mus musculus*	古			实体
14			黑线姬鼠	*Apodemus agrarius*	古			实体
15			黄胸鼠	*Rattus tanezumi*	东			实体
16			巢鼠	*Micromys minutus*	古			实体
17	兔形目 LAGOMORPHA	兔科 Leporidae	蒙古兔	*Lepus tolai*	广			实体
18	食肉目 CARNIVORA	鼬科 Mustelidae	黄鼬	*Mustela sibirica*	古			实体
19			亚洲狗獾	*Meles leucurus*	古			实体
20			猪獾	*Arctonyx collaris*	东			访问/文献
21		犬科 Canidae	貉	*Nyctereutes procyonoides*	广	二		实体
22		猫科 Felidae	豹猫	*Prionailurus bengalensis*	东	二		实体
23	偶蹄目 ARTIODACTYLA	鹿科 Cervidae	麋鹿	*Elaphurus davidianus*	广	一	EW	实体
24			獐	*Hydropotes inermis*	东	二	VU	实体

注:表内区系型中,"广"为广布种,"古"为古北界种,"东"为东洋界种;"国家级"为国家重点保护野生动物,"一"为国家一级重点保护动物,"二"为国家二级重点保护动物;"IUCN"为世界自然保护联盟濒危物种红色名录,"EW"为野外灭绝,"VU"为易危,"NT"为近危。

附表3 :大丰麋鹿保护区鸟类名录

序号	目	科	中文名	拉丁名	区系型	居留型				
						R	W	S	P	迷
1	鸡形目 GALLIFORMES	雉科 Phasianidae	鹌鹑	*Coturnix japonica*	古				+	
2			环颈雉	*Phasianus colchicus*	广	+				
3	雁形目 ANSERIFORMES	鸭科 Anatidae	豆雁	*Anser fabalis*	古		+			
4			短嘴豆雁	*Anser serrirostris*	古		+			
5			灰雁	*Anser anser*	古		+			
6			白额雁	*Anser albifrons*	古		+			
7			小天鹅	*Cygnus columbianus*	古		+		+	
8			翘鼻麻鸭	*Tadorna tadorna*	古		+			
9			赤麻鸭	*Tadorna ferruginea*	古		+		+	
10			鸳鸯	*Aix galericulata*	古		+		+	
11			赤膀鸭	*Mareca strepera*	古		+		+	
12			罗纹鸭	*Mareca falcata*	古		+		+	
13			赤颈鸭	*Mareca penelope*	古		+		+	
14			绿头鸭	*Anas platyrhynchos*	古		+		+	
15			斑嘴鸭	*Anas zonorhyncha*	广	+			+	
16			针尾鸭	*Anas acuta*	古		+		+	
17			绿翅鸭	*Anas crecca*	古		+		+	
18			琵嘴鸭	*Spatula clypeata*	古		+		+	
19			白眉鸭	*Spatula querquedula*	古		+		+	
20			红头潜鸭	*Aythya ferina*	古		+		+	
21			凤头潜鸭	*Aythya fuligula*	古		+			
22			斑脸海番鸭	*Melanitta fusca*	古		+			
23			斑背潜鸭	*Aythya marila*	古		+		+	

续表

序号	目	科	中文名	拉丁名	区系型	居留型				
						R	W	S	P	迷
24	雁形目 ANSERIFORMES	鸭科 Anatidae	斑头秋沙鸭	*Mergellus albellus*	古		+		+	
25			普通秋沙鸭	*Mergus merganser*	古		+		+	
26	䴙䴘目 PODICIPEDIFORMES	䴙䴘科 Podicipedidae	小䴙䴘	*Tachybaptus ruficollis*	广	+				
27			凤头䴙䴘	*Podiceps cristatus*	古	+	+			
28	鸽形目 COLUMBIFORMES	鸠鸽科 Columbidae	山斑鸠	*Streptopelia orientalis*	广	+				
29			灰斑鸠	*Streptopelia decaocto*	广	+				
30			火斑鸠	*Streptopelia tranquebarica*	广			+		
31			珠颈斑鸠	*Streptopelia chinensis*	东	+				
32	夜鹰目 CAPRIMULGIFORMES	夜鹰科 Caprimulgidae	普通夜鹰	*Caprimulgus indicus*	广	+				
33		雨燕科 Apodidae	白腰雨燕	*Apus pacificus*	广			+		
34	鹃形目 CUCULIFORMES	杜鹃科 Cuculidae	褐翅鸦鹃	*Centropus sinensis*	东			+		
35			小鸦鹃	*Centropus bengalensis*	东			+		
36			噪鹃	*Eudynamys scolopaceus*	东			+		
37			八声杜鹃	*Cacomantis merulinus*	东			+		
38			棕腹鹰鹃	*Hierococcyx nisicolor*	东			+		
39			小杜鹃	*Cuculus poliocephalus*	广			+		
40			四声杜鹃	*Cuculus micropterus*	广			+		
41			大杜鹃	*Cuculus canorus*	广			+		
42	鹤形目 GRUIFORMES	秧鸡科 Rallidae	小田鸡	*Zapornia pusilla*	广				+	
43			白胸苦恶鸟	*Amaurornis phoenicurus*	东			+		
44			董鸡	*Gallicrex cinerea*	东			+		
45			黑水鸡	*Gallinula chloropus*	广			+		

续表

序号	目	科	中文名	拉丁名	区系型	居留型				
						R	W	S	P	迷
46	鹤形目 GRUIFORMES	秧鸡科 Rallidae	白骨顶	*Fulica atra*	广	+	+			
47		鹤科 Gruidae	沙丘鹤	*Grus canadensis*	古					迷
48			丹顶鹤	*Grus japonensis*	古		+			
49			灰鹤	*Grus grus*	古		+		+	
50			白头鹤	*Grus monacha*	古				+	
51	鸻形目 CHARADRIIFORMES	蛎鹬科 Haematopodidae	蛎鹬	*Haematopus ostralegus*	广		+		+	
52		反嘴鹬科 Recurvirostridae	黑翅长脚鹬	*Himantopus himantopus*	广		+		+	
53			反嘴鹬	*Recurvirostra avosetta*	古		+		+	
54		鸻科 Charadriidae	凤头麦鸡	*Vanellus vanellus*	古		+		+	
55			灰头麦鸡	*Vanellus cinereus*	古				+	
56			金鸻	*Pluvialis fulva*	古				+	
57			灰鸻	*Pluvialis squatarola*	古		+		+	
58			长嘴剑鸻	*Charadrius placidus*	古		+			
59			金眶鸻	*Charadrius dubius*	广				+	
60			环颈鸻	*Charadrius alexandrinus*	广	+			+	
61			蒙古沙鸻	*Charadrius mongolus*	古				+	
62			铁嘴沙鸻	*Charadrius leschenaultii*	古				+	
63		鹬科 Scolopacidae	丘鹬	*Scolopax rusticola*	古		+			
64			针尾沙锥	*Gallinago stenura*	古				+	
65			大沙锥	*Gallinago megala*	古				+	
66			扇尾沙锥	*Gallinago gallinago*	古		+		+	
67			黑尾塍鹬	*Limosa limosa*	古				+	

续表

序号	目	科	中文名	拉丁名	区系型	居留型				
						R	W	S	P	迷
68	鸻形目 CHARADRIIFORMES	鹬科 Scolopacidae	斑尾塍鹬	*Limosa lapponica*	古				+	
69			小杓鹬	*Numenius minutus*	古		+		+	
70			中杓鹬	*Numenius phaeopus*	古				+	
71			白腰杓鹬	*Numenius arquata*	古		+		+	
72			大杓鹬	*Numenius madagascariensis*	古				+	
73			鹤鹬	*Tringa erythropus*	古				+	
74			红脚鹬	*Tringa totanus*	古		+		+	
75			泽鹬	*Tringa stagnatilis*	古				+	
76			青脚鹬	*Tringa nebularia*	古		+		+	
77			小青脚鹬	*Tringa guttifer*	古				+	
78			白腰草鹬	*Tringa ochropus*	古		+			
79			林鹬	*Tringa glareola*	古				+	
80			灰尾漂鹬	*Tringa brevipes*	古				+	
81			翘嘴鹬	*Xenus cinereus*	古				+	
82			矶鹬	*Actitis hypoleucos*	古		+		+	
83			翻石鹬	*Arenaria interpres*	古				+	
84			大滨鹬	*Calidris tenuirostris*	古				+	
85			红腹滨鹬	*Calidris canutus*	古				+	
86			三趾滨鹬	*Calidris alba*	古				+	
87			红颈滨鹬	*Calidris ruficollis*	古				+	
88			尖尾滨鹬	*Calidris acuminata*	古				+	
89			阔嘴鹬	*Calidris falcinellus*	古				+	

续表

序号	目	科	中文名	拉丁名	区系型	居留型				
						R	W	S	P	迷
90	鸻形目 CHARADRIIFORMES	鹬科 Scolopacidae	弯嘴滨鹬	*Calidris ferruginea*	古				+	
91			黑腹滨鹬	*Calidris alpina*	古		+		+	
92			红颈瓣蹼鹬	*Phalaropus lobatus*	古				+	
93		三趾鹑科 Turnicidae	黄脚三趾鹑	*Turnix tanki*	广			+		
94		燕鸻科 Glareolidae	普通燕鸻	*Glareola maldivarum*	广			+	+	
95		鸥科 Laridae	红嘴鸥	*Chroicocephalus ridibundus*	古		+			
96			黑嘴鸥	*Saundersilarus saundersi*	古		+		+	
97			普通海鸥	*Larus canus*	古		+			
98			小黑背银鸥	*Larus fuscus*	古		+			
99			西伯利亚银鸥	*Larus smithsonianus*	古		+			
100			黄腿银鸥	*Larus cachinnans*	古		+			
101			鸥嘴噪鸥	*Gelochelidon nilotica*	广				+	
102			红嘴巨燕鸥	*Hydroprogne caspia*	广		+			
103			白额燕鸥	*Sternula albifrons*	广			+		
104			普通燕鸥	*Sterna hirundo*	广				+	
105			灰翅浮鸥	*Chlidonias hybrida*	广			+		
106			白翅浮鸥	*Chlidonias leucopterus*	广				+	
107	鹳形目 CICONIIFORMES	鹳科 Ciconiidae	东方白鹳	*Ciconia boyciana*	古		+			
108	鲣鸟目 SULIFORMES	鸬鹚科 Phalacrocoracidae	普通鸬鹚	*Phalacrocorax carbo*	广		+			
109	鹈形目 PELECANIFORMES	鹮科 Threskiornithidae	白琵鹭	*Platalea leucorodia*	广		+		+	
110			黑脸琵鹭	*Platalea minor*	东		+		+	

续表

序号	目	科	中文名	拉丁名	区系型	居留型				
						R	W	S	P	迷
111	鹈形目 PELECANIFORMES	鹭科 Ardeidae	大麻鳽	*Botaurus stellaris*	古		+			
112			黄斑苇鳽	*Ixobrychus sinensis*	广			+		
113			紫背苇鳽	*Ixobrychus eurhythmus*	广			+		
114			栗苇鳽	*Ixobrychus cinnamomeus*	广			+		
115			夜鹭	*Nycticorax nycticorax*	广	+		+		
116			绿鹭	*Butorides striata*	广	+		+		
117			池鹭	*Ardeola bacchus*	广			+		
118			牛背鹭	*Bubulcus ibis*	东			+		
119			苍鹭	*Ardea cinerea*	广		+	+		
120			草鹭	*Ardea purpurea*	广		+	+		
121			大白鹭	*Ardea alba*	广		+		+	
122			中白鹭	*Ardea intermedia*	东			+		
123			白鹭	*Egretta garzetta*	东	+		+		
124	鹰形目 ACCIPITRIFORMES	鹗科 Pandionidae	鹗	*Pandion haliaetus*	广		+		+	
125		鹰科 Accipitridae	黑翅鸢	*Elanus caeruleus*	东					
126			凤头蜂鹰	*Pernis ptilorhynchus*	广				+	
127			秃鹫	*Aegypius monachus*	古				+	
128			乌雕	*Clanga clanga*	古		+			
129			赤腹鹰	*Accipiter soloensis*	东					
130			松雀鹰	*Accipiter virgatus*	东		+			
131			雀鹰	*Accipiter nisus*	古		+		+	
132			苍鹰	*Accipiter gentilis*	古				+	

续表

序号	目	科	中文名	拉丁名	区系型	居留型				
						R	W	S	P	迷
133	鹰形目 ACCIPITRIFORMES	鹰科 Accipitridae	白头鹞	*Circus aeruginosus*	古		+			
134			白腹鹞	*Circus spilonotus*	古				+	
135			白尾鹞	*Circus cyaneus*	古					
136			鹊鹞	*Circus melanoleucos*	古	+				
137			黑鸢	*Milvus migrans*	广	+				
138			白尾海雕	*Haliaeetus albicilla*	广		+		+	
139			灰脸鵟鹰	*Butastur indicus*	古				+	
140			普通鵟	*Buteo japonicus*	广		+			
141	鸮形目 STRIGIFORMES	鸱鸮科 Strigidae	领角鸮	*Otus lettia*	广	+				
142			红角鸮	*Otus sunia*	古	+				
143			鹰鸮	*Ninox scutulata*	东			+		
144			长耳鸮	*Asio otus*	广	+				
145			短耳鸮	*Asio flammeus*	广	+				
146	犀鸟目 BUCEROTIFORMES	戴胜科 Upupidae	戴胜	*Upupa epops*	广		+	+	+	
147	佛法僧目 CORACIIFORMES	佛法僧科 Coraciidae	三宝鸟	*Eurystomus orientalis*	广			+		
148		翠鸟科 Alcedinidae	蓝翡翠	*Halcyon pileata*	广				+	
149			普通翠鸟	*Alcedo atthis*	广	+				
150			斑鱼狗	*Ceryle rudis*	东	+				
151	啄木鸟目 PICIFORMES	啄木鸟科 Picidae	蚁䴕	*Jynx torquilla*	古				+	
152			星头啄木鸟	*Dendrocopos canicapillus*	广	+				
153			大斑啄木鸟	*Dendrocopos major*	古	+				
154			灰头绿啄木鸟	*Picus canus*	广	+				

续表

序号	目	科	中文名	拉丁名	区系型	居留型				
						R	W	S	P	迷
155	隼形目 FALCONIFORMES	隼科 Falconidae	红隼	*Falco tinnunculus*	广	+				
156			红脚隼	*Falco amurensis*	广				+	
157			灰背隼	*Falco columbarius*	古					
158			燕隼	*Falco subbuteo*	广			+		
159			游隼	*Falco peregrinus*	广				+	
160	雀形目 PASSERIFORMES	黄鹂科 Oriolidae	黑枕黄鹂	*Oriolus chinensis*	东			+		
161		山椒鸟科 Campephagidae	暗灰鹃鵙	*Lalage melaschistos*	东			+		
162			灰山椒鸟	*Pericrocotus divaricatus*	广				+	
163		卷尾科 Dicruridae	黑卷尾	*Dicrurus macrocercus*	东			+		
164			发冠卷尾	*Dicrurus hottentottus*	东					
165		王鹟科 Monarchidae	寿带	*Terpsiphone incei*	东			+		
166			紫寿带	*Terpsiphone atrocaudata*	广				+	
167		伯劳科 Laniidae	虎纹伯劳	*Lanius tigrinus*	东			+		
168			牛头伯劳	*Lanius bucephalus*	古		+			
169			红尾伯劳	*Lanius cristatus*	古			+		
170			棕背伯劳	*Lanius schach*	东	+				
171			楔尾伯劳	*Lanius sphenocercus*	古		+			
172		鸦科 Corvidae	灰喜鹊	*Cyanopica cyanus*	古	+				
173			喜鹊	*Pica pica*	广	+				
174			小嘴乌鸦	*Corvus corone*	广				+	

续表

序号	目	科	中文名	拉丁名	区系型	居留型				
						R	W	S	P	迷
175	雀形目 PASSERIFORMES	山雀科 Paridae	煤山雀	*Periparus ater*	古	+				
176			黄腹山雀	*Pardaliparus venustulus*	东	+				
177			大山雀	*Parus cinereus*	广	+				
178		攀雀科 Remizidae	中华攀雀	*Remiz consobrinus*	古		+		+	
179		百灵科 Alaudidae	云雀	*Alauda arvensis*	古		+			
180			小云雀	*Alauda gulgula*	广	+				
181		扇尾莺科 Cisticolidae	棕扇尾莺	*Cisticola juncidis*	古			+		
182			纯色山鹪莺	*Prinia inornata*	东	+				
183		苇莺科 Acrocephalidae	东方大苇莺	*Acrocephalus orientalis*	广			+		
184			黑眉苇莺	*Acrocephalus bistrigiceps*	广			+	+	
185			细纹苇莺	*Acrocephalus sorghophilus*	古				+	
186		蝗莺科 Locustellidae	矛斑蝗莺	*Locustella lanceolata*	古				+	
187			斑背大尾莺	*Locustella pryeri*	古				+	
188		燕科 Hirundinidae	崖沙燕	*Riparia riparia*	广			+	+	
189			家燕	*Hirundo rustica*	广			+		
190			金腰燕	*Cecropis daurica*	广			+		
191		鹎科 Pycnonotidae	黄臀鹎	*Pycnonotus xanthorrhous*	东	+				
192			白头鹎	*Pycnonotus sinensis*	东	+				
193			栗背短脚鹎	*Hemixos castanonotus*	东			+		
194		柳莺科 Phylloscopidae	褐柳莺	*Phylloscopus fuscatus*	古				+	
195			巨嘴柳莺	*Phylloscopus schwarzi*	古				+	
196			黄腰柳莺	*Phylloscopus proregulus*	古		+		+	

续表

序号	目	科	中文名	拉丁名	区系型	居留型				
						R	W	S	P	迷
197	雀形目 PASSERIFORMES	柳莺科 Phylloscopidae	黄眉柳莺	*Phylloscopus inornatus*	广				+	
198			极北柳莺	*Phylloscopus borealis*	广				+	
199			日本柳莺	*Phylloscopus xanthodryas*	广				+	
200			双斑绿柳莺	*Phylloscopus plumbeitarsus*	古				+	
201			淡脚柳莺	*Phylloscopus tenellipes*	古				+	
202			冕柳莺	*Phylloscopus coronatus*	古				+	
203		树莺科 Cettiidae	短翅树莺	*Horornis diphone*	东			+	+	
204			远东树莺	*Horornis canturians*	古		+			
205			强脚树莺	*Horornis fortipes*	东	+				
206			鳞头树莺	*Urosphena squameiceps*	广				+	
207		长尾山雀科 Aegithalidae	银喉长尾山雀	*Aegithalos glaucogularis*	古	+				
208			红头长尾山雀	*Aegithalos concinnus*	东	+				
209		莺鹛科 Sylviidae	棕头鸦雀	*Sinosuthora webbiana*	广	+				
210			震旦鸦雀	*Paradoxornis heudei*	古	+				
211		绣眼鸟科 Zosteropidae	红胁绣眼鸟	*Zosterops erythropleurus*	古				+	
212			暗绿绣眼鸟	*Zosterops japonicus*	东			+		
213		噪鹛科 Leiothrichidae	黑脸噪鹛	*Garrulax perspicillatus*	东	+				
214		椋鸟科 Sturnidae	八哥	*Acridotheres cristatellus*	东	+				
215			丝光椋鸟	*Spodiopsar sericeus*	东				+	
216			灰椋鸟	*Spodiopsar cineraceus*	古		+			
217			黑领椋鸟	*Gracupica nigricollis*	东		+			
218			北椋鸟	*Agropsar sturninus*	古				+	

续表

序号	目	科	中文名	拉丁名	区系型	居留型				
						R	W	S	P	迷
219	雀形目 PASSERIFORMES	椋鸟科 Sturnidae	灰背椋鸟	*Sturnia sinensis*	东			+		
220			紫翅椋鸟	*Sturnus vulgaris*	古				+	
221		鸫科 Turdidae	橙头地鸫	*Geokichla citrina*	东			+		
222			白眉地鸫	*Geokichla sibirica*	古				+	
223			虎斑地鸫	*Zoothera aurea*	广				+	
224			灰背鸫	*Turdus hortulorum*	古		+		+	
225			乌鸫	*Turdus mandarinus*	广	+				
226			白眉鸫	*Turdus obscurus*	古	+				
227			白腹鸫	*Turdus pallidus*	古		+		+	
228			红尾斑鸫	*Turdus naumanni*	广		+		+	
229			斑鸫	*Turdus eunomus*	广		+		+	
230		鹟科 Muscicapidae	红尾歌鸲	*Larvivora sibilans*	古				+	
231			蓝歌鸲	*Larvivora cyane*	古				+	
232			红喉歌鸲	*Calliope calliope*	古				+	
233			蓝喉歌鸲	*Luscinia svecica*	古				+	
234			红胁蓝尾鸲	*Tarsiger cyanurus*	古		+		+	
235			鹊鸲	*Copsychus saularis*	东	+				
236			赭红尾鸲	*Phoenicurus ochruros*	古					迷
237			北红尾鸲	*Phoenicurus auroreus*	古		+		+	
238			黑喉石䳭	*Saxicola maurus*	广				+	
239			蓝矶鸫	*Monticola solitarius*	广				+	
240			白喉矶鸫	*Monticola gularis*	古				+	

续表

序号	目	科	中文名	拉丁名	区系型	居留型				
						R	W	S	P	迷
241	雀形目 PASSERIFORMES	鹟科 Muscicapidae	斑鹟	*Muscicapa striata*	古				+	迷
242			灰纹鹟	*Muscicapa griseisticta*	古				+	
243			乌鹟	*Muscicapa sibirica*	古				+	
244			北灰鹟	*Muscicapa dauurica*	广				+	
245			白眉姬鹟	*Ficedula zanthopygia*	古			+		
246			黄眉姬鹟	*Ficedula narcissina*	古				+	
247			鸲姬鹟	*Ficedula mugimaki*	古				+	
248			红喉姬鹟	*Ficedula albicilla*	古					
249			白腹蓝鹟	*Cyanoptila cyanomelana*	东				+	
250			铜蓝鹟	*Eumyias thalassinus*			+			
251		戴菊科 Regulidae	戴菊	*Regulus regulus*	古		+		+	
252		梅花雀科 Estrildidae	白腰文鸟	*Lonchura striata*	东	+				
253		雀科 Passeridae	麻雀	*Passer montanus*	广	+				
254		鹡鸰科 Motacillidae	山鹡鸰	*Dendronanthus indicus*	广			+		
255			黄鹡鸰	*Motacilla tschutschensis*	古				+	
256			灰鹡鸰	*Motacilla cinerea*	古		+		+	
257			白鹡鸰	*Motacilla alba*	广	+			+	
258			田鹨	*Anthus richardi*	东			+		
259			树鹨	*Anthus hodgsoni*	古		+			
260			北鹨	*Anthus gustavi*	古				+	
261			黄腹鹨	*Anthus rubescens*	古				+	
262			水鹨	*Anthus spinoletta*	古				+	

续表

序号	目	科	中文名	拉丁名	区系型	居留型				
						R	W	S	P	迷
263	雀形目 PASSERIFORMES	燕雀科 Fringillidae	燕雀	*Fringilla montifringilla*	古		+			
264			锡嘴雀	*Coccothraustes coccothraustes*	古		+			
265			黑尾蜡嘴雀	*Eophona migratoria*	广			+	+	
266			黑头蜡嘴雀	*Eophona personata*	古				+	
267			金翅雀	*Chloris sinica*	广	+			+	
268			白腰朱顶雀	*Acanthis flammea*	古		+		+	
269			黄雀	*Spinus spinus*	古		+			
270		鹀科 Emberizidae	凤头鹀	*Melophus lathami*	东				+	
271			三道眉草鹀	*Emberiza cioides*	古	+				
272			白眉鹀	*Emberiza tristrami*	古				+	
273			栗耳鹀	*Emberiza fucata*	广		+		+	
274			小鹀	*Emberiza pusilla*	古		+		+	
275			黄眉鹀	*Emberiza chrysophrys*	古		+		+	
276			田鹀	*Emberiza rustica*	古		+			
277			黄喉鹀	*Emberiza elegans*	古		+		+	
278			栗鹀	*Emberiza rutila*	古				+	
279			硫黄鹀	*Emberiza sulphurata*	古				+	
280			灰头鹀	*Emberiza spodocephala*	古		+		+	
281			苇鹀	*Emberiza pallasi*	古		+			
282			红颈苇鹀	*Emberiza yessoensis*	古		+			
283			芦鹀	*Emberiza schoeniclus*	古		+			

注：表内区系型中，“广”为广布种，“古”为古北种，“东”为东洋种；居留型中，“R”为留鸟，“W”为冬候鸟，“S”为夏候鸟，“P”为过境鸟，“迷”为迷鸟。

附表 4:大丰麋鹿保护区爬行类名录

序号	目	科	中文名	拉丁名	区系型	生态型	国家级	IUCN	收录依据
1	龟鳖目 TESTUDINES	地龟科 Geoemydidae	乌龟	*Mauremys reevesii*	广	AQ	II	EN	访问
2	有鳞目 SQUAMATA	壁虎科 Gekkonidae	多疣壁虎	*Gekko japonicus*	东	TE			实体
3		石龙子科 Scincidae	中国石龙子	*Plestiodon chinensis*	东	TE			文献
4		蜥蜴科 Lacertidae	丽斑麻蜥	*Eremias argus*	古	TE			访问/文献
5			北草蜥	*Takydromus septentrionalis*	广	TE			实体
6			白条草蜥	*Takydromus wolteri*	古	TE			访问/文献
7		游蛇科 Colubridae	赤链蛇	*Lycodon rufozonatus*	广	TE			实体
8			赤峰锦蛇	*Elaphe anomala*	古	TE			实体
9			双斑锦蛇	*Elaphe bimaculata*	广	TE			文献
10			王锦蛇	*Elaphe carinata*	广	TE			访问/文献
11			红纹滞卵蛇	*Oocatochus rufodorsatus*	广	SE			实体
12			黑眉锦蛇	*Elaphe taeniura*	广	TE		VU	实体
13			乌梢蛇	*Ptyas dhumnades*	东	TE			实体
14		水游蛇科 Natricidae	虎斑颈槽蛇	*Rhabdophis tigrinus*	广	TE			实体
15		蝰科 Viperidae	短尾蝮	*Gloydius brevicaudus*	广	TE			实体

注:区系型中,“古”为古北界种,“东”为东洋界种,“广”为广布种;生态型中,“TE”为陆栖型,“SE”为半水栖型,“AQ”为水栖型;国家级中 “二”代表国家二级重点保护动物; “IUCN”为世界自然保护联盟濒危物种红色名录,其中“EN”为濒危,“VU”为易危。

附表 5:大丰麋鹿保护区两栖类名录

序号	目	科	中文名	拉丁名	区系型	生态型	IUCN	收录依据
1	无尾目 ANURA	蟾蜍科 Bufonidae	中华蟾蜍	*Bufo gargarizans*	广	TEQ		实体
2			花背蟾蜍	*Strauchbufo raddei*	古	TEQ		访问/文献
3		叉舌蛙科 Dicroglossidae	泽陆蛙	*Fejervarya multistriata*	东	TEQ		实体
4		蛙科 Ranidae	黑斑侧褶蛙	*Pelophylax nigromaculatus*	广	AQQ	NT	实体
5			金线侧褶蛙	*Pelophylax plancyi*	古	AQQ		实体
6		姬蛙科 Microhylidae	北方狭口蛙	*Kaloula borealis*	古	TEQ		实体
7			饰纹姬蛙	*Microhyla fissipes*	东	AQQ		实体

注:区系型中,“古”为古北界种,“东”为东洋界种,“广”为广布种;生态型中,“TEQ”为陆栖—静水型,“AQQ”为水栖—静水型;“IUCN”为世界自然保护联盟濒危物种红色名录,其中 “NT”为近危。

附表 6:大丰麋鹿保护区鱼类名录

序号	目	科	种	拉丁名	区系	来源
1	鲱形目 CLUPEIFORMES	鳀科 Engraulidae	刀鲚 *(小)	*Coilia ectenes*	海洋鱼类-温暖性种	网捕
2	鲑形目 SALMONIFORMES	银鱼科 Salangidae	大银鱼 *(小)	*Protosalanx chinensis*	海洋鱼类-温暖性种	网捕
3	鲤形目 CYPRINIFORMES	鲤科 Cyprinidae	草鱼 *	*Ctenopharyngodon idella*	江河平原鱼类区系复合体	网捕
4			鳡 *	*Elopichthys bambusa*	江河平原鱼类区系复合体	网捕
5			青鱼 *	*Mylopharyngodon piceus*	江河平原鱼类区系复合体	访查
6			赤眼鳟 *	*Squaliobarbus curriculus*	江河平原鱼类区系复合体	网捕
7			翘嘴鲌 *	*Culter alburnus*	江河平原鱼类区系复合体	网捕
8			达氏鲌 *	*Chanodichthys dabryi* subsp. *dabryi*	江河平原鱼类区系复合体	网捕
9			蒙古鲌 *	*Chanodichthys mongolicus* subsp. *mongolicus*	江河平原鱼类区系复合体	网捕
10			贝氏鳘(小)	*Hemiculter bleekeri*	江河平原鱼类区系复合体	网捕
11			鳘(小)	*Hemiculter leucisculus*	江河平原鱼类区系复合体	网捕
12			鲂 *	*Megalobrama skolkovii*	江河平原鱼类区系复合体	网捕
13			鳊 *	*Parabramis pekinensis*	江河平原鱼类区系复合体	网捕
14			似鳊(小)	*Pseudobrama simoni*(特)	江河平原鱼类区系复合体	网捕
15			鳙 *	*Aristichthys nobilis*	江河平原鱼类区系复合体	网捕
16			鲢 *	*Hypophthalmichthys molitrix*	江河平原鱼类区系复合体	网捕
17			棒花鱼(小)	*Abbottina rivularis*	江河平原鱼类区系复合体	网捕
18			花䱻 *	*Hemibarbus maculatus*	江河平原鱼类区系复合体	网捕
19			麦穗鱼(小)	*Pseudorasbora parva*	上第三纪鱼类区系复合体	网捕
20			黑鳍鳈(小)	*Sarcocheilichthys nigripinnis*(特)	江河平原鱼类区系复合体	网捕
21			华鳈(小)	*Sarcocheilichthys sinensis* subsp. *sinensis*	江河平原鱼类区系复合体	网捕
22			蛇鮈(小)	*Saurogobio dabryi* subsp. *dabryi*	江河平原鱼类区系复合体	网捕

续表

序号	目	科	种	拉丁名	区系	来源
23	鲤形目 CYPRINIFORMES	鲤科 Cyprinidae	兴凯鱊(小)	*Acheilognathus chankaensis*	江河平原鱼类区系复合体	网捕
24			中华鳑鲏(小)	*Rhodeus sinensis*(特)	江河平原鱼类区系复合体	网捕
25			鲫 *	*Carassius auratus* subsp. *auratus*	上第三纪鱼类区系复合体	网捕
26			鲤 *	*Cyprinus carpio*	上第三纪鱼类区系复合体	网捕
27		花鳅科 Cobitidae	泥鳅 * (小)	*Misgurnus anguillicaudatus*	上第三纪鱼类区系复合体	网捕
28			大鳞副泥鳅 * (小)	*Paramisgurnus dabryanus*	上第三纪鱼类区系复合体	网捕
29	鲇形目 SILURIFORMES	鲿科 Bagridae	黄颡鱼 *	*Pelteobagrus fulvidraco*	江河平原鱼类区系复合体	网捕
30			光泽黄颡鱼(小)	*Pelteobagrus nitidus*	江河平原鱼类区系复合体	网捕
31		鲇科 Siluridae	鲇 *	*Silurus asotus*	江河平原鱼类区系复合体	网捕
32	颌针鱼目 BELONIFORMES	鱵科 Hemiramphidae	间下鱵(小)	*Hyporhamphus intermedius*	海洋鱼类-温暖性种	访查
33	鲻形目 MUGILIFORMES	鲻科 Mugilidae	鲻 *	*Mugil cephalus*	海洋鱼类-温暖性种	网捕
34	合鳃鱼目 SYNBRANCHIFORMES	合鳃鱼科 Synbranchidae	黄鳝 * (小)	*Monopterus albus*	热带平原鱼类区系复合体	网捕
35		刺鳅科 Mastacembelidae	中华刺鳅(小)	*Sinobdella sinensis*	热带平原鱼类区系复合体	网捕
36	鲈形目 PERCIFORMES	狼鲈科 Moronidae	中国花鲈 *	*Lateolabrax maculatus*	江河平原鱼类区系复合体	网捕
37		鮨科 Serranidae	鳜 *	*Siniperca chuatsi*	江河平原鱼类区系复合体	网捕
38		沙塘鳢科 Odontobutidae	河川沙塘鳢(小)	*Odontobutis potamophila*(特)	江河平原鱼类区系复合体	网捕
39		鰕虎科 Gobiidae	矛尾鰕虎(小)	*Chaeturichthys stigmatias*	海洋鱼类-温暖性种	访查
40			子陵吻鰕虎(小)	*Rhinogobius giurinus*	江河平原鱼类区系复合体	网捕
41			纹缟鰕虎(小)	*Tridentiger trigonocephalus*	海洋鱼类-温暖性种	网捕
42		鳢科 Channidae	乌鳢 *	*Channa argus*	江河平原鱼类区系复合体	网捕
43	鲽形目 PLEURONECTIFORMES	舌鳎科 Cynoglossidae	窄体舌鳎 *	*Cynoglossus gracilis*(特)	海洋鱼类-温暖性种	访查

注：种名后“ * ”表示经济鱼类，“(小)”表示小型鱼类；拉丁名后“(特)”为中国特有分布。

附表7:大丰麋鹿保护区昆虫名录

分类地位、物种名称	保护级别	外来入侵	资料来源
一、蜻蜓目 ODONATA			
(一)春蜓科 Gomphidae			
1. 大团扇春蜓 *Sinictinogomphus clavatus*			调查
(二)蜻科 Libellulidae			
2. 狭腹灰蜻 *Orthetrum sabina*			调查
3. 白尾灰蜻 *Orthetrum albistylum*			调查
4. 黄蜻 *Pantala flavescens*			调查
5. 异色多纹蜻 *Deielia phaon*			历史资料
6. 玉带蜻 *Pseudothemis zonata*			历史资料
7. 红蜻 *Crocothemis servilia*			历史资料
(三)蟌科 Coenagrionidae			
8. 杯斑小蟌 *Agriocnemis femina*			调查
9. 褐斑异痣蟌 *Ischnura senegalensis*			调查
10. 东亚异痣蟌 *Ischnura asiatica*			历史资料
11. 日本黄蟌 *Ceriagrion nipponicum*			历史资料
12. 异痣蟌(未定种)*Ischnura* sp.			调查
二、螳螂目 MANTODEA			
(一)螳科 Mantidae			
13. 中华大刀螳 *Tenodera sinensis*			调查
三、直翅目 ORTHOPTERA			
(一)蟋蟀科 Gryllidae			
14. 石首棺头蟋 *Loxoblemmus equestris*			调查
15. 长翅姬蟋 *Svercacheta siamensis*			调查
16. 斗蟋(未定种 1)*Velarifictorus* sp. 1			调查
17. 斗蟋(未定种 2)*Velarifictorus* sp. 2			调查
(二)树蟋科 Oecanthidae			
18. 青树蟋 *Oecanthus euryelytra*			调查
19. 中华树蟋 *Oecanthus indicus*			调查
(三)蛉蟋科 Trigonidiidae			
20. 斑腿双针蟋 *Dianemobius fascipes*			调查
(四)鳞蟋科 Mogoplistidae			
21. 奥蟋(未定种)*Ornebius* sp.			调查
(五)蝼蛄科 Gryllotalpidae			
22. 东方蝼蛄 *Gryllotalpa orientalis*			调查

续表

分类地位、物种名称	保护级别	外来入侵	资料来源
(六)草螽科 Conocephalus			
23. 悦鸣草螽 *Conocephalus melaenus*			调查
24. 鼻优草螽 *Euconocephalus nasutus*			调查
25. 草螽(未定种 1)*Conocephalus* sp. 1			调查
26. 草螽(未定种 2)*Conocephalus* sp. 2			调查
(七)露螽科 Phaneropteridae			
27. 日本绿螽 *Holochlora japonica*			调查
28. 日本条螽 *Ducetia japonica*			调查
(八)蚱科 Tetrigoidae			
29. 突眼蚱 *Ergatettix dorsiferus*			调查
(九)剑角蝗科 Acrididae			
30. 中华剑角蝗 *Acrida cinerea*			调查
(十)斑翅蝗科 Oedipodidae			
31. 花胫绿纹蝗 *Aiolopus tamulus*			调查
32. 疣蝗 *Trilophidia annulata*			调查
(十一)锥头蝗科 Pyrgomorphidae			
33. 短额负蝗 *Atractomorpha sinensis*			调查
四、革翅目 DERMAPTERA			
(一)肥螋科 Anisolabididae			
34. 肥螋(未定种)*Anisolabis* sp.			调查
(二)蠼螋科 Labiduridae			
35. 蠼螋 *Labidura riparia*			调查
36. 蠼螋(未定种)*Labidura* sp.			调查
(三)球螋科 Forficulidae			
37. 迭球螋 *Forficula vicaria*			调查
五、缨翅目 THYSANOPTERA			
(一)蓟马科 Thripidae			
38. 花蓟马 *Frankliniella intonsa*			调查
六、半翅目 HEMIPTERA			
(一)黾蝽科 Gerridae			
39. 圆臀大黾蝽 *Aquarius paludum*			调查
(二)负子蝽科 Belostomatidae			
40. 锈色负子蝽 *Diplonychus rusticus*			调查

续表

分类地位、物种名称	保护级别	外来入侵	资料来源
(三)猎蝽科 Reduviidae			
41. 日月盗猎蝽 *Peirates arcuatus*			调查
42. 刺胸猎蝽(未定种)*Pygolampis* sp.			调查
(四)网蝽科 Tingidae			
43. 菊方翅网蝽 *Corythucha marmorata*		省入侵	调查
(五)土蝽科 Cydnidae			
44. 大鳖土蝽 *Adrisa magna*			历史资料
45. 青革土蝽 *Macroscyrtus subaenus*			调查
(六)蝽科 Pentatomidae			
46. 斑须蝽 *Dolycoris baccarum*			调查
47. 菜蝽 *Eurydema dominulus*			调查
48. 茶翅蝽 *Halyomorpha halys*			调查
49. 二星蝽 *Eysacoris guttiger*			调查
50. 华麦蝽 *Aelia fieberi*			调查
51. 蓝蝽 *Zicrona caerulea*			调查
52. 锚纹二星蝽 *Eysarcoris montivagus*			调查
53. 珀蝽 *Plautia fimbriata*			调查
54. 蠋蝽 *Arma chinensis*			调查
(七)跷蝽科 Berytidae			
55. 跷蝽(未定种)*Yemma* sp.			调查
(八)长蝽科 Lygaeidae			
56. 斑脊长蝽 *Tropidothorax cruciger*			调查
57. 红脊长蝽 *Tropidothorax elegans*			调查
(九)红蝽科 Pyrrhocoridae			
58. 地红蝽 *Pyrrhocoris sibiricus*			调查
59. 突背斑红蝽 *Physopelta gutta*			调查
(十)地长蝽科 Rhyparochromidae			
60. 短翅迅足长蝽 *Metochus abbreviatus*			调查
(十一)大眼长蝽科 Geocoridae			
61. 南亚大眼长蝽 *Geocoris ochropterus*			调查
(十二)缘蝽科 Coreidae			
62. 稻棘缘蝽 *Cletus punctiger*			调查
63. 点蜂缘蝽 *Riptortus pedestris*			调查
64. 瘤缘蝽 *Acanthocoris scaber*			调查

续表

分类地位、物种名称	保护级别	外来入侵	资料来源
65. 中稻缘蝽 *Leptocorisa chinensis*			调查
(十三)姬缘蝽科 Rhopalidae			
66. 边伊缘蝽 *Rhopalus latus*			调查
67. 黄伊缘蝽 *Aeschyntelus chinensis*			调查
68. 环缘蝽(未定种)*Stictopleurus* sp.			调查
(十四)蚜科 Aphidoidea			
69. 夹竹桃蚜 *Aphis nerii*			调查
(十五)叶蝉科 Cicadellidae			
70. 大青叶蝉 *Cicadella viridis*			调查
71. 小绿叶蝉 *Empoasca flavescens*			调查
(十六)广翅蜡蝉科 Ricaniidae			
72. 八点广翅蜡蝉 *Ricania speculum*			调查
73. 褐带广翅蜡蝉 *Ricania taeniata*			调查
74. 柿广翅蜡蝉 *Ricanula sublimata*			调查
75. 透明疏广翅蜡蝉 *Euricania clara*			调查
(十七)蛾蜡蝉科 Flatidae			
76. 碧蛾蜡蝉 *Geisha distinctissima*			调查
(十八)象蜡蝉科 Dictyopharidae			
77. 伯瑞象蜡蝉 *Dictyophara patruelis*			调查
78. 月纹象蜡蝉 *Orthopagus lunulifer*			调查
(十九)扁蜡蝉科 Tropicuchidae			
79. 娇弱鳎扁蜡蝉 *Tambinia deblis*			调查
(二十)尖胸沫蝉科 Aphrophoridae			
80. 海滨尖胸沫蝉 *Aphrophora maritima*			调查
(二十一)蝉科 Cicadidae			
81. 黑蚱蝉 *Cryptotympana atrata*			调查
82. 蟪蛄 *Platypleura kaempferi*			调查
七、脉翅目 NEUROPTERA			
(一)草蛉科 Chrysopidae			
83. 中华草蛉 *Chrysoperla sinica*			调查
(二)蝶角蛉科 Ascalaphidae			
84. 黄脊蝶角蛉 *Hybris subjacens*			调查
八、鞘翅目 COLEOPTERA			
(一)步甲科 Carabidae			

续表

分类地位、物种名称	保护级别	外来入侵	资料来源
85. 单齿蝼步甲 *Scarites terricola*			调查
86. 通缘步甲(未定种)*Pterostichus* sp.			调查
87. 暗步甲(未定种)*Amara* sp.			调查
(二)虎甲科 Cicindelidae			
88. 星斑虎甲 *Cylindera kaleea*			调查
89. 云纹虎甲 *Cylindera elisae*			调查
(三)龙虱科 Dytiscidae			
90. 斑龙虱(未定种)*Hydaticus* sp.			调查
(四)隐翅虫科 Staphylinidae			
91. 赤背隆线隐翅虫 *Lathrobium dignum*			调查
92. 梭毒隐翅虫 *Paederus fuscipes*			调查
93. 菲隐翅虫(未定种)*Philonthus* sp.			调查
(五)葬甲科 Silphidae			
94. 滨尸葬甲 *Necrodes littoralis*			调查
(六)金龟科 Scarabaeidae			
95. 短亮凯蜣螂 *Caccobius brevis*			文献
96. 婪嗡蜣螂 *Onthophagus lenzi*			文献
97. 小驼嗡蜣螂 *Onthophagus gibbulus*			文献
98. 中华嗡蜣螂 *Onthophagus sinicus*			文献
(七)丽金龟科 Rutelinae			
99. 铜绿异丽金龟 *Anomala corpulenta*			调查
100. 膨翅异丽金龟 *Anomala expansa*			调查
101. 中华弧丽金龟 *Popillia quadriguttata*			调查
102. 丽金龟属(未定种)*Popillia* sp.			调查
(八)鳃金龟科 Melolonthidae			
103. 宽齿爪鳃金龟 *Holotrichia lata*			调查
104. 海索鳃金龟 *Sophrops heydeni*			调查
105. 暗黑鳃金龟 *Holotrichia parallela*			调查
106. 黑绒鳃金龟 *Maladera orientalis*			调查
(九)花金龟科 Cetoniinae			
107. 日伪阔花金龟 *Pseudotorynorrhina japonica*			调查
108. 白星花金龟 *Potosia brevitarsis*			历史资料
(十)蜉金龟科 Aphodiidae			
109. 哈氏蜉金龟 *Aphodius haroldianus*			文献

续表

分类地位、物种名称	保护级别	外来入侵	资料来源
110. 游荡蜉金龟 *Aphodius erraticus*			文献
(十一)犀金龟科 Dynastidae			
111. 双叉犀金龟 *Allomyrina dichotoma*	三有		调查
(十二)叩甲科 Elateridae			
112. 双瘤槽缝叩甲 *Agrypnus bipapulatus*			调查
113. 细胸锥尾叩甲 *Agriotes subvittatus*			调查
114. 锥胸叩甲(未定种)*Ampedus* sp.			调查
(十三)露尾甲科 Nitidulidae			
115. 四斑露尾甲 *Glischrochilus japonicus*			调查
(十四)瓢虫科 Coccinellidae			
116. 龟纹瓢虫 *Propylea japonica*			调查
117. 红点唇瓢虫 *Chilocorus kuwanae*			调查
118. 菱斑食植瓢虫 *Epilachna insignis*			调查
119. 六斑月瓢虫 *Menochilus sexmaculatus*			调查
120. 七星瓢虫 *Coccinella septempunctata*			调查
121. 茄二十八星瓢虫 *Henosepilachna vigintioctopunctata*			调查
122. 异色瓢虫 *Harmonia axyridis*			调查
(十五)伪瓢虫科 Endomychidae			
123. 方斑弯伪瓢虫 *Ancylopus phungi*			调查
(十六)天牛科 Cerambycidae			
124. 黑点粉天牛 *Olenecamptus clarus*			调查
125. 竹绿虎天牛 *Chlorophorus annularis*			历史资料
(十七)叶甲科 Chrysomelidae			
126. 黑足黑守瓜 *Aulacophora nigripennis*			调查
127. 甜菜跳甲 *Chaetocnema concinna*			调查
(十八)肖叶甲科 Eumolpidae			
128. 甘薯叶甲 *Colasposoma dauricum*			调查
129. 中华萝藦肖叶甲 *Chrysochus chinensis*			调查
(十九)象甲科 Curculionidae			
130. 绿鳞象甲 *Hypomeces squamosus*			调查
131. 葎草船象 *Psilarthroides czerskyi*			调查
九、双翅目 DIPTERA			
(一)摇蚊科 Chironomidae			
132. 多足摇蚊(未定种)*Polypedilum* sp.			调查

续表

分类地位、物种名称	保护级别	外来入侵	资料来源
133. 雕翅摇蚊(未定种)*Giyptendipespallens* sp.			调查
134. 摇蚊(未定种)*Chironomus* sp.			调查
(二)蚊科 Culicidae			
135. 淡色库蚊 *Culex pipiens*			调查
136. 中华按蚊 *Anopheles sinensis*			历史资料
(三)虻科 Tabanidae			
137. 三角虻 *Tabanus trigonus*			历史资料
138. 骚扰黄虻 *Atylotus miser*			调查
(四)食虫虻科 Asilidae			
139. 曲毛食虫虻 *Neoitamus angusticornis*			调查
(五)长足虻科 Dolichopodidae			
140. 行脉长足虻(未定种)*Gymnopterus* sp.			调查
(八)食蚜蝇科 Syrphidae			
141. 黑带食蚜蝇 *Episyrphus balteatus*			调查
142. 羽芒宽盾蚜蝇 *Phytomia zonata*			调查
143. 细腹食蚜蝇(未定种)*Sphaerophoria* sp.			调查
(六)鼓翅蝇科 Spesidae			
144. 单斑鼓翅蝇 *Sepsis monostigma*			调查
(七)丽蝇科 Calliphoridae			
145. 丝光绿蝇 *Lucilia sericata*			调查
十、鳞翅目 LEPIDOPTERA			
(一)卷蛾科 Tortricidae			
146. 白钩小卷蛾 *Epiblema foenella*			调查
147. 苹小卷叶蛾 *Adoxophyes orana*			调查
(二)刺蛾科 Limacodidae			
148. 褐边绿刺蛾 *Parasa consocia*			调查
149. 桑褐刺蛾 *Setora sinensis*			调查
(三)羽蛾科 Pterophoridae			
150. 滑羽蛾(未定种)*Hellinsia* sp.			调查
151. 异羽蛾(未定种)*Emmelina* sp.			调查
(四)雕蛾科 Glyphipterygidae			
152. 银点雕蛾 *Lepidotarphius perornatella*			调查
(五)螟蛾科 Pyralidae			
153. 白纹翅野螟 *Diasemia reticularis*			调查

续表

分类地位、物种名称	保护级别	外来入侵	资料来源
154. 赤巢螟 *Hypsopygia pelasgalis*			调查
155. 豆野螟 *Maruca testulalis*			调查
156. 蜂巢螟 *Hypsopygia mauritialis*			调查
157. 褐萍水螟 *Nymphula responsalis*			调查
158. 黄斑切叶野螟 *Herpetogramma ochrimaculalis*			调查
159. 黄翅缀叶野螟 *Botyodes diniasalis*			调查
160. 黄杨绢野螟 *Glyphodes perspectalis*			调查
161. 库氏岐角螟 *Endotricha kuznetzovi*			调查
162. 榄绿歧角螟 *Endotricha olivacealis*			调查
163. 三角夜斑螟 *Nyctegretis triangulella*			调查
164. 三条蛀野螟 *Pleuroptya chlorophanta*			调查
165. 桃蛀螟 *Conogethes punctiferalis*			调查
166. 甜菜白带野螟 *Spoladea recurvalis*			调查
167. 细条纹野螟 *Tabidia strigiferalis*			调查
(六)草螟科 Crambidae			
168. 款冬玉米螟 *Ostrinia scapulalis*			调查
169. 棉褐环野螟 *Haritalodes derogata*			调查
170. 苇禾草螟 *Chilo luteellus*			调查
(七)尺蛾科 Geometridae			
171. 尘尺蛾 *Hypomecis punctinalis*			调查
172. 淡色岩尺蛾 *Scopula ignobilis*			调查
173. 灰蝶尺蛾 *Narraga fasciolaria*			调查
174. 曲紫线尺蛾 *Timandra comptaria*			调查
175. 瑞锯尺蛾 *Cleora repulsaria*			调查
176. 肾斑尺蛾 *Ascotis selenaria*			调查
177. 小四点波姬尺蛾 *Idaea trisetata*			调查
178. 掌尺蛾 *Amraica superans*			调查
(八)燕蛾科 Uraniidae			
179. 斜线燕蛾 *Acropteris iphiata*			调查
(九)枯叶蛾科 Lasiocampidae			
180. 杨褐枯叶蛾 *Gastropacha populifolia*			调查
(十)蚕蛾科 Bombycidae			
181. 野桑蚕 *Bombyx mandarina*			调查
(十一)天蛾科 Sphingidae			

续表

分类地位、物种名称	保护级别	外来入侵	资料来源
182. 构月天蛾 *Parum colligata*			调查
183. 蓝目天蛾 *Smeritus planus*			调查
184. 雀纹天蛾 *Theretra japonica*			调查
(十二)舟蛾科 Notodontidae			
185. 杨二尾舟蛾 *Cerura menciana*			调查
(十三)毒蛾科 Lymantriidae			
186. 幻带黄毒蛾 *Euproctis varians*			调查
(十四)灯蛾科 Arctiidae			
187. 大黄痣苔蛾 *Stigmatophora leacrita*			调查
(十五)鹿蛾科 Ctenuchidae			
188. 蕾鹿蛾 *Amata germana*			历史资料
(十六)夜蛾科 Noctuidae			
189. 标瑙夜蛾 *Maliattha signifera*			调查
190. 黄夜蛾 *Xanthodes albago*			调查
191. 犁纹黄夜蛾 *Xanthodes transversa*			调查
192. 蓝条夜蛾 *Ischyja manlia*			调查
193. 梨剑纹夜蛾 *Acronicta rumicis*			调查
194. 毛胫夜蛾 *Mocis undata*			调查
195. 甜菜夜蛾 *Spodoptera exigua*			调查
196. 倭委夜蛾 *Athetis stellata*			调查
197. 小地老虎 *Agrotis ipsilon*			调查
198. 银锭夜蛾 *Macdunnoughia crassisigna*			调查
199. 庸肖毛翅夜蛾 *Thyas juno*			调查
200. 中带三角夜蛾 *Chalciope geometrica*			调查
201. 须夜蛾(未定种)*Zanclognatha* sp.			调查
(十七)弄蝶科 Hesperiidae			
202. 曲纹稻弄蝶 *Notocrypta curvifascia*	江苏省		调查
203. 直纹稻弄蝶 *Parara guttata*	江苏省		调查
(十八)粉蝶科 Pieridae			
204. 斑缘豆粉蝶 *Colias erate*			调查
205. 菜粉蝶 *Pieris rapae*			调查
206. 东方菜粉蝶 *Pieris canidia*			历史资料
(十九)凤蝶科 Papilionidae			
207. 丝带凤蝶 *Sericinus montelus*			历史资料

续表

分类地位、物种名称	保护级别	外来入侵	资料来源
(二十)蛱蝶科 Nymphalidae			
208. 大红蛱蝶 *Vanessa indica*			调查
209. 斐豹蛱蝶 *Argynnis hyperbius*	江苏省		调查
210. 黄钩蛱蝶 *Polygonia c-aureum*	江苏省		调查
(二十一)灰蝶科 Lycaenidae			
211. 蓝灰蝶 *Everes argiades*	江苏省		调查
212. 亮灰蝶 *Lampides boeticus*			调查
213. 酢浆灰蝶 *Pseudozizeeria maha*	江苏省		调查
十一、膜翅目 HYMENOPTERA			
(一)三节叶蜂科 Argidae			
214. 三节叶蜂(未定种)*Arge* sp.			调查
(二)褶翅小蜂科 Leucospidae			
215. 中华褶翅小蜂 *Leucospis sinensis*			调查
(三)姬小蜂科 Eulophidae			
216. 白蛾周氏啮小蜂 *Chouioia cunea*			调查
(四)姬蜂科 Ichneumonidae			
217. 细颚姬蜂属(未定种)*Enicospilus* sp.			调查
(五)蚁蜂科 Mutillidae			
218. 细刻比蚁蜂 *Bischoffitilla exilipunctata*			调查
(六)蚁科 Formicidae			
219. 草地铺道蚁 *Tetramorium caespitum*			调查
220. 黄足短猛蚁 *Brachyponera luteipes*			调查
221. 日本弓背蚁 *Camponotus japonicus*(Mayr)			调查
222. 双针棱胸切叶蚁 *Pristomyrmex punctatus*			调查
223. 弓背蚁属(未定种)*Camponotus* sp.			调查
(七)蛛蜂科 Pompilidae			
224. 叉爪蛛蜂(未定种)*Episyron* sp.			调查
(八)胡蜂科 Vespidae			
225. 变侧异腹胡蜂 *Parapolybia varia*			调查
226. 家马蜂 *Polistes jadaigae*			调查
227. 普通长足胡蜂 *Polistes okinawansis*			调查
228. 中华马蜂 *Polistes chinensis*			调查
229. 柞蚕马蜂 *Polistes gallicus*			调查
(九)蜜蜂科 Apidae			

续表

分类地位、物种名称	保护级别	外来入侵	资料来源
230. 意大利蜜蜂 *Apis mellifera*			调查
231. 中华蜜蜂 *Apis cerana*	三有		调查
(十)土蜂科 Scoliidae			
232. 金毛长腹土蜂 *Campsomeris prismatica*			调查
(十一)隧蜂科 Halictidae			
233. 铜色隧蜂 *Halictus aerarius*			调查

注:保护级别中,"三有"表示该物种被列入《国家保护的有重要生态、科学、社会价值的陆生野生动物名录》;外来入侵中"省入侵"表示该物种被列入《江苏省森林湿地生态系统重点外来入侵物种参考图册》。

附表8:大丰麋鹿保护区大型底栖动物名录

序号	门	科	种	拉丁名
1	环节动物门 ANNELIDA	小头虫科 Capitellidae	小头虫科一种	*Capitellidae* sp.
2		颤蚓科 Tubificidae	克拉泊水丝蚓	*Limnodrilus claparedeianus*
3		沙蚕科 Nereididae	沙蚕科一种	*Nereididae* sp.
4	节肢动物门 ARTHROPODA	蜾蠃蜚科 Corophiidae	蜾蠃蜚属一种	*Corophium* sp.
5		划蝽科 Corixidae	划蝽科一种	*Corixidae* sp.
6		虻科 Tabanidae	虻科一种	Tabanidae sp.
7		摇蚊科 Chironomidae	弯铗摇蚊属一种	*Crytotendipes* sp.
8			雕翅摇蚊属一种	*Glyptotendipes* sp.
9			多足摇蚊属一种	*Polypedilum* sp.
10			摇蚊科一种	*Chironomidae* sp.
11			弯铗摇蚊属一种	*Crytotendipes* sp.
12			流长跗摇蚊属一种	*Rheotanytarsus* sp.
13		美螯虾科 Cambaridae	克氏原螯虾	*Procambarus clarkii*
14		弓蟹科 Varunidae	中华绒螯蟹	*Eriochier sinensis*
15		长臂虾科 Palaemonidae	日本沼虾	*Macrobrachium nipponense*

附表9:大丰麋鹿保护区浮游动物名录

序号	类别	科	种类	拉丁名
1	原生动物门 PROTOZOA	筒壳科 Tintinnidiidae	淡水薄铃虫	*Leprotintinnus fluviatile*
2		铃壳科 Codonellidae	恩茨拟铃虫	*Tintinnopsis entzii*
3			江苏拟铃虫	*Tintinnopsis kiangsuensis*
4		钟虫科 Vorticellidae	钟虫属一种	*Vorticella* sp.
5	轮虫类 ROTIFERA	臂尾轮科 Brachionidae	萼花臂尾轮虫	*Brachionus calyciflorus*
6			壶状臂尾轮虫	*Brachionus urceus*
7			剪形臂尾轮虫	*Brachionus forficula*
8			角突臂尾轮虫	*Brachionus angularis*
9			裂痕龟纹轮虫	*Anuraeopsis fissa*
10			裂足臂尾轮虫	*Brachionus diversicornis*
11			蒲达臂尾轮虫	*Brachionus buda pestiensis*
12			曲腿龟甲轮虫	*Keratella valga*
13			尾突臂尾轮虫	*Brachionus caudatus*
14		晶囊轮科 Asplanchnidae	多突囊足轮虫	*Asplachnopus multiceps*
15			晶囊轮虫属一种	*Asplachna* sp.
16		六腕轮科 Hexarthridae	奇异六腕轮虫	*Hexarthra mira*
17		三肢轮科 Filiniidae	迈氏三肢轮虫	*Filinia maior*
18			长三肢轮虫	*Filinia longiseta*
19		鼠轮科 Trichocercidae	纤巧异尾轮虫	*Trichocerca tenuior*
20		疣毛轮科 Synchaetidae	针簇多肢轮虫	*Polyarthra trigla*
21	枝角类 CLADOCERA	裸腹溞科 Moinidae	多刺裸腹溞	*Moina macrocopa*
22			微型裸腹溞	*Moina micrura*
23		仙达溞科 Sididae	短尾秀体溞	*Diaphanosoma brachyurum*
24			长肢秀体溞	*Diaphanosoma leuchtenbergianum*
25	桡足类 COPEPODA	—	无节幼体	*Copepod nauplii*
26		剑水蚤科 Cyclopidae	广布中剑水蚤	*Mesocyclops leuckarti*
27			温剑水蚤属一种	*Thermocyclops* sp.
28			温剑水蚤属一种	*Thermocyclops* sp.
29		猛水蚤科 Harpacticidae	小毛猛水蚤属一种	*Microsetella* sp.
30		伪镖水蚤科 Pseudodiaptomidae	火腿许水蚤	*Schmackeria poplesia*
31			球状许水蚤	*Schmackeria forbesi*
32		胸刺水蚤科 Centropagidae	汤匙华哲水蚤	*Sinocalanus dorrii*

附表 10 :大丰麋鹿保护区浮游植物名录

序号	门	科	属	物种	拉丁名
1	蓝藻门 CYANOPHYTA	色球藻科 Chroococcaceae	立方藻属 *Eucapsis*	立方藻属一种	*Eucapsis* sp.
2			色球藻属 *Chroococcus*	膨胀色球藻	*Chroococcus turgidus*
3				微小色球藻	*Chroococcus minutus*
4		颤藻科 Oscillatoriaceae	颤藻属 *Oscillatoria*	泥泞颤藻	*Oscillatoria limosa*
5				巨颤藻	*Oscillatoria princeps*
6				阿氏颤藻	*Oscillatoria agardhii*
7				小颤藻	*Oscillatoria tenuis*
8			节旋藻属 *Arthrospira*	钝顶节旋藻	*Arthrospira platensis*
9			螺旋藻属 *Spirulina*	大螺旋藻	*Spirulina major*
10				为首螺旋藻	*Spirulina princeps*
11				螺旋藻属一种	*Spirulina* sp.
12		念珠藻科 Nostocaceae	束丝藻属 *Aphanizomenon*	依莎束丝藻	*Aphanizomenon issatschenkoi*
13			项圈藻属 *Anabaenopsis*	阿氏项圈藻	*Anabaenopsis arnoldii*
14			小尖头藻属 *Raphidiopsis*	弯形小尖头藻	*Raphidiopsis curvata*
15			鱼腥藻属 *Anabaena*	卷曲鱼腥藻	*Anabaena circinalis*
16				类颤藻鱼腥藻小型变种	*Anabaena osicellariordes* var. *minor*
17				史密斯鱼腥藻	*Anabaena smithii*
18		聚球藻科 Synechococcaceae	棒胶藻属 *Rhabdogloea*	史氏棒胶藻	*Rhabdogloea smithii*
19		假鱼腥藻科 Pseudanabaenaceae	泽丝藻属 *Limnothrix*	泽丝藻属一种	*Limnothrix* sp.
20			念珠藻科 *Nostocaceae*	筒孢藻	*Cylindrospermum* sp.

续表

序号	门	科	属	物种	拉丁名
21	蓝藻门 CYANOPHYTA	平裂藻科 Merismopediaceae	隐球藻属 *Aphanocapsa*	微小隐球藻	*Aphanocapsa delicatissima*
22				细小隐球藻	*Aphanocapsa elachista*
23			平裂藻属 *Merismopedia*	点状平裂藻	*Merismopedia punctata*
24				微小平裂藻	*Merismopedia tenuissima*
25				细小平裂藻	*Merismopedia minima*
26		假鱼腥藻科 Pseudanabaenaceae	假鱼腥藻属 *Pseudanabaena*	湖泊假鱼腥藻	*Pseudanabaena limnetica*
27				假鱼腥藻属一种	*Pseudanabaena* sp.
28		微囊藻科 Microcystaceae	微囊藻属 *Microcystis*	史密斯微囊藻	*Microcystis smithii*
29				惠氏微囊藻	*Microcystis wesenbergii*
30				挪氏微囊藻	*Microcystis novacekii*
31				绿色微囊藻	*Microcystis viridis*
32		席藻科 Phormidiaceae	浮丝藻属 *Planktothrix*	浮丝藻属一种	*Planktothrix* sp.
33			拟浮丝藻属 *Planktothricoides*	拟浮丝藻属一种	*Planktothricoides* sp.
34	隐藻门 CRYPTOPHYTA	隐鞭藻科 Cryptomonadaceae	蓝隐藻属 *Chroomonas*	尖尾蓝隐藻	*Chroomonas acuta*
35			隐藻属 *Cryptomonas*	卵形隐藻	*Cryptomonas ovata*
36				啮蚀隐藻	*Cryptomonas erosa*
37				回转隐藻	*Cryptomonas reflexa*
38				隐藻属一种	*Cryptomonas* sp.
39				吻状隐藻	*Cryptomonas rostrata*
40	黄藻门 XANTHOPHYTA	黄丝藻科 Tribonemataceae	黄丝藻属 *Tribonema*	黄丝藻属一种	*Tribonema* sp.

续表

序号	门	科	属	物种	拉丁名
41	硅藻门 BACILLARIOPHYTA	脆杆藻科 Fragillariaceae	脆杆藻属 *Fragilaria*	中型脆杆藻	*Fragilaria intermedia*
42				脆杆藻属一种	*Fragilaria* sp.
43			等片藻属 *Diatoma*	普通等片藻	*Diatoma vulgare*
44			针杆藻属 *Synedra*	尖针杆藻	*Synedra acus*
45				肘状针杆藻	*Synedra ulna*
46				放射针杆藻	*Synedra actinastroides*
47				肘状针杆藻丹麦变种	*Synedra ulna* var. *danica*
48		短缝藻科 Eunotiaceae	短缝藻属 *Eunotia*	短缝藻属一种	*Eunotia* sp.
49		菱形藻科 Nitzschiaceae	菱形藻属 *Nitzschia*	谷皮菱形藻	*Nitzschia palea*
50				长菱形藻	*Nitzschia longissima*
51				针形菱形藻	*Nitzschia acicularis*
52				奇异菱形藻	*Nitzschia paradoxa*
53				新月菱形藻	*Nitzschia closterium*
54		桥弯藻科 Cymbellaceae	桥弯藻属 *Cymbella*	桥弯藻属一种	*Cymbella* sp.
55				纤细桥弯藻	*Cymbella gracilis*
56			双眉藻属 *Amphora*	卵圆双眉藻	*Amphora ovalis*
57		曲壳藻科 Achnanthaceae	卵形藻属 *Cocconeis*	扁圆卵形藻	*Cocconeis placentula*
58				扁圆卵形藻线形变种	*Cocconeis placentula* var. *lineate*
59		圆筛藻科 Coscinodiscaeae	小环藻属 *Cyclotella*	梅尼小环藻	*Cyclotella meneghiniana*
60				链形小环藻	*Cyclotella catenata*
61				星肋小环藻	*Cyclotella aslerocastata*
62				小环藻属一种	*Cyclotella* sp.

续表

序号	门	科	属	物种	拉丁名
62	硅藻门 BACILLARIOPHYTA	舟形藻科 Naviculaceae	布纹藻属 *Gyrosigma*	布纹藻属一种	*Gyrosigma* sp.
63				锉刀状布纹藻	*Gyrosigma scalproides*
64				斯潘泽尔布纹藻	*Gyrosigma spenceri*
65				尖布纹藻	*Gyrosigma acuminatum*
66			舟形藻属 *Navicula*	舟形藻属一种	*Navicula* sp.
67				系带舟形藻	*Navicula cincta*
68				放射舟形藻	*Navicula radiosa*
69				淡绿舟形藻	*Navicula viridula*
70				短小舟形藻	*Navicula exigua*
71				简单舟形藻	*Navicula simples*
73	裸藻门 EUGLENOPHYTA	裸藻科 Euglenaceae	裸藻属 *Euglena*	静裸藻	*Euglena deses*
74				绿裸藻	*Euglena viridis*
75				带形裸藻	*Euglena ehrenbergii*
76				棒形裸藻	*Euglena clavata*
77				喜滨裸藻	*Euglena thinophila*
78			囊裸藻属 *Trachelomonas*	浮游囊裸藻	*Trachelomonas planctonica*
79	绿藻门 CHLOROPHYTA	鼓藻科 Desmidiacea	鼓藻属 *Cosmarium*	光滑鼓藻	*Cosmarium laeve*
80				项圈鼓藻	*Cosmarium moniliforme*
81			新月藻属 *Closterium*	尖新月藻变异变种	*Closterium acutum* var. *variabile*
82				瘦新月藻	*Closterium macilentum*
83		卵囊藻科 Oocystaceae	卵囊藻属 *Oocystis*	卵囊藻属一种	*Oocystis* sp.
84				单生卵囊藻	*Oocystis solitaria*
85			肾形藻属 *Nephrocytium*	肾形藻属一种	*Nephrocytium* sp.

续表

序号	门	科	属	物种	拉丁名
86	绿藻门 CHLOROPHYTA	卵囊藻科 Oocystaceae	单针藻属 *Monoraphidium*	单针藻属一种	*Monoraphidium* sp.
87		盘星藻科 Pediastraceae	盘星藻属 *Pediastrum*	短棘盘星藻	*Pediastrum boryanum*
88				二角盘星藻	*Pediastrum duplex*
89				二角盘星藻纤细变种	*Pediastrum duplex* var. *gracillimum*
90				四角盘星藻	*Pediastrum tetras*
91		网球藻科 Dictyosphaeriaceae	网球藻属 *Dictyosphaerium*	美丽网球藻	*Dictyosphaerium pulchellum*
92		小球藻科 Chlorellaceae	四角藻属 *Tetraedron*	戟形四角藻	*Tetraedron hastatum*
93				具尾四角藻	*Tetraedron caudatum*
94				三角四角藻	*Tetraedron trigonum*
95				微小四角藻	*Tetraedron minimum*
96			蹄形藻属 *Kirchneriella*	肥壮蹄形藻	*Kirchneriella obesa*
97				扭曲蹄形藻	*Kirchneriella contorta*
98			纤维藻属 *Ankistrodesmus*	针状纤维藻	*Ankistrodesmus acicuaris*
99			小球藻属 *Chlorella*	小球藻	*Chlorella vulgaris*
100			月牙藻属 *Selenastrum*	纤细月牙藻	*Selenastrum gracile*
101				小形月牙藻	*Selenastrum minutum*
102			弓形藻属 *Schroederia*	弓形藻	*Schroederia setigera*
103				螺旋弓形藻	*Schroederia spiralis*
104		栅藻科 Scenedesmaceae	集星藻属 *Actinastrum*	河生集星藻	*Actinastrum fluviatile*
105			空星藻属 *Coelastrum*	小空星藻	*Coelastrum microporum*
106				空星藻	*Coelastrum sphaericum*
107				网状空星藻	*Coelastrum reticulatum*
108				空星藻属一种	*Coelastrum* sp.

续表

序号	门	科	属	物种	拉丁名
109	绿藻门 CHLOROPHYTA	栅藻科 Scenedesmaceae	拟韦斯藻属 *westellopsis*	线形拟韦斯藻	*Westellopsis linearis*
110			十字藻属 *Crucigenia*	顶锥十字藻	*Crucigenia apiculata*
111				四角十字藻	*Crucigenia quadrata*
112				四足十字藻	*Crucigenia tetrapedia*
113			四星藻属 *Tetrastrum*	短刺四星藻	*Tetrastrum staurogeniaeforme*
114				平滑四星藻	*Tetrastrum glabrum*
115				异刺四星藻	*Tetrastrum heterocanthum*
116			韦斯藻属 *Westella*	韦斯藻属一种	*Westella* sp.
117			栅藻属 *Scenedesmus*	二形栅藻	*Scenedesmus dimorphus*
118				双对栅藻	*Scenedesmus bijuga*
119				双尾栅藻	*Scenedesmus bicaudatus*
120				四尾栅藻	*Scenedesmus quadricauda*
121				爪哇栅藻	*Scenedesmus javaensis*
122				被甲栅藻	*Scenedesmus armatus*

附表 11:潮间带生物名录

序号	门	科	种	拉丁名
1	节肢动物门 ARTHROPODA	相手蟹科 Sesarmidae	斑点拟相手蟹	*Paraseasrma pictum*
2			红螯螳臂相手蟹	*Chiromantes haematocheir*
3			无齿螳臂相手蟹	*Chiromantes dehaani*
4		弓蟹科 Varunidae	天津厚蟹	*Helice tientsinensis*
5			伍氏拟厚蟹	*Helicana wuana*
6			长足长方蟹	*Metaplax longipes*
7		蜾蠃蜚科 Corophiidae	东滩华蜾蠃蜚	*Sinocorophium dongtanense*
8			中华蜾蠃蜚	*Corophium sinensis*
9		猴面蟹科 Camptandriidae	隆线背脊蟹	*Deiratonotus cristatum*
10		毛带蟹科 Dotillidae	谭氏泥蟹	*Illyoplax deschampsi*
11		沙蟹科 Ocypodidae	弧边招潮蟹	*Uca arcuata*
12		摇蚊科 Chironomidae	摇蚊属一种	*Chironomus* sp.
13		樱虾科 Sergestidae	中国毛虾	*Acetes chinensis*
14		长臂虾科 Palaemonidae	脊尾白虾	*Exopalaemon carinicauda*
15			葛氏长臂虾	*Palaemon gravieri*
16	软体动物门 MOLLUSCA	阿地螺科 Atyidae	泥螺	*Bullacta ecarata*
17		耳螺科 Ellobiidae	中国耳螺	*Ellobium chinense*
18		汇螺科 Potamididae	尖锥拟蟹守螺	*Cerithidea largillierti*
19			中华拟蟹守螺	*Cerithidea sinensis*
20		蓝蛤科 Corbulidae	光滑河蓝蛤	*Potamocorbula laevis*
21		绿螂科 Glaucomyidae	中国绿螂	*Glaucomya chinensis*
22		拟沼螺科 Assimineidae	绯拟沼螺	*Assiminea latericea*
23		截蛏科 Solecurtidae	缢蛏	*Sinonovacula constricta*
24	环节动物门 ANNELIDA	齿吻沙蚕科 Nephtyidae	加州齿吻沙蚕	*Nephtys californiensis*
25		角吻沙蚕科 Goniadidae	日本角吻沙蚕	*Goniada japonica*
26		沙蚕科 Nereididae	独齿围沙蚕	*Perinereis cultrifera*
27			拟突齿沙蚕	*Paraleonnates uschakovi*
28			全刺沙蚕	*Nectoneanthes oxypoda*
29			双齿围沙蚕	*Perinereis aibuhitensis*
30		吻沙蚕科 Glyceridae	长吻沙蚕	*Glycera chirori*
31		小头虫科 Capitellidae	背蚓虫	*Notomastus latericeus*
32			小头虫	*Capitella capitata*
33			小头虫属一种	*Capitella* sp.

续表

序号	门	科	种	拉丁名
34	星虫动物门 SIPUNCULA	方格星虫科 Sipunculidae	方格星虫	*Sipunculus nudus*
35	纽形动物门 NEMERTEA	—	纽虫	Nemertinea
36	脊索动物门 CHORDATA	鰕虎科 Gobiidae	阿部氏鲻鰕虎	*Mugilogobius abei*
37			大鳍弹涂鱼	*Periophthalmus magnuspinnatus*
38			普氏细棘鰕虎鱼	*Acentrogobius pflaumii*

附图

附图 1:大丰麋鹿保护区功能区划图

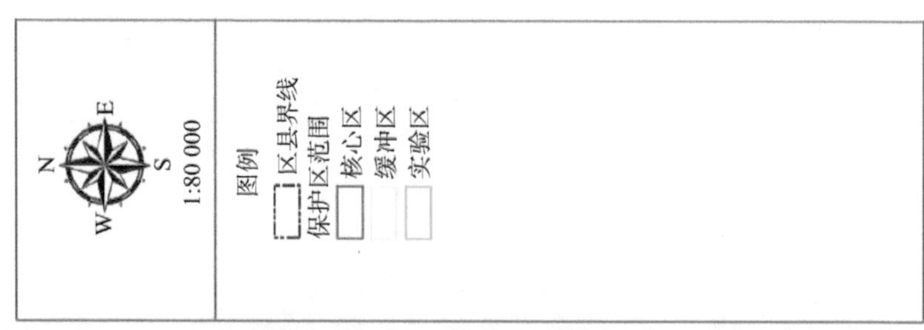

附图 2:大丰麋鹿保护区遥感影像图

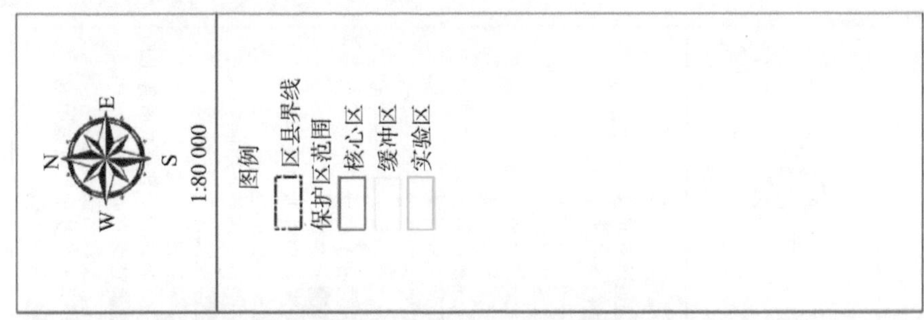

附图 3:大丰麋鹿保护区土地利用现状图

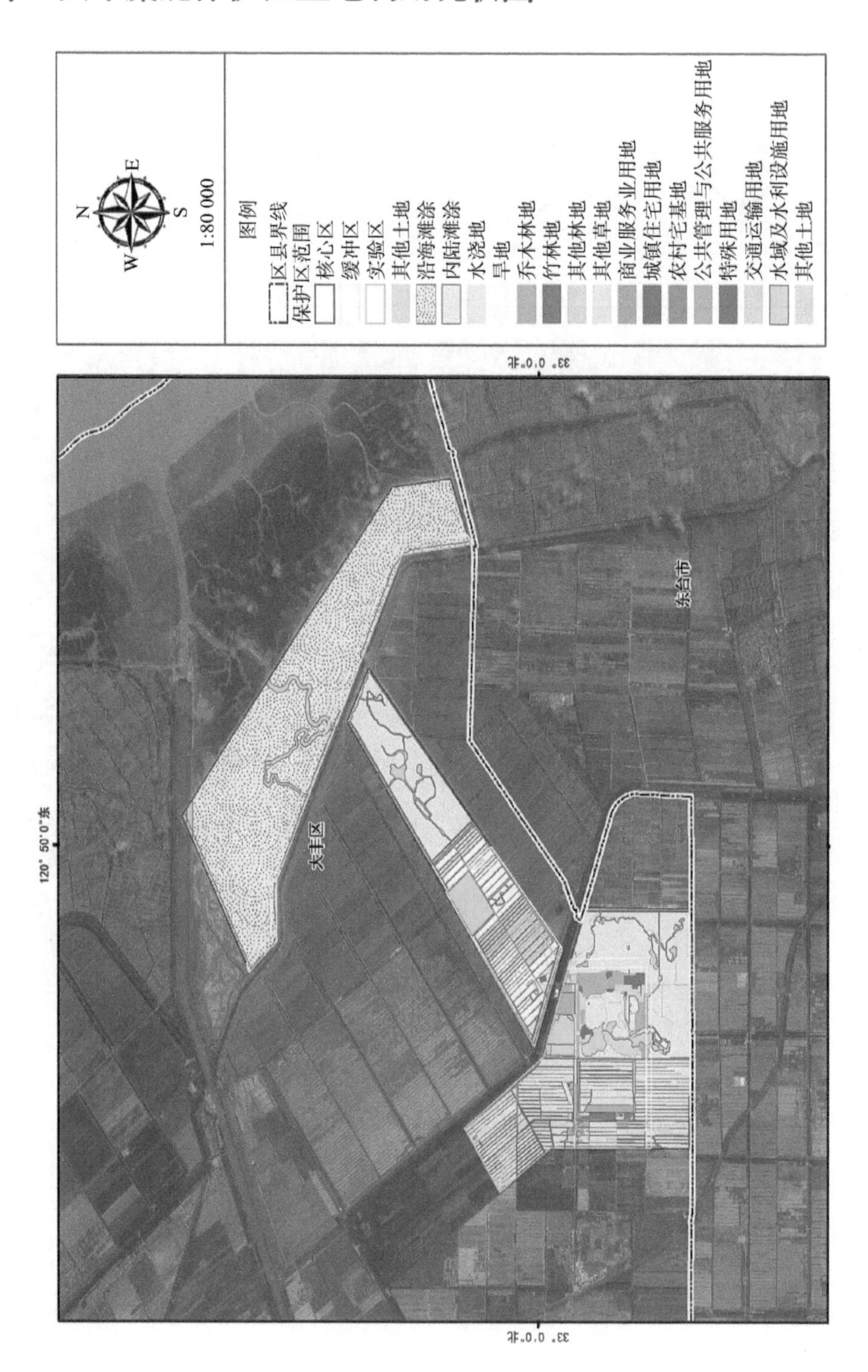

附图 4:大丰麋鹿保护区植被类型图

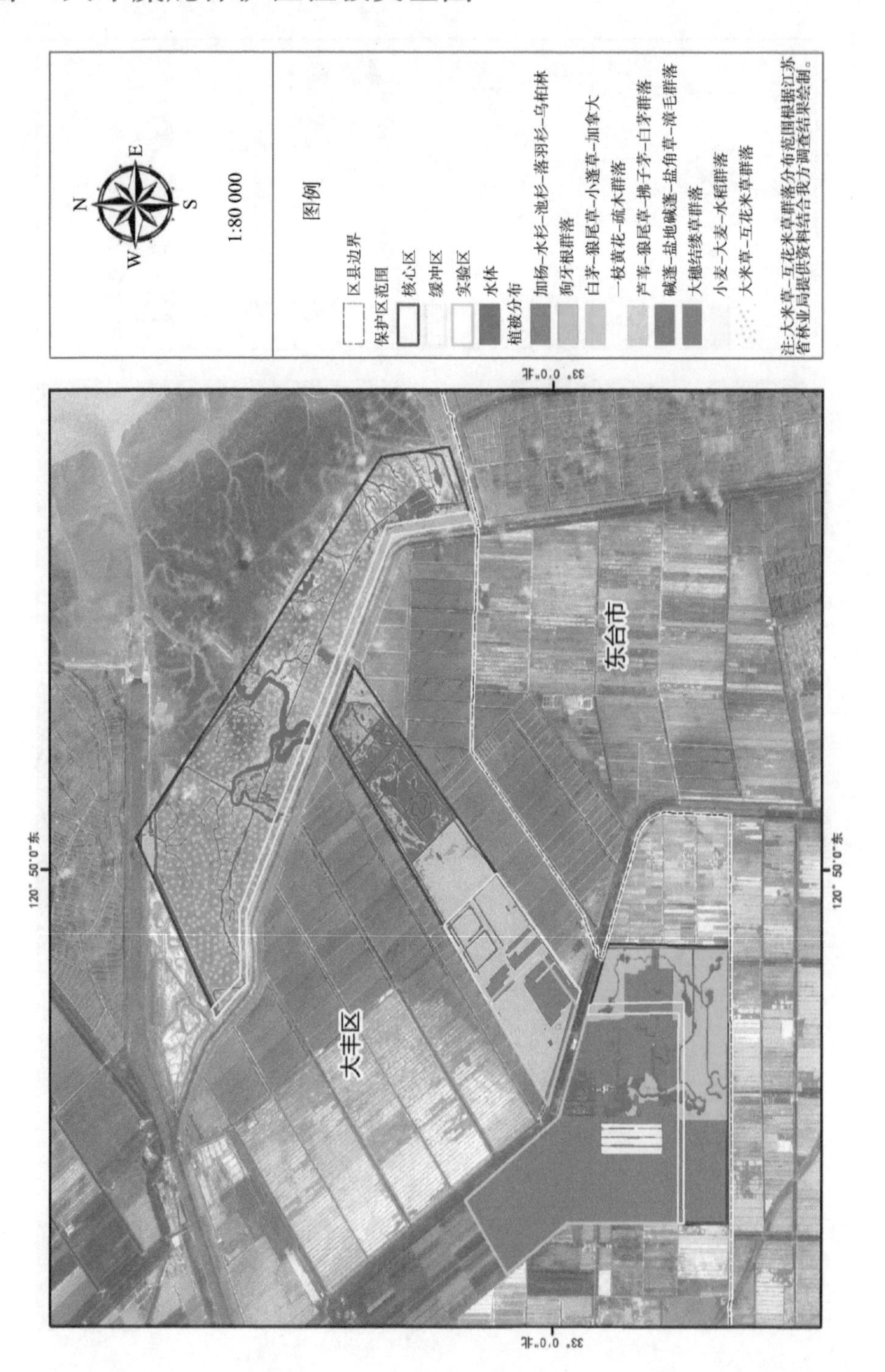

附图 5:大丰麋鹿保护区重点保护野生动植物分布图

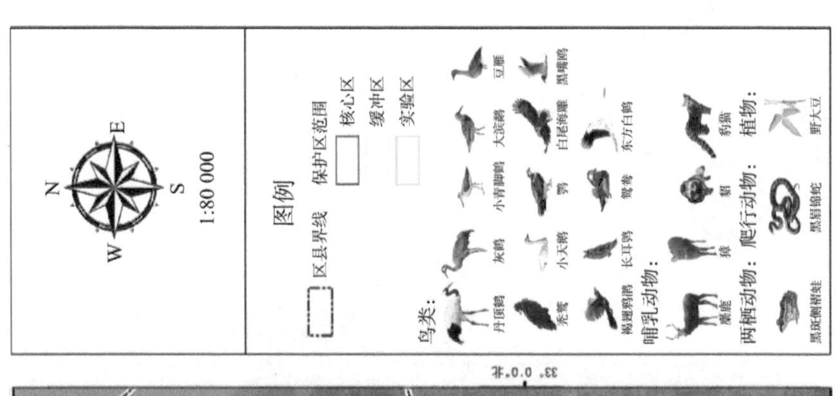

附图 6:大丰麋鹿保护区外来入侵物种分布图

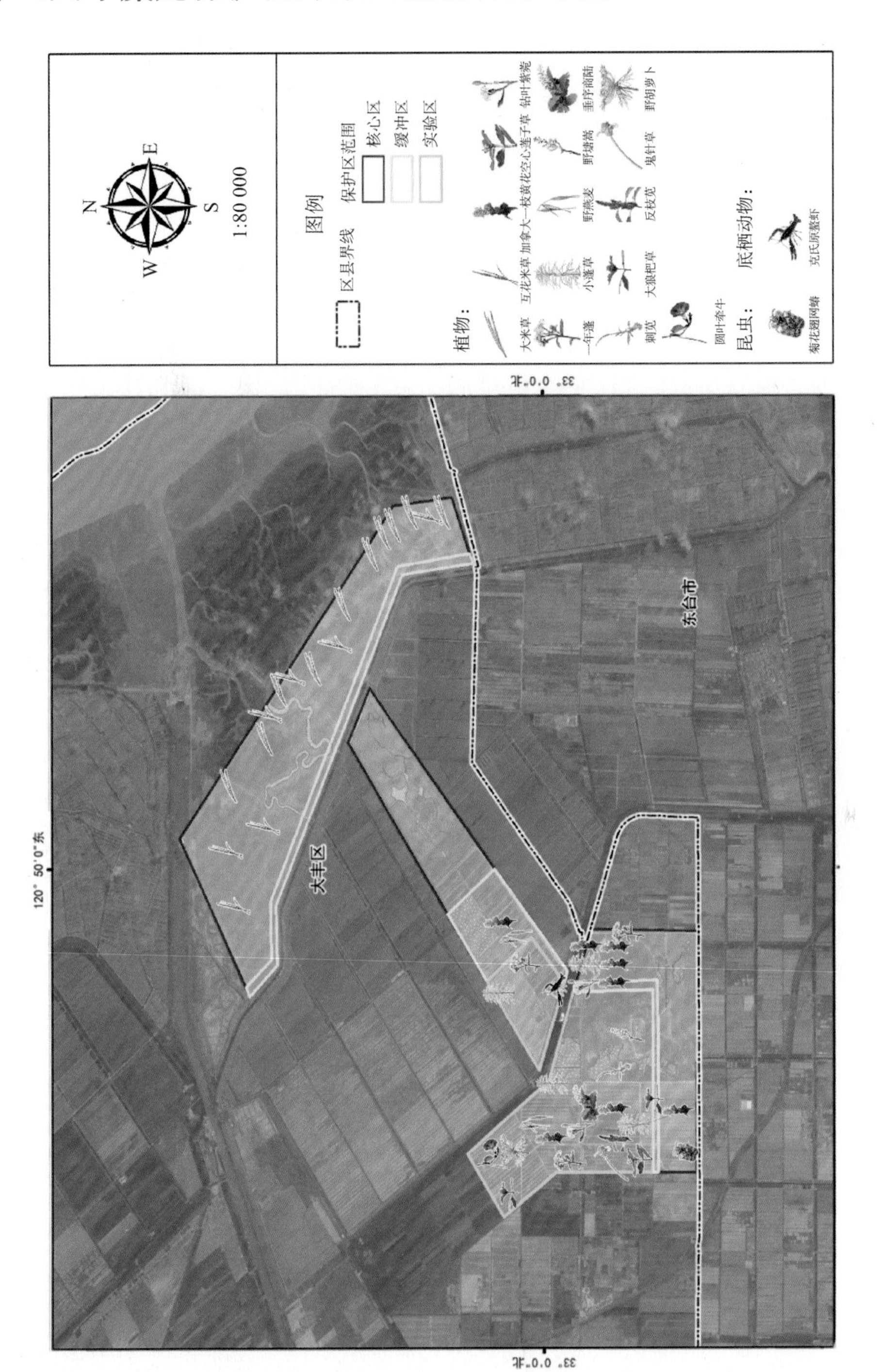

附图7：野外调查实记

生态系统调查

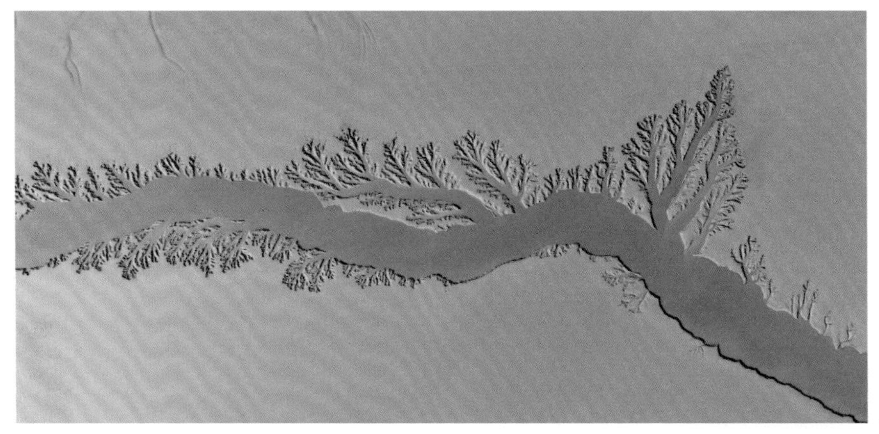

滨海滩涂生态系统

森林生态系统

农田生态系统

草地生态系统

河湖生态系统

建设用地生态系统

裸露盐碱地生态系统（二区）

维管植物

水杉

碱蓬

加拿大杨

野大豆

林泽兰

罗布麻

加拿大一枝黄花

绶草

枸杞

柽柳

多枝扁莎

拟漆姑

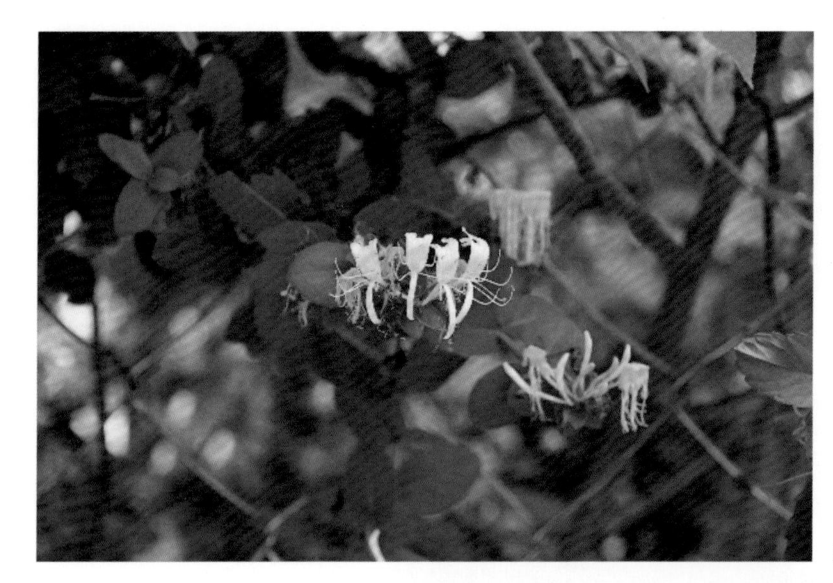

忍冬

蛇床

桑

乌桕

两栖爬行动物

北方狭口蛙

饰纹姬蛙

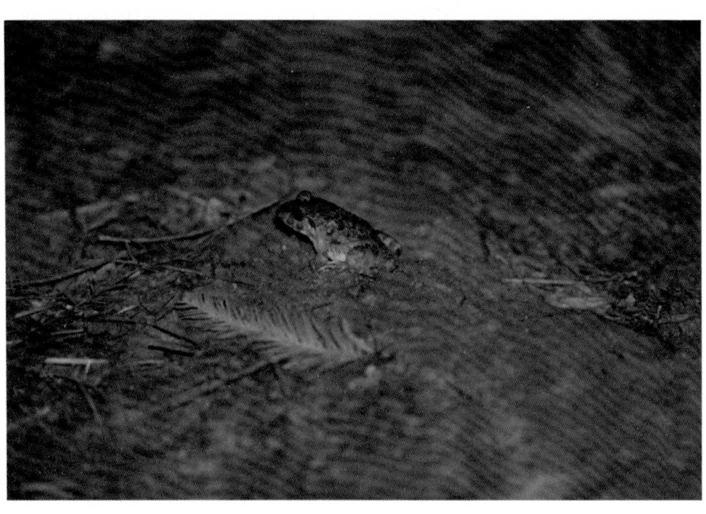

泽陆蛙

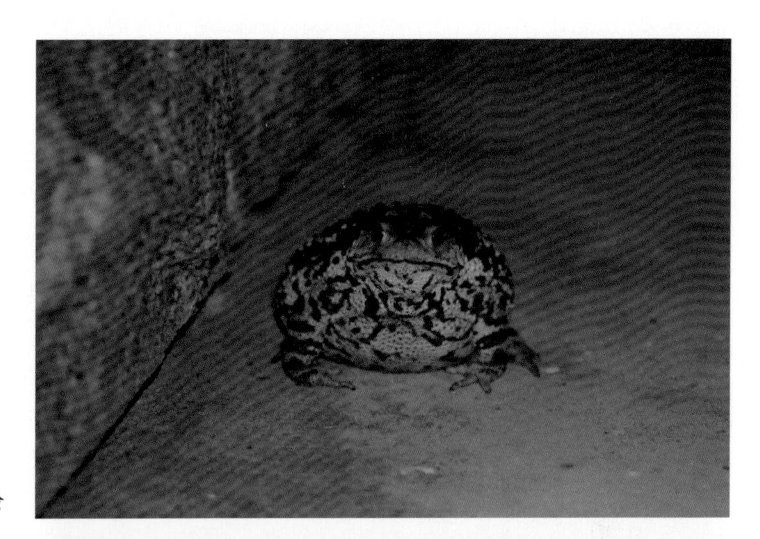
中华蟾蜍

赤峰锦蛇

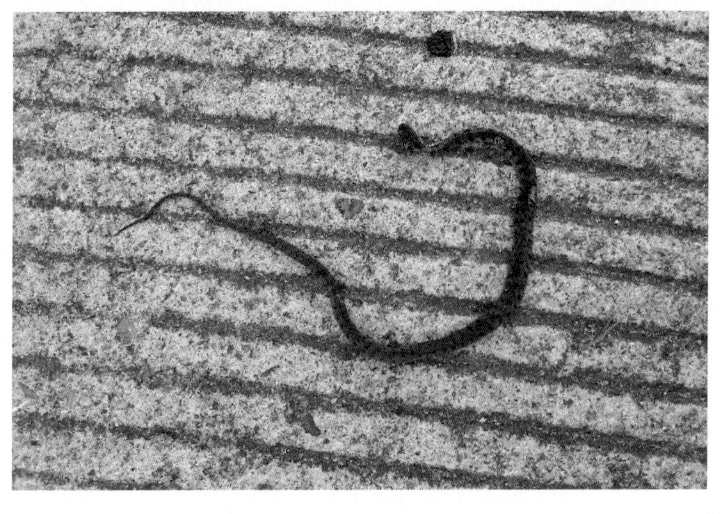
虎斑颈槽蛇

鸟类

丹顶鹤

白琵鹭

东方白鹳

黑嘴鸥

秃鹫

普通鵟

虎斑地鸫

金翅雀

小鸊鷉

黑翅长脚鹬

红喉歌鸲（保护区提供）

戴菊（保护区提供）

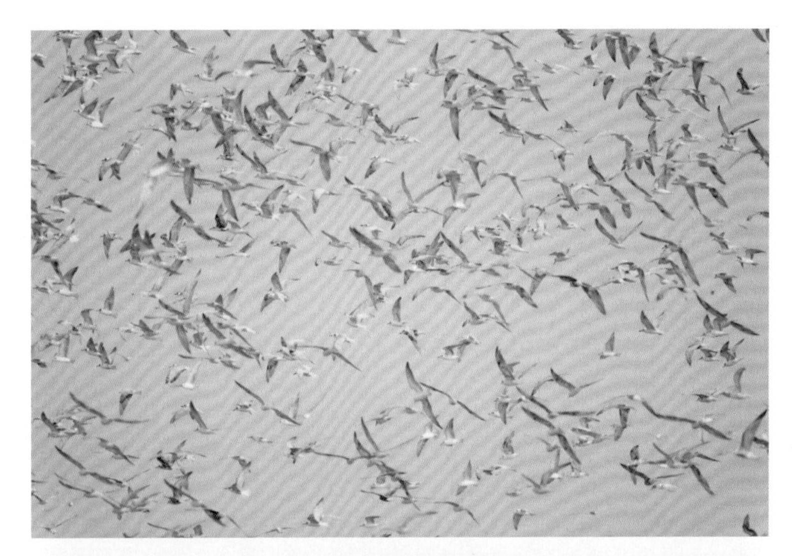
鸥类集群

鸻鹬类集群

雁鸭类集群

哺乳动物

麋鹿

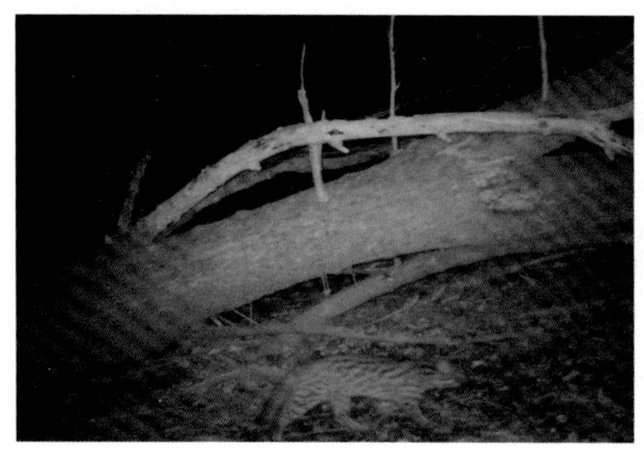

豹猫

獐足迹

貉

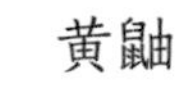

黄鼬

巢鼠

蒙古兔

东北刺猬

黑线姬鼠

亚洲狗獾

昆虫

双叉犀金龟

中华蜜蜂

曲纹稻弄蝶

直纹稻弄蝶

酢浆灰蝶

蓝灰蝶

疣蝗

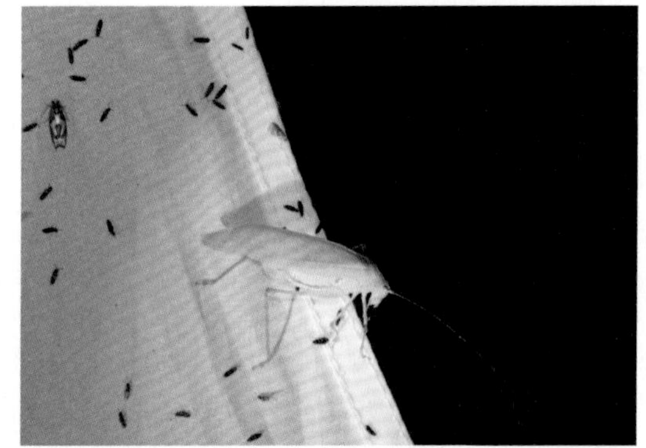

日本绿蠡

中华剑角蝗

花胫绿纹蝗

伯瑞象蜡蝉

黄蜻

透明疏广翅蜡蝉

茄二十八星瓢虫

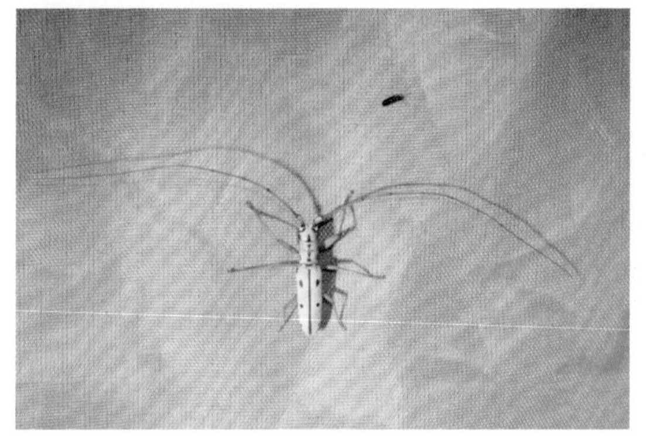

黑点粉天牛

中华大刀螳

鱼类

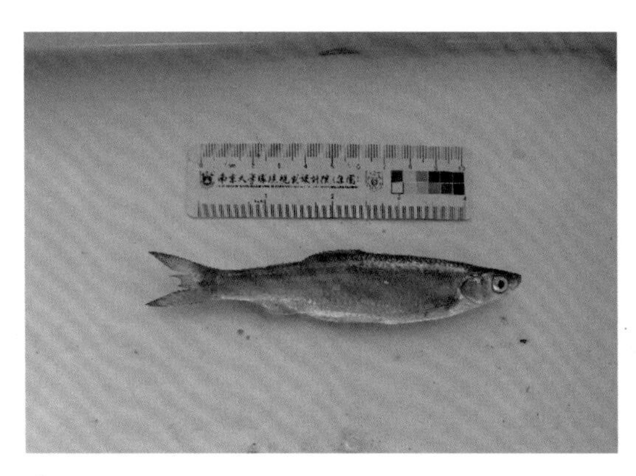

鳘

草鱼

达氏鲌

鲂

鯮

鲫

长须黄颡鱼

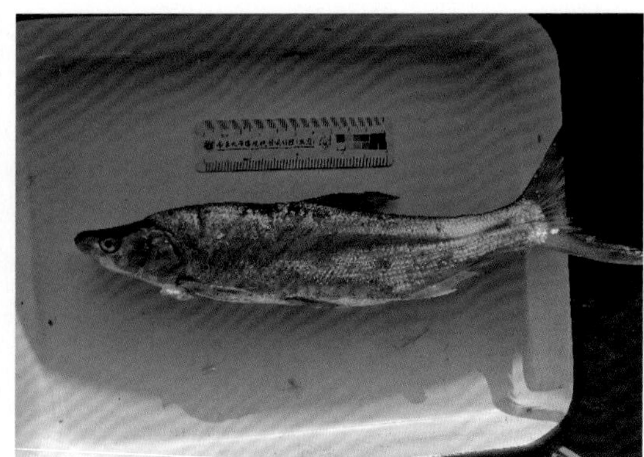

蒙古鲌

大型底栖动物

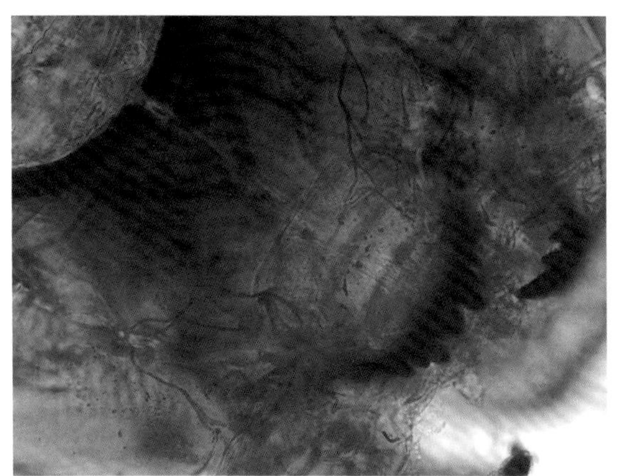

雕翅摇蚊属

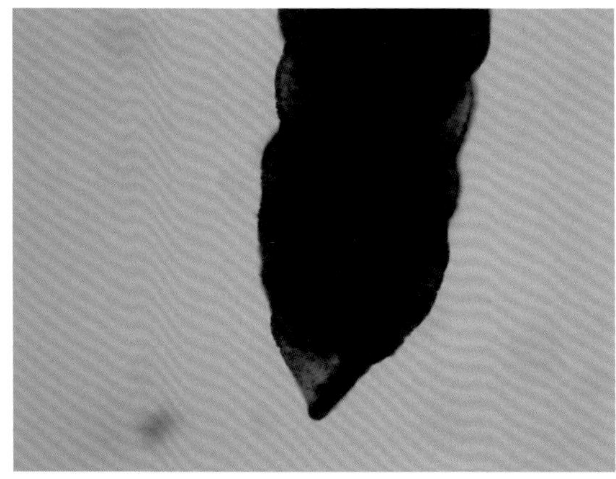

克拉泊水丝蚓

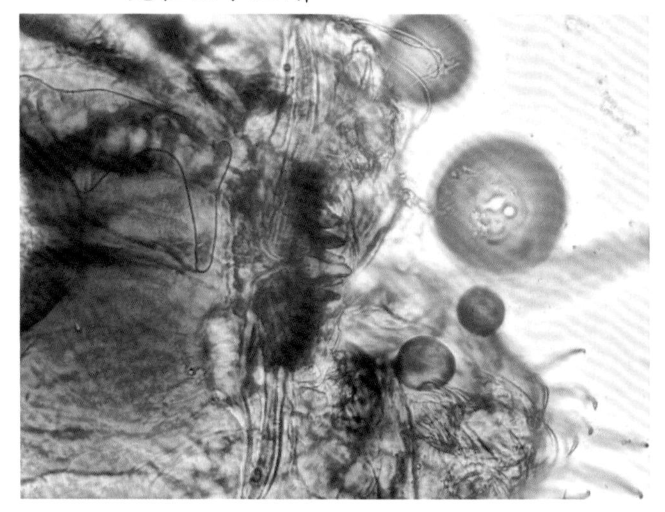

流长跗摇蚊属

蜾蠃蜚

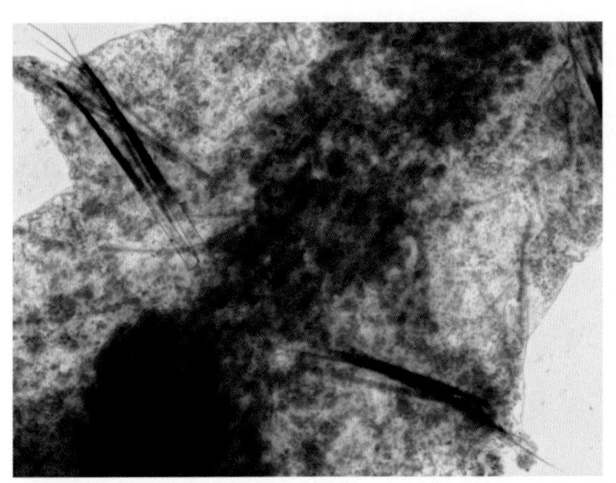
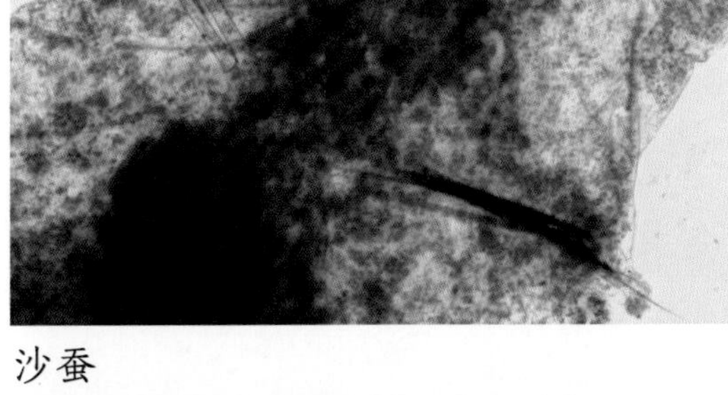

沙蚕

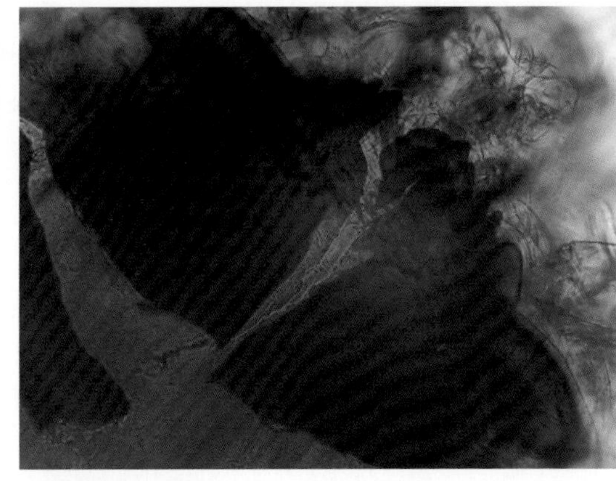

弯铁摇蚊属

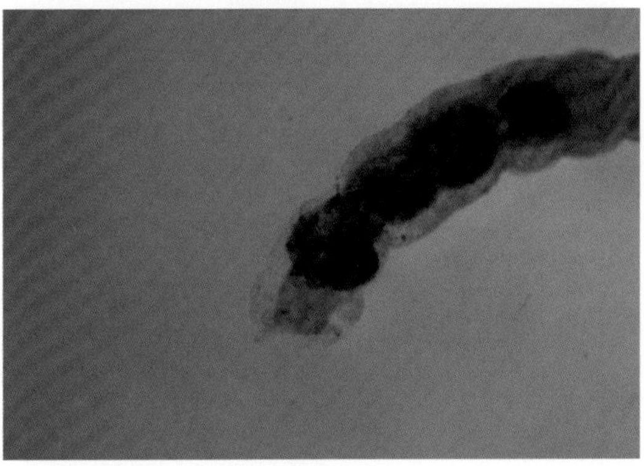
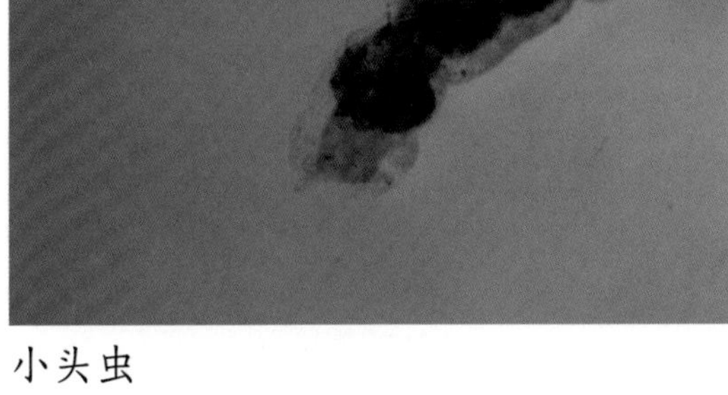

小头虫

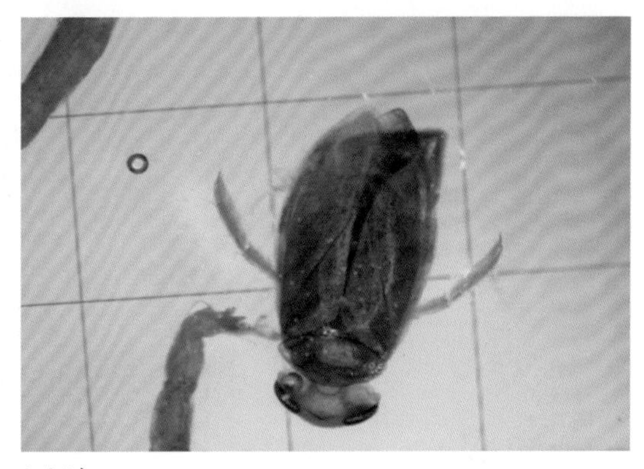

划蝽

浮游动物

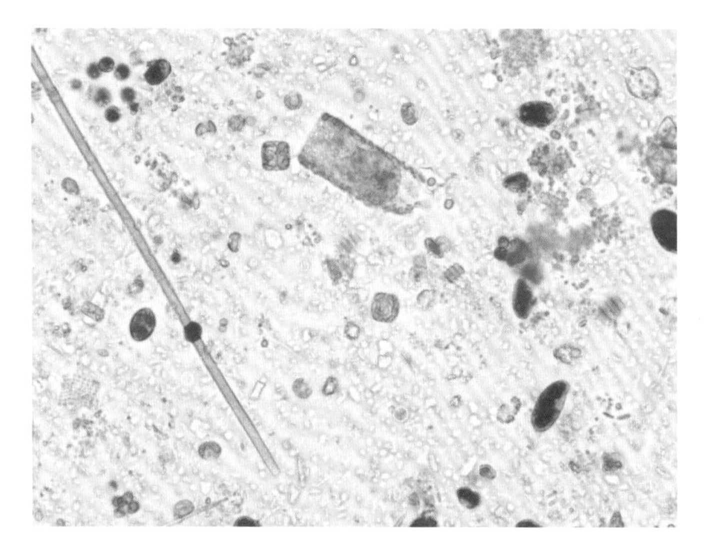

淡水薄铃虫

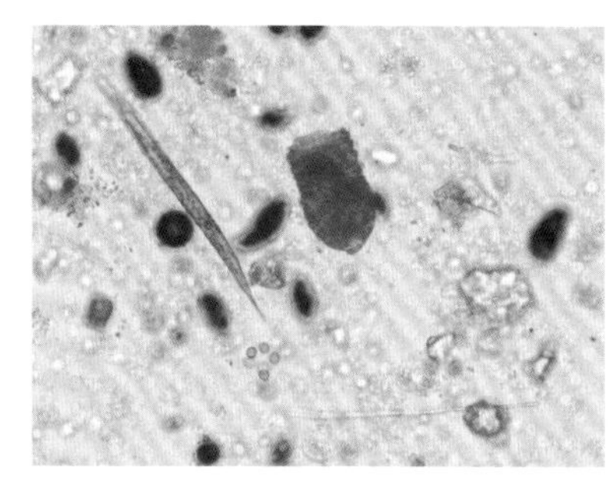

恩茨拟铃虫

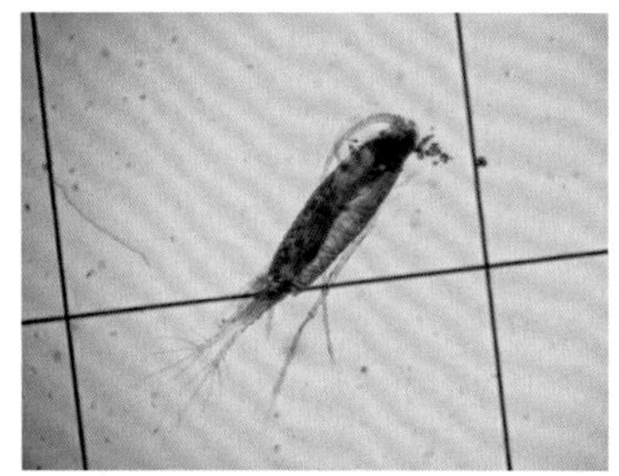

汤匙华哲水蚤

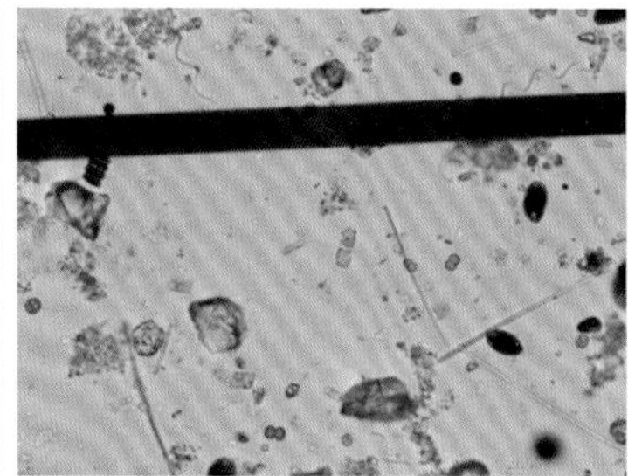

角毛藻属一种

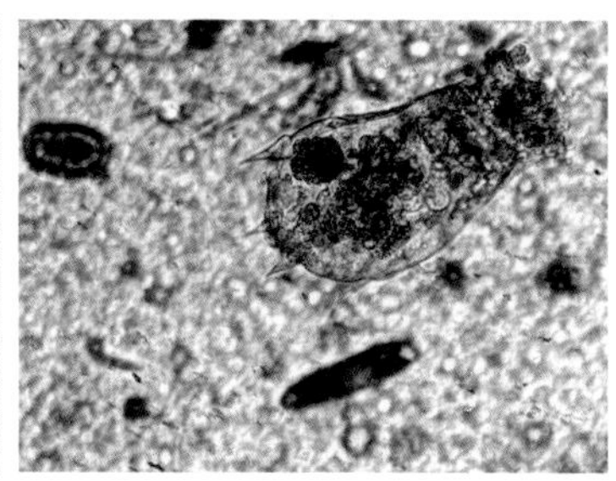

多突囊足轮虫

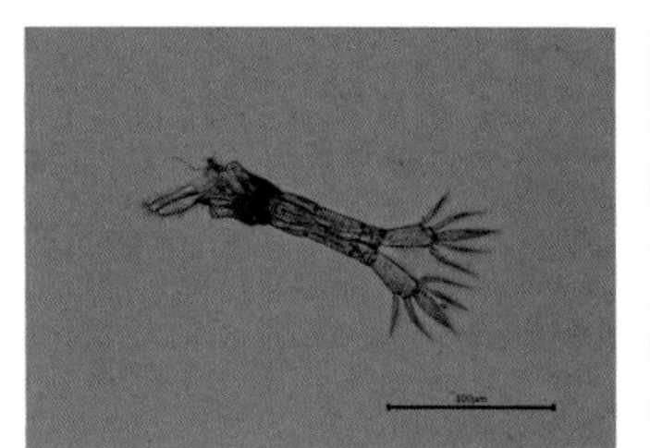

火腿许水蚤

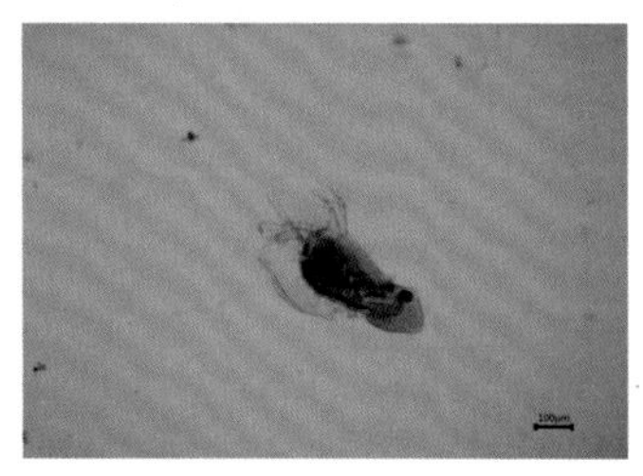

短尾秀体溞

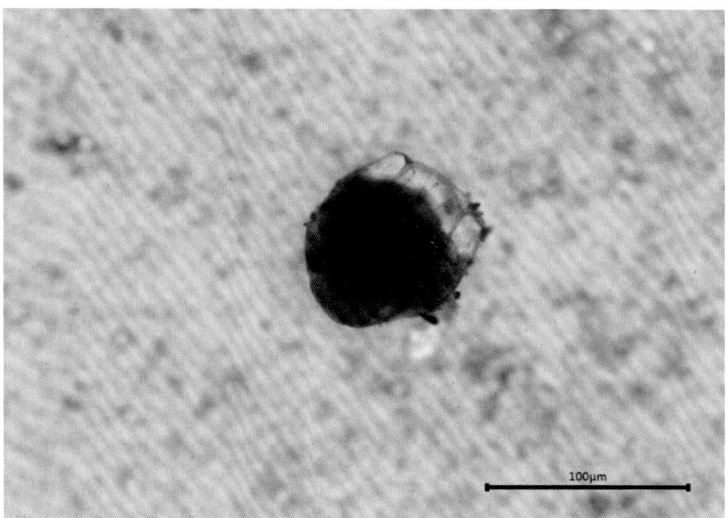

晶囊轮虫

浮游植物

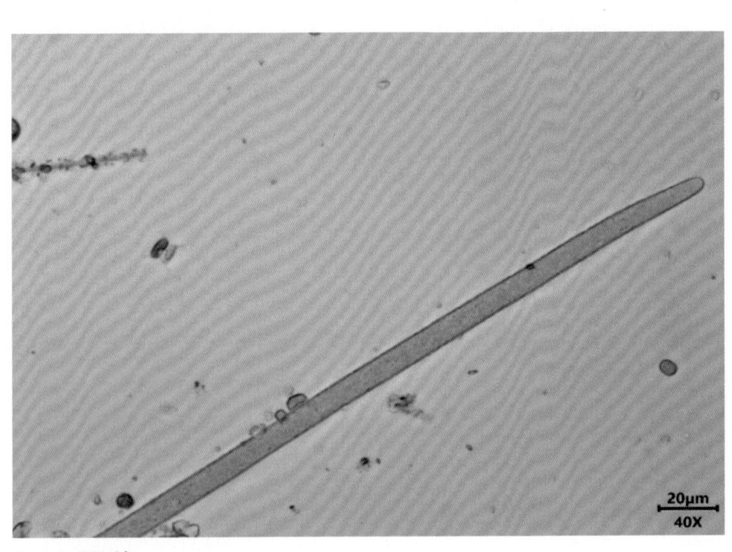

阿氏颤藻

棒形裸藻

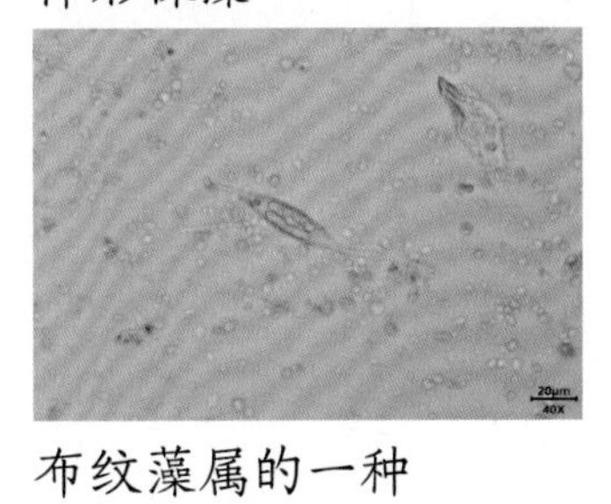

布纹藻属的一种

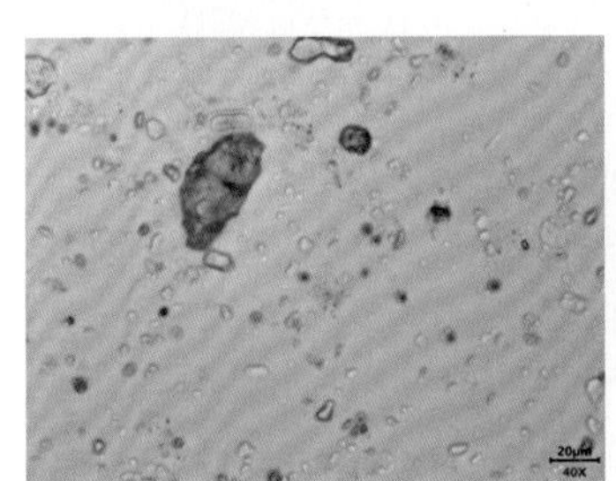

脆杆藻属的一种

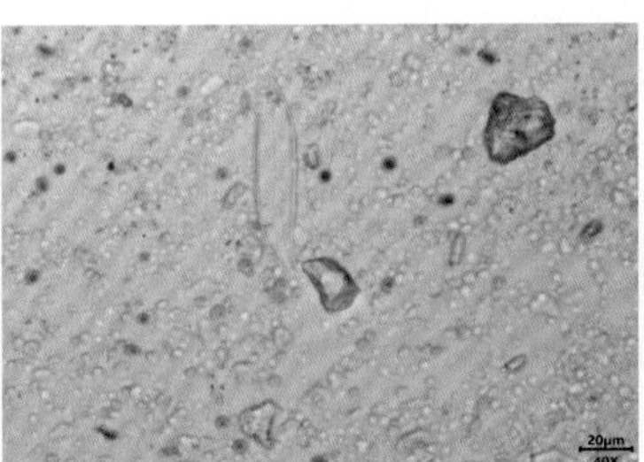

锉刀布纹藻

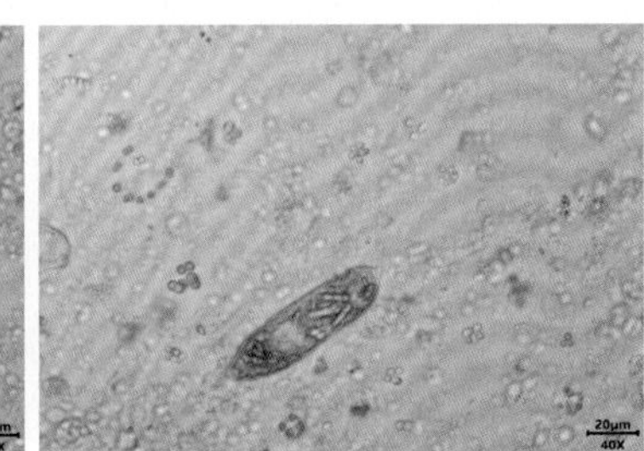

带形裸藻

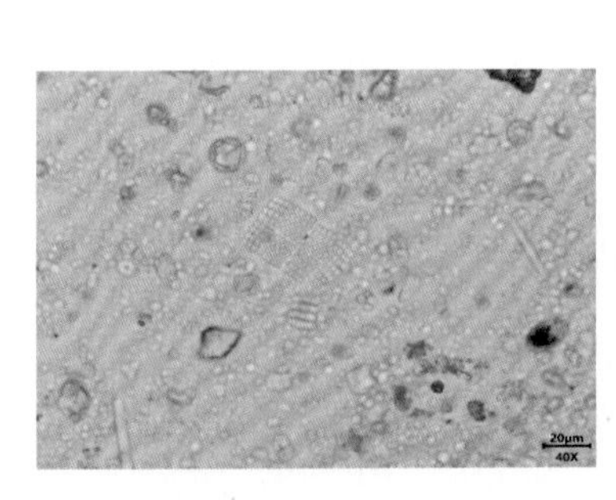

点状平裂藻

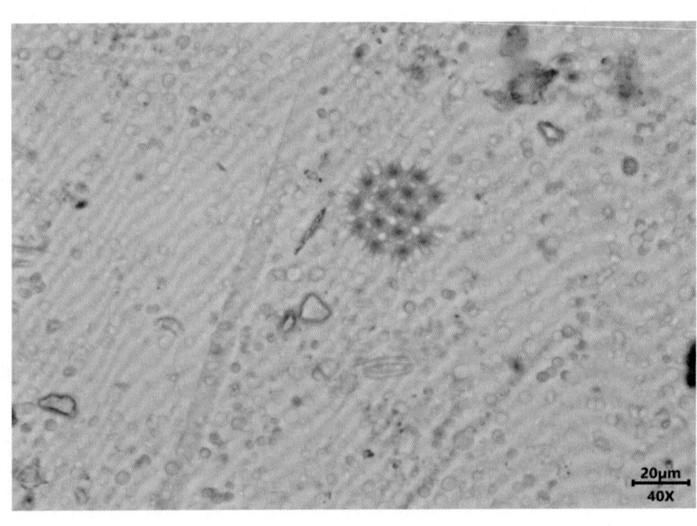

二角盘星藻

潮间带生物

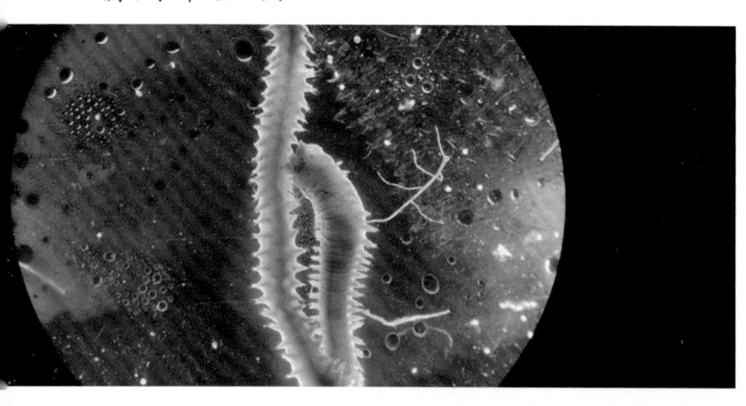

独齿围沙蚕

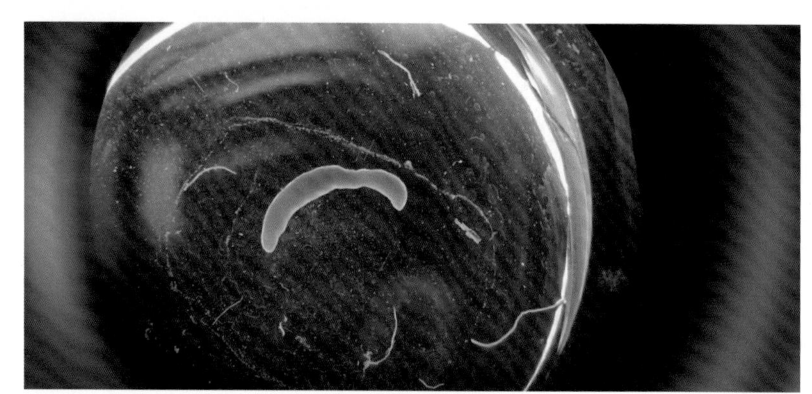

方格星虫

绯拟沼螺

光滑河蓝蛤

弧边招潮蟹

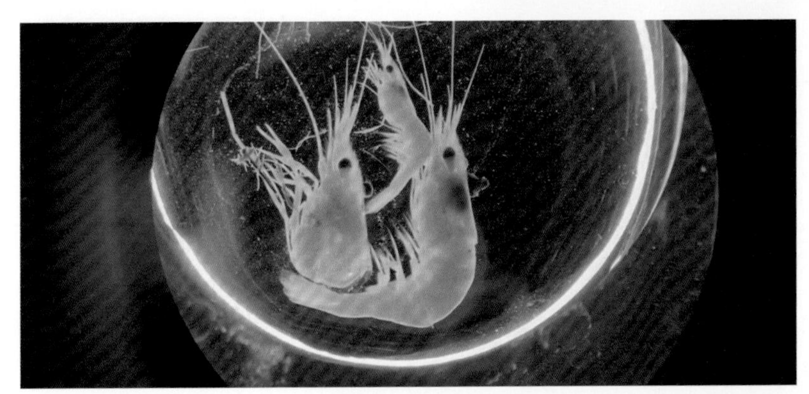

脊尾白虾

隆线脊背蟹

全刺沙蚕

麋鹿风采

日出时草地上站立的麋鹿群

晨雾下河边的麋鹿

潮间带湿地上活动的麋鹿群

湿地中漫步的雄麋鹿群

水中奔跑的麋鹿

黄昏时分自由活动的雄性麋鹿

碱蓬湿地上的麋鹿

湿地鹿群

现场调查

鸟类调查

哺乳动物调查

鸟类调查

底栖动物与浮游动物调查

植物监测

维管植物调查

鱼类调查

生态系统调查

两栖爬行动物调查

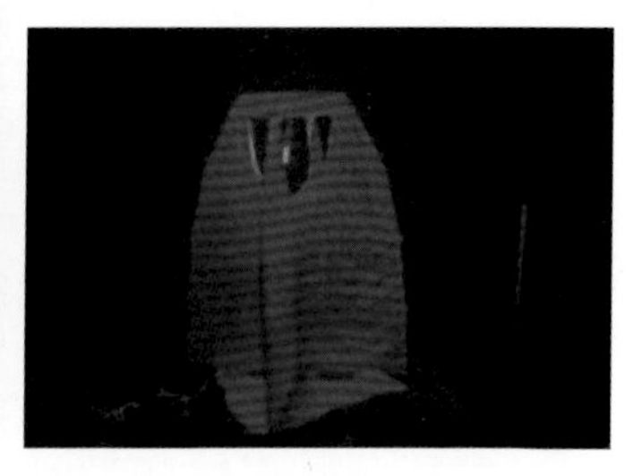

昆虫灯诱调查

附图8：保护区科普宣教活动

2022年鹿王争霸融媒体直播新闻发布现场

2020年江苏大丰麋鹿放归自然仪式

国外学者学术交流会议

保护区职工向社区群众讲解有关法律法规

保护区职工给小学生讲解麋鹿角知识

保护区开展中小学生麋鹿补饲知识研学活动

附图9：麋鹿救助工作

割网救助受困野生雄性麋鹿

多部门联合救助水塘受困麋鹿

仔细检查受困麋鹿体征状况

救助鹿角被卡住的野生麋鹿

救助落水受困野生麋鹿